Cold Zinc Coating

冷涂锌涂料

廖有为　编著

U0248899

化学工业出版社

·北京·

本书概述了防腐蚀涂料和冷涂锌涂料的定义及发展现状，简要介绍了常用的几种防腐蚀涂料及锌保护技术，在此基础上，系统介绍了冷涂锌涂料的制备技术、性能与检测、施工工艺与配套、应用领域及实例、健康安全与环保等内容。本书是作者近十年来对冷涂锌涂料及技术的探索、研究以及应用经验的总结，同时对作者两项获得授权的发明专利的技术内容进行了详细的解析，理论介绍与案例应用相结合。

本书可供钢结构防腐设计师、工程技术人员以及涂料、涂装行业的技术人员参考使用，也可供大专院校相关专业师生阅读。

图书在版编目（CIP）数据

冷涂锌涂料/廖有为编著. —北京：化学工业出版社，2017.7

ISBN 978-7-122-29738-9

Ⅰ.①冷… Ⅱ.①廖… Ⅲ.①锌-防腐蚀涂料 Ⅳ.①TQ635.2

中国版本图书馆 CIP 数据核字（2017）第 111565 号

责任编辑：韩霄翠 高 宁 仇志刚 装帧设计：史利平
责任校对：王素芹

出版发行：化学工业出版社（北京市东城区青年湖南街 13 号 邮政编码 100011）
印 装：北京科印技术咨询服务有限公司数码印刷分部
710mm×1000mm 1/16 印张 18¾ 字数 376 千字 2017 年 9 月北京第 1 版第 1 次印刷

购书咨询：010-64518888 售后服务：010-64518899
网 址：http://www.cip.com.cn

凡购买本书，如有缺损质量问题，本社销售中心负责调换。

定 价：98.00 元
京化广临字 2017——7

前言

FOREWORD

在遭受重工业污染并伴随恶劣自然环境而形成的重腐蚀环境中，钢结构设施腐蚀迅速，有统计数据表明每年因此造成的损失远远超过火灾和地震等重大自然灾害造成损失的总和。传统热浸镀锌、热喷锌以及富锌涂料等防腐技术有效免维护周期短，生产中用于防腐维护的成本大大提高，难以满足重工业长效持久的防护要求。冷涂锌涂料是基于当前防腐蚀的严峻形势，顺应节能环保的时代需求而开发的一种防腐蚀新材料，是以涂装的方式把锌粉涂覆在基材表面的新型材料保护技术，是一种环保、节能、安全、便捷的防腐蚀新技术。冷涂锌涂料以其优异的防腐蚀性能、便捷的施工性能、突出的环保性能深受钢结构防腐蚀行业的欢迎，开拓了"锌保护"的新领域，显示了强大的生命力，已逐步在桥梁钢结构、电力设施、石油化工设备等重点工程领域获得广泛应用。

我国冷涂锌涂料研发、生产、应用起步较晚，前期主要是少数国外公司产品的零星应用，直至 2005 年前后，国内才开始自主研发冷涂锌涂料，由于人们对其认识不足，市场上不乏鱼目混珠的现象。为促进行业技术进步，引导行业健康、有序发展，制定规范统一的冷涂锌行业标准，明确冷涂锌概念，全国涂料与颜料标准化技术委员会于 2015 年开展了冷涂锌涂料标准的制定工作，该标准编号为 HG/T 4845—2015，工业和信息化部于 2016 年 1 月 1 日正式颁布实施。

本书基于笔者团队近十年来对冷涂锌涂料及技术的探索、研究以及应用经验的总结，广泛参考国内外文献、专利及应用实例，经过多次整理增补，编写而成。书中对笔者两项获得授权的发明专利的技术内容进行了详细的解析：（一）一种可替代电镀锌的防腐蚀材料及其制备方法（专利号：ZL 2013 1 0006711.5）；（二）一种涂膜镀锌包覆导电树脂（专利号：ZL 2013 1 0214888.4）。

本书编写过程中得到了防腐蚀涂料与涂装行业的专家以及工程技术人员的大力支持和帮助。从事防腐蚀涂装工作近五十年，参与国内众多重点工程项目的防腐蚀方案论证、施工指导以及监督检查的防腐蚀专家李敏风老师提供了珍贵的参考资料；湖南金磐新材料科技有限公司的车轶材、廖阳飞两位高级工程师提供了冷涂锌涂料相关的详实的技术数据和大量的工程应用照片；本书编写过程中还得到了全国涂料与颜料标准化技术委员会、中南林业科技大学材料科学与工程学院、湖南省腐蚀与防护学会以及湖南省涂料工业协会的领导和专家们的大力支持，在此一并表示衷心的感谢。

由于当前科技蓬勃发展，加之作者水平有限，书中难免有疏漏之处，敬请读者批评指正。

廖有为

2017 年 3 月

目 录

CONTENTS

第5章 冷涂锌涂料制备及过程控制   127

第6章 冷涂锌涂料性能检测及分析   140

第7章　冷涂锌涂料施工工艺及配套　　165

第8章　冷涂锌涂料应用领域及实例　205

第9章　安全健康与环保　270

附 录 **冷涂锌涂料**（摘自 HG/T 4845—2015） **281**

参考文献 **285**

第 1 章 ▶▶

绪　　论

1.1 概述

　　钢铁是国民经济的中流砥柱，是国家的经济命脉，是国家生存和发展的物质保障。钢铁工业是国民经济的重要基础产业，是国家经济水平和综合国力的重要标志。随着改革开放政策的实行和推进，近年来，我国的钢产量超越俄罗斯、美国和日本，跃居世界第 1 位。从 1996 年我国钢产量突破亿吨大关，至 2014 年我国钢铁产量达到 8 亿多吨，增长了 7 倍以上。钢产量的增长为发展工业钢结构奠定了良好的基础。钢结构具有力学性能好、抗震性能强、承载性能强、制造简易、施工安装周期短等优势，因此，钢结构材料在建筑、桥梁、厂房、锅炉等领域替代了许多传统材料。如塔高 300m 的法国埃菲尔铁塔全部采用钢铁构件造成；总用钢量高达4.2 万吨的国家体育场"鸟巢"，就是由 24 榀门式钢架围绕体育场内部混凝土碗状看台区旋转而成；著名的杭州湾跨海大桥南北两个航道分别采用钻石型双塔双索钢箱梁斜拉桥和 A 形单塔双索面钢箱梁斜拉桥。但任何钢铁构件在使用过程中都会不可避免地遭受来自自然环境的腐蚀，从而影响钢铁结构建筑物的安全、使用寿命以及使用性能。因此，为了保证钢铁结构在服役期间的力学和抗震等性能的发挥，钢铁构件的防腐蚀问题便摆在了我们面前。

　　目前，钢铁腐蚀给世界各国带来了惊人的损失。据统计，全世界每年因腐蚀而报废的金属达 1 亿吨以上，平均经济损失占国民经济总产值的 3%～4%。我国在建筑行业因钢铁腐蚀而造成的损失超过 1000 亿元。钢铁腐蚀造成如此惊人的经济损失，以至于美国腐蚀工程学会（NACE）总结经验教训时表述："为何基础设施如此腐蚀严重？有时还造成事故？主要原因是以往忽视其腐蚀防护工作！"为此，美国在基础设施建设中贯彻实施"全寿命经济分析法"，主导思想是大力提倡预先采取防腐措施以减少先天不足导致的后期修复、停工、停产、停运所带来的巨大经济损失。

　　为了应对钢铁腐蚀所带来的巨大经济损失，全世界与钢铁腐蚀作斗争的历史已经有好几百年，人们尝试采用多种方法来进行钢铁防腐蚀。这些方法归纳起来主要可分为三种。一是改变钢铁内部结构及组成成分，如添加耐蚀元素制造耐蚀钢材等。二是外加阴极极化，即将被保护的钢铁进行外加阴极极化以减少或防止钢铁腐蚀的方法。外加阴极极化通常采用两种方法来实现：①将被保护的钢铁与直流电源负极相连，利用外加阴极电流进行阴极极化；②在被保护的钢铁设备上连接一个电位更负的金属作阳极，如船舶上通常连接锌锭。三是钢铁表面保护技术，即在钢铁表面外加覆盖层。其中外加覆盖层又可以分为耐蚀涂层和金属覆盖层两种。钢铁表面的金属覆盖层通常采用金属锌覆盖层，如电镀锌、热浸镀锌、热喷锌等等。外加金属覆盖层的保护机理主要是电化学保护，即以电位低于钢铁的金属锌作为腐蚀电池的阳极、钢铁基体材料作为阴极而得到保护。外加耐蚀涂层的保护机理主要是利用耐蚀的涂层材料覆盖在钢铁的表面从而遮蔽钢铁，隔绝钢铁与腐蚀介质的接触达到防腐蚀的目的。外加覆盖层的防腐蚀方法因其简单易行且成本低廉，在钢铁防腐蚀领域发挥着极其重要的作用。

　　冷涂锌涂料涂层兼具电化学保护和屏蔽保护的双重功能，采用涂刷的施工方法即可实现与电镀锌、热浸镀锌以及热喷锌等同的防腐蚀功效，是一种新型、长效、安全、环保、便捷的钢铁外加覆盖层防腐蚀保护方法，一经面世就受到业界的追捧，应用前景极为广阔。我国冷涂锌涂料研发、生产、应用起步较晚，前期主要是少数国外公司的产品在国内有零星应用，直至 2005 年以后，国内才出现冷涂锌涂料的自主研发和生产。冷涂锌涂料刚引进我国时仅用于钢结构金属覆盖层的紧急修补，随后逐步应用于恶劣环境下的钢结构防腐蚀。到现在为止，除在输变电铁塔、水工钢闸门、海洋平台桩腿上普遍使用之外，杭州湾跨海大桥的钢筋、新白云国际机场、上海磁悬浮列车轨道的功能件、粤海通道的钢护舷、重庆轻轨钢箱梁等重大项目也大量使用了冷涂锌涂料。众多的工程应用业绩表明冷涂锌涂料具有长效的防腐功能、优异的环保性能以及简单便捷的施工工艺，是传统的钢铁覆盖层保护技术尤其是锌覆盖层保护技术不可或缺的一部分，在野外安装现场施工、快速施工以及镀锌层修补等领域完全可替代传统的锌覆盖层，具有更加广阔的应用前景。

1.2 钢铁的腐蚀与防护

1.2.1　钢铁腐蚀概述

　　钢铁材料受周围介质的作用而损坏，称为钢铁腐蚀。钢铁锈蚀是最常见的腐蚀形态。腐蚀产生时，在钢铁的界面上发生了化学或电化学多相反应，使金属转入氧化（离子）状态。这会显著降低金属材料的强度、塑性、韧性等力学性能，破坏构件的几何形状，增加零件间的磨损，恶化电学和光学等物理性能，缩短设备的使用寿命，甚至造成垮塌等灾难性事故。钢铁的腐蚀按其产生机理可分为化学腐蚀和电化学腐蚀两大类，其中以电化学腐蚀为主。以下从产生机理上分别对钢铁腐蚀原因进行阐述。

(1) 化学腐蚀

金属材料与干燥气体或非电解质直接发生化学反应而引起的破坏称化学腐蚀。钢铁材料在高温气体环境中发生的腐蚀通常属化学腐蚀，在实际生产过程中（冶炼轧制）常遇到以下类型的化学腐蚀。

① 钢铁的高温氧化：钢铁材料在空气中加热时，铁与空气中的 O_2 发生化学反应，在 570℃ 以下反应如下。

$$3Fe + 2O_2 \longrightarrow Fe_3O_4$$

生成的 Fe_3O_4 是一层蓝黑色或棕褐色的致密薄膜，阻止了 O_2 与 Fe 的继续反应，起了保护膜的作用，而在 Fe_3O_4 外面往往还包覆有一层 Fe_2O_3。570℃ 以上生成以 FeO 为主要成分的氧化皮渣，生成的 FeO 是一种既疏松又极易龟裂的物质，在高温下 O_2 可以继续与 Fe 反应，而使腐蚀向深层发展，生成 FeO。

图 1-1 是攀钢轨梁厂加热炉内垫子氧化铁皮截面 SEM 形貌图。从图中可以看出金属铁的高温氧化过程：金属铁—FeO— Fe_xO[FeO-Fe_3O_4 固溶体]—Fe_3O_4—Fe_2O_3。这个过程伴随着体积膨胀，产生微裂纹，气体沿着裂隙浸入，使得氧化铁进一步氧化膨胀而碎裂。

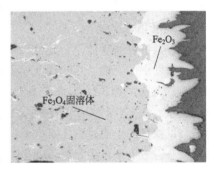

不仅空气中的氧气会造成钢铁的高温氧化，高温环境中的 CO_2、水蒸气也会造成钢铁的高温氧化，温度对钢铁高温氧化影响极大，温度升高，腐蚀速率显著增加。因此，钢铁材料在高温氧化性介质（O_2、CO_2、H_2O 等）中加热时，会造成严重的氧化腐蚀。

图 1-1 攀钢轨梁厂加热炉内垫子
氧化铁皮截面 SEM 图片

② 钢的脱碳：钢中含碳量的多少与钢的性能密切相关。钢在高温氧化性介质中加热时，表面的 C 或 Fe_3C 极易与介质中 O_2、CO_2、H_2O 和 H_2 等发生反应，反应式分别如下。

$$Fe_3C(C) + 1/2O_2 \longrightarrow Fe + CO\uparrow$$
$$Fe_3C(C) + CO_2 \longrightarrow 3Fe + 2CO\uparrow$$
$$Fe_3C(C) + H_2O \longrightarrow 3Fe + CO\uparrow + H_2\uparrow$$
$$Fe_3C(C) + 2H_2 \longrightarrow 3Fe + CH_4\uparrow$$

上述反应使钢铁工件表面含碳量降低，这种现象称为"钢的脱碳"。钢铁工件表面脱碳后硬度和强度明显下降，直接影响零件的使用寿命，情况严重时，零件报废，给生产造成很大的损失。

③ 氢脆：含氢化合物在钢材表面发生化学反应。

酸洗反应：　　　　　　$FeO + 2HCl \longrightarrow FeCl_2 + H_2O;$

$$Fe + 2HCl \longrightarrow FeCl_2 + H_2 \uparrow$$

硫化氢反应：　　　　　$Fe + H_2S \longrightarrow FeS + H_2 \uparrow$

高温水蒸气氧化：　　　$Fe + H_2O \longrightarrow FeO + H_2 \uparrow$

这些反应中产生的氢，初期以原子态存在，原子氢体积小，极易沿晶界向钢材的内部扩散，使钢的晶格变形，产生强大的应力，降低了韧性，增加钢材的脆性，这种破坏过程称为氢脆。合成氨、合成甲醇和石油加氢等含氢化合物参与的工艺中，钢铁设备都存在着氢脆的危害，特别对高强度钢铁构件的危害更应引起注意。

④ 高温硫化：钢铁材料在高温下与含硫介质（硫、硫化氢等）作用，生成硫化物而损坏的过程称"高温硫化"，反应如下。

$$Fe + S \longrightarrow FeS$$

$$Fe + H_2S \longrightarrow FeS + H_2 \uparrow$$

高温硫化反应一般在钢铁材料表面的晶界发生，逐步沿晶界向内部扩展，高温硫化后的构件，机械强度显著下降，以致整个构件报废。在采油、炼油及高温化工生产中，常会发生高温硫化腐蚀，应该引起注意。

(2) 电化学腐蚀

在一般的使用环境下，钢铁的腐蚀属于电化学腐蚀。电化学腐蚀是金属与电解质作用所发生的腐蚀，它的特点是在腐蚀过程中伴随着电流的产生。钢材、生铁、熟铁都不是纯铁，是 Fe 和 C 的合金，在有水和空气的条件下，Fe 和 C 形成原电池，Fe 充当负极，C 充当正极，吸收 O_2，Fe 被氧化。原电池反应要比单纯的化学腐蚀快很多，所以铁锈的生成过程主要是 Fe-C 原电池发生吸氧腐蚀的过程。按照反应过程中氧元素是否有电子得失，可将电化学腐蚀分为析氢腐蚀和吸氧腐蚀两类。

① 析氢腐蚀：水膜中 H^+ 在阴极得电子后放出 H_2，同时 H_2O 不断电离，OH^- 浓度升高并向整个水膜扩散，使 Fe^{2+} 与 OH^- 相互结合形成 $Fe(OH)_2$ 沉淀，而 $Fe(OH)_2$ 还可继续氧化成 $Fe(OH)_3$。

阳极反应：　　　　　　$Fe - 2e^- \longrightarrow Fe^{2+}$

阴极反应：　　　　　　$2H^+ + 2e^- \longrightarrow H_2$

$$4Fe(OH)_2 + 2H_2O + O_2 \longrightarrow 4Fe(OH)_3$$

$Fe(OH)_3$ 可脱水形成 $nFe_2O_3 \cdot mH_2O$，$nFe_2O_3 \cdot mH_2O$ 是铁锈的主要成分。由于这种腐蚀有氢气析出，故称为析氢腐蚀。

② 吸氧腐蚀：水溶液中通常溶有 O_2，它比 H^+ 更容易得到电子，在阴极上进行反应。

阴极反应：　　　　　　$O_2 + 2H_2O + 4e^- \longrightarrow 4OH^-$

阳极反应：　　　　　　$Fe - 2e^- \longrightarrow Fe^{2+}$

阴极产生的 OH^- 及阳极产生的 Fe^{2+} 向溶液中扩散，生成 $Fe(OH)_2$，进一步氧化生成 $Fe(OH)_3$，并转化为铁锈，这种腐蚀称为吸氧腐蚀。在较强酸性介质中，由于 H^+ 浓度大，钢铁以析氢腐蚀为主；在弱酸性或中性介质中，发生的腐蚀则主要是吸氧腐蚀。

1.2.2 不同环境中钢铁的腐蚀

目前，钢铁材料广泛分布于各类环境中，在国民经济建设中也发挥着越来越重要的作用。但是 Fe 元素的化学活泼性较强，即便在常温常压下也能与空气中的 O_2、H_2O 等发生交互作用而使钢铁材料被腐蚀。环境因素对钢铁制品的腐蚀条件影响非常大，环境不同，其腐蚀机理也不尽相同，因此有必要就具体的使用环境分别阐释其腐蚀机制及影响因素。

1.2.2.1 大气环境中钢铁的腐蚀

大气腐蚀是最古老的腐蚀形式之一，由于金属在自然环境尤其大气环境中使用非常普遍，大气腐蚀一直是金属材料遭到破坏的一个重要原因。全世界在大气中使用的钢材一般超过其每年生产总量的 60%，大气腐蚀损失的钢材约占总损失量的 50%以上。我国大气污染比较严重，据调查，每年因大气腐蚀而损耗的钢铁就达 500 多万吨，因酸雨和二氧化硫污染造成的损失每年达 1100 多亿元人民币。因此，研究钢铁的大气腐蚀是一项十分重要的课题，而有关钢铁腐蚀机理的研究也一直备受关注。

我国是幅员辽阔的国家，气候类型和条件复杂，在不同的大气氛围中，钢铁腐蚀速率不一样，其机理也不尽一致，因此有必要对不同的大气氛围分门别类，研究其腐蚀机制，并对其影响因素作细致探讨。对大气环境中钢铁的腐蚀来进行阐述，以 A3 钢为例，在我国各主要地区的相对腐蚀率统计如表 1-1 所示。

表 1-1 我国各主要地区的相对腐蚀率

地区及环境	地点	相对腐蚀率/(mm/年)
北方干燥风沙	包头	1.0
中部农村大气	湖北	1.8
北方城郊大气	北京	2.0
北方冶金工业大气	鞍钢	2.6
北方海洋大气	青岛、天津	4.5
西南潮湿地区	成都	6.0
南方海洋大气	湛江	8.0
化工气氛(氯、碱)	葛店	15~18

(1) 大气中钢铁的腐蚀机理

钢铁的大气腐蚀速率与其所处的大气环境密切相关，主要表现为锈蚀。典型的大气腐蚀环境有三种类型：乡村大气、工业大气和海洋大气。在乡村大气中，影响大气腐蚀的主要因素是湿度和温度；在工业大气中，影响大气腐蚀的主要因素是 SO_2 等有害气体；在海洋大气中，影响大气腐蚀的主要因素是氯离子。本节只讨论乡村大气和工业大气，海洋大气则在下一节进行相关论述。

乡村大气：钢铁在乡村大气下腐蚀的主要产物 α-FeOOH、γ-FeOOH 和 Fe_3O_4。其中外部锈层为 γ-FeOOH，内部锈层为 α-FeOOH 和 Fe_3O_4。大气腐蚀的影响因素很多，而这些因素都会直接影响到大气的腐蚀机理。碳钢在乡村环境下的腐蚀机理可用图 1-2 表示，在潮湿环境下，由于电化学腐蚀的作用，铁单质会被逐渐腐蚀、溶解，生成 Fe^{2+}，而且 Fe^{2+} 在钢铁腐蚀过程中起着自动催化的作用，加速了钢铁的腐蚀。

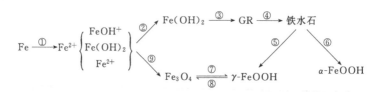

图 1-2 乡村大气环境下碳钢的腐蚀示意图

其中，反应①表明 Fe 被电化学腐蚀后溶解生成的 Fe^{2+} 主要以 $FeOH^+$、$Fe(OH)_2$ 和 Fe^{2+} 的形式存在。反应②、③和④是 Fe^{2+} 在空气的氧化作用下，可经 $Fe(OH)_2$ 生成绿锈，绿锈接着氧化，生成铁水石。而反应⑤、⑥则与反应体系的 pH 值有关，当 pH 值为近中性时，主要生成 γ-FeOOH，并且相转化时间最短。铁水石在酸性条件下可形成 α-FeOOH，但其反应速率明显小于反应⑤。反应⑧和⑨是 Fe_3O_4 的生成过程，其中反应⑨是在 γ-FeOOH 形成之后内层发生缺氧腐蚀过程，生成了 Fe_3O_4，因此也主要分布在内层。反应⑧是 γ-FeOOH 相转化为 Fe_3O_4 的过程，而其中 Fe^{2+} 对 γ-FeOOH 相转化为 Fe_3O_4 有促进作用。反应⑦表明 Fe_3O_4 与 γ-FeOOH 转化过程。这一步也经历了复杂的相转化，Fe_3O_4 转化为 γ-FeOOH 则发生在由湿变干的初期。

综上所述，在碳钢的乡村大气腐蚀过程中，随着 α-FeOOH、γ-FeOOH 的生成，Fe^{2+} 起着自动催化作用，而 Fe_3O_4 的生成也与 Fe^{2+} 的自动催化有关，所以可以认为在碳钢的腐蚀过程中，Fe^{2+} 起着自动催化的作用，加快了碳钢的腐蚀。

工业大气：在 SO_2 环境下，碳钢的大气腐蚀的主要产物是 α-FeOOH、γ-FeOOH、β-FeOOH 和 Fe_3O_4 含量较少，与在乡村大气的腐蚀产物类似。碳钢在 SO_2 环境下的大气腐蚀反应方程式可表示如下。

$$Fe - 2e^- \longrightarrow Fe^{2+}$$
$$SO_2 + O_2 + 2e^- \longrightarrow SO_4^{2-}$$
$$Fe^{2+} + SO_4^{2-} \longrightarrow FeSO_4$$
$$4FeSO_4 + 6H_2O + O_2 \longrightarrow 4FeOOH + 4H_2SO_4$$

与乡村大气腐蚀不同的是，在 SO_2 存在的情况下，碳钢腐蚀成铁黄的同时还有着 H_2SO_4 的生成，而这些 H_2SO_4 则会继续与铁基反应，进一步腐蚀碳钢，形成一个酸的循环生成机制。碳钢在工业大气环境下的腐蚀机理可用图 1-3 表示。

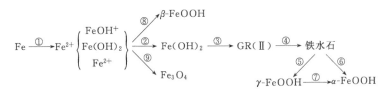

图 1-3　工业大气环境下碳钢的腐蚀示意图

由于 SO_2 在水中的溶解度比 O_2 大得多，它溶于水后，经进一步空气氧化会生成硫酸，使得金属表面液层的 pH 值很快降低，所以 Fe^{2+} 的生成一部分来源于单质铁与酸的反应，另一部分来自于电化学腐蚀。其中，反应①指的是 Fe 被电化学腐蚀后生成的产物以 $FeOH^+$、Fe^{2+} 和 $Fe(OH)_2$ 为主，当 pH 值较小的时候，以 Fe^{2+} 为主。

反应②与乡村大气中反应基本相同，由于大气中 SO_2 的存在，经氧化溶于水后会有 SO_4^{2+} 的生成，在 SO_4^{2+} 的存在下，$Fe(OH)_2$ 进一步氧化生成 GR(Ⅱ)。反应④、反应⑤和反应⑥是 $Fe(OH)_2$ 经铁水石形成 α-FeOOH 和 γ-FeOOH 的过程，近中性 pH 值时转化为 γ-FeOOH 且所需时间最短，而酸性环境有利于 α-FeOOH 的形成。反应⑦是 γ-FeOOH 向 α-FeOOH 转变的过程。而在含有 Fe^{2+}、SO_4^{2+} 的条件下，能加速 γ-FeOOH 的相转化过程，这也是后期很难发现有 γ-FeOOH 的原因。反应⑧是 β-FeOOH 的生成过程，β-FeOOH 内部及表面吸附 SO_4^{2+} 可增加锈层的致密度，减慢腐蚀速率。反应⑨是形成 Fe_3O_4 的过程。这些产物应该是腐蚀后期在缺氧的内层形成的。

综上所述，在碳钢的工业大气腐蚀中，由于 SO_2 的原因，生成了特有的 GR(Ⅱ)。在生成腐蚀产物 γ-FeOOH 或 α-FeOOH 过程中，Fe^{2+} 起着催化作用，加速了它们的形成。碳钢的腐蚀过程中，Fe^{2+} 起着自动催化的作用，加快了碳钢的腐蚀。

（2）大气中的腐蚀影响因素

从前面所描述的钢铁在不同大气环境中的腐蚀行为的研究来看，影响其腐蚀的主要有含氧量、湿度、温度、电解质和 pH 值等因素，在这里假设常态下大气中的含氧量基本恒定，不予讨论，就其他方面详细叙述。

① 湿度的影响。钢铁在潮湿的空气中，表面会形成一层薄水膜，这层水膜的存在，导致钢铁表面产生电化学腐蚀。钢铁腐蚀的产物，是疏松的铁的氧化物的水合物，它不能隔绝钢铁与氧和水的继续接触，因此在潮湿空气中，腐蚀将不断地继续发展。钢铁表面形成引起腐蚀的水膜与空气的相对湿度有关。当空气的相对湿度

达到100%，或者钢铁表面温度低于露点时，潮气就会在钢铁表面结露。但当钢铁表面存在疏松的铁锈或易吸湿的固体粒子时，即使不能满足上述条件，只要空气的相对湿度超过某一临界值，钢铁的腐蚀也会得到加速。在大气环境中，当空气中相对湿度超过60%时，钢铁的腐蚀速率呈指数曲线上升，而相对湿度低于50%，腐蚀速率极低（见图1-4）。

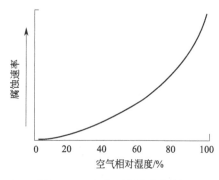

图1-4 空气相对湿度与钢铁
腐蚀速率的相关曲线

② 温度的影响。温度与湿度相互间的协同效应，影响钢铁的腐蚀速率，在高温高湿环境下，金属的电化学反应加速，使钢铁的腐蚀加快。另外，环境温度升高，使空气中饱和蒸汽的含水率大大增加，一旦温度降低，马上形成冷凝水附着在锈蚀裂缝中或形成电解液加速电化学腐蚀或造成压力促进腐蚀的进行。

③ 电解质的影响。如所处环境空气中含有较多的盐、碱类电解质污染物，就会提高冷凝露水的电导率，增大钢铁的腐蚀速率。总之，电解质加上水和氧，就会促进电化学腐蚀反应的发生。

④ 酸性气体的影响。在某些地理环境中，受地质条件、工业污染等影响导致大气中酸性气体如 SO_2、CO_2、NO 等浓度较高，容易形成酸雨腐蚀，或使冷凝水的 pH 值偏酸性，容易将金属 Fe 或 $Fe(OH)_2$、$Fe(OH)_3$ 溶解，增加反应单元数目使腐蚀加剧。

1.2.2.2 海洋环境中钢铁的腐蚀

海水的成分极为复杂，还有大量的无机盐类，是含盐浓度极高的天然电解质溶液，金属结构部件在海水中的腐蚀情况，除一般电化学腐蚀外，还有其特殊性。海洋环境下的腐蚀可分为海洋大气和冲击区的腐蚀，下面将分别叙述。

（1）海洋中不同环境下的腐蚀

① 海洋大气中的腐蚀。海洋大气中相对湿度较大，同时由于海水飞沫中含有氯化钠粒子，所以对于海洋钢结构来说，空气的相对湿度都高于它的临界值。因此，海洋大气中的钢铁表面很容易形成有腐蚀性的水膜。薄水膜对钢铁作用而发生大气腐蚀的过程，符合电解质中电化学腐蚀的规律。这个过程的特点是氧特别容易到达钢铁表面，钢铁腐蚀速率受到氧极化过程控制。空气中所含杂质对大气腐蚀影响很大，海洋大气中富含大量的海盐粒子，这些盐粒子杂质溶于钢铁表面的水膜中，使这层水膜变为腐蚀性很强的电解质，加速了腐蚀的进行，与干净大气的冷凝水膜比，含有周期性饱和海雾的大气冷凝水膜能使钢的腐蚀速率增加8倍。图1-5

是海洋大气环境下碳钢的腐蚀机理图。

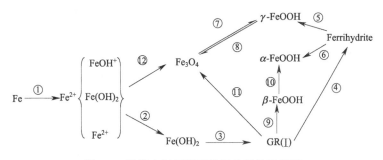

图 1-5　海洋大气环境下碳钢的腐蚀示意图

其中，反应①、②与乡村大气中行为相似，但是在反应③中，由于有 Cl^- 的存在，$Fe(OH)_2$ 进一步被氧化成 $GR(I)$，这与前面两种气氛有所区别。反应⑨和⑪反应过程较快，生成的绿锈可快速生成 β-FeOOH 和 Fe_3O_4，由于 β-FeOOH 不稳定，很快便会转变成 α-FeOOH。当反应⑫腐蚀速率较快时，容易导致缺氧形成 Fe_3O_4。反应④、⑤和⑥是 $FeOH^+$ 和 $Fe(OH)_2$ 经 $GR(I)$ 和 Ferrihydrite 形成 γ-FeOOH 和 α-FeOOH 的过程。反应⑦和⑧表明 γ-FeOOH 与 Fe_3O_4 之间的相互转化。在强还原条件下，近铁表面的内层产生 Fe_3O_4。

$$4\gamma\text{-FeOOH}+2Fe(OH)_2 \longrightarrow 2Fe_3O_4+4H_2O$$

$$Fe^{2+}+2\gamma\text{-FeOOH} \longrightarrow Fe_3O_4+2H^+$$

在氧流动并干燥时（外层）继续发生氧的还原去极化。

$$3Fe_3O_4+3/4O_2+9H_2O \longrightarrow 4\gamma\text{-FeOOH}$$

综上所述，在碳钢的海洋大气腐蚀中，由于 Cl^- 的原因，生成了特有的 $GR(I)$。在生成的腐蚀产物 α-FeOOH 或 γ-FeOOH 过程中，Fe^{2+} 起着催化作用，加速了它们的形成。

②潮差区和飞溅区的腐蚀。在海洋环境中，受潮汐和波浪作用而干湿交替的区域为飞溅区。该区域是一个特殊的腐蚀环境，钢结构表面由于受到海水周期湿润、风浪冲击，所以经常处于干湿交替状态。通常在海平面以上、8m 以下的空间，大气中的盐雾浓度最高，氯离子浓度也高。氯离子是一种穿透力极强的腐蚀介质，接触到钢铁表面，便迅速破坏钢铁表面的钝化层，先形成一个小阳极，金属铁溶解，形成一个腐蚀坑，亦称为点腐蚀。盐雾浓度越高，冷凝后的电阻率越低，导电性增大，加速电化学腐蚀。由于腐蚀介质厚度较小，以及在蒸发过程中加强了介质的混合，因此向钢铁表面供氧的速度大大加快，从而加速了钢铁表面的阴极腐蚀。另外，在飞溅区的钢结构上形成的腐蚀产物二价铁，在海水薄膜下的空气中进行强烈氧化变成三价铁。这样，这个部位的腐蚀产物不仅不能抑制腐蚀程度，反而由于三价铁的还原导致阴极过程的去铁化，从而对腐蚀过程起了促进作用，这些原因致使钢结构在飞溅区腐蚀特别严重。

（2）海洋环境下的腐蚀影响因素

海洋环境下的腐蚀因素除了常见的湿度、温度、含氧量和 pH 值外，还有含盐量（以 Cl⁻ 计）、海浪的冲击等，下面将重点叙述。

① Cl⁻ 浓度。Cl⁻ 是具有极强腐蚀活性的离子，可致使碳钢、铸铁、合金钢等材料的表面钝化失去作用，甚至对高镍铬不锈钢的表面钝化状态也会造成严重腐蚀破坏。

② 海浪。海浪的冲击作用对构件表面电解质溶液起了搅拌和更新作用，同时海浪的冲刷使已锈蚀的锈层脱落，加速了腐蚀的进度。

③ 海洋生物的影响。金属结构部件表面（如船舷的水下部分）海洋生物的生长会严重破坏原物体的保护层（如涂料），使构件受到腐蚀破坏，同时海洋生物的代谢产物（含有硫化物）使金属构件的腐蚀环境进一步恶化，导致了腐蚀作用的加剧。

总的来说，随着海水中含盐量的升高，海水的导电性增大，腐蚀加速；而溶氧量越大，铁锈生成越快、越多，也会加速阳极的腐蚀。特别是桥梁和海上钻井平台的飞溅区，海水的含氧量更高，腐蚀更严重；不同海域水质的 pH 值也有差异，pH 值越低的海域，越有利于铁锈的溶解，这将加速电化学反应，使腐蚀严重。近年来，我国正在建造和准备建造的跨海大桥有 10 余座，海洋环境十分严酷，对大型桥梁主体结构的设计使用年限大都要求在 100 年以上。因此，如何科学合理地设计、选择长效型钢结构配套防腐涂料，需要经过慎重考虑和反复论证，才能作出决定。

1.2.2.3　土壤环境中钢铁的腐蚀

土壤是一类具有毛细管的多孔性物质，空隙中充满了空气和水，土壤中含有的盐类溶解在水中，成为电解质溶液，因此，埋设在土壤中的各类管道及金属设备，具备了形成电化学腐蚀的条件而发生腐蚀损坏。钢铁制品在土壤中主要受电化学腐蚀（吸氧腐蚀），受土壤中不同物理化学性质影响，分别产生阳极区和阴极区，经土壤介质形成通路，形成腐蚀电池并产生电流。电化学反应式如下。

阳极：　　　　　　　　　$Fe - 2e^- \longrightarrow Fe^{2+}$

阴极：　　　　　　$1/2O_2 + H_2O + 2e^- \longrightarrow 2OH^-$

土壤腐蚀是一种情况比较复杂的腐蚀过程，土壤中各部分含氧量不同，不同区域土壤的均匀性不同，金属零件或管材在土壤中埋没的深度不同，土壤的电导率、透气性、湿度、酸度、可溶盐含量和温度等均影响腐蚀电池的工作特性，甚至土壤中的微生物对金属腐蚀也有影响，下面将简要叙述各因素的具体影响机制。

（1）可溶盐含量

盐分溶解在土壤中的水分中，形成土壤电解质溶液，含氧量越高，土壤电阻率越小，土壤的腐蚀性就越大，并且盐分溶解时产生的 NO_3^-、Cl^-、SO_4^{2+}（特别是 Cl^-）对钢管表面氧化膜以及其他保护膜有破坏作用，加速了钢管的腐蚀。

（2）透气性

氧浓差是引起埋地金属管道腐蚀的主要原因，氧含量又与土壤透气性密切相关，土壤透气性好，氧含量高，吸氧腐蚀进行得越快。除此之外，由于地下掩埋的特殊性，物件上半部分的土壤透气性好于下半部分的土壤，又因为上半部分氧扩散途径比下半部分远，这样氧容易扩散到钢管的上半部分形成阴极区，而难以扩散到的钢管底部为阳极区，阳极和阴极之间产生氧浓度差电池，便会引起管道阳极区腐蚀。

（3）湿度

湿度是决定金属土壤腐蚀行为的重要因素之一。一方面水分使土壤成为电解质，为腐蚀电池的形成提供条件；另一方面湿度的变化显著影响土壤的理化性质，进而影响金属的土壤腐蚀行为。一般来说碳钢在不同湿度的土壤中有着如下腐蚀规律：①在恒温、恒湿中性土壤中碳钢的腐蚀发展趋于一个稳定腐蚀状态；②土壤湿度决定着中性土壤中碳钢的腐蚀形态，高湿度条件下发生均匀腐蚀，而中、低湿度条件下发生局部腐蚀；③碳钢在中性土壤中的腐蚀速率随湿度的变化存在一个最大值，中等湿度土壤中腐蚀速率较大，高湿度和低湿度土壤中腐蚀速率较小，湿度对中性土壤中碳钢腐蚀过程的控制有显著影响。

（4）温度

温度的提高通常会加快金属的腐蚀速率。其对腐蚀过程的影响主要是通过加快阴极的扩散过程、阳极的离子化过程和改变微生物的生长活动以及体系的氧容量等起作用。碳钢的腐蚀速率随着温度的升高而增大，但在正常含水率（21% WHC）土壤中，温度对碳钢腐蚀速率的影响明显大于高含水率时的影响，这一现象与氧容量和氧气的传输阻力的变化有关。

（5）微生物的影响

土壤中滋育了大量的微生物，凡是同土壤接触的金属或非金属结构的腐蚀除了受土壤理化性质的影响外，还与土壤中微生物的活动有关。参与钢铁腐蚀的微生物主要有硫酸还原菌（SRB）和腐生菌（TGB），其中 SRB 可以促使土壤-钢铁界面产生 H_2S 气体，造成腐蚀；而 TGB 则促进土壤氧浓差腐蚀电池的形成，加快了产品的腐蚀速率。

其余的如 pH 值等与前面所描述的影响机理相似，这里不再赘述。总的来说，土壤中的腐蚀与大气中的腐蚀最大的不同就是它处于土壤的包裹之中，这也使得各种因素如温度、氧含量、湿度等有着不同的影响机制。

1.2.3　常用钢铁表面防腐蚀技术

从前面的原理分析可以看出，钢铁的腐蚀总的来说是由于 Fe 和环境中的腐蚀介质发生接触而被侵蚀，在这个过程中金属 Fe 在原电池中充当了阳极而被氧化。对钢铁材料的腐蚀防护主要采用表面保护的方法，可以分为外加有机或无机耐蚀涂层和利用牺牲阳极保护阴极法原理的金属覆盖层两种。至于结构成分改变，如在冶炼时添加耐蚀元素如 Gr、Ni、Si 等形成耐蚀钢的研究，不在讨论之列。

1.2.3.1　耐蚀材料涂覆

目前国内外使用最多的钢铁结构件防腐方法是涂料涂装，其具有适用面广、成本低、可操作性强等优点。不同类型的涂料对金属的保护原理却不尽相同。按涂料对金属的保护作用，将涂料从以下两个方面进行分类。

（1）屏蔽类涂料

这类涂料通常是涂覆在钢铁结构表面把金属表面和环境隔开了，相对来说环境的各类腐蚀因子如 O_2、H^+ 等较难通过这层隔膜与基体发生作用，而这种保护作用可称为屏蔽作用。但是必须指出，薄薄的一层涂料不可能起到绝对的屏蔽作用。因为高聚物都具有一定的透气性，而水和氧分子直径通常只有几埃（$1\text{Å}=1\times10^{-10}$ m），所以在涂层很薄时，它们是可以自由通过的。

有机涂料如环氧树脂类、氯磺化聚乙烯类、聚氨酯类、氯化橡胶类、不饱和聚酯类、聚氟橡胶类等与铁基有着较强的黏合力，同时有着良好的疏水性，可以有效地将基体与外界环境隔离开来，但是由于大多数的有机涂料含有醚键（环氧树脂类）和酯键（聚氨酯类），不耐户外久晒或皂化，因此对于有机涂料的选择应该综合考虑其使用环境，选择比较对应的涂料，如海洋环境中应选择耐皂化、结合力强的氯化橡胶涂料。

（2）缓蚀类涂料

这类涂料通过内部组分与金属反应，使金属表面钝化或生成保护性的物质以提高涂层的防护作用。按照缓蚀剂的化学组成分类，可以分为有机缓蚀剂，如羧酸盐类、有机氮化物锌盐类、碱式磺酸盐类等；无机缓蚀剂，如磷酸盐类、硼酸盐类、钼酸盐类等。而按照作用机理则可分为阳极型缓蚀剂、阴极型缓蚀剂和混合型缓蚀剂，其作用机理简述如下。①阳极型缓蚀剂：在金属表面生成薄的氧化膜，把金属和腐蚀介质隔离开来；因特性吸附抑制金属离子化过程；使金属电极电位达到钝化电位。②阴极型缓蚀剂：改变阴极反应；影响腐蚀产品或被腐蚀金属的结构；改变表面上金属氧化物的性质；金属表面上不溶性屏障层的沉积或形成；复杂的金属间化合物的形成；金属基材上阳离子或金属原子的吸附。③混合型缓蚀剂：与阳极反应产物生成不溶物；形成胶体物质；有些缓蚀剂在金属表面吸附。

理想的涂料缓蚀剂应该是在宽 pH 范围内有效；与金属表面反应，其所生成的产物比未反应的缓蚀剂的溶解度应低得多；有足够的溶解度，以维持其在涂料中的贮备；涂在基材界面而形成的缓蚀剂，不应该降低涂料基材的附着力；缓蚀剂因对阳极和阴极均有效，能防止水和氢还原阴极反应。

目前国内外使用最多的钢铁结构件防腐方法是有机涂料涂装。涂装防腐主要基于隔离机理，显然只有当涂层将钢铁基体与腐蚀环境完全隔离时，涂层才能有效地保护钢铁材料免于腐蚀。但是事实上几乎所有的有机涂料相层都存在一些微小的"针孔"。当外界的腐蚀介质通过这些通道到达钢铁基体时，就在涂层与基体的界面处发生腐蚀。钢铁腐蚀所产生的腐蚀产物将使体积膨胀 20 倍，其结果是在涂层中出现蚀痕、鼓泡和剥脱，最终导致腐蚀防护体系的失效。为了维持涂层对钢铁基体的保护作用，通常每隔几年就要对钢铁构件重新涂装一遍，在腐蚀严重的环境下甚至每年都要涂装一遍，涂装的另一个缺点是污染环境。因此，目前许多国家对使用有机涂料的限制越来越严格。

1.2.3.2 金属覆盖层

金属覆盖层保护是将金属或合金材料通过某些方法覆盖于钢铁表面，并以原电池理论为原理对金属进行防腐保护，可分为阳极保护和阴极保护两个类别，其中阴极保护应用较多，阳极保护在实际中运用很少。阴极保护法指的是把一种（或多种）活泼性强于 Fe 的金属通过一定的工艺方法牢固地附着在其他 Fe 基体上，而形成几十微米乃至几个毫米以上的功能覆盖层，通过自身的氧化而保护 Fe 基体。钢结构用金属覆盖层大多为锌及其合金，常采用的工艺有电镀、热浸、喷涂、扩散和机械镀等。铝及其合金也在钢结构有应用，其工艺为喷涂、热浸、扩散、包覆和气相沉积等，铝的耐蚀性远高于锌，但其工艺性能不如锌覆盖层，特别是在喷厚之后，其韧性以及其与基体的结合能力较差，在建筑结构中较少应用。我国在 19 世纪五六十年代就开始了锌金属覆盖层的应用，主要为热喷和热浸工艺。近年来随着技术的交流和进步，在国外广泛使用的冷涂锌技术也开始在国内电力工程等建设中应用。

1.2.4 防腐蚀涂料及涂装

防腐涂料，一般分为常规防腐涂料和重防腐涂料，是涂料中必不可少的一种。常规防腐涂料是在一般条件下，对金属等起到防腐蚀的作用，保护有色金属使用的寿命；重防腐涂料是指相对常规防腐涂料而言，能在相对苛刻腐蚀环境中应用，并具有能达到比常规防腐涂料更长保护期的一类防腐涂料。近年来，有机重防腐涂料的研究开发发展迅猛，在传统的常规有机防腐涂料的基础上，研究出了众多性能优异的品种，其中最为常见的有机重防腐涂料有环氧类重防腐涂料、聚氨酯重防腐涂料、氟碳涂料和聚脲重防腐涂料等。

（1）环氧类重防腐涂料

环氧树脂是大分子链上含有两个或两个以上的环氧基团的热固性树脂，具有良好的成膜性能和优异的耐腐蚀特性。每年全球大概40％以上的环氧树脂用于生产环氧防腐涂料，广泛应用于各种严重腐蚀环境中钢铁建筑物的防腐。目前国内外已开发出众多性能优异的环氧类防腐涂料，如环氧沥青、熔结环氧粉末、环氧玻璃鳞片、环氧云铁、环氧铝粉和环氧聚硅氧烷重防腐涂料等。

（2）聚氨酯重防腐涂料

聚氨酯树脂的分子结构中的活性氰酸根基团决定了其具有许多优异的特性——柔韧性好、黏结力强、耐磨性和力学性能优异、漆膜防腐性能好。自20世纪70年代以来，世界各国相继对聚氨酯重防腐涂料进行了研究，并开发出众多新型聚氨酯重防腐涂料。目前，为了进一步增强和扩大聚氨酯涂料的防腐性能以及应用范围，许多研究者都着眼于对聚氨酯涂料的改性。

（3）氟碳涂料

氟碳涂料主要是以有机氟聚合物为成膜树脂的一种常温固化涂料。当前市场上常见的常温固化型氟碳涂料主要以采用树脂氟烯烃-乙烯基醚共聚物（FEVE）和端羟基全氟聚醚（PF-PE）为主。由于氟碳树脂含有特殊的C—F基团，赋予氟碳涂料既有优越的耐候性、耐化学品性和耐热性，又有优异的防腐性能，因而氟碳涂料逐渐成为目前长效免维护工程外用涂料和高性能防腐涂料的主要代表。

（4）聚脲重防腐涂料

20世纪80年代末，美国Huntsman公司自主开发了一种创新性喷涂聚脲弹性体技术。该技术基于端氨基聚醚、二胺扩链剂的活性氢组分和异氰酸酯组分进行反应，具有固化快速、施工时受环境影响小、耐磨性极高、抗老化性以及耐腐蚀等优点。因其优异的防腐综合性能，在电力建设、石油石化防腐、建筑防水等领域得到了较为广泛的应用。目前，利用新型结构的聚天门冬氨酸酯为主体成膜物质开发出来的聚脲防腐蚀涂料已逐渐受到许多国内外学者的关注。

1.2.5 钢铁表面外加锌覆盖层保护技术

人类从开始使用金属的那天起，就开始了与腐蚀的对抗。200多年前，意大利科学家Luigi Galvani教授对电化学的研究，开辟了人类利用"阴极保护"对抗金属腐蚀的新途径，而锌作为一种优异的金属阴极保护材料，已在防腐工业中得到了广泛的应用。与其他防腐金属相比，锌是一种相对价廉而又易镀覆的金属，属低值防蚀镀层。当在钢铁基材上形成全金属覆盖涂层时，在大气腐蚀条件下锌层表面有ZnO、$Zn(OH)_2$及碱式碳酸锌保护膜，一定程度上减缓了锌的腐蚀，这层保护膜（也称白锈）受到破坏又会形成新的膜层。当锌层破坏严重、危及铁基体时，锌对基体产生电化学保护。因此，在包含如H_2O、CO_2、Cl^-、SO_2等各种腐蚀介质的环境中，锌与铁可形成微电池，锌可以发挥牺牲阳极保护阴极铁基的作用，从而大大延长钢构件的使用寿命。此后，热浸锌以及热（电弧）喷锌的相继出现，不断推动了防腐技术水平的发展。下面将分别介绍已经得到实际应用的各种锌保护方法。

（1）电镀锌

电镀锌在行业内又称之为冷镀锌，是利用电化学原料，通过电沉积或非电沉积在钢构件表面形成一层均匀、致密、结合良好的金属锌沉积层。电镀锌涂层厚度为$5 \sim 15 \mu m$。电镀锌镀覆技术包括适合小零件的滚镀、槽镀（挂镀）、蓝镀、自动镀以及线材、带材的连续镀。目前国内所使用的电镀溶液主要包括氰化物镀锌、锌酸盐镀锌、氯化物镀锌和硫酸盐镀锌。电镀锌生产工艺属于锌酸盐镀锌和低铬钝化的金属外层表面镀锌工艺。

由于锌在干燥空气中不易变化，而且在潮湿的环境下更能产生一种碱式碳酸锌薄膜，这种薄膜就能保护好内部零件而不被腐蚀损坏。即使在锌层被某种因素破坏的情况下，锌和钢经过一段时间结合会形成一种微电池，从而使钢基体成为阴极而受到保护。总的来说，电镀锌有以下特点：

① 抗腐蚀性好，结合细致均匀，不易被腐蚀性气体或液体进入内部；

② 由于锌层比较纯，无论在酸或碱环境下都不易被腐蚀，能长时间有效地保护钢体；

③ 经铬酸钝化后可形成各种颜色供使用，客户能根据喜好挑选，镀锌美观大方，具有装饰性；

④ 锌镀层具有良好的延展性，在进行各种折弯、搬运撞击等情况下都不会轻易掉落。

但电镀锌生产工艺繁琐、复杂，需要控制和平衡的因素很多，例如要合理地控制锌、铁、氢氧化钠、光亮剂的含量，以及注意温度和阴极移动的影响。由于人工操作失误所造成的任何一个因素的失调，都会使得电镀锌产品出现缺陷。同时，电镀生产过程中的废水，会产生大量的污染物，这些污染物主要来自镀锌部件、金属镀料和电镀工艺中使用的化学药剂、酸碱物质。因此，在电镀行业中，人们采取了各种各样的方式减少电镀所带来的污染问题，如对那些耗能大、污染严重、使用过程中有危害生态环境的产品予以更新，调整产品结构；开发和选用无害或低害的原材料替代有毒的原材料；精料替代粗料，提高产品合格率，减少污染；在生产过程中实施工艺优化，改革高能耗、高物耗的工艺技术，改革设备，实现生产自动化，并优化工艺条件；改变生产线和设备布局，采用连续闭路生产流程，减少原材料流失和污染物排放，提高原材料利用率。

（2）热喷涂锌

热喷涂锌属于表面工程技术，是以细微而分散的熔化或半熔化状态金属锌为涂层材料，经过高压喷涂，沉积到基体表面形成锌喷涂沉积层。它是以燃料气或电弧等提供的能量，利用电弧、等离子喷涂或燃烧火焰将锌金属粉末加热到熔融或半熔融状态，然后借助焰流本身或压缩空气以一定速度喷射到预处理过的基体表面，沉积而形成具有各种功能的表面涂层的一种技术。热喷涂按热源种类可分为：火焰类，包括火焰喷涂、爆炸喷涂、超声速喷涂；电弧类，包括电弧喷涂和等离子喷涂；电热类，包括电爆喷涂、感应加热喷涂和电容放电喷涂；激光类，即激光喷涂。

热喷涂的技术特点有：

① 基体材料不受限制，可以是金属或非金属，可以在各种基体材料上喷涂；

② 可喷涂的涂层材料极为广泛，热喷涂技术可用来喷涂几乎所有的固体工程材料，如硬质合金、陶瓷、金属、石墨等；

③ 喷涂过程中基体材料温升小，不会产生压力和变形；

④ 操作工艺灵活方便，不受工件形状限制，施工方便；

⑤ 涂层厚度可以从 0.01mm 至几毫米；

⑥ 涂层性能多种多样，可以形成耐磨、耐蚀、隔热、抗氧化、绝缘、导电、防辐射等具有各种特殊功能的涂层；

⑦ 具有适应性强及经济效益好等优点。

热喷涂锌是在高速气流的作用下使锌雾化成微细熔滴或高温颗粒，以很高的飞行速度喷射到经过处理的工件表面，形成牢固的覆盖层，从而使工件表面获得不同硬度、耐磨、耐腐、耐热、抗氧化、隔热、绝缘、导电、密封、消毒、防微波辐射以及其他各种特殊物理化学性能。它可以在设备维修中修旧利废，使报废的零部件"起死回生"，也可以在新产品制造中进行强化和预保护，使其"益寿延年"。

但是，热喷涂也存在一些缺陷，例如喷涂工艺需要融化金属粒子，导致喷涂温度高，使基体内部产生热应力，基体表面产生热变形。并且因为除火焰喷涂外都无法人工操作，操作危险。此外，传统热喷涂工艺很难控制喷涂面积与厚度，所以喷涂效果差，并且设备不便携带。而且，在热喷涂操作过程中，会存在高速、高温的喷射流对人体和设备易造成伤害的风险，而喷涂粉尘、喷涂噪声以及喷涂弧光的辐射都会对人体产生潜在的健康威胁。

（3）冷喷涂

冷喷涂是一种金属喷涂工艺，20 世纪 80 年代，前苏联科学院的理论和应用力学研究所在空洞试验中发现，当超声速气流吹过涂覆金属粉末的基体表面时，金属粒子能够在基体表面牢固黏附，并拥有致密性好、适用基材广（适用于任何金属、玻璃、陶瓷和岩石表面喷涂）的特点，因此便开启了冷喷涂（GDS）这种金属喷涂工艺。有别于传统的热喷涂工艺（如超速火焰喷涂、等离子喷涂、爆炸喷涂等传统热喷涂）的是，它不需要将加工喷涂的金属粒子融化，只需用常温金属粒子便可应用。冷喷涂的理论基础是压缩空气加速金属粒子到临界速度（超声速），金属粒子直击到基体表面后发生物理形变。金属粒子撞扁在基体表面并牢固附着，整个过程金属粒子没有被融化，但如果金属粒子没有达到超声速则无法附着。

从原苏联解体技术被公开后，经过 20 多年的研究，该技术被分为两个研究方向，分别是高压与低压气体动力冷喷涂技术。高压冷气动力喷涂使用的压缩空气为15 个大气压（psi）以上，DYMET 低压冷气动力喷涂使用的压缩空气为 10 个大气压（psi）。对比传统热喷涂技术，高压以及低压冷气动力喷涂的技术有以下共同优势：一是喷涂基体的表面瞬间温度不超过 150℃，体感温度为 70℃；二是喷涂致密性好，可喷涂任意厚度的涂层；三是可以在任何金属、玻璃、陶瓷和岩石表面喷涂。虽然这种冷喷涂工艺得到的涂层性能优良，但因其仍需要气体喷涂设备方可应用，使用不便，耗能较高。

（4）渗锌

渗锌将钢铁制件和渗剂按一定比例装入滚动（或旋转）炉罐中，加热滚动炉罐，实现"动态"下的扩散渗锌，在钢铁制件表面形成锌铁合金层。锌铁合金的电极电位高于铁、低于锌，从而能达到牺牲阳极保护阴极的防腐作用。目前采用最多的渗锌工艺为粉末渗锌，即将渗锌剂与钢铁制件置于渗锌炉中，加热到 400 ℃左右，活性锌原子则由表及里地向钢铁制件渗透。与此同时，铁原子由内向外扩散，这就在钢铁制件的表层形成锌铁金属间化合物，即镀锌层。

粉末渗锌产品的性能良好，概括起来有以下优点。

① 耐腐蚀性强。实践证明，在海洋大气、恶劣的工业大气等多种环境下，渗锌层的耐蚀性优于热、电镀锌和不锈钢。在同一种工业大气中，不锈钢腐蚀 600天，表面就布满锈点，而镀锌产品腐蚀 1600 多天，其表面没有一点锈迹。

② 耐磨、抗擦伤性能好。渗锌层表面硬度能达到 HV 250～400，而热、电镀锌制件表面为纯锌，镀层硬度仅为 HV 70 左右，因此渗锌比热、电镀锌的耐磨和抗擦伤性能好得多。

③ 生产基本无污染。在一般情况下，渗锌生产的前处理只采用抛丸机除锈、清油，且用布袋除尘，能达到国家三级标准。生产中以油燃料作为主要能源，采用循环燃烧无烟排放技术，粉末渗锌技术为锌固体渗，没有锌蒸气产生，工件与助剂又在密闭的器具中进行渗透和分离，对周围环境没有污染。

④ 锌消耗量比较低。据了解，热镀锌的锌消耗量吨产品为 100kg 左右，而粉末渗锌仅为 30kg 左右，只占热镀锌的 30％。另外，也没有锌锅腐蚀这一热镀锌的老大难问题。

⑤ 涂漆后能实现复合防护。渗锌产品的渗锌层均匀且与油漆的结合力为一级，其复合防护层的耐腐蚀性均优于热、电镀锌和渗锌层。

⑥ 经渗锌处理的钢材制件不影响材料的力学性能。渗锌处理的温度比热镀锌低 100～280℃，此温度下吸入钢基体的氢原子已扩散逸出，因此在应用中没有氢脆的危害，也能避免弹簧等一些高强度件因处理温度高造成力学性能下降的弊端。

纳米复合粉末渗锌技术为目前国际及国内最新科研成果，该技术利用纳米粉末特殊的热学性能及化学性能，从而获得比传统粉末渗锌更优异的耐腐蚀性、耐磨性、抗高温氧化性，而且具有保持材料力学性能不变，提高涂装结合力等特性。

渗锌产品的性能优势决定了其应用广阔，效益显著。如室外钢结构及紧固件、高速公路护栏、桥梁、水暖器具和建筑五金、汽车、工程机械等零部件，粉末冶金制品以及化工、海洋、冶金、发电等工程中的耐蚀、耐高温零部件都可采用渗锌钢材产品，其经济效益是很可观的。

然而，由于渗锌工艺也需要高温处理，易造成环境污染和能源浪费，并且渗锌工艺对于设备及操作人员的素质要求较高，因此也带来了使用不便的缺陷。

（5）热浸镀锌

热浸镀锌又叫热浸锌或热镀锌，是通过将除锈的不锈钢、铸铁、钢构件浸入到温度高达 500℃ 的熔融态锌液或合金液中，从而使得产品表面附着锌层，达到防腐的目的。热浸镀锌层一般在 $35\mu m$ 以上，并经过特殊工艺，可达 $200\mu m$。1836 年，法国首次将热浸镀锌应用于工业防腐中，到目前为止已经拥有 180 多年的发展历史。目前，热浸镀锌约占镀锌总量的 95%，热浸镀锌用锌量在世界范围内约占锌产量的 40%，在国内约占锌产量的 30%。

由于热浸镀锌涂层制备过程中钢铁基体与纯锌层形成锌-铁合金，热浸镀锌中的锌涂层与钢铁基材有良好的附着力。工件表面在热浸镀锌时形成铁-锌合金层的过程可简单地叙述为：当钢铁构件浸入熔融的锌液时，首先在界面上形成锌与 α 铁（体心）固溶体。这是金属铁在固体状态下溶有锌原子所形成的一种晶体，两种金属原子之间融合，原子之间引力比较小。因此，当锌在固熔体中达到饱和后，锌铁两种元素原子相互扩散，扩散到（或叫渗入）铁基体中的锌原子在基体晶格中迁移，逐渐与铁形成合金，而扩散到熔融的锌液中的铁就与锌形成金属间化合物 $FeZn_{13}$，沉入热镀锌锅底，即为锌渣。当工件从浸锌液中移出时表面形成纯锌层，为六方晶体。

鉴于热浸镀锌产品的屏蔽保护和电化学保护性能，以及能够控制较大的涂层厚度，因此，热浸镀锌产品的优点也显而易见。

① 处理费用低。热镀锌防锈的费用要比其他漆料涂层的费用低。

② 初期成本低。一般情况下，热浸锌的成本比施加其他保护涂层的要低，原因很简单，其他保护涂层如打砂涂料是劳动力密集的工序，而热浸锌的工序为高机械化，紧密控制的厂内施工。

③ 省时省力。镀锌过程比其他的涂层施工法更快捷，并且可避免安装后在工地上涂刷耗费时间。

④ 全面性保护。镀件的每一部分都能镀上锌，即使在凹陷处、尖角处及隐藏处都能受到全面保护。

⑤ 持久耐用。在郊区环境下，标准的热镀锌防锈厚度可保持 50 年以上而不必修补；在市区或近海区域，标准的热镀锌防锈层则可保持 20 年而不必修补。

⑥ 可靠性好。镀锌层与钢材间是冶金结合而成为钢表面的一部分，因此镀层

的持久性较为可靠。

⑦ 镀层的韧性强。镀锌层会形成一种特别的冶金结构，这种结构能承受在运送及使用时受到的机械损伤。

⑧ 检验简单方便。热浸锌层可以通过目视及简单的非破坏性涂层厚度表作测试。

⑨ 可靠性。热浸镀锌的规格一般按照 BS EN ISO1461：2009《钢铁制品热浸电镀层规范和试验方法》执行，规定其最低的锌层厚度，所以其防锈年限及表现是可靠并可预计的。

随着工业发展，热浸镀锌的长效保护性能能够应用于各种领域，包括通信铁塔、电力铁塔、铁路、路灯杆、船用构件、公路防护、变电站附属设施、建筑钢结构构件等。

但热浸镀锌也存在一些不可忽视的缺陷：一是热浸镀锌技术需要将锌通过高温熔化，造成巨大的能源消耗，不利于节能环保；二是钢构件只能在工厂中进行浸镀锌处理，当产品在应用过程中，由于电焊、切割等不可避免因素所造成的镀锌层破损，要通过重新运送工厂返工修复是几乎不可能的。而采用普通的涂料进行修补，却达不到热镀锌的防护效果，容易生锈；三是施工要求高，周期长；四是高温加工，钢构件易变形。目前国家已经立法逐步限制热浸镀锌的发展。

（6）达克罗

达克罗是 DACROMET 的译音和缩写，又简称达克锈、迪克龙，国内命名为锌铬涂层，是一种以锌粉、铝粉、铬酸和去离子水为主要成分的新型防腐涂料。达克罗技术所用涂料种类繁多，但基本上是由超细鳞片状锌、超细鳞片状铝的金属物、惰性有机溶剂、无机酸及纤维类特殊有机物组成。达克罗膜层对钢铁基体的保护作用与冷涂锌涂料防腐原理类似，即通过片状锌、铝层状重叠，阻碍了水、氧等腐蚀介质到达基体的壁垒效应，以活泼锌作为阳极的阴极保护作用，以及达克罗的处理过程中，铬酸与锌、铝粉和基体金属发生化学反应，生成致密的钝化膜的钝化保护作用。

达克罗是一种新型的表面处理技术，与传统的电镀工艺相比，达克罗是一种"绿色电镀"。其具备超强的耐蚀性能、无氢脆性、高耐热性、结合力及再涂性能好、渗透性良好、无污染、无公害等优点。

达克罗虽然有许多优点，但它也有一些不足之处，主要体现为：

① 部分达克罗中含有对环境和人体有害的铬离子，尤其是六价铬离子具有致癌作用；

② 达克罗的烧结温度较高、时间较长，能耗大；

③ 达克罗的表面硬度不高、耐磨性不好，而且达克罗涂层的制品不适合与铜、镁、镍和不锈钢的零部件接触与连接，因为它们会产生接触性腐蚀，影响制品表面质量及防腐性能；

④ 达克罗涂层的表面颜色单一，只有银白色和银灰色，不能满足汽车发展个性化的需求。不过，可以通过后期处理或复合涂层获得不同的颜色，以提高载重汽车零部件的装饰性和匹配性；

⑤ 达克罗涂层的导电性能不是太好，因此不宜用于导电连接的零件，如电器的接地螺栓等。

（7）富锌涂料

早在 1920 年，澳大利亚和美国等国就开始研发用锌粉漆保护钢铁，锌粉漆的应用开拓了"锌保护"的新领域。锌粉漆即富锌涂料，在市场应用主要以富锌底漆为主。现在，富锌底漆已成为保护钢铁最普遍、最重要的底漆，从大的船舶到小的零件，可以说在大气和海洋重防腐领域，几乎没有可竞争的对手。此外，由于富锌底漆的良好耐蚀性和可焊性，目前也普遍用于车间底漆。涂有保养底漆的钢板或结构件在预处理、切割和焊接时，不发生锈蚀，待结构安装完毕时，无需喷砂，只需用水清除表面污物，就可进行下道底漆或面漆的涂装。其主要防腐作用有：屏蔽作用、电化学防护、涂膜自修复和钝化作用。

富锌涂料通常可分为无机富锌涂料和有机富锌涂料两种类型，无机富锌涂料又有溶剂型和水性两类。溶剂型无机富锌涂料以正硅酸乙酯为基料，因为正硅酸乙酯可以溶于有机溶剂，喷涂后，在溶剂挥发的同时正硅酸乙酯中的烷氧基吸收空气中的水分并发生水解反应，交联固化成高分子硅氧烷聚合物，也就是硅酸乙酯水解缩聚形成网状高聚物涂膜的过程。

水性无机富锌涂料是由水性无机硅酸盐（钠、钾、锂）树脂、锌粉、助剂组成的双组分涂料。现在也开发出了磷酸盐类的富锌涂料。水性无机富锌涂料已有 50 多年的发展历史，该产品最早由美国航空航天总署（NASA）研发而成，用于太平洋小岛卫星接收站的防锈。水性无机富锌涂料分为后固化型和自固化型两种。后固化型无机富锌涂料漆膜干燥后，需要加热或者涂上酸性固化剂（稀磷酸或者 $MgCl_2$ 水溶液），施工较为复杂，漆膜较脆。目前市场上广泛应用的是水性自固化无机富锌涂料。有机富锌涂料常用环氧树脂、氯化橡胶、乙烯基树脂和聚氨酯树脂为成膜基料。最为常用的是环氧富锌涂料，其中聚酰胺固化环氧富锌底漆是有机富锌底漆中应用最大的品种。有机富锌涂料中有机成膜物的导电性能差，必须增加锌粉含量以保证导电性。美国钢结构涂装协会 SSPC Paint-20 中规定，有机富锌涂料锌粉占干膜质量不得少于 77%，无机富锌涂料锌粉占干膜质量不得少于 74%。此规定就是为了增加涂膜的导电性。此外，有机树脂的黏结性优于无机树脂，这样也为高含量锌粉附着提供了更好的保证。有机型涂料的防锈性能比无机型稍差，导电性、耐热性、耐溶剂性不如无机型涂料，但施工性能好，对钢材表面的处理质量容忍度较大。同时环氧富锌底漆与大多数涂料可以兼容，且配套涂层之间有着协同作用，使配套涂层的寿命较单独使用时提高 1.5～2.4 倍。

综上所述，为了克服传统锌保护技术所存在的问题和不足，冷涂锌涂料已逐渐受到重视，并成为一个新的锌保护发展方向。

1.3 冷涂锌涂料简介

1.3.1 冷涂锌涂料组成及特点

冷涂锌涂料是近年来新出现的一个涂料品种，是一种单组分、高含锌量的重防腐涂料，主要由高纯度的锌粉、挥发性溶剂和有机树脂三部分配制而成，可以归类于有机富锌涂料。

与其他双组分富锌涂料如环氧富锌涂料、无机富锌涂料等以及其他单组分富锌涂料相比，冷涂锌涂料干膜锌含量高达 95％以上，能够为钢铁基材提供良好的阴极保护，实现长效防腐的要求。冷涂锌涂料施工方便，不存在使用前繁琐的混合工序和涂料使用时间的限制，操作简便，不需要特别的技术，只需要搅拌均匀，保证必需的涂膜厚度就能够为钢铁提供很好的阴极保护，即使在很苛刻的环境中，仍能长效保护钢铁表面。与热浸镀锌、热喷锌相比冷涂锌涂料具有低污染、低能耗的优点。此外，除了醇酸树脂油性涂料之外，冷涂锌涂料可与聚氨酯涂料、环氧类封闭漆、丙烯酸涂料、氟碳面漆等重防腐涂料配套使用。并且冷涂锌涂料可直接用于各种钢构基材上以及作为镀锌涂层破损修补之用。因此，冷涂锌涂料广泛应用于土木、建筑、电力、通信、环境卫生、船舶渔业等钢铁构件的防锈以及镀锌构件的维修维护。

冷涂锌涂料在市场上又称之为冷喷锌涂料、冷镀锌涂料、涂膜镀锌、锌基涂镀等等。

1.3.2 冷涂锌涂料的防腐蚀机理

一般的有机涂料防腐原理为环境屏障保护，当自然界的 H_2O、O_2、Cl^-、CO_2 等腐蚀介质接触钢构件时，由于在钢构件表面有涂层将腐蚀介质隔绝开来，遂能实现防腐保护。但缺点是一旦防腐涂层出现破损，裸露的金属表面迅速被氧化并生成体积更大的浮锈，并逐渐由破损处向周围扩散，最终使得防腐涂层失效。而冷涂锌涂层的主要防腐作用有：牺牲锌粉的保护作用（电化学防护）、屏蔽作用、涂膜自修复和钝化作用。

（1）牺牲锌粉的保护作用

冷涂锌涂料中含有大量锌粉，锌粒子之间、锌粒子与钢铁表面之间紧密接触，锌的电位比铁更负，所以在电解质溶液中锌原子容易失去电子变成阳极，铁则为阴极。在阳极区锌由于失去电子而被腐蚀掉，在阴极区钢铁表面不断得到电子，从而得到保护。

（2）屏蔽作用

冷涂锌涂料的屏蔽作用主要依赖于难溶盐和腐蚀产物的生成。冷涂锌涂料多采用鳞片状锌粉，加强了物理屏蔽作用。因为鳞片状锌粉的加入增加渗透距离的同时，在涂层中形成了无数的微小区域，减少了涂层与金属基体之间的热膨胀系数之差，降低了涂层硬化时的收缩率、涂层内部的应力，抑制了涂层的龟裂、脱落，提高了涂层的黏结力和抗介质渗透能力，从而提高了涂层的防腐蚀性能。锌的腐蚀产物因腐蚀介质的不同而不同，有氧化锌、氢氧化锌、碱式碳酸锌、碱式氧化锌、硫酸锌等，由于这些物质的形成使得体积膨胀，填满涂膜的空隙，从而防止铁表面与氧、水等有害介质的进一步接触，起着物理屏蔽作用。同时这些腐蚀产物可以使涂膜紧密地结合起来，增大电阻，减缓电化学腐蚀的速率，锌粉的消耗速率就会大大降低，其耐久性就会提高。

（3）涂膜的自修复作用

当涂膜上有部位损伤时，露出基体金属，在较小面积内腐蚀电流能流向钢铁露出部分，则锌的产物就沉积在此处形成一层保护膜，延缓腐蚀继续发生。

（4）钝化作用

涂料对钢材有着良好的钝化作用，涂料成膜过程中随着水分的蒸发，涂层的pH值发生变化，钢材基体的电极电位不是一直处于受电化学保护的状态。

1.3.3 冷涂锌涂料的性能特征、施工及应用

冷涂锌涂料的性能特征如下。

① 产品防腐性能优异，与热浸镀锌、热喷锌等具有同等的防腐效果。

② 产品为单组分，使用简单，使用前只需搅拌均匀；可重复使用、无活化期；可采用喷涂、刷涂、辊涂等施工方法。

③ 产品使用时对基材表面处理要求较低，轻度锈蚀表面也可涂装，但必须清除基材表面污物、旧漆膜、松动的锈蚀物等。为达到冷涂锌的最佳防腐性能，基材表面须喷砂处理至 Sa 2.5 级。

④ 产品漆膜附着力优异，即使干膜厚度高达 $100\mu m$ 时，用 1mm 的划格器测试，附着力仍可达 0 级。

⑤ 产品重涂性好，可多次涂覆，表干后即可复涂，也可在 2～8h 后涂覆其他各种颜色的面漆。

⑥ 产品固含量高，不含铅、铬等重金属，不含甲苯、二甲苯、一氯甲烷、甲乙基酮等有机溶剂，是环保型产品。

施工工艺及使用方法如下。

（1）工件表面处理

基材为钢铁时，必须清除钢铁表面的灰尘、油污及其他杂质。对于恶劣环境下

或高防腐性能要求下建议采用喷砂除锈，除锈等级达到 Sa 2.5 级；对于一般大气环境下或不能采取喷砂处理时建议使用动力工具除锈，除锈等级达到 St 3 级。基材为镀锌件时必须清除镀锌件表面的灰尘、油污等，已生锈的地方建议使用动力工具除锈，除锈等级达到 St 3 级；基材为旧涂层表面时，应除去涂层表面的锌盐、油污以及灰尘，疏松及生锈的部位推荐采用电动工具对其表面进行局部打磨。ABS、硬质塑料、铝材、玻璃钢等其他底材均不宜使用冷涂锌涂料。

（2）涂料准备

由于冷涂锌含有大量的锌粉，因此在开盖后必须充分搅拌，建议使用电动或气动搅拌机。搅拌后请确认罐底无沉淀物存在，在涂装过程中也要注意经常搅拌，防止锌粉沉降。

（3）稀释

施工时需要采用稀释剂，以冷涂锌用量为 100 质量份计，刷涂、辊涂、无气喷涂施工过程中，稀释剂加入量均为 0～5 份；空气喷涂过程中，稀释剂加入量为 10～15 份。

（4）涂装

冷涂锌涂料可刷涂、辊涂、无气（或空气）喷涂，有特殊需要时还可以采用浸涂或者静电喷涂。刷涂选用毛较为柔软、可以吸收大量涂料的刷子，涂装时注意不要延展涂膜，不要留下刷痕，以保证涂膜厚度均匀。

（5）配套涂层

冷涂锌涂料作为底漆使用时，后道推荐中间层配套涂料为环氧云铁；后道推荐面漆配套涂料为氯化橡胶、丙烯酸聚氨酯、氟碳、聚硅氧烷、冷涂银面漆等等。

冷涂锌涂料广泛应用于各种钢铁构件及设施防腐，如送变电系统、发电系统、桥梁钢结构、混凝土钢结构、钢结构建筑物、海洋设施、市政工程、人防工程、高速公路、铁路设施、水利设施、石油化工设备等等。其具体应用形式有以下三种。

① 可作为单一防腐涂层，用于钢铁表面防锈防腐，是替代热浸镀锌、热（电弧）喷锌、电镀锌等的最佳防腐材料。

② 可用于对钢结构表面各种镀锌层由于腐蚀、焊接、切割、钻孔、铆接等引起的破损处的修补。

③ 可作为重防腐涂装体系底漆，与除醇酸类涂料之外的其他中间漆以及面漆配套使用。

1.4　冷涂锌涂料国内外发展状况及最新进展

1.4.1　发展历程

早在 1940 年，英国剑桥大学就通过实验，将大量锌粉投入特殊有机树脂中，经高速搅拌后刷涂在铁基材上。结果显示，这种干燥涂膜中锌含量高达 95％，其具备与热镀锌同等的防锈效果。到 20 世纪 50 年代，英国剑桥大学提出"热镀锌常温化"的概念，并由英美等国于 60 年代率先着手研发，这便是冷涂锌涂料发展历程的雏形。

20 世纪 50 年代末，达克罗技术诞生。在北欧、北美地区寒冷的冬天，道路上厚实的冰层严重阻碍机动车的行驶，并易于导致交通事故的发生。因此，人们将盐撒在冰层上，用以降低凝固点，以缓解道路阻碍问题。但是随之而产生的问题是氯化钠中的氯离子侵蚀了钢铁基体，造成交通工具的严重腐蚀。面对这一问题，美国科学家迈克·马丁研制了以金属锌片为主，同时加入铝片、铬酸、去离子水做溶剂的高分散水溶性涂料，涂料沾在金属基体上，经过全闭路循环涂覆烘烤，形成薄薄的涂层，即上文中提到的达克罗技术。达克罗涂层成功地抵抗了氯离子的侵蚀，防腐技术进入了新的台阶，弥补了传统工艺防腐寿命短的缺陷。

随后，达克罗技术被美国军方采纳，成为一项防腐军事技术（美军标 MTL-C-87115）。到了 20 世纪 70 年代，日本的 NDS 公司从美国 MCI 公司引入达克罗技术，并且买断了在亚太地区的使用权，并控股美国 MCI 公司。岛国日本每年钢铁件腐蚀吨位大，因此非常注重防腐技术。达克罗技术通过日本的改良后，在日本迅速发展了 100 余家涂覆厂以及 70 余家制药单位，一些发达国家也纷纷引进达克罗技术。中国在 1994 年正式从日本引进达克罗技术，最初仅用于国防工业和国产化的汽车零部件，后又发展到电力、建筑、海洋工程、家用电器、小五金及标准件、铁路、桥梁、隧道、公路护栏、石油化工、生物工程、医疗器械、粉末冶金等多种行业。

由于达克罗技术必须将涂覆在金属基体上的涂料进行全闭路循环涂覆烘烤，所以与冷涂锌涂料的概念设计出入较大。但达克罗技术给尚在起步阶段的冷涂锌提供了新思路。

1975 年，瑞士研发出第一款真正意义上的冷涂锌产品，开创了世界上直接喷出金属的历史，该产品干膜锌含量约为 93％，符合欧洲 DIN50.976（1980）所述的阴极防腐性能标准，从此冷涂锌逐步获得发展、应用。近 30 年来，冷涂锌涂料发展迅速，最终被定义为干膜锌含量高于 90％、以阴极保护为主的单组分涂料。

冷涂锌在我国起步较晚，但发展迅速。2000 年年底，比利时 Zingametall 公司的锌加（Zinga）通过尚峰（上海）公司进入我国钢结构市场；2001 年年底，深圳彩虹环保建材公司的强力锌，通过技术鉴定，成为国内首家进入市场的公司；2004 年初，日本 ROVAL 公司在上海马陆投资建厂，以有五十年应用历史的冷镀锌 ROVAL 和其他四种冷镀锌系列产品引起钢结构行业的高度注意；2004 年年底，沈阳航达公司、珠海冠宇涂料科技公司开始生产和销售冷涂锌产品；2006 年年初，无锡锌盾科技公司也推出了冷涂锌产品及相关配套说明书。另外，美国的 ZRC、CRC，德国的 WURTH 等国外的冷镀锌产品在我国的重防腐蚀市场上也占有一定的份额。近年来，各种冷涂锌产品在国内很多重点工程上得到了应用，如广州新白云机场、粤海通道火车轮渡码头、苏通大桥、杭州湾大桥、广东新龙特大桥、广东大唐电厂、北京高碑店污水处理厂、北京丽泽桥、广州地铁四号线等。冷涂锌以其优异的防腐蚀性能、便捷的施工性能、突出的环保性能显示了它的强大生命力，深受钢结构行业的欢迎，开拓了"锌保护"的新领域。目前我国已有多家生产和研发冷涂锌产品的公司，如表 1-2 所示。

表 1-2　我国冷涂锌研发和生产公司

创建年份	公司名称	产品名称
2001	深圳彩虹	强力锌系列
2003	沈阳航特	冷基镀锌
2004	上海"ROVAL"（罗巴鲁）	ROVAL 系列
2008	武汉现代	聚硅氧烷冷涂锌
2009	无锡锌盾	锌盾
2011	湖南金磐新材料科技有限公司	冷涂锌
2012	上海昊锌科技有限公司	HX-ZINC

1.4.2　冷涂锌涂料发展的瓶颈

冷涂锌涂料在防腐领域的应用已逐步推广开来，国内冷涂锌产品也占领了相当的市场份额，但在替代传统锌防护措施保护钢铁基材时，也出现了不少失败的案例，如广州大学城、澳门园行地天桥钢结构等。这些失败案例暴露出如下问题。

① 冷涂锌与钢材间的附着力不佳。即便钢材表面清洁度符合 ISO 8501 Sa 2.5、ISO 8503 要求，粗糙度在 $40\sim70\mu m$，各类冷涂锌产品的附着力仍相差悬殊，高的可达 5.0MPa，低的只有 $1.0\sim1.5MPa$，不能满足国家对防腐底漆的基本要求（约 3.0MPa）。

② 涂层与其他漆层之间的配套性能不佳。冷涂锌可以与环氧类、聚氨酯类等双组分中层漆配套使用，但在具体施工时，常因配套漆溶剂极性过强，中间漆喷涂过厚等造成冷涂锌层脱落，完全失去保护能力。

上述问题使冷涂锌涂料施工时难度加大，破损时难以修复，难以达到理想的防腐蚀效果。追根溯源，这主要是由于冷涂锌树脂的性能缺陷所致。国内冷涂锌树脂以改性聚苯乙烯为主，聚硅氧烷、丙烯酸酯和环氧酯等多种树脂并存。不同树脂性能不同，若树脂选取不当，或为了保证树脂的导电性不得不牺牲包覆能力及其他物化性能，都会降低冷涂锌的实用性。我国南北跨度大，施涂环境差异明显，选用树脂时对环境因素考虑不足，也会造成无谓的损失。

冷涂锌在防腐性能、施工性能上都优于富锌涂料，但施工成本远远超过富锌涂料，据不完全统计，我国冷涂锌树脂的价格从 60 元/kg 至 160 元/kg 不等，进口树脂价格更为昂贵。目前，片状锌粉也逐渐应用于富锌涂料领域，并因高耐蚀性、锌资源节约性获得认可。因此，冷涂锌若想扩大应用范围，在性能、价格上都将面对富锌涂料的巨大挑战。

1.4.3 冷涂锌涂料的最新进展

冷涂锌涂料在我国出现时间较晚，市场局面还未完全打开。目前冷涂锌的核心技术基本都掌握在国外或中外合资公司手中，虽然自 2005 年后，国内也开始着手冷涂锌产品的自主研发，但无论是产品质量或市场认可度，均不理想。因此，在市面上的冷涂锌产品，存在着大量的以假乱真、鱼目混珠产品。因此，为了促进冷涂锌产品发展，并引导行业健康、有序的发展，在 2015 年，全国涂料与颜料标准化技术委员会开展了冷涂锌涂料标准的制定工作，该标准编号为 HG/T 4845—2015，工业和信息化部已于 2016 年 1 月 1 日正式颁布实施。冷涂锌在传统锌防护的基础上，进一步保留了其优异的电化学保护和屏蔽保护功能，并相对于热镀锌、电弧喷锌（铝）、冷喷锌等锌保护方式，更加环保、节能，并具备良好的施工性能。冷涂锌主要由极细锌粉及特殊有机树脂组成，因此，锌粉的选择、树脂的性能以及正确地使用方法是发挥冷涂锌涂料性能优异性的决定性因素。该技术的最新进展如下。

（1）树脂基料

树脂缺陷是当前制约冷涂锌推广应用的最大问题，寻找适宜的材料对树脂进行改性使用是提高结合力的重要方法，且这些材料还能强化冷涂锌涂料的物化性能，使冷涂锌能够应对更加极端的工作环境。

范云鹰等研究了硅酸盐在锌涂层中的钝化机理。结果表明，在酸性条件下，界面处的锌与腐蚀介质发生一系列化学反应，最终在表面形成 SiO_2、$Zn_4Si_2O_7(OH)_2 \cdot 2H_2O$ 等化合物组成的钝化膜，防止基材被腐蚀；周春婧等用有机硅对环氧树脂进行改性，树脂中的 Si—O 键与锌、铁能生成硅酸盐聚合物，并进一步反应生成网状硅酸锌配合物，除了能提高冷涂锌的附着力外，也能增强涂膜的耐沾污性及耐候性。

将石墨烯引入树脂中也是冷涂锌树脂改性的可行方法之一。石墨烯具有优异的耐化学品性。黄坤等以石墨烯粉体为导电填料、环氧 E-44 为基料，研制了一种环氧复合防腐导电涂料。检测证明，即使石墨烯添加量仅为 0.5%，石墨烯/环氧复合涂层的耐酸性、耐碱性和耐盐雾侵蚀性都会显著提高，在油品中的耐溶解性也很好。添加量在 1% 左右时，石墨烯环氧复合涂料导电性稳定，附着力良好，可作为导静电重防腐涂料使用。

石墨烯兼具巨大比表面积和优良的导电性，除能同时实现包覆与导电外，石墨烯中各碳原子之间的连接非常柔韧，可赋予树脂极强的柔韧性。廖有为等利用丙烯酸酯与氧化石墨烯进行接枝、包覆等化学反应，制得氧化石墨烯/丙烯酸酯复合材料后用水合肼进行还原，从而恢复在接枝过程中失去的导电性，在合成过程中通过大量引入羟基和磷酸根离子等极性基团，可大大提高树脂对锌粉的包覆和对基材的附着，特别是当钢板表面喷砂时，极性基团能与基体发生锚固效应，使涂膜与金属表面发生电化学结合，进一步提高附着力与抗剥落能力。此外，此树脂具有较高的玻璃化转变温度和硬度，在高温高强度条件下的实用性好。

（2）锌粉填料

国际铅锌组织（ILZRO）的研究报告表明，锌粉的纯度直接影响涂层的防腐性能。目前高纯度片状锌粉的价格是球状锌粉的 3～6 倍，探究新的超细锌粉制造方法，提高锌粉纯度，降低锌粉粒径，既能提高与树脂的附着能力，进而提高涂层的力学性能（尤其是耐磨性），也能降低冷涂锌的使用成本。总体而言，我国的超细锌粉制备技术还处于实验摸索阶段，但已有部分方法获得突破，这些方法能快速制备高纯度、小粒径的锌粉，具有工业化大规模生产的潜力。

李生娟等在氩气保护下利用滚压振动磨机进行锌粉研磨，通过调整和控制研磨介质和粉体质量比、研磨介质尺寸、能量强度、研磨温度等参数，制备出粒度均匀、平均粒径在 60nm 以下、晶型为密排六方晶格的针片状纳米锌粉；秦爱玲等将传统电解法与增强表面活性相结合，以 $ZnCl_2 + NH_4Cl + NH_3 \cdot H_2O$ 溶液为电解液，并加入淀粉类添加剂，以不锈钢为阴极，涂钌钛为阳极对电极制备锌粉，制得的锌粉为规则鳞片状，长 2～3μm，厚度小于 0.2μm，成品仅需经适当的分散处理即可直接使用。

除研发锌粉冶炼技术，采用复配方式降低片状锌粉所占比例也是可行的方法之一。目前，市面上已有用防锈颜料或铝粉、银粉替代部分锌制成的冷涂锌产品。这类产品兼具防腐效果及美观度，免去了使用其他涂料时多重喷涂的工序，节省材料、降低成本，在防腐条件相对温和的环境中能直接使用。也有人将球状锌粉与片状锌粉配比使用，球片基冷涂锌的导电性虽有所降低，但屏蔽性能进一步提高，耐盐雾性及表面硬度显著增大。

（3）施工

冷涂锌施工工艺研究应包括两方面。一方面是涂装方式。冷涂锌可采用多种涂装方式且以无气喷涂法为主流，在常温下将喷漆压力控制在 8～12MPa，喷枪口与基材距离控制在 30～35cm 时喷涂就可取得较好的涂装效果，但如何根据具体施工条件更改技术参数的研究还处于起步阶段；另一方面是冷涂锌的配套方案研究。在大多数工程中，冷涂锌都是作为底漆与其他涂料配套使用，配套漆的选择、各涂层厚度都会影响复合涂层的性能。从现有经验可知，复合涂层中的冷涂锌膜厚应该控制在 40～60μm 内，在此基础上借鉴富锌涂料所设计的复合涂层一般包括：冷涂锌 60μm，环氧封闭剂 20μm，环氧云铁层 80μm，聚脲层 80μm。而漆膜厚度仅为 120～140μm 的冷涂锌单涂层防护效果就与 240μm 复合涂层大体相当，且无需担心配套性问题。因此摆脱富锌涂料窠臼，寻找相容性更好的配套漆，并在此基础上重新设计复合涂层将是冷涂锌施工工艺研究的重心。

冷涂锌复合涂层研究受树脂发展限制，冷涂锌生产厂家根据树脂性质直接提供配套中面漆，减少施工前用于配套性能测试的时间，也将是未来冷涂锌发展的重要趋势。

1.5 冷涂锌涂料的发展展望

早在"十一五"（2006～2010年）规划纲要中就已指出："发展我国基础设施建设及建设资源节约型、环境友好型社会"。因此，在金属重防腐项目中，要慎重对待涂装体系的选择。涂装体系不仅需要性能优异、成本可控，而且要满足便捷的施工性能以及良好的环保性能。

1.5.1 新技术和新产品发展展望

近些年来，为了应对人民群众越来越强烈的环保要求，2015年2月开始，国家正式出台对溶剂型征收"涂料消费税"，旨在限制溶剂型涂料的使用，促进非溶剂型如水性涂料、UV涂料、粉末涂料的发展。而目前冷涂锌涂料所用树脂大部分为溶剂型，虽然含量很少，但依然会产生污染。因此，可以通过加强冷涂锌用水性树脂的研发，使水成为冷涂锌涂料的分散介质，减少污染，降低生产成本，提高行业竞争力。目前水性冷涂锌涂料的代表性产品为罗巴鲁的水性冷镀锌（冷涂锌）涂料。

此外，目前冷涂锌涂料所用锌粉主要为球状锌粉和片状锌粉，后者比前者的价格要贵好几倍。片状锌粉技术起源于达克罗技术用锌粉，其在基材表面形成叠瓦状交替层，具备高屏蔽性和良好的导通性，为保护构件提供不间断的电化学阴极保护电流。片状锌粉相对于球状锌粉来说，防腐性能更好。首先，与球状锌粉的点点连接接触相比，片状锌粉形成的涂层连接方式为面面搭接，使得电流导通性更大。其次，片状层叠结构使得腐蚀介质如水、Cl^-、OH^- 等的渗透路径延长，提高了涂层的屏蔽性能。最后，片状锌粉相对于粒状锌粉的松装密度更低，因而具备更好的抗沉降性，减少施工难度。因此，片状锌粉可能将是未来冷涂锌涂料用锌填料的主要材料。

1.5.2 不断拓展应用领域

鉴于冷涂锌涂料的高性能及施工便捷性能，其不仅可以直接涂覆在钢铁表面，发挥与热镀锌同等的强力防锈效果，还可以对于难以放入镀锌槽的大型部件、容易高温变形的薄型部件、赶工期的部件的镀锌处理中，作为热浸镀锌的替代品使用。并且对于镀锌构造物中镀锌层薄弱的部位产生铁锈的情况下，涂冷涂锌可以延长使用寿命。而在镀锌件的切割面和焊接部，或者镀锌层脱落的地方和未镀锌的部位，使用冷涂锌涂料进行修补是最佳选择。以下将介绍冷涂锌涂料正在不断拓展的应用领域。

（1）电力行业

输电系统：电力塔架、角钢塔、钢管塔、各种电力钢铁设施的防腐。

变电系统：750kV 变电系统架构，500kV、330kV、110kV 变电系统架构，变电站塔架，设备支架，变电设备，电缆沟电缆支架表面防腐。

火力发电系统：主厂房钢结构、锅炉支架、输煤栈桥、空冷平台支架、干煤棚网架、管道、烟风道及钢支架、烟气脱硫系统、管道支架、升压站支架、变电构架等。

水力发电系统：钢闸门、拦污栅、升船机、压力管道、水轮机、涡壳、主厂房钢结构。

新建时的应用：以上各种钢铁设施在新制造时及在钢结构工厂第一次防腐时应用冷喷锌，可有效替代现有的热镀锌、热喷锌、普通防腐涂料。

修补时的应用：以上钢结构做好防腐使用一段时间后，采用锌盾冷喷锌进行修补，防腐重涂，尤其是镀锌、热喷锌被安装、焊接、破损后的修补，是目前最有效方便的修补材料；也可用于水泥塔杆钢铁连接圈处的防腐及维修重涂。

（2）市政工程

各种大型场馆、体育馆、展览馆、机场、加油站、城市景观建筑钢结构表面防腐；管道、燃气储罐、污水处理设施防腐及防腐维修。

（3）交通系统

悬索桥、斜拉桥、连续钢构桥、市政立交桥、高架桥、人行天桥、钢箱梁、叠合梁、钢管拱、主桥墩防撞钢套箱、混凝土预埋钢筋、防撞护栏、栏杆、灯座、交通标识钢结构等。

（4）海洋工程

海上钻井设备、平台支架、生产装置、泵站、码头钢管桩、船舶甲板、船壳、港口设施、门式起重机、岸桥等。

1.5.3　冷涂锌涂料涂装体系 LCC 分析

目前，国际上普遍采用全寿命费用分析法（life cycle cost，LCC）来评价工程设计的合理性，全寿命周期费用（LCC）系是指一个系统或设备在全寿命周期内，为购置它和维持其正常运行所需支付的全部费用，即产品（设备）在其寿命周期内设计、研究与开发、制造、使用、维修和保障直至报废所需的直接、间接、重复性、一次性和其他有关费用之和。LCC 把产品（设备）从规划设计直至改造、更新等各阶段所消耗的人力、物力和信息资源，均量化为可以进行比较的费用，以支持管理决策，使决策走向科学化。

在防腐行业中，LCC 分析是将防腐整个使用寿命过程中，前期投资，寿命中维修和保养费用，包括材料费、人工费、停工损失、材料损失等直接和间接费用之和进行综合评价，得出最优方案。采用冷涂锌涂装体系，取得超长的防腐年限，将传统涂料 5～7 年的使用寿命延长至 30 年以上，减少昂贵的重涂维修；冷涂锌涂料本身具有优异的重涂施工性能，能有效减低维护费用，避免多次防腐维护造成停工间接损失。相比传统的各种防腐方式，采用冷涂锌涂料，将会有更大的综合经济效益。下面将长效防腐体系与普通防腐体系 LCC 实例进行对比。

例如，长江葛洲坝工程的过船闸闸门及提升闸门用的大型龙门吊车的钢结构、升船机的钢结构等，原用油漆（即早期以植物油为主要原料的涂料，下同）防腐，2～3 年大维修一次，每次大修 60 天，每天 20 艘船的通航能力。每次大修共减少 1200 艘船只的通航能力，平均每年为 400～600 艘，给长江航运造成极大损失，这个损失将是刷油漆一次性投资的很多倍。再如，淮南电厂田家庵至蚌埠之间 264 座 3.5 万伏高压输电铁塔，当时出于维修不方便且一次投资略高考虑，上半部采用喷锌防腐，下半部采用油漆防腐。上半部喷锌成本 700 元/座，下半部油漆防腐成本 517 元/座，最后情况是油漆涂层 3～5 年严重锈蚀，锌涂层 26 年后仍完整无损，26 年节约维修保养费总计 100 多万元。若当时下半部每座增加投资 300 元也采用冷涂锌产品，即总投资增加 264×300＝7.92 万元，将避免后来维修保养费的 125 万元（26 年下半部共维修保养 6 次，每座维修保养费 790 元，共花费维修保养费 264×6×790＝125 万元）。

由表 1-3 可知，采用冷涂锌涂料喷涂技术，可延长防腐寿命，较少重涂，且重涂性能好，能减少重涂难度和维修费用，减少维修停工等间接损失，LCC 费用最低。

表 1-3　不同防腐工艺 30 年总体防腐费用 LCC 经济比较

防腐方式	冷涂锌涂料	热浸镀锌	热喷涂锌	一般有机涂料
费用/(元/m²)	75～85	115	150～190	200～270

冷涂锌涂料是一种新型、长效、环保、便捷的重防腐保护材料及方法，具有重熔性、柔韧性、抗冲击性和耐磨性等优异的特性。随着国家节能减排措施的相继出台，热浸镀锌、热喷锌将会被限制使用，冷涂锌涂料作为替代热浸镀锌的最理想材料，将在短时间内占据热浸镀锌的大部分市场，成为建筑、电力设施、交通设施及海洋工程等钢结构防腐的首选方案。冷涂锌树脂性能的不断提高、锌粉制备技术特别是片锌制备技术的日臻成熟以及冷涂锌涂料配套涂层的不断发展，都会给冷涂锌涂料带来新的活力，弥补现有材料的不足，丰富特种防腐材料的种类，为建立节约型社会，减少资源浪费、保护环境提供有益的帮助。

第 2 章 ▶▶

常用防腐蚀涂料

涂料，在中国传统名称为油漆。所谓涂料是涂覆在被保护或被装饰的物体表面，并能与被涂物形成牢固附着的连续薄膜，通常是以树脂或油或乳液为主，添加或不添加颜料、填料，添加相应助剂，用有机溶剂或水配制而成的黏稠液体。依据GB/T 2705—2003 中按照涂料市场和用途为基础的分类法，可分为建筑涂料、工业涂料、其他涂料及辅助涂料等。而防腐蚀涂料属于工业涂料大框架下的一种类型涂料。以下将具体阐述常用防腐蚀涂料的类型特征及使用局限性。

2.1 防腐蚀涂料概述

2.1.1 防腐蚀涂料体系

防腐蚀涂料指涂布于物体表面在一定条件下能形成薄膜而起保护、装潢或其他特殊作用（绝缘、防锈、防霉、耐热等）的一类液体或固体材料。因早期的涂料大多以植物油为主要原料，故又称作油漆。现在合成树脂已大部分或全部取代了植物油，故称为涂料。防腐蚀涂料作用主要是保护、装饰和掩饰产品的缺陷，从而提升产品的价值。产品一般采用复合涂装方式，体系依次分为底漆、中间漆和面漆。

（1）底漆

底漆的主要作用是防腐蚀、确保涂层与底材的附着力，并为后继涂层——中间漆或者面漆提供良好的附着基础。底漆主要有车间底漆、磷化底漆、环氧磷酸锌底漆以及富锌底漆。

（2）中间漆

中间漆的主要功能是增加漆膜厚度，以增强漆层体质。作为底/面之间的过渡层，在涂层配套正确的前提下，具有提高层间附着力的作用。中间漆主要有环氧封闭漆、环氧云铁中间漆以及厚浆型环氧中间漆等。国内最常用的是环氧厚浆涂料，而在桥梁、电站、港口和海上钢结构等防腐蚀工程中，却偏重于采用云母氧化铁环氧涂料和玻璃鳞片涂料。两者均以耐腐蚀的树脂为主要成膜物质，分别以云母氧化铁和玻璃鳞片为防锈颜料，再加入其他助剂而组成的厚浆型涂料。

（3）面漆

面漆主要有中低档的醇酸涂料、丙烯酸涂料、氯化橡胶涂料以及高档的聚氨酯面漆、氟碳面漆以及聚硅氧烷面漆。还有一些具有特种功能的防腐蚀涂料如防静电涂料、耐高温涂料等等。面漆主要作用是防止外界有害的腐蚀介质，如氧气、水汽、二氧化硫以及化工大气的影响。同时，面漆的美观装饰性也越来越受到重视。有时候，还要求最外层涂上一层清漆，如脂肪族聚氨酯清漆等，以获得更为致密的屏蔽漆膜。

2.1.2 防腐蚀涂料的特点

防腐涂料除了具有在严酷腐蚀环境下应用和长效寿命特点外，还有以下几个特点而区别于一般涂料品种。

（1）厚膜化

这是重防腐涂料重要标志之一。为此，现代重防腐涂料向高固体分、少溶剂、无溶剂化方向发展。涂层设计的目标是提高使用寿命，而使用寿命取决于腐蚀环境。这里使用寿命有两层含义：其一是指涂层运行使用至下一次维修时的间隔期限；其二是指一次性使用至涂层失去保护功能的期限。涂层的使用寿命是根据被保护对象本身的寿命、价值及维修的难易来确定的，ISO12944-5 对于涂层的使用寿命分为三个等级：低，2～5 年；中，5～15 年；高，15 年以上。当然 ISO12944-5 所说的使用寿命绝不是商业"承诺防腐寿命"，而仅是涂装设计一个技术参数，它的作用主要是为设计者制定一个比较合理的维修涂装时间表以做参考。

涂层的厚度对使用寿命非常重要，实验已经证明，在一定的腐蚀环境下，涂层配套确定之后，涂层厚度与保护寿命呈直线关系，如图 2-1 所示。

Fick 定律：腐蚀介质渗透达到涂层-金属界面的时间与涂层的厚度平方成正比，与扩散系数成反比，其数学表示式为：

$$t = \frac{L^2}{6D}$$

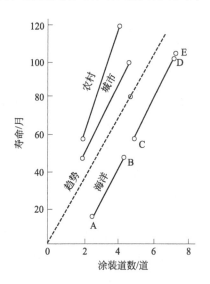

图 2-1　涂层的平均寿命和厚度的关系
A——一道底漆加一道面漆；B—两道底漆加两道面漆；C—一道底漆加三道面漆；D—两道底漆加四道面漆；E—一道底漆加五道面漆（油基涂料和醇酸涂料，每道漆膜厚度是 2.5μm）

式中，t 为液体腐蚀介质渗透至涂层-金属界面的时间（t 值越大间接表明防腐寿命越长）；L 为涂层干膜厚度；D 为介质扩散系数（取决于涂层与介质结构、渗透压力、温度等参数）。

由此可见，重防腐涂装应尽量厚膜化（干膜 $200 \sim 1000 \mu m$），以提高涂层的使用寿命。

涂层厚度是根据腐蚀环境及使用寿命来确定的，三者的关系 ISO 12944-5 中有推荐要求，见表 2-1。

表 2-1　腐蚀环境、使用寿命和涂层厚度的关系

腐蚀环境	使用寿命	干膜厚度/μm	腐蚀环境	使用寿命	干膜厚度/μm
C2	低	80	C4	低	160
	中	150		中	200
	高	200		高	240(含锌粉)
					280(不含锌粉)
C3	低	120	C5-I C5-M	低	200
	中	160		中	280
	高	200		高	320

（2）高性能原材料的研发是重防腐涂料发展的关键

在防腐涂料的研究中，对于高性能的耐蚀合成树脂和新型的颜料、填料的研究与开发，国内外一直十分重视。一个重要的研究方向是在保持原有性能的基础上，克服其缺点并开发多方面功能。例如，聚合硅氧烷树脂的研发为克服丙烯酸树脂耐溶剂性差、不耐高温的缺点，采用有机硅氧烷原位、接枝聚合改性丙烯酸树脂的方法，大大提高了丙烯酸树脂的耐热性和耐溶剂性，即丙烯酸聚硅氧烷涂料。氟碳树脂的研发与应用已从高温干燥型发展到常温自然干燥型，设法降低 VOC 含量和改善重涂性是氟碳涂料的研究方向。导电聚苯胺防腐涂料的树脂本身导电且防腐性能优秀，属于本征型导电涂料。它克服了导电性与防腐性的矛盾，技术上比常规导静电涂料高出一个档次。聚脲防腐弹性体涂料和聚天门冬氨酸酯聚脲的性能与应用前景远优于聚氨酯。新型鳞片状金属锌粉替代目前广泛使用的球状锌粉，防腐性提高（阴极保护＋屏蔽效应），锌粉用量可降 1/3，制漆成本明显下降。

（3）表面处理是决定质量的首要因素

对于防腐工程表面处理的重要性怎么估计也不为过，如同一座高楼大厦不能建筑在沙滩上的道理一样。涂装前表面处理方法很多，如酸洗磷化、机械打磨、喷砂抛丸等。对于不同行业、不同的涂装对象可能采用不同的处理方法，但在重防腐领域，喷射除锈（俗称喷砂）迄今仍是最佳的工艺选择。其一，钢材表面清洁度达标有保证（Sa≥2.5）；其二，表面粗糙度均匀（$R_z = 40 \sim 75 \mu m$）。而涂装前钢材表面粗糙度不仅增加了钢材表面积，还为漆膜附着提供了合适的表面几何形状，有利于漆膜与底材之间的粘接和漆膜厚度分布的均匀一致。刚喷砂后的钢材，表面能增大，处于活化态，3h 之内喷涂防锈底漆，是涂料分子与金属表面极性基团之间相互吸引与粘接的最佳时期。

喷砂工艺应尽量标准化、规范化。如应尽量采用金属磨料，执行 GB/T 18838.1《涂覆涂料前钢材表面处理　喷射清理用金属磨料的技术要求》（等同 ISO 11124-1：1993），并可参考美国钢结构涂装协会（SSPC-SPCOM）所列出的喷射不同磨料所测得的粗糙度。喷砂后表面清洁度应执行 GB 8923《涂装前钢材表面锈蚀等级和除锈等级》（等效采用 ISO 8501-1：1988）。而表面粗糙度的检查应执行 GB/T 13288—1991《涂装前钢材表面粗糙度等级的评定（比较样块法）》（参照采用 ISO 8503—1985）和 GB 6060.5《表面粗糙度比较样块　抛（喷）丸、喷砂加工表面》等标准。喷砂作业应尽量在喷砂房内进行，户外喷砂应采用带有布袋吸尘器的喷砂设备，以利于环境保护和劳动保护。

涂装前表面处理除了喷砂除锈外，喷砂前除油和除去可溶性盐等污染物同样是十分重要的前处理工序。一般施工者认为喷砂可以把它们清除，但是实际上只是把这些污染物的大部分深深地分散凿在钢材表面，形成更加隐蔽、危险性更大的污染。除油、除盐可采用高压喷射淡水（除油需加清洗剂）的工艺方法，可参照 NACE No.5《高压淡水冲洗的清洁标准》（相对美国钢结构涂装标准 SSPC-SP12）和 GB/T 13312—1991《钢铁件涂装前除油程度检验方法（验油试纸法）》。

（4）涂层配套的正确性

钢结构工程重防腐涂装，一般分为底漆、中间漆和面漆。底漆的主要功能是防锈，增强与金属表面附着力；中间漆的主要功能是增加漆膜厚度，以增强漆层体质；而面漆除了装饰性功能之外，还有更多方面的功能要求。在选择涂料时，力求"底-中-面"三涂层配套正确，即要讲究其配套性。一般没有固定规律可循，大都是长期施工经验的总结。例如固化类型一致，如不宜将烘干型涂料喷在溶剂挥发型（自然干燥）涂料上面；不宜将强溶剂的面漆喷涂在弱溶剂的底漆上面等。

（5）推荐采用"底-面合一"施涂工艺

近年来，为适应重防腐涂装的需要，已有"底-面合一"的厚涂涂料出现，采用高压无气喷涂技术，一次可以喷涂几百微米，甚至几毫米，在大型钢结构工程中得到迅速广泛的应用。最常用的是高黏度环氧和聚氨酯涂料。这类漆固体含量一般在 70%（体积分数）以上，甚至 100%，施工时一般不加稀释剂，因此宜采用高压无空气喷涂机进行喷涂，也可刷涂。由于环氧树脂极强的粘接性能，使涂层牢固地附着在钢材表面，形成一道厚的防护涂层，有效地阻缓外界腐蚀性介质的浸入，其防护期可达 10 年以上。

（6）涂装现场管理是实现重防腐涂装设计目标的重要环节

涂装的目的在于涂层质量，而这是通过科学而严格的质量管理实现的。涂装工程质量管理是一项全员参与、贯穿全过程的系统工程。涂装工程质量管理包含很多的环节，其中最重要的部分之一是涂料生产厂家派出的涂料技术专业服务人员在现场对施工工艺的执行情况作出的检查、监督、指导和纠正。对整个施工质量的控制具有非常重要的意义。

2.1.3 防腐蚀涂料的新发展

（1）鳞片状金属颜料在涂料中的应用

由于鳞片状颜（填）料在漆膜中互相平行交错叠加，切断漆膜中的毛细孔，起到迷宫效应，能有效屏蔽和极大阻缓了外界水、氧、氯离子等腐蚀介质的渗透，提高涂层的抗腐蚀能力。目前，涂料工业中常用的鳞片状防锈颜料主要有云母氧化铁、玻璃鳞片等，属于非金属原料。考虑到片状金属具有良好的延展性、导热性、可加工性以及装饰效果独特，市场发展前景良好，除铝粉外，一些新型片状金属填料陆续投放市场，如鳞片状锌粉、鳞片状不锈钢粉等。

以鳞片状锌粉为防锈颜料，选用不同的基料（如硅酸乙酯、环氧树脂、氯化橡胶等）可以研制出种类繁多的水性、溶剂型、无机或有机片锌富锌涂料。这些涂料不仅抗腐蚀性能优于普通球锌富锌涂料，并且由于锌粉添加量的大幅度减低（例如：环氧富锌底漆，球锌不挥发分中锌含量在 70% 左右，换成片锌锌含量可减至 50% 左右，节省金属锌粉用量约 1/3），成本不高于甚至低于球锌涂料。更由于其单位面积的涂覆量更大，施工涂层更薄，已经被国外公司大量用于集装箱辊涂用车间底漆。所以，鳞片状锌基涂料是未来富锌涂料的发展方向之一。

鳞片状不锈钢粉最早用于石油管道的厚浆型重防腐涂料中，由于其本身的耐酸、耐碱、耐磨、耐高温等特性，增强了涂层的耐化学品性、耐老化性以及耐磨、耐高温变化的性能。但是，传统的不锈钢鳞片的厚度太厚，其松装密度都在 2.0g/cm^3 以上，这就造成了不锈钢鳞片在基料中的悬浮性不好，易沉淀。致使不锈钢鳞片通常只能应用在喷涂厚度达到数百微米乃至数千微米的场合，使其应用受到了限制。

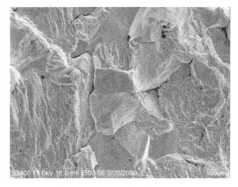

近几年来，国外对不锈钢鳞片涂料的研究有了突破性的进展，其突破点在于采用新的工艺，开发出超薄型的不锈钢鳞片。例如：美国 Novamet 公司生产的超薄型不锈钢鳞片的松装密度在 0.8g/cm^3 左右，片径在 10～30μm，厚度在 0.6μm 以下。采用这种薄型的不锈钢鳞片，选择适合的基料树脂，开发出超薄型不锈钢鳞

图 2-2 不锈钢鳞片的电子显微镜扫描图片

片涂料，喷涂厚度仅为数十微米，而防腐效果却能达到喷涂厚度为数百微米的防腐效果。电子显微镜放大的不锈钢鳞片结构如图 2-2 所示。

（2）高固体分涂料和无溶剂涂料的应用

通常防腐涂料每道涂覆干膜厚度 $25\sim50\mu m$，要达到较大的膜厚，必然增加涂覆次数，这不但费工费时，更带来大量的有机溶剂挥发而污染环境，不符合各国政府对涂料中挥发性有机化合物（volatileorganiccompounds，VOC）含量越来越严格的限制。而高固体分涂料和无溶剂涂料正由于其高固体分、低 VOC、不含或少含溶剂，符合涂料工业环保、经济、节能、高效这一大方向而日益受到重视。

在高固体分涂料中，环氧树脂涂料应用最为广泛。传统的环氧树脂涂料，体积固体分为 50% 左右，而高固体分涂料的体积固体分至少达到 68% 以上。很多高固体分环氧涂料的体积固体分达到 80%～90%，溶剂用量则大幅度地下降。

无溶剂涂料则是高固体分涂料发展的必然结果。由于其彻底解决了有机溶剂挥发排放问题，对环境保护和劳动保护以及防火安全等均有积极意义。

无溶剂涂料广义地讲是指不含有机溶剂或水的涂料，狭义地说是指不含可挥发到大气中的有机溶剂的液体涂料。传统的清油、熟桐油是属于广义的无溶剂涂料。现代无溶剂涂料是指采用活性溶剂作为溶解介质的液体涂料。在其成膜过程中，活性溶剂与树脂反应交联而成为涂膜的组成部分，不像一般溶剂那样绝大部分挥发逸出。

无溶剂涂料的特点包括：①厚膜化，一次可喷涂 $100\sim1000\mu m$；②边缘覆盖性好，甚至对没有处理过的钢板边缘也有很强的覆盖能力，比溶剂型涂料效果更好；③涂层不收缩，内应力较小，无伸长力；④具有突出的物理机械性能、耐磨性与耐化学品性；⑤无溶剂挥发到大气中，对环境保护和劳动保护以及防火安全等均有积极意义。

当然，提高涂料固体分并不是单纯地靠减少或不用有机溶剂来达到，它涉及成膜树脂的低黏度化、活性稀释剂的应用以及新型助剂的应用等一系列新原料和新技术。

（3）水性涂料的应用

常用的重防腐涂料都是采用有机溶剂作为涂料体系的稀释物。现在，人们开始意识到有机溶剂的危害性，主要存在以下两方面。一方面考虑人类自身的健康。多年来，世界卫生组织（WHO）一直关注着这方面的研究。多项研究表明，如果没有有效的防护措施，长期吸入有机溶剂，会导致所谓的"涂料综合征"（painter-syndrome），主要表现在容易疲劳、记忆力下降以及神经系统方面的疾病。另一方面是有机溶剂对于环境造成的危害。有机溶剂挥发后，在紫外线的作用下容易分解，产生具有高活性的产物。这些高活性的产物会与大气中的工业污染物以及汽车尾气，如氮氧化物和硫氧化物反应，生成一些对环境有害的物质，如臭氧等。这些有害物会导致盐雾、酸雨，影响生物的新陈代谢，导致全球气温变暖。

正因为有机溶剂的这些危害性，从 20 世纪 70 年代开始，欧美等国相继出台了相应的强制性法规，限制涂料中挥发性有机化合物（VOC）的含量，降低对环境的危害。近年来，国内也越来越关注这类问题，低 VOC 含量的产品成为今后涂料发展的趋势。

水性涂料，顾名思义，是以水为主要溶剂，同时用水来稀释和清洗的涂料。因此水性涂料的 VOC 含量较低，通常在 50g/L 以下。水性涂料因为主要溶剂是水，因此具有以下优点：①水的来源广泛，净化容易；②在施工过程中无火灾危险；③基本不含苯类等挥发性有机溶剂；④水代溶剂，可节省大量资源；⑤涂装时使用过的工具直接用水进行清洗；⑥工件经除油、防锈等处理后，不需要完全干燥即可施工。

在工业重防腐涂料体系中，主要应用的水性涂料有水性无机富锌底漆、水性环氧涂料（包括水性环氧富锌底漆）以及水性丙烯酸涂料。

2.2 常用防腐蚀涂料品种

2.2.1 生漆

生漆又称大漆、国漆，是割取漆树中的生理分泌物而获得的。生漆组成十分复杂，主要成分是漆酚、水、树胶质以及含氮物、漆酶、少量灰分、有机酸、葡萄糖等。

漆酚是生漆中的主要成分，占生漆总量的 50%～70%，含量越高，则生漆质量越好。漆酚是主要的成膜物质，可以溶于植物油、矿物油以及酮类、醇类、醚类等有机溶剂中，不溶于水。漆酶是使漆酚形成大分子网状物的催化剂，只能溶于水。生漆中的水分含量也较大，约占 15%～40%。

生漆的干燥是靠漆酶的氧化聚合，在 20～35℃，相对湿度 80%～90% 时，生漆的固化干燥最快。当温度升至 50℃ 时，酶的活性减弱，到 70℃，就失去活性。但是在高温下靠漆酚的氧化聚合，生漆的干燥也十分快。如 150℃ 时，约 3h 就可干燥；180℃ 时，0.5h 就可得到坚硬涂层。

生漆具有优良的物理性能和化学性能。生漆固化后形成网状高分子立体结构，漆膜坚硬而富有光泽，耐油、耐水、耐溶剂和化学品，性能十分优良。在 150℃ 的情况下可以长期使用，瞬间耐热达 200℃，加入耐热颜、填料可以进一步提高其耐热性。但是生漆漆膜很脆，柔韧性差，冲击强度差，耐碱性差，耐候性也不好，在阳光下易发生龟裂和粉化。生漆有毒性，使人易生过敏性皮炎，即漆疮，接触生漆时应注意劳动保护。

为此人们对生漆进行了改性以提高生漆的性能或者降低生漆的毒性。将生漆过滤，常温下经脱水，再用漆酶催化聚合后，加上二甲苯稀释，就可以得到漆酚清漆，漆酚清漆对人体皮肤的致敏性有所下降，但其耐蚀性基本上与生漆相同。提取漆酚与甲醛进行缩合反应，制成漆酚缩甲醛树脂，再与环氧树脂进行交联反应，制得漆酚缩甲醛环氧树脂，漆酚缩甲醛环氧树脂涂料具有生漆和环氧树脂的共性，耐酸碱和盐溶液、耐油、耐水、耐溶剂，附着力强，力学性能好，改善了漆酚缩甲醛涂料的脆性，耐温可达 150～200℃，加入铝粉、三氧化二铬可以作为防腐导热换热器涂料。漆酚缩甲醛环氧树脂涂料消除了生漆对人体的过敏反应。

漆酚与糠醛进行缩合反应，制成漆酚糠醛树脂，漆酚糠醛树脂涂料具有良好的耐磨性、硬度、光泽和耐酸性，配制清漆可用于石油管道防止结蜡。但是漆酚糠醛树脂涂料具有涂膜较脆，附着力和耐碱性差的缺点，使用环氧树脂进行改性，制成漆酚糠醛环氧改性清漆和色漆，基本上保持了漆酚糠醛漆的良好耐磨性等性能，可以直接用于储油罐和输油管道等。加入有机钛酸酯作螯合剂，形成有 Ti—C—O 键的高分子化合物，可以制得耐高温、耐酸碱、耐油、耐水的漆酚糠醛环氧有机钛防腐蚀涂料，该涂料可用于换热器 200～300℃的高温腐蚀环境。

2.2.2　沥青漆

沥青在涂料工业中的使用历史十分悠久。沥青呈黑色硬质可塑性物质，或是黏稠状。根据来源可以分为以下三种：天然沥青、石油沥青、煤焦沥青。

天然沥青是地下石油矿演变而成，由于形成条件不同，质量上有很大差别，纯净的天然沥青化学成分与石油沥青相似。石油沥青是由原油石油蒸馏分离出汽油、煤油、柴油、润滑油后的副产物，再经加工而成。石油沥青是以前石油工业长期使用的防腐蚀材料，最多的是应用于埋地管道以及作为屋顶的防水防漏材料。用于埋地管道时，采用多层系统，层与层之间缠绕玻璃纤维材料，厚度在 4.0～7.0mm 的范围。但是石油沥青的吸水性高，耐土壤应力差，而且还支持植物根茎的生长，细菌腐蚀严重。煤焦沥青是生产焦炭和煤气时所得到的副产物煤焦油再经分馏而得到的，有着很好的抗水性，抗化学品性能。它可以不和颜料一起使用而单独制成屏蔽型涂料，若加入铝粉制成沥青铝粉漆则防锈性能得到加强。煤焦沥青漆的主要特性是具有突出的耐水性，很强的附着力，价格低廉，对底材润湿性好，对于未充分除锈的表面仍有很好的润湿性能。但煤焦沥青漆耐溶剂性差，所含的焦油渗透力极强，对后道漆也有渗色的危险。其耐候性也不是很好，长时间暴露于阳光下会造成发软开裂。用煤焦沥青改性后的环氧煤沥青涂料，既保持了环氧树脂的特点，又综合了沥青价格低、耐水性好的特点，在水下和地下的钢结构、管道方面以及船舶压载舱内应用效果较好。环氧树脂与煤焦沥青油的比例可以是 1:1，出于成本的原因，也可以为 4:6，甚至有些产品达到了 2:8。煤焦沥青的含量越高，漆膜的涂覆更为困难，而且老化期相对要短，它的体积固体分含量高，往往高达 65%～70%，可以获得厚涂层；附着力好，抗冲击，耐磨性强但是耐溶剂性不佳，耐候性差；对后道漆渗色厉害，不宜作浅色面漆的底漆。

沥青对人体健康存在诸多危害，很多跨国性涂料公司已经宣布在近期不再生产环氧煤沥青涂料，而采用纯环氧或改性环氧来替代环氧煤沥青涂料。

2.2.3　醇酸树脂涂料

醇酸树脂涂料（alkyd resin coating）是以醇酸树脂为主要成膜物质的合成树脂涂料。醇酸树脂是由脂肪酸（或其相应的植物油）、二元酸及多元醇反应而成的树脂。生产醇酸树脂常用的多元醇有甘油、季戊四醇、三羟甲基丙烷等；常用的二元酸有邻苯二甲酸酐（即苯酐）、间苯二甲酸等。醇酸树脂涂料具有耐候性、附着力好和光亮、丰满等特点，且施工方便。

醇酸树脂涂料的性能与脂肪酸含量（油度）有很大关系，按油度可以分成短油度、中油度和长油度三类，制成的涂料各有特性，见表 2-2。

表 2-2　不同油度制成醇酸树脂涂料的特性

油度	脂肪酸含量	溶剂	硬度	刷涂性	保光性	泛黄性
短	<40%	芳烃	高	差,要喷涂	优	优
中	40%~60%	混合烃	中	中	好	好
长	>60%	脂肪烃	低	良	中	中

醇酸树脂的油度除了以脂肪酸含量来区分外，也常常以其苯酐含量来表征。短油度含苯酐量高，长油度者含苯酐量低。短油度的醇酸树脂的多元醇常用甘油或三烃基丙烷，长油度醇酸树脂常用季戊四醇，可以提高其干燥速率，改善刷涂性能。

短油度醇酸树脂主要和氨基树脂一同用于工业烘干面漆，如自行车、金属家具等。有一种短油度醇酸树脂涂料，可以使用环氧树脂涂料等进行复涂，应用于手工业防腐。中油度醇酸树脂主要用于加速干燥型或者气干型的机械涂料和工业涂料，也用于汽车、货车等的修补漆。长油度醇酸树脂主要通过豆油改性，用于防腐蚀涂料和建筑色漆。

但涂膜较软，耐水、耐碱性欠佳，醇酸树脂可与其他树脂配成多种不同性能的自干或烘干磁漆、底漆、面漆和清漆，广泛用于桥梁等建筑物以及机械、车辆、船舶、飞机、仪表等涂装。常用的改性方式有苯乙烯改性、丙烯酸改性、有机硅改性、多异氰酸酯改性和环氧树脂改性。

醇酸树脂涂料自 20 世纪 60 年代以来，得到了广泛应用。常用的醇酸树脂涂料有以红丹、铁红、云铁和磷酸作为防锈颜料的防锈漆，以及醇酸面漆、有机硅醇酸面漆、苯乙烯改性快干醇酸树脂涂料等。

2.2.4　氯化烯烃树脂涂料

氯化聚烯烃树脂是聚烯烃聚合物的碳链上部分氢原子被氯原子取代后的产物，它包括氯化橡胶（CR）、高氯化聚乙烯（HCPE）、氯化聚丙烯（CPP）、过氯乙烯（CPVC）和氯磺化聚乙烯（SCPE）等树脂。以氯化聚烯烃树脂为成膜物质制备的涂料，具备高度的耐化学腐蚀、耐臭氧和耐大气老化性能，施工不受环境温度的限制。

(1) 氯化橡胶涂料

氯化橡胶（chlorinated rubber）是天然橡胶或合成的聚异戊二烯橡胶在氯仿或四氯化碳中于 80～100℃氯化而成。氯化过程包括加成、取代和环化等复杂的反应过程。最终产品为无规则环状结构的聚合物，含氯量约为 65%，相当于每一重复单元上 3.5 个氯原子。由于氯化聚烯烃、氯化橡胶生产过程中大量使用的氯代烃溶剂主要是四氯化碳（CCl_4），其排放对臭氧层有破坏作用，残留在树脂中的溶剂对人体有致癌作用。根据修订后的《蒙特利尔议定书》规定，2000 年起禁止生产和使用四氯化碳。发达国家已从 1995 起关闭以四氯化碳生产氯化聚烯烃的装置，以水相悬浮法、非四氯化碳溶剂法等新技术替代。

氯化橡胶漆膜致密而发脆，常加入氯化石蜡作为增塑剂。漆膜的水蒸气和氧气透过率极低，仅为醇酸树脂的 1/10，因此具有良好的耐水性和防锈性能。氯化橡胶在化学上呈惰性，因此具有优良的耐酸性和耐碱性，可以用在混凝土等碱性底材上面。氯化橡胶涂料有着很好的附着力，它可以被自身的溶剂所溶解，所以涂层与涂层之间的附着力很好，涂层即使过了一两年，其重涂性能仍很好，可以在低温下施工应用，具有阻燃性。氯化橡胶涂料干燥快，施工方便，23℃时，2h 后即能重涂下道漆，因此四道涂层系统在 7～8h 内即可完成。氯化橡胶与醇酸树脂和环氧酯等配合使用，可以改进耐候性、力学性能和施工性等。如果油性类树脂含量多，涂料的干燥性能明显偏慢。通常氯化橡胶涂料在 23℃时的重涂间隔为 2～4h，而这种改性的氯化橡胶涂料（尽管还称之为氯化橡胶涂料），则需要 20h 以上的干燥时间才能重涂，这就与醇酸树脂涂料一样了。煤沥青也可以与氯化橡胶共用，制成低成本的氯化橡胶沥青涂料。

20 世纪 60 年代，厚浆型氯化橡胶涂料开始出现，加上无气喷涂技术的应用，喷涂一道漆的干膜厚度从 40μm 到上升到 80μm。氯化橡胶涂料被广泛应用于现代重工业的防腐蚀涂料中，主要品种有氯化橡胶铁红防锈涂料、氯化橡胶铝粉防锈涂料、氯化橡胶云铁防锈涂料和氯化橡胶面漆，可以用于各种大气环境下及水下环境等，例如化工厂、桥梁、工程机械、铁塔、港口设施、船舶和集装箱等。在防腐蚀涂料应用量最大的船舶制造业和集装箱制造业中，氯化橡胶一度占据了主要地位，成为规定的标准配套方案。在欧洲，曾经有 60% 以上的氯化橡胶用于船舶涂料的生产。

(2) 过氯乙烯涂料

将氯乙烯溶解于氯苯中，使含氯量占 50% 以上。经过深度氯化，氯的质量分数可以达到 73%。氯化后的过氯乙烯（CPVC）热稳定性和阻燃性都得到了提高。过氯乙烯涂料耐化学品性好，耐大气性能也很好。但它的结构较为规整，所以附着力差，须有配套的底漆，如环氧酯底漆。过氯乙烯涂料与环氧树脂配合使用，可以提高与钢材的附着力及耐酸、抗冲击性。过氯乙烯涂料曾经是机械产品上面的主要使用涂料品种。

由于过氯乙烯涂料固体分含量很低，漆膜薄，需涂 6～10 道才能满足要求。为了保证其耐蚀性能，最后一道往往是过氯乙烯清漆。

（3）氯磺化聚乙烯涂料

由氯和二氧化硫混合气体对聚乙烯进行氯化和磺化而制得氯磺化聚乙烯（SCPE）。由氯磺化聚乙烯树脂为成膜物质制备的涂料，具有优异的耐臭氧、耐候性和抗老化性能，力学性能良好，耐水、耐油性好，抗寒耐湿热，耐化学品性能好。

氯磺化聚乙烯的固体含量低，在 30% 以内，单道成膜低，干膜只有 10～20μm，须多道工才能达到规定膜厚。由于含有大量的溶剂，无论是从施工方面还是从环保的角度来说，这种涂料势必要退出市场。近年来有些改性的氯磺化聚乙烯涂料，如聚氨酯改性、环氧改性等，提高了固体分和成膜厚度，性能上有了很大提高。

（4）高氯化聚乙烯涂料

高氯化聚乙烯涂料主要是由高氯化聚乙烯树脂、增塑剂合成树脂及其惰性颜料和助剂组成。

该涂料靠溶剂挥发而干燥成膜，因此漆膜干燥快，可在任意气温下施工，漆膜具有良好的物理机械性能。尤其是弹性和耐寒性能优异，具有优异的耐候性、耐臭氧性和耐水、耐酸碱、耐化学药品等性能。高氯化聚乙烯具有优良的耐大气老化和耐化学介质性能，易溶于芳香烃、酯、酮等有机溶剂，与大多数涂料用的无机颜料和有机颜料有良好的相溶性。一般溶解成 40% 固含量树脂液比较适宜配漆使用。我国工业化生产的高氯化聚乙烯大部分采用水相法，氯化工艺以水为介质，生产成本低，对生态环境无污染，同时具有与氯化橡胶相似的各种优良性能。随着高氯化聚乙烯的水相悬浮深度氯化法工艺技术的逐渐成熟，国产高氯化聚乙烯产品的开发和应用得到很快的发展，以高氯化聚乙烯和改性树脂为主要成膜物质制成的防腐涂料可单包装，可在低温环境下施工，施工条件简便，可刷涂、辊涂、喷涂。漆膜能自干，且干燥速率快，通常 30min 可表干，6h 实干，24h 干硬。用高氯化聚乙烯代替氯化橡胶制备防腐蚀涂料，可获得与氯化橡胶防腐涂料性能相似的防腐蚀涂层。

高氯化聚乙烯涂料可以广泛用于室内外各种轻重金属和水泥结构的表面，起到防锈、防腐蚀的保护作用，可涂覆于不同环境下使用的铁路桥梁、高压输电塔、集装箱、海上钻探及采油设备，各种车辆底盘、重型机械、船舶、设备与管道等。特别适宜作储罐、桥梁、大型钢结构设备保护性涂料。还可以降低生产成本，提高施工安全性。如今，在涂料行业，高氯化聚乙烯已成为氯化橡胶的较好替代产品。

（5）氯醚涂料

氯醚涂料由氯醚树脂、增塑剂、着色颜料、助剂和溶剂等组成的高性能涂料。氯醚（Laloflex MP，氯乙烯-乙烯基异丁基醚）树脂是 75％氯乙烯和 25％的乙烯基异丁基醚的共聚物，最早由德国的 BASF 公司开发。它采用水降法为连续相的微悬浮聚合方法，是一种环保型产品。

氯醚树脂呈粉末颗粒。它不含可皂化的酯键，具有耐酸、碱、盐的功能，与其他树脂有着很好的混溶性；能溶于包括芳香烃溶剂在内的大多数溶剂中；不含反应性基团，与大多数颜料的润湿性能好。低黏度氯醚树脂与环氧树脂可以制备高固体分涂料，由于涂层中含有热塑性氯醚树脂，涂层之间有一定的溶胀性，解决了环氧树脂涂料施工间隔过长导致涂层剥落的问题，同时也提高了环氧涂层的干性，缩短了施工间隔。

中黏度的氯醚树脂与醇酸树脂有良好的混溶性，用以制备耐化工大气的防腐涂料，氯醚树脂不含反应性双键，因此不易被大气氧化而降解，耐光稳定性好，不易泛黄及粉化。它与环氧树脂制备防锈底漆，由于含有共聚的氯乙烯醚键，可以保证在各种底材，包括轻金属如铝、锌、镀锌钢等表面的良好附着力。

高黏度氯醚树脂可以制备耐化学介质的防腐材料，由于氯醚不含可皂化的酯键，所结合的氯原子十分稳定，涂膜具有良好的耐水、耐化学品腐蚀性能。

氯醚涂料广泛用于船舶、电厂、冶金、港口、化工、桥梁、水工、机械、厂房建筑、储罐、市政工程等各个领域的钢结构表面作防腐和装饰面漆用。

2.2.5 丙烯酸树脂涂料

涂料用丙烯酸树脂通常以丙烯酸酯或/和甲基丙烯酸酯以及苯乙烯为主的乙烯系单体共聚而成。丙烯酸树脂的主链是 C—C 键，对光、热、酸和碱十分稳定，用它制成的漆膜具有优异的户外耐候性能，保光保色性好。它的侧链可以是各种基团，通过侧链基团的选择，可以调节丙烯酸树脂的力学性能，与其他树脂的混溶性及可交联性能等。它可以单独作为主要成膜物质制成各种各样的涂料，也可用来对醇酸树脂、氯化橡胶、聚氨酯、环氧树脂、乙烯树脂等进行改性，构成许多类型的改良型涂料。丙烯酸涂料由于其优异的性能，在车辆、机械、家用电器以及仪表设备等各种行业有着广泛应用。

丙烯酸树脂的性能主要决定于所用的单体性能数量，以及分子量、活性基团官能度等。通常将单体分为三类：一是硬单体，如甲基丙烯酸、苯乙烯、丙烯酸；二是软单体，如丙烯酸乙酯、丙烯酸丁酯、丙烯酸-2-乙酯等；三是含官能度的单体，如丙烯酰胺、（甲基）丙烯酸-β-羟基丙酯、（甲基）丙烯酸、（甲基）丙烯酸缩水甘油酯等。

对单体的选择，要根据树脂的用途和特点来选用特定的单体。加入软单体可以起到增塑作用，如丙烯酸丁酯的内增塑和金属的黏结性能。丙烯酸涂料按照不同的分类标准，可以分为不同系列。按固化方式可以分为自干型和烘干型；按其成膜机理可分为热塑性和热固性；按其形态可分为溶剂型、水溶型、乳胶涂料以及粉末涂料等。以下分别简单介绍热塑性丙烯酸树脂涂料和热固性丙烯酸树脂涂料。

（1）热塑性丙烯酸树脂涂料

热塑性丙烯酸树脂涂料主要用来做面漆，它具有优异的保色保光性能，且漆膜光亮丰满，耐腐蚀性好。近年来，随着氯化橡胶的生产受到一定的限制，丙烯酸树脂涂料因其具备同氯化橡胶相类似的施工性能，如快干，无涂装间隔，已逐步取代了氯化橡胶涂料。在户外钢结构中，丙烯酸面漆的耐候性要优于醇酸面漆，常和环氧涂料底漆和中间漆配套使用。

热塑性丙烯酸树脂以甲基丙烯酸甲酯为主体，与苯乙烯和其他甲基丙烯酸酯、甲基丙烯酸的高级酯进行共聚制得。在有些丙烯酸树脂配方中，以苯乙烯代替甲基丙烯酸甲酯，醋酸乙烯代替甲基丙烯酸丁酯，降低了涂料成本，当然同时也降低了涂料的部分性能。

热塑性丙烯酸涂料在施工时，当环境高于 30℃，相对湿度低于 45％时，溶剂挥发迅速，会在涂层上形成橘皮或皱纹，如果使用辊涂还会造成漆膜起泡并破裂。所以施工时应注意施工现场温度。

（2）热固性丙烯酸树脂涂料

热固性丙烯酸树脂由甲基丙烯酸酯与甲基丙烯酰胺共聚而成，通常简称为 AC 树脂。热固性丙烯酸树脂涂料色浅、硬度高、涂膜丰满、耐热性好、耐化学品性能好。热固性羟基丙烯酸树脂大致由以下单体合成：苯乙烯（styrene）、甲基丙烯酸甲酯（MMA）、正丁基丙烯酸酯（NBA）、羟基丙烯酸甲酯（HEMA）等。多种单体的混合共聚可以获得不同目的的树脂。热固性丙烯酸树脂可以通过聚合物链上的功能性基团来进行交联。可进行交联固化的丙烯酸酯可含有羧基、羟基、环氧基、氨基、酰氨基和 N-羟甲基等功能性基团。

含羧基丙烯酸树脂，可以采用氨基树脂、聚碳二亚胺和环氧树脂作为固化剂进行交联。聚碳二亚胺的交联活性高，可以低温或室温固化，也可用于水性体系。环氧树脂固化剂的固化温度较高，在 170℃左右，加入适量的碱催化剂，固化温度可以降至 150℃，涂膜光亮丰满，硬度高，耐污染、耐磨性好。

含羟基丙烯酸树脂常用的固化剂有氨基树脂、异氰酸酯和环氧树脂。以异氰酸酯作为固化剂，可以在常温下固化反应，涂膜丰满，光泽高，耐磨、耐刮伤性好，耐水、耐溶剂、耐化学腐蚀性好。采用 HDI 缩二脲或三聚体类脂肪族固化剂，耐候性、保光保色性会更佳。

2.2.6　环氧树脂涂料

自 20 世纪 40 年代环氧树脂投入工业生产以来，发展迅速。环氧树脂赋予涂料以优良的性能和应用方式上的广泛性，使得在涂料方面的应用日益发展。环氧树脂涂料是一种优良的防腐蚀涂料，在涂料工业中占有重要地位，已广泛应用于汽车工业、造船工业、化学工业、电气工业以及国防军工等领域，主要供涂饰结构、设备、容器、管道以及地坪等。

环氧树脂本身是热塑性的，要使环氧树脂制成有用的涂料，就必须使环氧树脂与固化剂或植物油脂肪酸进行反应，交联而成为网状结构的大分子，才能显示出各种优良的性能。环氧树脂涂料种类很多，性能也各有特点，概括其优点有：①耐化学品性能优良，其耐碱性尤其突出；②漆膜具有优良的附着力，特别是对金属表面附着力更强；③漆膜保色性较好，因漆膜分子结构中苯核上的羟基已被醚化，性质稳定；④漆膜具有较好的热稳定性和电绝缘性。

环氧树脂涂料具有很多优点，但它也存在不足之处：①户外耐候性差，漆膜易粉化、失光，漆膜丰满度不好，因此不宜作为高质量的户外用漆和高装饰性用漆；②环氧树脂结构中含有羟基，制漆时处理不当时，漆膜耐水性不好；③环氧树脂涂料大都是双组分的，在制造和使用都不方便。

环氧树脂及其涂料工业还在向前发展，高性能的新品种不断出现，其应用范围将逐步扩大。以下简单介绍几种常用的环氧涂料品种。

（1）环氧清漆

环氧清漆由环氧树脂和溶剂组成，主要用于混凝土表面的封闭漆，它可以填充表面的孔隙，对后道涂层形成良好的基础，还可以黏结混凝土的灰尘，避免黏结受损。为了得到良好的使用效果，使用前必须估计稀释的程度。实际稀释剂的需要量由温度、施工表面情况、混凝土类型和施工技术决定。

（2）环氧防锈底漆

环氧防锈底漆主要有环氧锌黄防锈涂料、环氧铁红防锈涂料和环氧磷酸锌防锈底漆。

为了增强防锈性能，现在主要使用的环氧防锈底漆中同时含有磷酸锌和氧化铁红防锈颜料。环氧磷酸锌防锈涂料除了用于钢铁表面的防锈，还特别可以用于镀锌件的防锈。环氧磷酸锌防锈涂料在集装箱漆上主要用于环氧富锌底漆的中间漆。

需要注意的是，由于磷酸锌微溶于水，所以含有磷酸锌颜料的防锈涂料尽管防锈性能要优于只含有铁红的防锈涂料，但是它不能用于水中，否则会产生气泡等问题。

（3）环氧云铁中间漆

以云母氧化铁为主要的防锈颜料的环氧防锈底漆是非常重要的一种重防腐涂料。同样，它也可以在醇酸树脂、氯化橡胶等很多种涂料中使用，因而开发出了多种防锈漆，环氧云铁防锈漆出现后，取代了传统的醇酸和氯化橡胶等云铁防锈漆，应用于现代重防腐钢结构上面。上海南浦江大桥的钢箱外壁，在环氧富锌底漆上，就以环氧云铁为中间漆。环氧云铁防锈漆在国外也一直是重要的防锈漆和中间漆，很多国家的桥梁、机车和电站等，都规定了使用环氧云铁作为中间漆。

云母氧化铁，简称云铁，其化学成分为 $\alpha\text{-}Fe_2O_3$，呈片状结构，厚度仅数个微米，直径 $10\sim100\,\mu m$，具有优良的耐酸碱性和耐高温性，没有毒性。云铁在涂膜中和底材平行重叠排列，可以有效地阻止腐蚀介质渗透。对阳光反射能力强，减缓涂膜老化，所以不仅防锈性能好，在面漆中使用还可以提高耐候性。环氧涂料使用云铁颜料，还进一步降低了环氧涂料的收缩性。

由于环氧云铁防锈底漆漆面粗糙，可以反射阳光，没有重涂间隔的限制，特别适合于作为重防腐涂装体系的中间漆。

（4）环氧富锌底漆

环氧富锌底漆漆膜中含有大量锌粉，体积比高达 $80\%\sim90\%$，根据 ISO 12944-5 的规定，有机富锌的锌粉含量必须达到 80%（质量分数），SSPC-20 的要求是最低含量为 77%（质量分数）。锌粉的电位要比钢铁的电位低，在漆膜受到损伤时，锌为阳极，钢铁为阴极，所以锌首先受到腐蚀从而保护了钢铁，所以环氧富锌底漆即使在受到损伤时，锈蚀也不会向膜下蔓延，环氧富锌的施工性能更好，与底材的附着力强，与后道环氧中间漆的相容性好。

环氧富锌漆在高含锌量的同时，也带来一些问题。小的机械损伤不会产生问题，因为锌粉的阳极作用可以封闭住损害点止住进一步的腐蚀，但是富锌底漆形成的锌盐（白锈）是水溶性的，影响后道涂层的附着力，如果不除去，还会导致以后涂层的渗压起泡。现在有些厂家的环氧富锌底漆加入了一定量的氧化铁红，增加耐候性能，防止锌盐的产生。

（5）低表面处理改性环氧涂料

低表面处理环氧涂料有两个重要品种，碳氢树脂（hydrocarbon resin）改性环氧涂料和内部增塑环氧树脂配制的涂料。

碳氢树脂改性的环氧树脂涂料由于低分子树脂的作用，具有卓越的表面润湿性和表面渗透力，因此带来了优良的表面附着力和优异的耐久性。它采用的是外部增塑的技术路线。这类涂料作为低表面处理材料，可以涂覆于打磨到 St 2 的表面，并能用于高压水除锈后具有一定的闪锈的表面。这类涂料的体积固体分可高至 $80\%\sim100\%$，降低了 VOC，被称为 Mastic 环氧涂料，目前已经成为维修涂装时的首选涂料产品，Mastic 环氧涂料可以在一次喷涂时得到很高的干膜厚度（$100\sim400\,\mu m$），节省涂装时间，减少涂装费用。在维修旧漆膜时很方便，可以在醇酸和环氧等涂料上面复涂，对于热塑性的氯化橡胶等涂料，则要严格控制旧涂层厚度，并且如果以后涂层油破损的话，该处将会是涂层系统中一个薄弱点。

改性液态环氧树脂涂料，使用内部增塑交联的环氧树脂和铝粉颜料，固化剂采用芳香胺的 DDM（$4,4'$-二氨基二苯基甲烷）是表面处理涂料中的重要品种。与纯环氧涂料和碳氢树脂改性环氧涂料相比，它的柔韧性相当好。在长期重涂性方面，它也要强于碳氢树脂改性环氧涂料。因为碳氢树脂改性涂料采用胺固化剂在低温高湿或通风不良的情况下，有着胺起霜的问题，会影响与后道涂层的附着力。

（6）环氧酯涂料

环氧酯涂料常用中长油度的干性脂肪酸环氧酯，用其制备的环氧酯涂料为常温干燥型，其保色性、耐候性接近于长油度醇酸树脂涂料，耐水性和耐化学品性能与桐油酚醛涂料相近。烘干型环氧酯涂料多用短油度环氧酯，可以与氨基树脂混拼，作为氨基醇酸涂料相配套底漆或中间漆。

环氧酯涂料与钢、铝金属底材的附着力强，涂膜坚韧，耐冲击性好。常用的防锈涂料有环氧酯铁红底漆和环氧酯锌黄底漆。环氧酯涂料有着基，所以耐碱性不好，但强于醇酸树脂涂料的耐碱性。

配制常温干燥型涂料时，选用干性油脂肪酸环氧酯作为基料，酯化程度以60%～80%为宜；配制烘干型涂料，选用不干性油脂肪酸环氧酯作为基料，与氨基树脂拼用（不超过40%），可以制成耐化学品性能好的浅色涂料。

环氧酯涂料中通常加入催干剂以促进环氧树脂进行聚合反应。Co（Ⅱ）、Mn（Ⅱ）、Ce（Ⅲ）、Fe（Ⅱ）为氧化型（表干）主催干剂金属离子；Pb（Ⅱ）Zr、稀土金属（Ⅳ）为聚合型（底干）主催干剂金属离子；Ca（Ⅱ）、Zn（Ⅱ）为助催干剂金属离子。

（7）环氧面漆

环氧面漆可以用做大多数高性能防腐蚀涂料系统之上的坚韧面漆，而无需高性能的装饰漆的场合。

环氧面漆有着良好的耐磨性能而且耐化学品的泼溅，广泛应用于船舶的甲板、储藏室地板、加工车间、离岸平台、石化设施、桥梁以及电厂等领域。环氧面漆耐很多化学品，尽管耐化学品的程度与化学品接触涂料的时间长短以及多少有很大关系。少量的化学品泼溅会很快挥发，大量的则会留在表面积聚。

大多数传统的环氧面漆，有着相对良好的初始光泽和色彩，不可能像其他类型的面漆，如聚氨酯或丙烯酸那样具有良好装饰性。

（8）无溶剂型环氧涂料

溶剂型环氧涂料已经应用了五六十年了，已然发展成为了最重要的工业保护用涂料。为了降低 VOC 含量，高固体分涂料逐步成为目前的主流产品，但是最终要解决 VOC 问题，只有无溶剂环氧涂料才能达到要求。传统的环氧涂料体积固体分（VS%）在 50% 时，如果施工 $300\mu m$ 的湿膜厚度（WFT），则干膜厚度（DFT）只有 $150\mu m$。干膜厚度、湿膜厚度和体积固体分（VS%）之间的关系为 DFT＝VS%×WFT。而 100% 的无溶剂环氧涂料如果施工 $300\mu m$ 的湿膜厚度，就有 $300\mu m$ 的干膜厚度留在底材表面。

20 世纪 70 年代开始，无溶剂环氧涂料开始应用，到 90 年代，随着环氧树脂技术的发展，以及对于环氧树脂、颜料和固化剂的深入了解，低黏度的 100% 体积固体分的无溶剂环氧涂料也得到了很好的发展。

无溶剂环氧涂料中环氧树脂采用的是液态环氧树脂，比如常用的 E-44（分子量为 450）。由于黏度高，还需加入活性稀释剂以降低施工黏度。活性稀释剂在固化时本身参与了反应，成为漆膜的一部分，无溶剂环氧树脂选用的固化剂有改性脂肪胺、低分子量聚酰胺，酚醛己二胺以及二环氧基苯胺等。

改性脂肪胺呈液态，可以使漆膜在室温下固化，毒性和臭味都很小。

低分子量聚酰胺作为固化剂使用，没有毒性，本身也是增韧剂。因此固化后的漆膜具有极好的附着力、耐磨性和韧性。能在潮湿空气中固化，但是在 15℃ 以下的温度环境中固化很慢，应该加入促进剂二苯氨基甲基酚（DMP-30），用量为聚酰胺的 1%～10%。

酚醛己二胺加成物为黏稠状液体，没有毒性，可以在 4℃ 时开始固化反应，并且能在潮湿的空气中固化。常温下固化时间为 1～3d。

二环氧基苯胺外观呈黄色透明液体，可以在常温下固化。它本身是一种低分子量环氧树脂，同时也是活性稀释剂。因此即使用量较大，也不会影响固化体系的性能。

无溶剂涂料的涂装膜厚度很厚，需加入气相二氧化硅等增稠剂。

无溶剂环氧涂料可以一次施工非常高的干膜厚度，从 $300～1000\mu m$，一直到 1.5～2.0mm。它可以自作底面漆，所以就不再需要底漆，也不需要面漆，减少了关于底面漆之间的重涂问题。它可以很好地对钢材的点蚀处进行填充，就避免了空气湿度等带来的气泡问题。

环氧涂料都有着很好的附着力，这种附着力强于自身的凝聚力。所以无溶剂环氧涂料可以不用底漆而直接施工，这样也避免了由于受到化学侵蚀而引起的涂层间分层问题。

由于无溶剂环氧涂料有着突出的物理和化学性能，常用于输水管、储水罐、化学品储罐、石油平台等需要耐磨耐冲击的场合，以及通风不良的船舶的舱室内部等。

无溶剂环氧涂料有着多的优点，如超低水平的 VOC 挥发（<25g/L）；不含易燃可燃溶剂；厚膜，无孔涂膜，耐化学品性能强。

无溶剂环氧涂料的配制关键是黏度，要满足施工性和流平性。对于传统型环氧涂料来说，调节溶剂成分就可以获得合适的黏度。在无溶剂环氧涂料中，不能采用溶剂来调节黏度。在施工时解决的方法就是通过加热来降低施工黏度。温度提高 10℃，黏度可以降低一半。无溶剂环氧涂料在施工时，通常加温到 70℃ 较为有效。不过，涂料的加热也会带来很多问题。施工时需要额外的设备来加热涂料维持其温度，这就增加了施工成本。另外加热加速了固化反应，降低了涂料的混合使用时间。这些问题以及相关的安全问题等都必须为涂料供应商考虑。

2.2.7　聚氨酯涂料

2.2.7.1　聚氨酯涂料简介

聚氨酯树脂全称为聚氨基甲酸酯树脂（polyurethane resin）。聚氨酯树脂一般是由两个以上的异氰酸酯化合物与含两个以上活泼氢的化合物（如羟基、羧基等的化合物）反应制得的低温固化型高分子化合物。在其分子结构中有重复的氨基甲酸酯链节，即氨酯键，所以称之为聚氨酯树脂。聚氨酯涂料是现代防腐蚀涂料中重要的品种，它具有其他涂料体系所不具备的优异综合性能，特别是低温和高湿固化性能，以及脂肪族聚氨酯涂料良好的耐候性能。聚氨酯涂料的性能特点如下：

① 优异的耐磨性。聚氨酯涂料中的氨酯键能形成大分子氢键，可以缓解外力作用，吸收外来的能量，因此聚氨酯涂料有着优异的耐磨性能。

② 优异的耐化学品性、耐油性。聚氨酯涂料中的氨酯键不和酸、碱、油反应，具有类似酰氨基的特性，有着优良的耐化学性，耐油性及机械强度、耐磨性。

③ 附着力强。聚氨酯中的活泼异氰酸酯基能与羟基树脂反应，还能与空气中的潮气及底材上的羟基结合，增强与底材的黏结力。它对多数底材都具有优良的附着力，对金属的附着力较环氧树脂差。但是对橡胶和混凝土等材质的附着力要强于环氧树脂。

④ 低温固化性能。由于聚氨酯涂料中的—NCO非常活泼，能在低温（—5℃甚至更低温度）下与羟基组分及含活泼氢的组分发生交联固化反应。而环氧树脂涂料在10℃以下的交联固化缓慢。低温固化性使聚氨酯涂料可以在较长的施工季节中应用。

⑤ 高装饰性能。脂肪族聚氨酯涂料涂膜中存在连续的氨酯键，具有良好的保光保色性能，光泽好，是户外应用的高装饰性防护涂料，广泛应用于汽车、飞机钢结构、家用电器、家具等方面。

2.2.7.2　聚氨酯防腐涂料

（1）单组分湿固化聚氨酯涂料

单组分湿固化聚氨酯涂料因为是单组分，施工简便，避免了双组分漆配漆时带来的不利因素，所以很有应用价值。湿固化聚氨酯涂料在20世纪70年代中期开始应用在涂层维修方面，最早的产品是铝粉底漆，随后又有富锌底漆、特殊颜料的中间漆和面漆等产品在80年代早期得到应用，到了80年代末期，脂肪族的湿固化聚氨酯涂料面世，最终完成了这一特殊品种的系列化，现在人们已经可以使用湿固化聚氨酯涂料的系列产品，广泛应用在钢铁、混凝土和木材表面。

湿固化型聚氨酯涂料是含—NCO基的预聚物，通过和空气中的潮气反应生成脲键而固化成膜。为了保证湿涂膜顺利固化成膜，常采用分子量较高的蓖麻油醇解物的预聚体和聚醚预聚体。和双组分聚氨酯涂料相比，其优点是使用方便，并可避免双组分聚氨酯涂料临用前配制的麻烦和误差以及余漆隔夜膜胶化报废的弊端。其缺点是配制色漆困难，储存期较短，冬季施工困难。

　　湿固化型聚氨酯涂料有着很好的表面湿润性和渗透力，对木材、钢铁、混凝土等大部分底材有着极佳的附着力。对于潮湿表面，湿固化聚氨酯涂料比起其他聚氨酯涂料有着很好的容忍性，因为湿固化聚氨酯涂料本来就是设计成与湿气相反应固化成膜的。但是太过潮湿的表面会导致二氧化碳起泡，以及漆膜的针孔和空隙等问题。太多的湿气就使得聚氨酯只与湿气相反应而不和活泼氢反应，使得附着力下降甚至漆膜起层。和水汽的反应消耗了水，生成的副产品是二氧化碳。水汽是不会留在漆膜里面的，否则就会在金属表面腐蚀或起泡，因为它们总是试图钻出固化的漆膜。二氧化碳在透过漆膜时，会导致起泡或空隙。因此，对于参与反应的水汽还是有一定限制的。

　　湿固化聚氨酯涂料有着很好的耐化学品和溶剂的性能。因此它们的化学性质已经从异氰酸酯变成了聚氨酯-缩脲，从可溶于溶剂变为了不能为大多数溶剂所溶解。芳香族的聚氨酯涂料要比脂肪族的有着更好的耐溶剂性和耐化学品性能。

　　从理论上说，湿固化聚氨酯涂料可以在很冷的气候下进行固化。不同的涂料生产商有不同的要求，从$-7℃$（$20℉$），$-10℃$（$15℉$）到$-18℃$（$0℉$）。然而，冷空气并不能比暖空气包含多点的湿气，温度下降了，空气中可以参与反应的湿气也减少了。在$10℃$（$50℉$）和RH30％时空气中的水汽只有$24℃$（$75℉$）、RH50％时的1/10。如果在前者的情况下进行固化，所需花费的时间是后者的20～30倍。通常脂肪族聚氨酯涂料要比芳香族聚氨酯涂料固化时间长，对于湿固化聚氨酯涂料可以进行施工的最高温度和相对湿度，不同的产品有不同的要求。大多数产品的施工温度可以高达$54℃$（$130℉$）。对于相对湿度的要求，从RH75％到99％都有规定。

　　（2）聚酯聚氨酯涂料

　　含羟基聚酯树脂是最早作为羟基固化的双组分聚氨酯涂料的羟基组分基料的，它是由多元醇、多元酸及酸酐进行酯化反应制得。聚酯树脂的长碳链平衡树脂的柔韧性和硬度；存在的一定支化度和非极性侧链可提供其硬度及耐化学品性。聚酯树脂形成的漆膜耐候性好、不泛黄、耐溶剂、耐热性好。与丙烯酸树脂相比，聚酯树脂的分子量低，固体分高，易制成高固体分涂料，提高丰满度。

　　在含羟基聚酯中加入助剂，溶剂配制成清漆，在清漆中配以各种颜料，就制得含羟基聚酯涂料中的色漆组分。

　　采用邻苯二甲酸酐（PA）和三羟甲基丙烷制得的聚酯，是由HDI缩二脲配制的聚酯聚氨酯涂料，具有优良的保光保色性，耐水耐湿性，是飞机上广为采用的蒙皮面漆。

国内定型生产的聚酯固化聚氨酯涂料有 S04-1 各色聚氨酯瓷漆，它是以 TDI-TMP 加成物为固化剂，蓖麻油甘油苯酐醇酸树脂（羟基含量 4.4%）的色浆为基料组分，按 $n_{(-NCO)}/n'_{(-OH)}=1.11$ 配制而成，与 S06-1 棕黄聚氨酯底漆配套使用，用于油缸、石油化工设备，适用于湿热带及化工环境下的防腐蚀，该涂料还一直是我国铁道桥梁盖板上面批准应用的面漆产品。

聚酯聚氨酯涂料的漆膜硬度指标比丙烯酸聚氨酯涂料要好。这也使得它不像丙烯酸聚氨酯涂料那样具有很好的重涂性。它的最大重涂间隔限制时间很短。典型的聚酯氨酯涂料作为重防腐、高性能、双组分聚酯-脂肪族聚氨酯涂料，符合现行的 VOC 规范（VOC 为 330g/L）。可以用于室内外，具有极强的坚韧性、高光泽以及保色保光性能、耐粉化性能。设计用于严重腐蚀性的工业环境。

聚酯树脂与丙烯酸树脂配合使用，可以取长补短。丙烯酸树脂可以改善干性。缩短涂层的不沾尘时间，提高涂层的硬度；聚酯树脂则提高了涂料的施工固体分、涂膜的丰满度。

利用有机硅树脂的硅醇中羟基和聚酯中羟基进行缩合，可以制得有机硅改性聚酯树脂。

聚酯树脂光亮丰满，硬度高，力学性能好，耐化学品；有机硅树脂具有优良的耐高低温、耐潮湿性能和耐热性，不过耐化学品性能较差。有机硅改性聚酯具备两者的优点，户外耐候性能突出。

（3）聚醚聚氨酯涂料

含羟基聚醚树脂由 1,2 环氧化合物或四氢呋喃，在多元醇或多元胺等引发剂作用下加聚而成。

聚醚分子链中没有酯键，因此以聚醚为多元醇的聚氨酯涂料具有更好的耐碱性、耐水性和耐磨损性等，且能室温固化。聚醚中聚合度的大小，对涂料的性能影响较大。聚合度越高，羟值越低，涂膜柔韧性越好，挠曲性高。由于树脂结构中含有醚键，涂膜耐紫外线性能差，容易粉化失光。聚醚聚氨酯涂料的潮气渗透性较高，其低玻璃化温度 T_g 造成涂膜较软。因此聚醚聚氨酯涂料主要作为底漆和室内保护性涂料。

聚醚聚氨酯涂料对周期性的湿、热、氯和氨的腐蚀作用很少受到影响，耐腐蚀性能要优于聚酯聚氨酯涂料。

（4）环氧聚氨酯防腐蚀涂料

环氧树脂是制备防腐蚀涂料的常用树脂，结构中含有环氧端基、羟基及醚键等，能与基材相吸引，因此对金属、木材、混凝土等多种底材有着良好的附着力。

环氧树脂可以作为多元醇化合物直接使用，利用的是环氧树脂的仲羟基，环氧基没有参加反应。

利用环氧树脂改性合成聚氨酯涂料的方法有两种。环氧树脂与醇胺或胺反应，使环氧基开环生成羟基，然后再与异氰酸酯反应，或者利用酸性树脂的羧基与环氧树脂反应，打开环氧基开环反应生成羟基，然后再与异氰酸酯进行反应。

环氧树脂涂料的固化温度可以低至 0℃以下，附着力优良，耐油、耐水和耐酸碱性能优异，是一类用途广泛的防腐蚀涂料，可以用于各种混凝土结构、钢结构、船舶、海上平台等。环氧聚氨酯涂料由于存在醚键，不耐紫外线，阳光下易粉化，因此不宜用于户外环境。环氧聚氨酯涂料由于存在醚键，不耐紫外线，阳光下易粉化，因此不宜用于户外环境。

环氧聚氨酯防腐蚀底漆，采用羟值高的高分子量的环氧树脂。固化剂为 MDI 多异氰酸酯，采用锌粉、磷酸锌等防锈颜料，干燥快，性能优于聚酰胺固化的环氧底漆。与环氧沥青涂料相比，可以在冬季低温下施工。

在飞机制造工业中，环氧聚氨酯底漆常用作飞机的蒙皮底漆。

（5）丙烯酸聚氨酯面漆

含羟基丙烯酸树脂耐候性优良，干燥快，具有较聚酯树脂更好的保光保色性，因为它不吸收 300nm 以上的紫外线及可见光，其主链的碳-碳键耐水解。含羟基丙烯酸酯与脂肪族多异氰酸酯如 HDI 缩二脲、HDI 三聚体反应而生成的丙烯酸聚氨酯漆，漆膜具有很好的硬度又有极好的柔韧性，耐化学腐蚀。突出的耐候性，光亮丰满，干燥性好，表干快而不沾灰等特性，使之成为在钢结构重防腐涂装体系中的首选面漆。

HDI 缩二脲、HDI 三聚体、异佛尔酮二异氰酸酯（IPDI）三聚体都是常用的固化交联剂。HDI 三聚体与 HDI 缩二脲相比，干燥速率快，涂层硬度高，耐候性更好。但是在其成膜初期，暴露于高湿度环境下或容易结露的环境下，涂膜易失光，在这种条件下施工如果膜过厚，还很容易起泡。

丙烯酸聚氨酯涂料通常的体积固体分只有 50%左右，要想降低 VOC 含量，满足现行和计划中的 VOC 规范，就必须开发研制出高固体分的丙烯酸聚氨酯涂料。

恰当的 NCO/OH 比例是双组分丙烯酸聚氨酯涂料的关键，理论值为 NCO/OH＝1。研究表明，NCO/OH 低则漆膜的抗溶剂性、抗水性、抗化学品性及硬度均下降，甚至漆膜发软；或 NOC/OH 太高，则会增大交联密度，提高抗溶剂性、抗化学品性及硬度均下降，甚至漆膜发软；或者 NCO/OH 太高，则会增大交联密度，提高 NCO/OH 比值，以改善漆膜的干燥性。

（6）含氟聚氨酯涂料

含氟聚氨酯涂料采用羟基固化的双组分聚氨酯涂料的原理，将含羟基的 FEVE 氟树脂，与作为另一固化剂组分的多异氰酸酯配成含氟的聚氨酯涂料，可以常温交联。

氟树脂的羟基值可以调节到近似于含羟基丙烯酸酯树脂的羟基值，这样就可以和交联剂一起制备含氟聚氨酯涂料。涂膜表面坚硬，表面能低，耐沾污性好，柔韧性好。含氟聚氨酯涂料具备耐候性、耐化学药品性、高腐蚀性和高装饰性。含氟聚氨酯涂料的综合性能比聚氨酯面漆要强得多。

（7）无溶剂聚氨酯涂料

无溶剂聚氨酯涂料，100%的体积固体分，在实践的应用中，被证明是用于水务工程方面最好的涂料系统。在涂料的毒性方面，100%体积固体分聚氨酯涂料要比传统的溶剂型环氧树脂要低得多。具有突出的附着力，杰出的耐化学品性能，很好的耐冲击和耐磨性能，极佳的柔韧性和耐阴极保护性能以及耐漆膜下腐蚀的性能。此外，100%SV 的聚氨酯涂料在冬天迅速固化，减少总的施工费用，加快了工程进度。

根据所用的异氰酸酯类型，主要有两种无溶剂聚氨酯涂料：芳香族和脂肪族。脂肪族聚氨酯涂料是基于脂肪族的异氰酸酯，如 HDI 和 IPDI，含羟基的聚酯或丙烯酸酯等。芳香族聚氨酯涂料基于芳香族的异氰酸酯（如 TDI 和 MDI）和聚醚多羟基化合物。脂肪族聚氨酯涂料更贵点，但是耐候性和保光保色性能更好。芳香族聚氨酯涂料如果暴露在阳光下几天或数月就会泛黄，但是它的耐候性能比环氧树脂涂料要好得多。芳香族聚氨酯涂料主要应用在室内，衬层和埋地环境。大多数100%体积固体分的聚氨酯涂料是芳香族的。

2.2.8 聚脲涂料

随着聚氨酯涂料及聚氨酯弹性体应用领域的不断扩大，传统的涂装工艺在实际应用中遇到不少困难，如一些建筑涂层，矿山机械的高耐磨涂层以及一些特殊场合，需要涂层厚度达几毫米甚至十几毫米，若采用手工刮涂，效率低而且外观差，遇到复杂结构更是难以施工。另外，由于人们对环保的日益重视，传统的溶剂型聚氨酯涂料的使用越来越受限制。正是在这种情况下，无溶剂喷涂聚氨酯（脲）弹性体技术被开发成功。该工艺属快速反应喷涂体系，原料体系不含溶剂、固化速率快、工艺简单，可很方便地在立面、曲面上喷涂十几毫米厚的涂层而不流挂，因此可部分取代溶剂型聚氨酯涂料，在某些领域还可替代浇注弹性体工艺，是一种新型聚氨酯成型工艺。

聚脲涂料又叫喷涂聚脲弹性体，属于聚氨酯弹性体的一种。喷涂聚氨酯（脲）弹性体技术是在 RIM 技术的基础上发展起来的，正如聚氨酯（脲）RIM 技术的发展经历了纯聚氨酯、聚氨酯（脲）到聚脲三个阶段一样，喷涂聚氨酯（脲）弹性体技术也经历了这三个阶段。在聚氨酯体系中，为了提高反应活性，必须加入催化剂，聚脲体系则完全不同，它使用了端氨基聚醚和胺扩链剂作为活性氢组分，与异氰酸酯组分的反应活性极高，无需任何催化剂，即可在室温（甚至 0℃以下）瞬间完成反应，从而有效地克服聚氨酯弹性体在施工过程中因环境温度和湿度的影响而发泡，造成材料性能急剧下降的致命缺点。

各反应的化学方程式如下：

聚氨酯反应：$\qquad$ $R{-}NCO+R'OH \longrightarrow RHNCOOR'$

聚脲反应：$\qquad$ $R{-}NCO+R'NH_2 \longrightarrow RNHCONHR'$

异氰酸酯与水反应：$\quad$ $R{-}NCO+H_2O \longrightarrow RNHCOOH$

$$RNHCOOH \longrightarrow RNH_2+CO_2\uparrow$$

2002 年美国成立的聚脲发展协会（简称 PDA 协会）对聚脲体系做了界定：凡聚醚树脂中胺或聚酰胺的组分含量达到 80% 或以上时，称为聚脲；凡聚醚树脂中多元醇含量达到 80% 或以上时，称为聚氨酯（有刚性和弹性两种）；凡在这个参数之间的涂料体系称为聚氨酯/聚脲混合体系。

聚脲涂料通常具有以下特点：①不含催化剂，快速固化，可在任意曲面、斜面及垂直面上喷涂成型，不产生流挂现象，5s 凝胶，10min 即可达到步行强度；②对水分、湿气不敏感，施工时不受温度、湿度的影响；③双组分，100% 固含量，对环境友好，可以以 1:1 的体积比进行喷涂和浇注，一次施工达到厚度要求，克服了以往多层施工的弊病；④优异的物理性能，如抗张强度、柔韧性、耐磨性等；⑤具有良好的热稳定性，可在 150℃ 下长期使用，可承受 350℃ 的短时热冲击；⑥可加入各种颜填料，制成不同颜色的制品；⑦配方体系任意可调，手感从软橡皮（邵 A30）到硬弹性体（邵 D65）；⑧可以引入短切玻璃纤维对材料进行增强；⑨使用成套喷涂、浇注设备，施工方便，效率高；⑩设备配有多种切换模式，既可喷涂，也可浇注。

喷涂聚脲技术具有卓越的物理性能、化学性能以及施工性能，是一种新型的涂装技术。它可以部分或完全替代传统的聚氨酯、环氧树脂、玻璃钢、氯化橡胶以及聚烯烃类化合物，在化工防腐、管道、建筑、船舶、水利、机械、矿山耐磨等行业具有广阔的应用前景。其典型应用领域包括：管道防腐、化工储罐防腐；石油或天然气海上开采平台防腐；污水处理池、大型水箱内壁、海岸码头设施防腐；化学品车间地坪、墙壁防腐；船舶甲板、舱室地面、大型油轮输油浮管的修复和防护；桥梁防腐；自来水水管道防腐；车厢耐磨衬里、矿山机械耐磨保护；建筑屋面防水等。

目前，我国的聚脲行业已经初具规模，其他各国的聚脲产品也纷纷涌入，在一定程度上推动了我国聚脲行业的发展，但是由于业内人士在产品质量的稳定性、市场价位的合理性、售后服务的专业性方面存在的诸多问题，因此我们仍然应该继续加大工作力度，以使中国的聚脲事业能够健康快速的发展。具体来讲笔者认为主要在以下两个方面需加大工作力度。

第一，从产品的角度逐步淘汰聚氨酯（脲），广泛采用纯聚脲，并对高性能聚脲进行深入细致的研究，如耐高温、耐强腐蚀、耐强磨损等。相比传统的芳香族聚脲脂肪族聚脲具有耐黄变耐老化性好的优点，在美国一般设计采用在芳香族聚脲的表面喷涂 0.2mm 的脂肪族聚脲的方法，但脂肪族聚脲价格昂贵，国内尚缺乏对其进行有效研究的技术，开发能让市场接受、价格适中的脂肪族聚脲是未来业界的一个目标。聚天门冬氨酸酯树脂因引入空间位阻较大的基团能降低该仲氨基与异氰酸酯反应速率，同时采用HDI作为固化剂具有较好的耐老化性能，在DTM涂层以及风电叶片表面保护涂层等领域有广阔的市场前景，是业界未来研究的另一个主要方向。

第二，近年来国内聚脲工程失败的案例不胜枚举，一度将整个聚脲行业带入低谷，国际聚脲界知名人士多次撰文呼吁业界组织专业施工公司，提出"一分聚脲，九分施工"的口号。制定防腐、防水、耐磨、防护等应用领域的聚脲工程技术规范，加强聚脲专业施工技术的培训，建立对聚脲施工资质的审查和把关程序，组建专业的聚脲施工队伍无疑是业界未来努力的方向。

2.2.9　氟树脂涂料

以氟树脂为主要成膜物质的涂料称为氟树脂涂料，又称氟碳漆、氟涂料等。在各种涂料之中，氟树脂涂料由于引入的氟元素电负性大，碳氟键能强，具有特别优越的性能。它不仅具有良好的耐候性、耐热性、耐低温性、耐化学药品性，而且具有独特的不黏性和低摩擦性。经过几十年的快速发展，氟涂料在建筑、化学工业、电器电子工业、机械工业、航空航天产业、家庭用品的各个领域得到广泛应用。成为继丙烯酸涂料、聚氨酯涂料、有机硅涂料等高性能涂料之后，综合性能最高的涂料品种。

（1）氟树脂涂料简介

氟烯烃聚合或氟烯烃和其他单体共聚而成的高分子聚合物是氟碳树脂，以氟碳树脂为成膜物质的涂料，称之为氟碳涂料（fluorocarbon coating）。常见的氟碳涂料用氟碳树脂主要有聚四氟乙烯（PTFE）氟碳树脂、聚偏二氟乙烯（PVDF）氟碳树脂、聚氟乙烯（PVF）氟碳树脂和PEVE氟碳树脂等。

聚偏二氟乙烯（PVDF）是一种高分子量的半晶体聚合物，是1,1-二氟乙烯（$H_2C=CF_2$）的加成聚合物。PVDF是一种户外耐久性、耐酸雨及耐大气污染性、耐腐蚀性、抗沾污性及耐霉性等综合性能非常好的含氟聚合物。PVDF树脂具有很高的拉伸强度和耐冲击强度；优良的耐磨性、刚度和柔韧性；具有很好的热稳定性；具有极好的耐紫外线照射和核辐射性能；具有很好的耐化学品性能，耐渗透性极佳。在建筑涂料中有广泛的应用，如澳洲堪培拉国会大楼、新加坡樟宜机场、中国香港汇丰银行大厦等，历经30年风雨考验，至今仍能基本保持建筑原貌。PVDF氟碳涂料氟涂耐候性、耐久性能优良，但是没有光泽，装饰效果一般。

聚氟乙烯（PVF）是分子中具有结构单元—CH_2—CHF—的链状结晶性聚合物。PVF树脂分子极大，具有高介电性能；耐候性和辐射性能良好；对燃烧具有自熄性，阻燃性好；对多种气体具有低渗透性能。PVF氟碳涂料可以制成粉末涂料和分散液涂料，以分散液涂料为主，属于潜溶剂的分散液，成膜过程与PVDF相似。施工时采用空气喷涂、静电喷漆和浸涂等方式，采用多喷多烘工艺，烘烤温度在 230～280℃，烘烤时间控制在 15min 左右。PVF 氟碳涂料具有优良的耐化学药品性能，耐高温和低温性能优良，耐湿防霉菌，能用于食品包装容器内壁，涂膜与金属和非金属底材均有很强的附着力。

（2）FEVE 氟碳树脂涂料

PTFE、PVDF 及 PVF 树脂都属于结晶性聚合物，不能溶解于有机溶剂中，通常需要在 230℃以上的高温烘烤成膜。而溶剂型是可以在常温下施工的氟树脂面漆，以 FEVE 聚合物为树脂，它与传统的 PVDF 不同，分子结构中选择了乙烯基醚官能团，改善了氟树脂的溶解性，进而提高了涂料的流平性。氟树脂面漆的耐候性能非常好，超过了丙烯酸改性聚氨酯面漆，在腐蚀强的环境中，如海洋性气候等应用越来越多。

FEVE 树脂由三氟（四氟）乙烯单体和乙烯基乙醚（酯）单体交替联接构成，氟乙烯单体把乙烯基醚单体从两侧包围起来，形成了屏蔽式的交替共聚物。

由于引入了不含取代基的烷烯基醚，烷基乙烯基醚能够提供树脂在有机溶剂中的溶解剂，使 FEVE 氟碳树脂在常温下可以被普通溶剂所溶解。引入羟烷基乙烯基醚可以使 FEVE 氟碳树脂用异氰酸酯或氨基树脂作为固化剂，在常温下进行交联固化成膜，引入羧基烷基乙烯基醚能够提高树脂颜料的润湿性和对底材的附着力。含氟聚合物不同于其他聚合物的特殊性能，是因为将氟原子引入到聚合物中，以三氟氯乙烯（CTFE）为基础的树脂含氟原子 25%～29%；以四氟氯乙烯（TFE）为基础的树脂含氟原子最高达 35%。FEVE 氟碳树脂的 C—F 键具有 485kJ/mol 的高键能。高键能的 C—F 键比起一般的有机聚合物中的 C—C 键，键能要高得多，这就是氟碳涂料比其他有机聚合物涂料耐候性超强的主要原因。

几种化学键的键能比较见表 2-3。

表 2-3　几种化学键的键能比较

化学键	C—F	C—Cl	C—O	C—C	C—H
键能/(kJ/mol)	485	326	372	372	410

对于户外使用的有机高分子聚合物，当其吸收一个能量大于其化学键键能的光子时，便可以造成断键，从而使化学键造成破坏。对有机物起主要破坏作用的紫外线和可见光部分，其光波的波长在 200～600nm 的范围内，其中 400～600nm 为可见光部分，200～400nm 为紫外线光部分，参考表 2-4。

表 2-4　紫外线到可见光范围波长及能量的关系

光波段	波长/nm	能量/(kJ/mol)	光波段	波长/nm	能量/(kJ/mol)
紫外线	200	598.3	绿色光	570	209
	300	399.5	黄色光	590	203
	400	299.3	橙色光	620	192
紫色光	450	266	红色光	750	159
蓝色光	500	239			

含羟基的 FEVE 树脂中的羟基既可以和聚氨酯固化剂中的—NCO 基反应，也可以和氨基树脂中的烷氧甲基反应。使用氨基树脂作为固化剂，需要进行烘烤交联固化。用异氰酸酯固化剂进行固化反应的氟碳树脂涂料，又称之为含氟聚氨酯涂料。作为成膜物的 FEVE 氟碳树脂是决定涂料及涂膜性能关键。目前大多数 FEVE 树脂为三氟氯乙烯/烷基乙烯基酯共聚树脂，也有四氟乙烯和烷基乙烯单体的共聚物。

氟碳涂料主要用于工业及建筑方面需要户外高耐候性、耐沾污和耐腐蚀的场合，因此选用的颜料必须是耐候性强，耐光牢度优异的颜料，如金红石型钛白粉。非浮型铝粉可以给涂膜提供柔和的闪光效果，但是铝粉在空气中易氧化，所以往往需要再罩一道清漆。

FEVE 氟碳树脂的溶剂可以选用乙酸丁酯、乙酸乙酯、甲基异丁基酮等，常与一定比例的芳香烃配合使用。由于固化剂中含—NCO 基，所以醇类和醇醚类溶剂不能使用。溶剂要选用氨酯级溶剂，所含杂质（包括微量的水）要少。通常以异氰酸酯当量来表示，即消耗 1mol —NCO 基所需溶剂的质量（g），其数值越大，质量越好，一般要求≥2500。

FEVE 氟碳树脂涂料采用的固化剂为 HDI 缩二脲、HDI 三聚体或异佛尔酮二异氰酸酯（IPDI）。HDI 缩二脲是最常用的固化剂，HDI 三聚体作为固化剂所得的漆液黏度更低，更易于制成高固体分涂料，涂料的耐候性好，涂膜硬度稍高。采用 IPDI 作为固化剂，涂膜耐磨蚀性能更好，指触干燥快，但是涂膜硬而脆，耐冲击性和柔韧性较差。

2.2.10 聚硅氧烷涂料

一般来说，无机物具有较好的化学耐性，有机物则具有较好的物理性能。长久以来，将有机物引入无机物以达最佳的产品特性是涂料工作者的重要研究课题。最开始采用将两种树脂直接混合的方式，但由于混溶性等诸多的问题，无法达到令人满意的效果。有机-无机混接技术，即利用无机树脂改性的有机树脂交联聚合，从而使两种材料形成共享一个化学键的聚合体网络。混接技术主要包括以下四个方面的内容：有机基体、无机基体、互穿网络和真接枝。这些混接反应包括脂肪族环氧改性聚硅氧烷、丙烯酸改性聚硅氧烷、丙烯酸脲烷改性聚硅氧烷、硅溶胶混接物和有机硅胶等。混接技术利用了有机物的最佳特性（容易加工、绕性、韧性、光泽和气温固化）和无机物的最佳特性（惰性、硬度、附着力、抗化学性、耐高温、耐候、耐紫外性和耐磨）等。

聚硅氧烷和聚氨酯涂料比较，最主要的优点是保光保色性好且不含异氰酸酯。在保护性方面和安全、健康和环保方面优于聚氨酯涂料。聚硅氧烷的杰出保光保色性来源于硅氧键的强度（Si—O—Si 的强度为 446kJ/mol）比碳-碳键（C—C 的强度为 358 kJ/mol）的强度高，因此需要更高的能量才能把它打开。

典型的环氧聚硅氧烷涂料固化有 2 个主要反应。

① 由氨基聚硅氧烷与环氧反应形成混接的环氧聚硅氧烷：

$RO—(Si—O)_y—R—NH—R—NH_2＋(C_2H_3O)—R—(C_2H_3O)$
$\longrightarrow RO—(Si—O)_y—R—NH—R—NH—CH_2—CHOH—R—(C_2H_3O)$

② 烷氧基之间的反应以及与水分（湿气）的反应生成氨基聚硅氧烷和醇：

$RO—(Si—O)_y—R—NH—R—NH_2＋RO—(Si—O)_y—R—NH—R—NH_2＋H_2O$
$\longrightarrow H_2N—R—NH—R—(O—Si)_y—O—(Si—O)_y—R—NH—R—NH_2＋ROH$

采用不同的材料混接，其反应及漆膜性能会有很大的差别。在实验室里，在这方面已经做了许多试验，并且认为由脂肪族环氧和丙烯酸脲烷混接的聚硅氧烷具有非常优异的制漆性能、耐候性、保光保色性和耐化学性。

聚硅氧烷涂料的杰出耐候性来源于聚硅氧烷树脂的硅氧键 Si＝O，它有以下特点：

① Si＝O 键的键能高。SiO 的键能为 446kJ/mol，而且 Si、O 原子形成 d-pπ 键，增加了高聚物的稳定性，需要很高的能量才能把它打开；

② 在 Si＝O 键中，Si 和 O 的相对电负性相差大，因此 Si＝O 键的极性大，有 51% 离子化的倾向，对 Si 上连接的烃基有偶极感应影响，提高了所连烃基对氧化作用的稳定性，即 Si＝O 键对烃基基团的氧化能起到屏蔽作用。

因此，聚硅氧烷涂料具有优异的耐热、耐紫外线辐射性能以及抗氧化和耐化学品性能。而通过改性引入的有机物链，则大大提高了漆膜性能，包括弯曲性能、柔韧性、光泽、附着力，同时产品的成本也得到有效的控制。

聚硅氧烷树脂涂料是以通过某些功能性有机物改性的苯基甲基聚硅氧烷树脂为主要成膜物的。常用于改性的功能性有机物有：氢化环氧树脂、脲烷丙烯酸酯树脂、改性丙烯酸树脂（如羟基丙烯酸树脂、烷氧基硅烷基丙烯酸树脂、含酸官能团丙烯酸树脂或含不饱和键丙烯酸树脂）、氟化醇类等。目前来看，技术较为成熟，并已在市场上有一定成功应用的有氢化环氧树脂和丙烯酸树脂改性的苯基甲基聚硅氧烷树脂，即常说的脂肪族环氧聚硅氧烷涂料和丙烯酸聚硅氧烷涂料。

聚硅氧烷涂料的聚合反应，无论是丙烯酸聚硅氧烷，还是环氧基硅氧烷，都是由含氨基官能团的硅氧烷树脂在环境中微量水分的存在下的自聚反应开始。随后其自聚产物聚硅氧烷中的活性官能团氨基，再与氢化环氧树脂、脲烷丙烯酸酯树脂或含酸官能团的丙烯酸树脂中相应的活性基团互相交联聚合，从而形成结构复杂，互穿网络的多交联聚合物。

与传统重防腐高档面漆聚氨酯面漆相比，聚硅氧烷有许多更为突出的优点：

① 保光、保色性好。按照 ASTM G53—1993 方法，对聚硅氧烷涂料和聚氨酯涂料进行人工加速老化对比试验（QUV），结果显示，聚氨酯涂料在 2000h 时尚能

保持原有光泽的75％，到4500h光泽只剩下原来的10％左右。而聚硅氧烷涂料在4500h时光泽仍可保持到原始光泽的75％，8000h时光泽仍可达到原来的45％左右。

② 更优越的防腐性能。由于聚硅氧烷树脂中硅氧键高键能的保证，以及有机-无机聚合物形成互穿网络所给予的更为致密的漆膜，使得其拥有比有效聚氨酯面漆更为出色的防腐性能，因而涂装后维修费用大大降低。

③ 更快的干燥特性。聚氨酯涂料是通过多异氰酸酯与多元醇交联聚合而成膜的。虽然芳香族聚氨酯涂料反应迅速，但通常重防腐涂装中常用脂肪族多异氰酸酯为原料，以确保漆膜的耐候性，但它的干燥性能稍差。而对于聚硅氧烷涂料，在其固化的初期，硅氧烷树脂能迅速与环境中的微量水分反应而自聚合，在短时间内生成较大分子量的产物，从而确保了较好的表干性能。

④ 在保护性、安全性、健康和环保方面优于聚氨酯涂料。多异氰酸酯树脂含有一定量的游离异氰酸酯，属致癌物质。因此聚氨酯涂料施工时，对人体的安全、健康有一定的影响；同时通常聚氨酯涂料的固体含量较低，对环境的危害较大。聚硅氧烷涂料不含游离异氰酸酯，且大多为高固含量的产品，是名副其实的环境友好型产品。

⑤ 漆膜防污染性能优于聚氨酯涂料。含有硅产品的低表面能，使得污染物不易黏附于漆膜表面，便于清洁。

2.2.11 玻璃鳞片涂料

在防腐涂层树脂中混入鳞片填料，不但可以提高机械强度，降低它的线膨胀系数及固化收缩，而且还十分容易形成厚浆型的涂料。鳞片填料的加入，还可大大地抑制腐蚀介质的侵入。例如：水和离子类的腐蚀介质，通常它们将通过扩散进入涂层，最后直至渗透到基体材料，采用玻璃鳞片制成涂层，作为防腐蚀保护层使用，比采用云母、硅酸钙及硅酸铝等填充材料的涂料具有更加优越的性能。玻璃鳞片涂料在化工、石油、海洋工程、运输、能源及水处理等各个领域都可应用，作为优良的防腐衬里材料，已经成功地应用于钢材或混凝土结构表面的防腐保护层。

玻璃鳞片涂料的性能与玻璃鳞片的用量有很大关系。玻璃鳞片太少，涂层中的玻璃鳞片不足以形成片与片之间的重叠排列，涂层的抗渗透性不是很好。随着用量的增加，屏蔽作用增大，抗渗透性随之提高。但是用量过大，反而不利于玻璃鳞片之间的排列，会造成涂层杂乱无序，增加了涂层内部的空隙，这样涂层的致密性会降低。所以玻璃鳞片的用量有一个最佳范围，应在20％～35％之间。

涂层中大量的玻璃鳞片形成许多小区域，使涂层中的微裂纹、微气泡相互分割，大大减慢了介质的渗透速度，使介质渗透率明显缩小。

玻璃鳞片的存在不仅减少了涂层与底材之间的热膨胀系数之差，而且也明显降低了涂层本身的硬化收缩率，这不但有助于抑制涂层龟裂、剥落等的出现，还可提高涂层的附着力与抗冲击性能。

玻璃鳞片防腐涂层具有良好的耐腐蚀性及抗渗透性能，因此鳞片树脂材料的选用原则主要考虑选用的鳞片树脂基体黏结剂，是否具有抗介质腐蚀和抗渗透的能力，以及它与填料及基层面材的黏结能力等因素。环氧树脂、酚醛环氧树脂、聚酯树脂、乙烯基酯树脂基呋喃树脂等，可以作为玻璃鳞片涂层的基体黏结剂。

选用的鳞片树脂基体黏结剂的性能，将直接影响到鳞片防腐涂层的整体性能。

不饱和聚酯树脂及乙烯基酯树脂等品种，是目前国内外经常采用的主要鳞片黏结剂品种，因为这些型号的不饱和聚酯树脂均属于耐腐蚀聚酯树脂，具有良好的耐酸碱性能，并且具有良好的黏结性能。常用玻璃鳞片涂料分为以下几类。

（1）环氧玻璃鳞片涂料

环氧树脂涂料有着良好的耐碱、耐化学性能，因此环氧玻璃鳞片涂料在重防腐方面有着广泛的应用，按不同的用途，有环氧煤沥青和酚醛环氧等玻璃鳞片涂料品种。

环氧玻璃鳞片涂料的一般性能同环氧树脂涂料一样。溶剂型的体积固体分在 80% 左右，一次喷涂可以达到干膜厚度 $200\sim400\mu m$，无溶剂玻璃鳞片涂料的固体分含量为 100%，可以一次喷涂干膜达 $500\mu m$，能用于船舶的水线区。

在环氧树脂中加入煤焦沥青，可以降低涂料成本，并加强防水性能，相比纯环氧玻璃鳞片涂料，其使用温度从 120℃ 下降到 80℃，耐溶剂性能和耐碱性能也相应下降。环氧煤焦沥青玻璃鳞片涂料不耐苯、甲苯、二甲苯、丙酮、汽油、煤油、二硫化碳和三氯乙烯等溶剂。

无溶剂型酚醛环氧玻璃鳞片涂料，其耐化学品性能相当强，除了一般的溶剂外，还包括耐甲醇等强溶剂。

（2）不饱和聚酯玻璃鳞片涂料

聚酯是有机酸和醇类的反应物，用于玻璃鳞片涂料中的聚酯主要是不饱和二盐基酸与二羟基醇的反应物。将聚酯溶于苯乙烯单体，加入催化剂和固体剂，苯乙烯开始交联，形成固体涂膜。在固体中会有实质的收缩伴以放热反应，因此，加入玻璃鳞片可以吸收这种收缩力。聚酯玻璃鳞片涂料固化迅速，固体分高达 96%～100%，对钢结构有长效的防腐蚀效果，特别是耐压。特殊配方也可以用于混凝土表面。不含苯乙烯的聚酯涂料，用乙烯基甲苯代替了其中的苯乙烯，消除了气味，符合环保要求。

施工时可以使用双组分喷漆泵，能在温度低到 5℃ 时施工，但是使用常规的无气喷涂泵时，最低温度仍以 10℃ 为佳。聚酯玻璃鳞片涂料在 23℃，干膜厚度 $600\sim1500\mu m$，只需 2h 就可以搬运或在上面走动。

聚酯玻璃鳞片涂料的耐淡水和海水性能突出。其高度的耐磨性能，适合用于甲板通道、直升机甲板、破冰船船壳、钢结构或混凝土的潮汐飞溅区、耐阴极保护涂层剥离。它还具有良好的耐化学品性能，包括原油、滑油、盐水溶液和其他酸及溶剂，它的耐碱性一般。由于涂层厚度非常高，混凝土和钢材都要求进行喷砂处理，钢材要达到 Sa 2.5（ISO 8501-1），粗糙度 R_z 达到 $75\sim100\mu m$。

（3）乙烯酯玻璃鳞片涂料

用于乙烯酯玻璃鳞片涂料的乙烯酯预聚物由环氧树脂与含有乙烯基团的丙烯酸或甲基丙烯酸反应生成。通常使用双酚 A 和酚醛环氧。双酚 A 乙烯酯具有突出的耐化学品性能，而酚醛乙烯酯涂料有着突出的耐酸耐溶剂性能，又具有很好的耐热性。聚合物溶解于苯乙烯单体中，加入催化剂和固化剂，苯乙烯开始与树脂交联，形成固体成分，乙烯酯在固化时在本质上会收缩（小于聚酯），同时伴以放热反应，加入玻璃鳞片可以吸收这种收缩。

乙烯酯通常是双组分涂料，可以在常温下施工。可以用双组分喷漆泵施工，常规的无气喷涂泵也能使用。为了保证最佳的附着力，对于混凝土和钢材要进行喷砂处理。钢材喷砂至少达到 Sa 2.5（ISO 8501-1），粗糙度 R_z 达到 $75\sim100\mu m$。

在混凝土表面，要先涂一道乙烯酯清漆，以便于主系统能获得最佳的附着力，乙烯酯涂料不能涂于旧漆或镀锌钢材上面。由于其杰出的耐化学性能和耐溶剂性能，用于储罐内壁时，乙烯酯涂料常被称作问题的终结者，它可以耐无铅汽油，可以用于硫烟洗涤装置，盐水、钻井泥浆和处理水等。乙烯酯涂料比聚酯涂料的耐化学品性能更高，耐酸碱性更强，也具有很好的高温性能。

2.3 防腐蚀涂料在钢铁防腐应用的局限性

涂料涂装防腐蚀技术长久以来作为简单方便的钢铁防腐方法，在国民经济中扮演着十分重要的角色，它不仅保护着钢铁制品免遭腐蚀，而且具有装饰美化等特殊作用。涂料防腐可与其他防腐措施（如阴极保护、金属喷涂、金属镀等）配合使用，从而获得极其完善的防腐蚀系统，但传统防腐涂料本身也存在一些技术及性能局限性，在"持久、长效、安全、环保"的钢结构防腐要求下显得力不从心，因而了解了传统防腐涂料在钢铁领域的应用局限性后，对研究发展新的重防腐涂料具有重要意义。

2.3.1 保护机理单一

传统防腐涂料最大的局限性在于其仅提供屏障保护。但必须指出，涂层并非是完全密闭的屏障，其本身具有一定的透气性。环境中的水汽和其他物质可以经孔隙渗入，这些渗入的物质会在涂层中扩散，不仅会引起涂层润胀、起泡、组分浸出、附着力下降，还会造成一系列化学破坏作用。而当腐蚀介质到达涂层/金属界面后，会迅速与钢铁基材形成腐蚀回路并发生膜下腐蚀，由于腐蚀产物的体积膨胀及膜下离子溶液与外部介质溶液渗透压的平衡作用，漆膜逐渐隆起、透锈、剥落，最后彻底丧失保护钢铁基材的作用，而在漆膜出现显著失效现象前，锈蚀已逐渐蔓延，留下巨大的安全隐患。

总体而言，屏障保护是一种被动的防腐手段，其防腐蚀上限取决于漆膜的耐腐蚀性质，下限取决于漆膜的抗渗性，对于混凝土、木材、砖石等绝缘体具有良好的保护作用，但对钢铁而言，发生腐蚀后缺乏后续防护措施，无法实现钢结构的长效防腐。

2.3.2　涂膜寿命限制

涂料在使用过程中会受到各种不同因素的影响，使涂层的物理化学和机械性能发生不可逆的变化，最终导致涂层的破坏，这种现象称为涂膜的失效（老化）。传统防腐涂料在化工大气和海洋环境里的使用寿命约为 10 年，在酸、碱、盐和溶剂介质中不到 5 年便会失效，短暂的使用寿命严重制约了其在钢铁防腐领域的应用。追根溯源，这是因为传统防腐涂料易发生光、热老化。

涂层的光老化失效，实质上是涂料中的高聚物经光照引起高分子结构发生物理化学变化，宏观表现为失去光泽、变色、粉化、变脆、开裂等，实际上在没有粉化、开裂之前，涂膜抗渗性能已经下降，丧失保护能力。

涂层的光老化失效在我国海南、西部高原等太阳光（紫外线）辐射强的地区尤为突出。涂料的基本性质由树脂决定，树脂若长期在较高温度下使用，很容易发生老化问题。涂膜的热老化失效归纳起来主要有三种情况：

① 高温热降解。当使用温度达到（或接近）高分子的热降解温度时，高分子链发生自由基降解反应。氧气的存在加速降解反应，会使热降解温度下降。

② 对于一些非转化性涂膜，在较高的温度下虽然未发生降解反应，但大分子链段具有了一定的活动能力，涂膜不具有基本的力学性能（硬度、强度、附着性能），发生软化，会丧失其实用性能。

③ 耐温变性。由于冷热交替温度变化带来涂膜的内应力较大，如涂膜发生开裂、脱壳等失效现象，也可看作力学破坏。我国地域辽阔，南北温差悬殊，飞机、火车、汽车等交通工具的防腐涂装必须能承受温差变化频繁所带来的失效问题。西部高原地区昼夜温差大，已是众多防腐涂装过早失效的主因。

2.3.3　性能局限性

在遭受重工业污染并伴随恶劣自然环境及高强度工作负荷而形成的重腐蚀环境中，钢结构设备腐蚀迅速，传统防腐涂料在实现钢铁防腐的过程中，也暴露了诸多问题。

① 传统防腐涂料无法杜绝点蚀的出现。传统防腐涂层无法彻底将环境与钢铁

基材隔开，即便在涂膜完好无损的情况下，环境中的腐蚀介质也能渗入涂层到达涂层/金属界面，并产生局限于金属表面个别小点的腐蚀形态，即点蚀现象。从外表看，金属表面仅有零零星星的蚀坑，其余的表面绝大部分不腐蚀或腐蚀很轻微。点蚀的破坏性和隐患性甚大，发生点蚀时虽然金属的失重不大，但由于阳极面积非常小，阳极上流过的腐蚀电流密度很大，造成很高的金属溶解速率，严重时可使金属设备穿孔破坏。传统防腐涂层不具有阴极保护性能，一旦发生腐蚀即形同虚设，这些点蚀将进一步扩散、蔓延，最后形成局部腐蚀，造成应力腐蚀开裂、腐蚀疲劳等问题。

② 涂层破损后腐蚀速率快。传统防腐涂料仅具有屏障保护功能，缺乏后续防护能力，在涂层未被破坏之前，由于涂装金属与腐蚀环境之间有一层惰性涂膜隔离，金属的腐蚀速率要比裸金属慢得多，而一旦涂层破损，金属的腐蚀速率即等同于裸金属，更为严重的是，涂层在剥落过程中可能会带走一部分疏松的锈蚀产物，使里面未被腐蚀的钢铁暴露在腐蚀介质中，造成进一步的破坏。

③ 需多次重涂。防腐蚀涂层的厚度与防腐蚀效果有直接关系，尤其在严酷腐蚀环境下的重防蚀涂料必须达一定的干膜厚度。为此往往需要有多道涂层，其主要原因是通常每道涂层不能太厚。但多次重涂需要大量时间，且受气温、湿度等环境因素影响大。另一方面所有漆膜总难免有若干缺损，如缩孔、针孔、气泡、丝状尘埃埋在漆膜中，在大面积施工中，无法获得完整无缺的漆膜，在缺损薄弱部位首先会发生腐蚀，并进一步蔓延造成安全隐患。

④ 危害人体，破坏环境。传统防腐涂料一般含有 50% 以上的有机溶剂，如酮类、醇醚、酮醇类、酯类、苯系物和卤代芳烃等，它们都具有较强的毒性，虽然涂布非常方便，但溶剂成分挥发到大气中，轻则造成空气的污染，重则会威胁人的身体健康。近年来各国制定了越来越严格的法令来限制涂料溶剂中有机成分挥发物（VOCs）的排放标准，传统防腐涂料的应用领域逐年下降。

第 **3** 章 ▶▶ 钢铁表面用锌覆盖层防腐蚀技术及产品

3.1 概述

3.1.1 覆盖层的分类

在金属表面上施用覆盖层是防止金属腐蚀最普遍最重要的方法。覆盖层的作用在于使金属制品与外界介质隔离开来，以阻止金属表面层上微电池起作用进而发生腐蚀。覆盖层一般应满足以下基本要求：①结构紧密，完整无孔洞，能阻止介质透过；②与金属基材有很强的黏结力；③表面硬度较高，耐摩擦磨损；④均匀地分布在被保护的基材表面。工业上应用普遍的覆盖层分如下四类：①金属覆盖层；②非金属覆盖层；③用化学和电化学方法形成的覆盖层；④暂时性覆盖层。覆盖层的详细分类见图3-1。

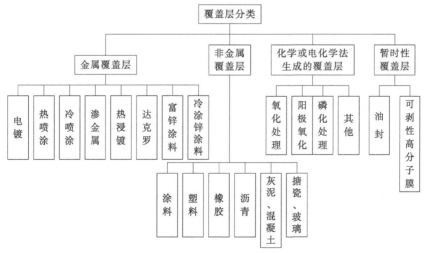

图 3-1 覆盖层的详细分类

3.1.2 金属覆盖层

金属覆盖层保护即用一种金属或合金在另一种被保护金属表面形成连续均匀的保护层，以防止该基体金属受到腐蚀。被保护的金属制品称之为基体，前一种金属或合金称为覆盖层。金属覆盖层可分为阳极覆盖层和阴极覆盖层两种。如果覆盖层金属在介质中的电势比基体金属电势更正，则前者为阴极，后者为阳极，故称为阴极覆盖层。这种覆盖层的金属通常耐腐蚀性很强，只有当它足够完整，并且能耐介质腐蚀以及阻止介质渗透到基体金属表面，才能可靠地保护基体金属。钢铁表面常用的阴极覆盖层金属为铅、锡、镍等。如果覆盖层金属在介质中的电势比基体金属电势更负，则前者为阳极，后者为阴极，故称为阳极覆盖层。阳极覆盖层的优点就是即使覆盖层有一些微孔，由于覆盖层金属本身的电化学保护作用，仍然能够使基体金属得到保护。用锌涂镀层来保护钢铁就是典型的阳极覆盖层保护。金属覆盖层保护方法类型包括电镀、热喷镀、渗镀、热浸镀、达克罗等。

3.1.3 锌覆盖层的牺牲阳极保护法电化学机理

牺牲阳极法是阴极保护的重要手段之一，采用牺牲阳极法对金属构件实施阴极保护时，牺牲阳极在电解质环境中与被保护的金属构件连接，通过牺牲阳极金属或合金材料的有限溶解，释放出的电流使金属构件阴极极化到保护电位而实现保护。锌是牺牲阳极法常用的阳极材料，锌的标准电极电位为 $-0.76V$，较铁的 $-0.44V$ 活泼，且作为锌阳极具有极高的电流效率。利用锌对钢结构进行电化学保护，具有时效长、易于管理和维护的优点。

钢铁腐蚀过程的全反应是阳极反应和阴极反应的组合。当钢铁表面有水分存在时，就发生铁电离的阳极反应和溶解态氧还原的阴极反应，相互以等速率进行。其反应式如下：

阳极反应：$\qquad Fe - 2e^- \longrightarrow Fe^{2+}$

阴极反应：$\qquad O_2 + 2H_2O + 4e^- \longrightarrow 4OH^-$

在腐蚀过程中，钢结构表面会析出氢氧化亚铁 $Fe(OH)_2$，再被溶解氧化成氢氧化铁 $Fe(OH)_3$，并进一步生成 $nFe_2O_3 \cdot mH_2O$（红锈），氧化不完全的变成 Fe_3O_4（黑锈），造成结构的破坏。

而在钢结构表面覆盖上锌之后，锌粉作为阳极会优先与腐蚀介质反应：

阳极反应：$\qquad Zn \longrightarrow Zn^{2+} + 2e^-$

阴极反应：$\qquad O_2 + 2H_2O + 4e^- \longrightarrow 4OH^-$

图 3-2 为锌的牺牲阳极保护法电化学反应示意图。

由于氧分子与电子之间亲和力很强，电子容易在 Zn^{2+}/Zn 电场作用下穿过双

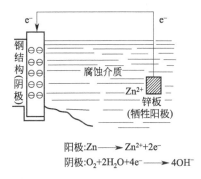

阳极: $Zn \longrightarrow Zn^{2+} + 2e^-$

阴极: $O_2 + 2H_2O + 4e^- \longrightarrow 4OH^-$

图 3-2　锌的牺牲阳极保护法电化学反应示意图

电层，使氧分子还原成 OH^-。阴极区的氧去极化反应使锌电极界面的 pH 值升高或 OH^- 富集，当 OH^-、Zn^{2+} 的浓度超过 $Zn(OH)_2$ 的浓度积时，$Zn(OH)_2$ 便沉积在电极表面形成覆盖膜，并随后进一步与腐蚀介质接触生成 ZnO、$ZnCO_3$、$ZnCO_3 \cdot 2Zn(OH)_2 \cdot H_2O$ 等粉末，除继续起到电化学保护作用外，同时也对钢铁基体起到化学钝化作用。

3.2 常用钢铁表面锌覆盖防腐层

3.2.1 电镀锌

电镀是指在含有欲镀金属的盐类溶剂中，以被镀基体金属为阴极，通过电解作用，使镀液中欲镀金属的阳离子在基体金属表面沉积出来，形成镀层的一种表面加工方法。镀层性能不同于基体金属，具有新的特征。根据镀层的功能，可将镀层分为防护性镀层、装饰性镀层及其他功能性镀层。镀层功能的多样性，使电镀在国民经济的各个生产领域得到广泛的应用。电镀也是现代材料表面技术的重要组成部分。电镀液通常是由主盐、络合剂、附加盐、缓冲剂、阳极活化剂以及添加剂等组成。

电镀工艺过程一般包括电镀前预处理、电镀及镀后处理三个阶段。

电镀前预处理的目的是为了得到干净新鲜的金属表面，为最后获得高质量镀层作准备。主要进行脱脂、去锈蚀、去灰尘等工作。步骤如下：

第一步，使表面粗糙度达到一定要求，可通过表面磨光、抛光等工艺方法来实现；第二步去油脱脂，可采用溶剂溶解以及化学、电化学等方法来实现；第三步除锈，可用机械、酸洗以及电化学方法除锈；第四步，活化处理，一般在弱酸中浸蚀一定时间进行电镀前活化处理。

电镀后处理主要是指钝化处理和除氢处理。所谓钝化处理是指在一定的溶液中进行化学处理，在镀层上形成一层坚实紧密的、稳定性高的薄膜的表面处理方法。

钝化使镀层耐蚀性大大提高并能增加表面光泽和抗污染能力。这种方法用途很广，镀 Zn、Cu 及 Ag 等后，都可进行钝化处理。有些金属如锌，电沉积过程中，除自身沉积出来外，还会析出一部分氢，这部分氢渗入镀层中，使镀件在一定的温度下热处理数小时，称为除氢处理。

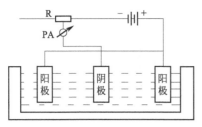

图 3-3 电镀装置示意图

图 3-3 是电镀装置示意图，被镀的零件为阴极，与直流电源的负极相连，金属阳极与直流电源的正极联结，阳极与阴极均浸入镀液中。当在阴阳两极间施加一定电位时，则在阴极发生如下反应：从镀液内部扩散到电极和镀液界面的金属离子 M^{n+} 从阴极上获得 n 个电子，被还原成金属 M，即

$$M^{n+} + ne^- \longrightarrow M$$

另一方面，在阳极则发生与阴极完全相反的反应，即阳极界面上发生金属 M 的溶解，释放 n 个电子生成金属离子 M^{n+}

$$M - ne^- \longrightarrow M^{n+}$$

上述电极反应是电镀反应中最基本的反应。这类由电子直接参加的化学反应，称为电化学反应。

电镀锌主要用于钢铁等黑色金属的防腐。电镀锌工艺可采用酸性电镀液和碱性电镀液两种（表 3-1），阳极使用纯锌。酸性电镀液价廉且电流效率高，电镀速度快，缺点是均镀能力差。碱性电镀液价格虽高，但均镀能力好。

表 3-1 镀锌液的配方及工艺条件

工艺条件		酸性镀锌			碱性镀锌	
		铵盐镀锌	钾盐镀锌	硫酸盐镀锌	氰化镀锌	锌酸盐镀锌
溶液各组成的质量浓度/g·L⁻¹	氯化锌	30~40				
	硫酸锌			360		
	氧化锌				40	8~12
	氯化铵	220~260		15		
	氯化钾		150~250			
	氯化铝			30		
	硼酸		20~30			
	氰化钠				90	
	氢氧化钠				80	
	硫酸钠				0.5~1	100~120
	光亮剂	适量	适量		适量	
操作条件	pH	6~6.5	4.5~6			
	温度/℃	15~35	10~30		18~25	10~40
	阴极电流密度/A·dm⁻²	1~4	1~4		1~2.5	1~2.5
备注		光亮剂一般含亚苄基丙酮、平平加等，多数用专门的供应商的产品	光亮剂同铵盐镀锌	用于线材或带材的镀锌	光亮剂可用钼酸钠、洋茉莉醛等，也可用专门的供应商的产品	一般采用专门的供应商的光亮剂，如 DE、DPE 等

3.2.2　热喷涂锌

热喷涂技术是采用气体、液体燃料或电弧、等离子弧、激光等作热源，使金属、合金、金属陶瓷、氧化物、碳化物、塑料以及它们的复合材料等喷涂材料加热到熔融或半熔融状态，通过高速气流使其雾化，然后喷射、沉积到经过预处理的工件表面，从而形成附着牢固的表面层的加工方法。如果将喷涂层再加热重熔，则产生冶金结合。

采用热喷涂技术不仅能使零件表面获得各种不同的性能，如耐磨、耐热、耐腐蚀、抗氧化和润滑等性能，而且在许多材料（金属、合金、陶瓷、水泥、塑料、石膏、木材等）表面上都能进行喷涂。喷涂工艺灵活，喷涂层厚度达 0.5～5mm，而且对基体材料的组织和性能的影响很小。目前，热喷涂技术已广泛应用于宇航、国防、机械、冶金、石油、化工、机车车辆和电力等行业。

3.2.2.1　热喷涂原理

（1）喷涂涂层形成过程和涂层形成原理

喷涂时，首先是喷涂材料被加热达到熔化或半熔化状态；紧接着是熔滴雾化阶段；然后是被气流或热源射流推动向前喷射的飞行阶段；最后以一定的动能冲击基体表面，产生强烈碰撞展平成扁平状涂层并瞬间凝固 [图 3-4(a)]。在凝固冷却的 0.1s 中，此扁平状涂层继续受环境和热气流影响 [图 3-4(b)]。每隔 0.1s 第二层薄片形成，通过已形成的薄片向基体或涂层进行热传导，逐渐形成层状结构的涂层 [图 3-4(c)]。

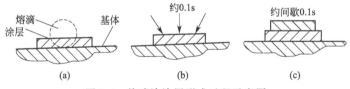

图 3-4　热喷涂涂层形成过程示意图

（2）涂层结构

喷涂涂层的形成过程决定了涂层的结构。喷涂层是由无数变形粒子互相交错呈波浪式堆叠在一起的层状组织结构，如图 3-5 所示。颗粒与颗粒之间不可避免存在一部分孔隙或空洞，其孔隙率一般在 4%～20% 之间。涂层中伴有氧化物和夹杂。采用等离子弧等高温热源、超音速喷涂以及低压或保护气氛喷涂，可减少以上缺陷，改善涂层结构和性能。

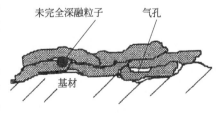

图 3-5　喷涂层结构示意图

由于涂层是层状结构，是一层一层堆积而成，所以涂层的性能具有方向性，垂直和平行涂层方向上的性能是不一致的。涂层经适当处理后，结构会发生变化。如涂层经重熔处理，可消除涂层中氧化物夹杂和孔隙，层状结构变为均质结构，与基体表面的结合状态也发生变化。

（3）涂层结合机理

涂层的结合包括涂层与基体表面的结合和涂层内部的结合。涂层与基体表面的结合强度称为结合力；涂层内部的结合强度称为内聚力。涂层中颗粒与基体表面之间的结合以及颗粒之间的结合机理目前尚无定论，通常认为有以下几种方式：

① 机械结合。碰撞成扁平状并随基体表面起伏的颗粒，由于和凹凸不平的表面互相嵌合，形成机械钉扎而结合。一般说来，涂层与基体表面的结合以机械结合为主。

② 冶金-化学结合。这是当涂层和基体表面出现扩散和合金化时的一种结合类型，包括在结合面上生成金属间化合物或固溶体。当喷涂后进行重熔即喷焊时，喷焊层与基体的结合主要是冶金结合。

③ 物理结合。颗粒对基体表面的结合，是由范德华力或次价键形成的结合。

（4）涂层残余应力

当熔融颗粒碰撞基体表面时，在产生变形的同时受到激冷而凝固，从而产生微观收缩应力，涂层的外层受拉应力，基体有时也包括涂层的内层则产生压应力。涂层中的这种残余应力是由喷涂热条件及喷涂材料与基体材料物理性质的差异所造成的，它影响涂层质量，限制涂层的厚度，工艺上要采取措施以消除或减少涂层残余应力。

3.2.2.2 热喷涂的种类和特点

（1）热喷涂种类

按涂层加热和结合方式，热喷涂有喷涂和喷熔两种。前者是基体不熔化，涂层与基体形成机械结合；后者则是涂层经再加热重熔，涂层与基体互溶并扩散形成冶金结合。它们与堆焊的根本区别都在于母材基体不熔化或极少熔化。热喷涂技术按照加热喷涂材料的热源种类分为：火焰喷涂、电弧喷涂、高频喷涂、等离子弧喷涂（超音速喷涂）、爆炸喷涂、激光喷涂和重熔、电子束喷涂。

（2）热喷涂特点

① 适用范围广。涂层材料可以是金属和非金属（如聚乙烯、尼龙等塑料，氧化物、氮化硅、氮化硼等陶瓷）以及复合材料。被喷涂工件也可以是金属和非金属（如木材）。用复合粉末喷成的复合涂层可以把金属和塑料或陶瓷结合起来，获得良好的综合性能。其他方法难以达到。

② 工艺灵活。施工对象小到 10mm 内孔，大到铁塔、桥梁等大型结构。喷涂

既可在整体表面上进行，也可在指定区域内涂覆，既可在真空或控制气氛中喷涂活性材料，也可在野外现场作业。

③ 喷涂层的厚度可调范围大。涂层厚度可从几十微米到几毫米，表面光滑，加工量少。用特细粉末喷涂时，不加研磨即可使用。

④ 工件受热程度可以控制。除喷熔外，热喷涂是一种冷工艺，例如氧-乙炔焰喷涂、等离子喷涂或爆炸喷涂，工件受热程度均不超过 250℃，工件不会发生畸变，不改变工件的金相组织。

⑤ 生产率高。大多数工艺方法的生产率可达到每小时喷涂数千克喷涂材料，有些工艺方法可高达 50kg/h 以上。

3.2.2.3 热喷涂预处理

为了提高涂层与基体表面的结合强度，在喷涂前，对基体表面进行清洗、脱脂和表面粗糙化等预处理，是喷涂工艺中一个重要工序。

3.2.2.4 热喷涂材料

热喷涂材料主要包括热喷涂粉末和热喷涂线材两大类，热喷涂材料应用最早的是一些线材，而只有塑性好的材料才能做成线材。随着科学技术的发展，人们发现任何固体材料都可以制成粉末，所以粉末喷涂材料越来越得到广泛应用。粉末材料可分为金属及合金粉末、陶瓷材料粉末和复合材料粉末。热喷涂线材包含：不锈钢丝、铝丝、钼丝、锡及锡合金丝、铅及铅合金丝、铜及铜合金丝、镍及镍合金丝、复合喷涂丝以及锌丝等。在钢铁件上，只要喷涂 0.2mm 的锌层，就可在大气、淡水、海水中保持几年至几十年不锈蚀。为了避免有害元素对锌涂层耐蚀性的影响，最好使用纯度（质量分数）在 99.85% 以上的纯锌丝。在锌中加铝可提高涂层的耐蚀性能，若铝的质量分数为 30%，则耐蚀性最佳。但由于拉拔困难，各国使用铝的质量分数在 16% 以下的锌铝合金。锌喷涂广泛用于大型桥梁、铁路配件、钢窗、电视台天线、水闸门和容器等。

3.2.2.5 热喷涂工艺

工件经清整处理和预热后，一般先在表面喷一层打底层（或称过渡层），然后再喷涂工作层。具体喷涂工艺因喷涂方法不同而有所差异，常用的喷涂工艺主要有以下几种：

(1) 氧-乙炔焰喷涂与喷熔

气体火焰线材喷涂即将线材或棒材送入氧-乙炔火焰区加热熔化，借助压缩空气使其雾化成颗粒，喷向粗糙的工件表面形成涂层。气体火焰粉末喷涂也是以氧-乙炔焰为热源，借助高速气流将喷涂粉末吸入火焰区，加热到熔融或高塑性状态后再喷射到粗糙的工件表面，形成涂层。氧-乙炔焰喷熔也是以氧-乙炔焰为热源，将自熔性合金粉末喷涂到经制备的工件表面上，然后对该涂层加热重熔并润湿工件，通过液态合金与固态工件表面间相互溶解和扩散，形成牢固的冶金结合，它是介于喷涂和堆焊之间的一种新工艺。

火焰喷涂技术的基本特点是：①一般金属、非金属基体均可喷涂，对基体的形状和尺寸通常没有限制，但小孔目前尚不能喷涂；②涂层材料广泛，金属、合金、陶瓷、复合材料均可为涂层材料，可使表面具有各种性能，如耐腐蚀、耐磨、耐高温、隔热等；③涂层的多孔性组织有储油润滑和减磨性能，含有硬质相的喷涂层宏观硬度可达 450(HB)，喷焊层可达 65(HRC)；④火焰喷涂对基体影响小，基体表面受热温度为 200～250℃，整体温度约 70～80℃，故基体变形小，材料组织不发生变化。

火焰喷涂技术的缺点：①喷涂层与基体结合强度较低，不能承受交变载荷和冲击载荷；②基体表面制备要求高；③火焰喷涂工艺受多种条件影响，涂层质量尚无有效检测方法。火焰喷涂已经广泛应用于曲轴、柱塞、轴颈、机床导轨、桥梁、铁塔、钢结构防护架等。

（2）电弧线材喷涂

电弧线材喷涂是将金属或合金丝制成两个熔化电极，由电动机变速驱动，在喷枪口相交产生短路而引发电弧、熔化，借助压缩空气雾化成微粒并高速喷向经预处理的工件表面，形成涂层。一般采用不锈钢丝、高碳钢丝、合金工具钢丝、铝丝和锌丝等作喷涂材料，广泛应用于轴类、导辊等负荷零件的修复，以及钢结构防护涂层。

与火焰喷涂相比，它具有以下特点：涂层与基体结合强度高，剪切强度高；以电加热，热能利用率高，成本低；熔敷能力大，如喷锌线可达 30～40kg/h；采用两根不同成分的金属丝可获得假合金涂层，如铝青铜和 Cr13 钢丝等。

（3）等离子喷涂

等离子喷涂是利用等离子焰流，即非转移等离子弧作热源，将喷涂材料加热到熔融或高塑性状态，在高速等离子焰流引导下高速撞击工件表面，并沉积在经过粗糙处理的工件表面形成很薄的涂层。涂层与母材的结合主要是机械结合，其原理见图3-6。

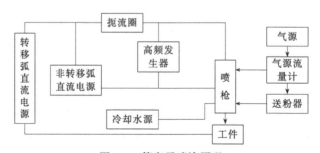

图 3-6　等离子喷涂原理

等离子焰流温度高达 10000℃以上，可喷涂几乎所有固态工程材料，包括各种金属和合金、陶瓷、非金属矿物及复合粉末材料等。等离子焰流速度达 1000m/s以上，喷出的粉粒速度可达 180~600m/s，得到的涂层致密性和结合强度均比火焰喷涂及电弧喷涂高。等离子喷涂工件不带电，受热少，表面温度不超过 250℃，母材组织性能无变化，涂层厚度可严格控制在几微米到 1mm 左右。

（4）爆炸喷涂

爆炸喷涂是氧-乙炔焰喷涂技术中最复杂的一种方法。它是将一定量的粉末注入喷枪的同时，引入一定量的氧-乙炔混合气体，将混合气体点燃引爆产生高温（可达 3300℃），使粉末加热到高塑性或熔融状态，以每秒 4~8 次的频率高速（可达 700~760m/s）射向工件表面，形成高结合强度和高致密度的涂层。爆炸喷涂主要用于金属陶瓷、氧化物及特种金属合金，如 $91WC_9Co$、$86WC_4Cr_{10}Co$、$60Al_2O_340TiO_2$、$65Cr_3C_2 \cdot 35NiCr$、$55Cu_{41}Ni_4In$ 等。被喷涂的基体材料为金属和陶瓷材料。基体表面的温度不超过 205℃为宜，涂层厚度一般为 0.025~0.30mm，涂层粗糙度（R_a）可小于 1.60μm，经磨削加工后可达 0.025μm。涂层与基体的结合为机械结合，结合强度可达 70MPa 以上。

爆炸喷涂在航空产品零件上已经得到广泛应用。例如高低压压气叶片、涡轮叶片、轮毂密封槽、齿轮轴、火焰筒外壁、衬套、副翼、襟翼滑轨等零件。

爆炸喷涂后的零件使用效果也是十分明显的，在航空发动机一、二级铁合金风扇叶片的中间阻尼台上，爆炸喷涂一层 0.25mm 厚的碳化钨涂层后，其使用寿命可从 100h 延长到 1000h 以上。在燃烧室的定位卡环上喷涂一层 0.12mm 厚的碳化钨涂层后，零件寿命从 4000h 延长到 28000h 以上。

3.2.3　冷喷涂锌

冷喷涂是通过高速固态颗粒依次与固态基体碰撞后，经过适当的变形牢固结合在基体表面而依次沉积形成涂层的方法。与热喷涂采用高温等离子射流、电弧、火焰流等热源加热与加速喷涂材料不同，冷喷涂是在较低温度下进行的，发生相变的驱动力较小，固体粒子不易氧化，晶粒长大现象也不易发生，因此可以对温度敏感材料（如纳米晶、非晶等）、氧化敏感材料（如 Cu、Ti 等）、相变敏感材料（如碳化物复合材料等）喷涂。目前，冷喷涂技术已广泛应用于国防、宇航、机械、冶金等众多领域。

3.2.3.1　冷喷涂原理

（1）冷喷涂技术原理

冷喷涂是基于空气动力学与高速碰撞动力学原理的涂层制备技术，就是将经过一定低温余热的高压（1.5~3.5MPa）气体（N_2、He 或压缩气体）分两路：一路通过送粉器，携带经预热（100～600℃）的粉末粒子从轴向送入高速气流中；另一路通过加热器使气体膨胀，提高气流速度（300～1200m/s），最后两路气流进入喷枪，在其中形成气-固双相流，在完全固态下撞击基体，通过较大的塑性变形而沉积于基体表面形成涂层。如图 3-7 所示。

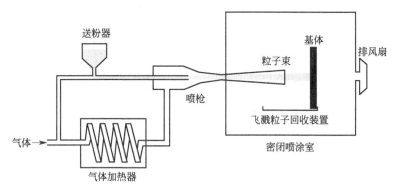

图 3-7　冷喷涂技术原理示意图

（2）冷喷涂涂层沉积机制

冷喷涂是一种全新的喷涂技术，由于冷喷涂粒子的飞行速度很快，沉积效率较高，很难实时观察粒子的沉积，因此关于冷喷涂沉积机制的研究很多，到目前为止粉末粒子的变形和粘接机理还没有形成共识，国内外研究人员根据各自的研究结果提出了不同的沉积机制，主要由"金属冶金结合机制"、"机械咬合机制"和"分子力结合机制"。

"金属冶金结合机制"是由 H. Assadi 等提出，该机制认为冷喷涂沉积过程类似于冷/热压焊。颗粒撞击基体时，颗粒和基体都产生很高的塑性变形，不仅使材料发生加工硬化，而且导致了在颗粒和基体界面处产生绝热升温，使得材料发生热软化。当撞击速度超过一定值时，热软化超过加工硬化效果，导致了颗粒发生绝热剪切失稳，塑性变形迅速增加，从而使粒子与基体的接触面积迅速增大，促进了结合的形成。另一方面，粒子速度的增加，不仅使接触面积增加，而且使局部温度增加。当粒子速度超过一定速度后，温度的升高可能使粒子和基体部分熔化，形成局部冶金结合。

"机械咬合机制"是由 M. Grujic 所提出，该机制认为当粒子撞击基体时，由于粒子速度处于一定范围内，从而使基体表面发生 Kelvin-Helmholtz 失稳现象。颗粒流在基体表面产生的塑性流变使得表面有着不同的表面速度。不同的表面速度扰动了流体，而且产生了一个离心力，使得表面产生了一定的曲率，形成卷曲和漩涡。这些卷曲和漩涡使颗粒与基体达到结合。在表面失稳过程中，塑性流变惯性促进了表面失稳，但是材料黏性对塑性流变有着阻碍作用。因此，只有颗粒速度超过临界值时，流变惯性超过黏性阻力，使表面发生失稳现象，这个临界值就是颗粒撞击的临界速度。

Van Steenkiste 等提出了"分子力结合机制"，他们认为颗粒先依靠范德华力或静电力黏结在基体表面，之后依靠后续颗粒的多重撞击增大颗粒与基体的结合强度。

3.2.3.2　冷喷涂的特点

① 温度低。喷涂材料的粉末粒子在热的非氧化气流中加速，喷涂加热温度较低，涂层基本无氧化现象。冷喷涂适用于 Cu、Ti 等对氧化敏感材料，对制备纳米、非晶等温度敏感材料的涂层也有十分重要的意义。同时，冷喷涂涂层中氧含量基本与涂层原始粉末一致；可以避免材料的熔化和蒸发，因此在制备塑料涂层时可以防止挥发。

② 可制备复合涂层。不同物理化学性质的机械混合粉末可以制备复合材料涂层。例如，Al-Pb 合金在常温下不相溶，采用常规方法难以获得均匀的组织，采用冷喷涂的方法可使 Al 与 Pb 均匀地混合在一起。

③ 对基体的热影响小。基本不改变基体材料的组织结构，因此基体材料的选择范围广泛，可以是金属、合金或者塑料，即实现异种材料的良好结合。

④ 涂层孔隙率低。由于冷喷涂的颗粒以高速撞击而产生强烈塑性变形而形成涂层，而后续粒子的冲击又对前期涂层产生夯实作用，且涂层没有因熔融状态冷却的体积收缩过程，因而孔隙率较低。

⑤ 形成的涂层承受压应力。制得的涂层结构致密，具有较高的结合力，并且可以承受压应力，因而可以制备厚涂层。

⑥ 沉积率高。设备相对简单，喷涂粉末可以回收利用，直接使用压缩空气作为喷涂气体，从而降低了成本。

3.2.3.3　冷喷涂工艺参数

大量实验表明，当粒子以不同的速度撞击到基体表面时，产生的效果不同：被基体反弹、黏结于基体上、穿过基体。粒子能否形成涂层决定因素在于其碰撞速度。对于特定的粒子/基板组合，存在一定的临界碰撞速度。当粒子碰撞速度小于临界速度时，仅会发生冲蚀现象；当大于临界速度时，则形成涂层；当粒子速度更大时，则会对基板产生侵蚀作用。这一临界速度通常为 500～700m/s，因材料性质不同而各异。因此，粒子束速度为冷喷涂技术的主要工艺参数，其他工艺参数（如气体种类、气体预热温度、喷枪结构等）都是通过影响颗粒速度，来影响涂层质量与性能的。

根据冷喷涂技术的颗粒动力学模型和气流模型分析，发现影响颗粒速度的主要因素如下。

① 喷涂粒子的特征影响。喷涂粒子的尺寸和粒度分布对喷涂过程有一定的影响，只有尺寸适中的粒子才能成功沉积，形成涂层。另外，颗粒的形状，颗粒表面

氧化膜的性质和颗粒表面的活性对涂层组织也有显著影响。

② 气体特征的影响。根据颗粒动力学模型和气流模型，颗粒在两相流中，其速度随着气体速度增大而增大。气体预热温度越高，气体速度也越大，因此颗粒速度也增大；不同气体的比热系数 γ 不同，气体升温速度不同，造成气体速度不同，因而颗粒速度也随之不同。

③ 喷枪结构的影响。根据气流模型分析，若喷枪结构不同，则内部的马赫数不同，因而会影响气体速度。根据颗粒动力学模型，在喷枪内部的两相流中，气体速度与颗粒速度之间的相互作用会受到喷枪横截面积的影响。当出口处直径不变，颗粒速度会随喷枪发散部分长度的增大而增大。当出口处直径减小，由于喷枪内产生斜激波，颗粒速度会受到一定影响。

④ 除上述因素影响之外，最近研究表明，冷喷涂涂层形成还会受其他因素的影响。K. Sakaki 等研究发现，基体的粗糙度会对冷喷涂钛、铜涂层产生微小影响。Alkhimov 发现，在铜、铁基体上喷涂铝涂层时，若基体经过加热，则原先未实现沉积的铝粉末在基体上形成了铝涂层。T. H. Van Steenkiste 等发现，若喷涂距离减半，则涂层厚度增大，特别是 Al 涂层。这可能是因为喷涂距离减少，颗粒沿基体表面空气流的散射减少，因而涂层厚度增大。

3.2.3.4　冷喷涂技术的应用

冷喷涂技术在化工、汽车、航空航天、造船、电子、机械、造纸等领域具有广阔的应用前景，可以生产和修复涡轮叶片、活塞、轴承、汽缸、阀门等零部件。在国防工业可以生产、修复舰船螺旋桨叶片和轴、飞机弹射装置、制备耐磨和耐腐蚀的涂层等，还可应用于先进水陆两栖攻击艇轮子、水陆两栖攻击艇装甲、飞机弹射器活塞、钛涂层。

迄今的研究表明采用冷喷涂方法，不仅可以制备低熔点的塑性良好的金属材料，如 Al、Cu 等，也可制备如 Ni、Ti、MCrAlY 合金，涂层制备过程几乎不存在氧化。同时还可以制备 WC-Co、Cr_3C_2-NiCr 金属陶瓷涂层。最近的研究表明通过采用真空气氛，可以实现亚微米与纳米陶瓷颗粒直接沉积制备陶瓷涂层。因此，冷喷涂技术不仅是制备金属合金涂层，而且也将成为制备陶瓷与金属陶瓷的新办法。

冷喷涂技术的应用包括制备防腐涂层、耐高温涂层、耐磨涂层、导电及导热涂层、抗菌涂层及光催化涂层、生物医用涂层以及喷涂成形和表面修复等。

3.2.4　渗锌

金属的表面化学热处理利用的是元素的扩散性能，是合金元素深入金属表层的一种热处理工艺。其基本工艺过程是：首先将工件置于含有深入元素的活性介质中加热到一定的温度，活性介质通过分解并释放出欲深入元素的活性原子、活性原子被表面吸附并溶入表面、溶入表面的原子向金属表层扩散深入形成一定厚度的扩散层，从而改变基体金属表面的成分、组织和性能。通过金属表面化学热处理可以达到提高金属表面的强度、硬度和耐磨性以及提高金属表面的耐腐蚀性能等目的。粉末渗锌就是最常见的金属表面化学热处理方法之一。

粉末渗锌具有与热浸镀锌相当的防腐蚀性能，且成本低于热浸镀锌，锌的消耗量比热浸镀锌低 2～3 倍。粉末镀锌镀层均匀，钝化后的镀层表面光亮度较好，紧固件拉力载荷比热浸镀锌件高。粉末渗锌是在加热的情况下，不停地转动渗锌箱，使渗箱中的零件与填料不停地碰撞与摩擦，零件表面处于活性状态，让锌粉黏附在零件表面。由于温度升高，锌开始向零件内部渗透扩散，在零件表面形成牢固、平整、致密、厚度均匀的铁锌合金层，这层合金层既具有良好的耐磨性能，又具有良好的防腐蚀性能。

(1) 渗锌工艺操作流程

粉末渗锌工艺操作流程如下：除油→除锈→活性处理→粉末渗锌→后处理工序→填料的提纯。

粉末渗锌的除油一般采用化学方法，将待渗件浸泡在碱溶液中，以产品表面全部浸润为止。当除油的速度减慢和质量下降时，应在溶液中补加原料，一定时间后须更换除油液。为了加快除油速度，可对除油液进行搅拌。粉末渗锌中常见的是化学除锈方法，用 15%～20% 稀硫酸溶液在常温下进行。为了提高除锈速度，硫酸溶液的浓度应控制在 20% 以下，温度控制在 40～60℃。同时可在稀硫酸溶液中添加一定量的缓蚀剂，防止过腐蚀现象发生。除锈时间 0.5～2.0h，除锈后用清水冲洗工件表面的浸蚀物。然后将工件放入 90～100℃ 的热水中煮 20～30min，使产品的亚铁盐及酸性杂物完全溶解，得到具有活性表面的金属表层。产品取出后放入烘干设备进行表面烘干处理。烘干后的产品应及时放入渗箱中进行渗锌，以防止再度被氧化，影响渗锌质量。

粉末渗锌设备：自制一台 25kW 电阻加热炉，采用可调电机作为渗箱转动的动力，渗锌箱长 700mm，宽 400mm，容量 80～150kg，全密封，渗锌的全过程在渗箱中完成。渗锌工艺对温度的要求较严，无特殊要求的产品温度控制在 390～410℃，特殊产品可根据工艺要求，将温度降 350℃ 左右保温（根据产品材料选择）。两套测温装置能测出加热炉内的温度，又能测得渗箱内的温度，将温度控制在最佳范围内。带有螺纹的产品在渗锌前应检查配合时有无间隙，间隙的预留通常以热浸镀锌紧固件预留间隙为准。

粉末渗锌后通常要对工件进行钝化处理，钝化后锌层表面有一层银白色的钝化膜，可提高锌层的防腐蚀性能。并对填料进行提纯，利用永久磁铁将填料中的铁杂质与填料分离，以提高填料的纯度，填料回用时可得到比较理想的渗锌层。

（2）渗锌工艺效果

① 渗锌层厚度。金相观察表明，渗锌后产品有一层良好锌层。采用磁性测厚仪对各种渗锌层厚度进行检测，结果表明，渗锌层厚度在螺栓头的七个面都比较均匀，误差最大为5～6μm，而热浸镀锌层厚度在螺栓头的七个面都不均匀，误差最大在8～14μm，甚至更高。由此可见，渗锌层厚度比热浸镀锌层厚度要均匀得多。在同等保温条件下镀层厚度随着温度的升高渗锌层逐步增厚。温度控制在400℃以上时螺栓表面渗锌层有一层较为完整的纯锌层。温度控制在390℃以下时，纯锌层不太明显。在同等渗锌温度下镀层厚度随着保温时间的延长而逐步增长与热浸镀锌具有相同的特点。在螺栓的端头用刀片在渗层反复交叉划割，观察交叉处有无起皮、脱落现象，结合力可达到热浸镀锌标准。

② 耐中性盐雾性能。对可锻铸铁件、Q235钢件进行热浸镀锌、粉末渗锌、电镀锌然后分别做中性盐雾试验（YL-40C离心式盐雾腐蚀试验箱）。经4个周期（1周期为48h）后均达到10级，5个周期后热浸镀锌件表面呈白霜状产物而渗锌件表面仍呈灰白色，电镀锌件则出现锈蚀点。由此可见耐中性盐雾性能方面渗锌件优于电镀锌，接近热浸镀锌。

③ 配合性能。渗锌螺母采用电镀螺母的公差范围，渗锌后螺栓、螺母配合良好且螺母的互换性能也好。

④ 锌耗量。根据试验结果，锌粉的消耗量为1.53%，最大锌粉耗量为3.33%。目前热浸镀锌国内最好水平的耗锌量在6%左右，可见渗锌工艺的综合效益比较理想。

（3）应用及展望

电力、交通、铁路、建筑、化工和其他工业技术的发展对紧固件（螺栓、螺母）的防腐蚀提出了更高的要求，既要长效又要成本低廉。为此，热浸镀锌得到了广泛的应用。但热浸镀锌后的螺栓、螺母旋合性能较差，影响了施工装配，而且大部分螺母镀后须进行二次攻丝，容易损伤螺纹部位的镀层和基体，直接影响紧固件的拉力载荷。对此，国内已开始采用粉末渗锌工艺解决这个问题。

粉末渗锌与热浸镀锌相比一次投资较少、锌耗低，填料和锌粉经处理后可循环使用，渗锌对环境污染小，合格率高于电镀锌和热浸镀锌，粉末渗锌工艺适应用于不同材料如铁的紧固件，小型铸件（铸钢件、可锻铸铁件和灰口铸铁件等）和小型钢铁件（模锻件和钢结构件）可实现半自动化或自动化生产。

虽然渗锌工艺温度和时间要求比较宽，但在大批量生产过程中可能会出现一些技术问题，如渗箱密封不严造成锌粉高温氧化，渗箱使用时间过长受温度影响使渗箱变形，是否可采用CO_2气体填充渗箱，防止锌粉高温氧化等方面还有待进一步工艺研究。

3.2.5 热浸镀锌

热浸镀简称热镀，是将工件浸在熔融的液态金属中，在工件表面发生一系列物理和化学反应，取出冷却后表面形成所需的金属镀层。这种涂覆主要用来提高工件的防护能力，延长使用寿命。

3.2.5.1　热浸镀层的种类

热浸镀用钢、铸铁、铜作为基本材料，其中以钢最为常用。镀层金属的熔点必须低于基体金属，而且通常要低得多。常用的镀层金属是低熔点金属及其合金，如锡、锌、铝、铅、Al-Sn、Al-Si、Pb-Sn 等。

锡是热浸镀用得最早的镀层材料。热镀锡钢板因镀层厚度较厚，消耗大量昂贵的锡，并且镀层不均匀，因此逐渐被镀层薄而均匀的电镀锡钢板所代替。镀锌层隔离了钢铁基体与周围介质的接触，又因锌的电极电位而能起牺牲阳极的作用，加上较为便宜，所以锌是热浸镀层中应用最多的金属。为了提高耐热性能，多种锌合金镀层得到了应用。

铝、锌、锡的熔点分别为 658.7℃、419.45℃、231.9℃。铝的熔点较高。镀铝硅钢板和镀纯铝硅钢板是镀铝钢板的两种基本类型。镀铝层与镀锌层相比，耐蚀性和耐热性都较好，但生产技术较复杂。铝-锌合金镀层综合了铝的耐蚀、耐热性和锌的电化学保护性，因而受到了重视。

热镀铅钢板能耐汽油腐蚀，主要用作汽车油箱。由于铅对人体有害，热镀铅钢板已部分被热镀锌板所代替。热镀铅镀层中含质量分数为 4% 的左右的锡，以提高铅对钢的浸润性。

3.2.5.2　热浸镀锌的生产

(1) 带钢的热浸镀锌生产

热浸镀锌带钢是热浸镀锌产品中产量最多、用途最广的产品，它有多种工艺方法。现代生产线主要采用改进的森吉米尔法，并吸取了其他方法的优点。典型的热镀锌生产线流程为：开卷→测厚→焊接→预清洗→入口活套→预热炉→退火炉→冷却炉→锌锅→气刀→小锌花装置→合金化炉保温段→合金化炉冷却段→冷却→锌层测厚→光整→拉伸矫直→闪镀铁→出口活套→钝化→检验→涂油→卷取。

改进的森吉米尔法是将预热炉与退火炉连为一体，不采用氧化性气氛，多为辐射管加热，预热温度高，使工件表面油污挥发，并把带钢快速加热到 550℃ 以上。退火段保持还原气氛，露点控制在 −40℃ 左右，以保证使带钢表面的氧化铁还原，带钢退火后在还原性气氛中冷却到 470℃ 左右，然后在 450～465℃ 的锌锅中完成镀锌过程。带钢出锌锅后，由气刀控制镀层厚度。若要进行小锌花处理，则在气刀上方向还未凝固的锌层喷射锌粉或蒸汽等介质。在需要进行合金化处理时，带钢应进入合金化处理炉。若产品为普通锌花表面，则通过气刀以后直接进行冷却。有的生产线在出口段增加 2～3 个电镀模槽，闪镀一定厚度的 Fe-Zn 或 Fe-P 合金层，生产双层镀层钢板。

（2）钢管热浸镀锌的生产

它主要有熔剂法和森吉米尔法，包括镀前预处理、热镀锌、后处理三部分。熔剂法的镀前预处理有脱脂、除锈、盐酸处理和熔剂处理，其中熔剂处理时通常采用碱性的氯化铵和氯化锌的复盐。钢管从熔剂中取出后应立即烘干。接着钢管在 450～460℃、含质量分数为 0.1%～0.2% 铝的锌液中进行热镀锌。

用森吉米尔法进行钢管热镀锌的工艺流程为：微氧化预热→还原→冷却→热镀锌→镀层→控制→冷却→镀后处理。

（3）零部件热浸镀锌的生产

零部件的基件材料多为可锻铸铁和灰铸铁，热镀锌工艺通常采用烘干熔剂法。

3.2.5.3 热浸镀锌钢材的性能和应用

（1）普通热浸镀锌钢材

钢材镀锌后，锌起隔离和牺牲阳极的作用，显著提高了钢材的耐蚀性。例如镀锌层在城市大气中的腐蚀速率为 $2～7\mu m/a$，其中二氧化硫对腐蚀速率影响较大。因此，热镀锌钢材在城市大气中的寿命主要取决于镀层厚度和空气中 SO_2 含量。如果镀层较厚，则可使用数十年。其他环境下的镀锌层腐蚀速率大致是：农村大气，$1\mu m/$年；工业大气，$4～20\mu m/$年；海洋大气，$1～7\mu m/$年；热带大气，$<2～3\mu m/$年。

室内空气下使用的镀锌层，通常寿命比室外大气高 5 倍以上，但在高温潮湿气氛中因结露会产生白锈，严重时将出现蚀孔。水中的情况较复杂，在硬水中锌的腐蚀速率约比软水小 10 倍。同时水质也决定了锌腐蚀速率最高的温度，如工业用水是 40℃，而饮用水为 90℃。海水中氯化物、硫酸盐等是影响锌层腐蚀的主要因素。氯化物加快锌的腐蚀；镁和钙离子能抑制腐蚀。镀锌层在土壤中的腐蚀速率与地面上相比通常将明显加速，主要是因为土壤含有钠、钾、钙、镁等形成碱的元素以及碳酸盐、硫酸盐等多种电解质。

镀锌层的其他性能如附着力、焊接性能等，如果钢材和锌液成分适当，工艺条件正常，则都能满足一般的使用要求。

普通热镀锌钢材（包括板、带、管、丝以及做成的零件）在建筑、交通运输、机械制造、石油、化工、电力等部门应用广泛。

（2）合金化热浸镀锌钢板

钢材在热镀锌后、镀层尚未凝固之前，进入加热炉加热到 550℃ 左右，使镀层的锌与钢材的铁相互扩散，在表面形成锌铁合金层，这种钢板叫做合金化热镀锌钢板。它具有优异的焊接性、涂漆性和耐蚀性，主要用作汽车车体内、外板和彩色涂层钢板的基体。

（3）锌铝合金热浸镀钢板

是由国际铅锌组织和比利时科克里尔公司共同开发的产品，称为 Galfan，其镀层成分为质量分数 5% 的 Al，少量的 Ce 和 La（质量分数分别约 0.02%），其余是 Zn。Galfan 镀层附着力强，柔韧性好，主要用于建筑和家电行业，通常作彩包涂层钢板的基板。

3.2.6　达克罗

达克罗（Dacroment）是一种新型的金属表面保护工艺，国内又称为锌铬涂层，2002 年国家质量监督检验检疫总局发布了"锌铬涂层"技术条件的中华人民共和国国家标准（GB/T 18684—2002），为达克罗涂层的生产和检测带来了方便。与传统的电镀锌相比，达克罗的耐腐蚀性能好，而且在涂覆全过程中无污染，成为符合环保要求的一项"绿色工程"。应用该技术可以使基体表面具有耐蚀、耐高温氧化、隔热和密封等性能。这项技术已经在机械制造、航空航天、公路、铁路、码头、电子电器、石油化工等领域得到了广泛的应用。

3.2.6.1　达克罗涂层的特点

① 生产过程无污染。达克罗涂覆生产过程中，工件在前处理时，仅生成少量的铁锈和黏附在工件表面的油污，整个生产是在一个封闭循环的工序中进行，达克罗涂液在固化时向外排放的主要是涂液中的水分，因此对外界无污染。

② 极强的抗腐蚀性能。达克罗涂层的厚度一般情况下，一涂的厚度 $3\sim5\mu m$，二涂二烘在 $6\sim10\mu m$，根据统计，在标准盐雾试验下，达克罗涂层每 100h 消耗 $1\mu m$，而电镀锌时涂层每 10h 即消耗 $1\mu m$，因此达克罗涂层的抗盐雾侵蚀能力在同等涂层厚度下，是电镀抗腐能力的 $7\sim10$ 倍。做得好的达克罗的涂层，耐盐雾侵蚀能力可达 1000h 以上。

③ 高渗透性。达克罗涂液是水溶性的涂液，所以它的渗透性非常好，在细微的空隙中也能形成涂层，其深涂能力远优于电镀。与电镀相比，对于小孔的内壁，电镀时是很困难的，但达克罗涂覆时则能很好地涂覆上去。有人曾做过试验，收紧的弹簧件经过达克罗处理后，放开后再做盐雾试验，其耐盐雾试验的时间仍可达到 240h 以上，说明达克罗涂液已渗入紧密结合的缝隙处。

④ 无氢脆。达克罗处理的一个特点是工件在前处理时不进行酸洗。氢脆是传统电镀锌工艺不能完全克服的弊端，由于达克罗工艺不对工件进行酸洗，就可以避免氢离子侵蚀钢铁基体，因此达克罗涂层特别适用于 $6\sim1000N/mm^2$ 的高强度螺栓和弹簧种类的工件的表面防腐保护。

⑤ 高附着性。达克罗的涂层经过高温烘烤后，在工件的表面形成了由锌、铝

片及复合盐组成的涂层，它与钢铁基体有着良好的结合力，所以它的附着性相当的好。同时，这样形成的涂层表面，有利于各种涂料的再涂装。

⑥ 极好的耐热性。达克罗涂层是在 300℃左右的温度条件下固化形成的，因此它能长时间在高温条件下工作，其涂层的颜色不改变，耐热腐蚀性极好。

⑦ 较好的耐候性。达克罗在一定层厚下可以经受二氧化硫、酸雨、烟尘、粉尘的侵蚀。被用于市政工程中。经检测，其耐 SO_2 试验可达 3 周，此外还具有一定耐化学药品的腐蚀性，在汽油、机油中耐蚀性较好。

⑧ 低摩擦性。在达克罗涂层中加入高分子材料，经适当处理工件的摩擦系数为 0.06~0.12，经一般处理为 0.12~0.18，能满足工业的需要。

⑨ 涂层厚度易控制。一般达克罗涂层的厚度，二涂二烘可以控制在 6~8μm 之间，用于紧固件的表面防腐处理时，其配合精度可以符合 6G/6H 的精度，不会出现像热镀锌处理过的紧固件在操作中易破坏涂层的现象。

⑩ 涂层硬度低。达克罗涂层本身的硬度（铅笔硬度）仅有 1~2H，再加上它较薄，达克罗涂层不适用于运动件或在高耐磨的条件下使用。

3.2.6.2　达克罗涂层的组成及防锈机理

达克罗处理涂液是由直径 4~5μm，厚度 0.4~6μm 的锌片、铝片、无水铬酸、乙二醇、氧化锌等组成的分散性水溶液，通常由母液和基液组成（有的供应商将达克罗液分为三种：主剂、架桥剂、增黏剂，三种溶剂必须配合使用）。基液是由极细的片状铝粉和锌粉组成，母液由酸及铬盐类组成，使用时将两者混合配制成槽液。把被处理的工件放入槽液中浸泡或喷涂后，使工件的表面薄薄地黏附上一层涂液，然后在固化炉中加热至 300℃左右，使涂层中的 6 价铬被乙二醇等有机物还原，生成不溶于水、不定形的 $nCrO_3$、$mCrO_3$，在它的作用下，将锌片与铝片黏结在一起，在工件的表面形成数十层的层层相叠的涂层，同时达克罗涂液中的无水铬酸，使工件表面氧化，使涂层与工件表面的结合力增强。

达克罗涂层的防锈机理一般认为是以下几点：①锌粉的受控自我牺牲保护作用；②铬酸在处理时使工件表面形成不易被腐蚀的稠密氧化膜；③由几十层叠加在一起的锌片和铝片组成的涂层，形成了屏蔽作用，增加了侵入者到达工件表面所经过的路径。

电镀锌是在钢铁表面直接覆盖一层锌，腐蚀电流很容易在各层之间流动，尤其在盐雾环境中，大幅度减小保护电流使锌易于消耗，在处理中早期阶段产生了白锈或红锈。而达克罗处理是由一片片各自覆盖铬酸化合物的锌片组成，电导适中，所以有极佳的抗腐性能。层层覆盖的锌片相互叠加形成了屏蔽，即使在盐雾试验中锌的析出速度也受到了控制。而且，由于达克罗干膜中铬酸化合物不含有结晶水，其抗高温性及加热后的耐蚀性能也很好。

3.2.6.3　达克罗生产工艺

（1）工艺特点

达克罗涂层的处理工艺有点类似涂料，达克罗液买来以后，进行调配，然后直接浸涂在零件上，再烘干固化即可。达克罗的基本处理方法是浸涂，实际处理时根据待处理零件的处理量以及零件的大小、形状、质量和要求的性能不同而采用挂或网篮浸。涂层厚度一般为 2～15μm，可根据防腐要求通过改变浸渍时间、甩干速度来调整涂层厚度。工作环境无污染，整洁。

（2）工艺流程

① 预处理

a. 除油：分有机溶剂（如三氯乙烯等）和碱性溶液除油。经过前处理的零件表面要求能够被水完全浸润。重油工件一般先采用联合清洗机高压清洗，或采用二氯甲烷超声波清洗工艺，再进行喷丸处理。油污较少的工件可以省去清洗这步，直接抛丸处理。例如某些标准件，经搓丝机出来后，直接进行抛丸，随后浸入达克罗液中，进炉固化。

b. 喷砂、除尘和降温：抛丸机使用的钢丸的直径范围为 0.1～0.6mm，用压缩空气除尘，除去的粉尘经专门的集粉器收集后集中处理，经抛丸除尘后的零件温度高达 60℃左右，待降至 20℃时方可进行下道工序。

② 达克罗处理。达克罗液分为母液和基液，使用时将两者混合配制成槽液。槽液须连续循环或搅拌，防止基料沉降。因为它不易保存很长时间，所以应现配现用。配制时，槽液温度不宜过高（小于 20℃），防止溶液自身发生反应。涂层厚度由浸渍及甩干时间、甩干速度等工艺参数确定。一般浸达克罗液 0.5～2.0min。不同零件甩干时转速不同，一般为 200～300r/min。浸达克罗液的次数根据不同零件的要求而定，浸一次达克罗液涂层增厚 3～4μm，一般浸 2～3 次。

③ 固化。经达克罗液浸渍处理后的工件经甩干，放置于不锈钢网带输送带上，对小的工件，需戴上手套，进行人工分离，要求工件间不互相粘连。对于较大的工件，例如地铁螺栓，须放置在专门的料架上，再将料架放在网带上入固化炉烘烤固化。固化温度为：280～330℃，时间 25～40min。

固化分为两个阶段：在第一阶段中工件吸热升温，称为预热，温度控制在60～80℃、10min。此阶段中须注意升温不可过急，应让工件缓缓吸热，让涂层中的水分逐渐逸出，以避免涂层起泡，产生缺陷。第二阶段为涂层的高温固化，此时固化炉中的温度一定要控制在工艺要求的范围内，不可过高或过低，因为它决定了涂层在工件上的最终性能。

④ 冷却。由于固化的温度较高，须对固化好后的工件进行强冷，以缩短冷却的时间，减小固化炉的长度，省投资费用。

⑤ 后处理。当涂层较厚时，会因为涂层固化前不易流平或工件形状的原因造

成甩干时涂膜不均匀。固化后出现外观粗糙、粉化的现象。这时需要对工件表面作少许修正，常用的方法是：用优质的硬毛刷清理工件表面。

3.2.6.4　应用及展望

达克罗技术目前在国内汽车行业应用较广，例如上海大众、广州本田、武汉神龙、一汽红旗、二汽东风等均有应用。在变压器、电气电子行业，各种家用电器电子产品、通信器材、高低压配电柜的表面也得到了应用。例如深圳有专为电子行业配套的公司上了条达克罗涂覆生产线，进行电器产品和各类标准件的表面防腐处理。高压电器厂、沈阳、西安、平顶山的高压开关厂等都自己筹建了达克罗涂覆生产线，除满足自己生产的电器产品的防腐需要外，还对外承接加工处理。地铁、轻轨、桥梁、隧道的金属结构件、标准件、紧固件、预埋件、高速公路的波形护栏等的应用也开始兴起，例如上海新建的高架和轻轨的关键结构件、标准件都采用了达克罗技术。达克罗技术因其优异的涂层性能以及无公害，无环境污染，清洁生产的工艺特点，相信在不久的将来会在全国各地电镀锌行业被普遍采用。

3.2.7　富锌涂料

富锌涂料是一种高效的防腐涂料，其防腐机理是基于金属锌粉对钢材表面的阴极保护作用。金属锌的电化学活性比铁更活泼（其标准电极电位为-0.763V，而铁为-0.409V），因此，当锌粉足量时，即在钢铁表面形成一层锌粉膜，并与钢铁表面紧密接触，在腐蚀介质的作用下（主要是氧气、水分等），便组成锌-铁腐蚀电池，锌为阳极"自我牺牲"被腐蚀，而钢铁作为阴极则受到保护。目前国内外防腐界广泛使用的富锌底漆有环氧富锌底漆和无机富锌底漆两种。

环氧富锌底漆利用环氧树脂优良的防腐与附着性能，兼有一定的韧性和耐冲击等漆膜物理性能，给予金属锌的电化学阴极保护作用提供了重要的补充。

无机富锌底漆则可以运用超 CPVC（临界颜料体积浓度）配方设计技术，与环氧富锌底漆相比，漆膜拥有更高的锌含量，从而达到更优越的阴极保护性能。同时，无机硅酸盐与锌粉反应生成硅酸锌，并与基体金属铁反应形成锌-硅酸-铁络合物，这些生成物薄膜致密、难溶、坚硬，有效阻止氧气、水分及盐类的侵蚀，起到辅助的防锈作用。

而水基富锌底漆以其优异的防锈性能也有大量的应用。但当前水基富锌底漆还存在一些缺陷：一是不适宜低温下施工（<5℃）；二是对表面处理要求十分严格，施工性欠佳。同时，如果配套涂层从底到面都采用水性漆，的确有利于环境保护；如果仅仅是底漆采用水基富锌，而中间漆/面漆仍沿用溶剂型涂料，那对环保的贡献有限，综合考虑不如选用无机富锌或环氧富锌底漆。三种富锌底漆性能对比见表 3-2。

表 3-2　三种富锌底漆性能对比

项目	水基富锌底漆	溶剂基无机富锌底漆	环氧富锌底漆
表面处理	Sa3 级	Sa2.5 或 Sa3 级	Sa2.5
防腐性	++++	++++	+++
耐热性	++++	++++	++
导电性	++++	++++	++
耐溶剂性	++++	+++	++
附着力	+++	++++	+++
配套性	++	+++	++++
对施工环境的要求	+++	++	+
施工性	++	+++	++++
固化条件/℃	≥10	−10～40	≥−10(冬用型)
维修困难度	+++	++	+
经济性	+	+++	++++
其他	需加喷封闭漆	需加喷封闭漆	不需加喷封闭漆

注："+"多，表明性能更好。

　　富锌底漆是通过牺牲阳极金属锌而起到对钢材阴极保护作用的。因此金属锌含量至关重要，它直接影响富锌底漆的防锈性能。通常，采用指标"漆膜干膜（或不挥发分）中的金属锌（质量）含量"来评估产品是"含锌底漆"还是"富锌底漆"。目前国内外都有相关的标准来定义富锌底漆，见表 3-3。

表 3-3　国内外相关标准对富锌底漆锌含量的规定

标准名称/锌含量	无机富锌底漆	环氧富锌底漆
HG/T 3668—2009《富锌底漆》/不挥发分中金属锌含量	≥80%	≥80%
	≥70%	≥70%
	≥60%	≥60%
SSPC PAINT 20[①]/干膜中锌粉含量	1 级≥85%	1 级≥85%
	2 级 77%～85%	2 级 77%～85%
	3 级 65%～77%	3 级 65%～77%
ISO 12944-5:98 Protective paint systems/不挥发分中金属锌粉含量	≥80%	

　　① 该标准系美国防护涂料协会 SSPC 标准：SSPC PAINT 20 Zinc-Rich Coating，Type Ⅰ，Inorganic and Type Ⅱ，Organic。

　　GB/T 6890、ISO 3549 及 ASTMD 520—2000、ASTMD 6580—2000 等国内外标准，均对富锌底漆所用金属锌粉分级及其检验方法作了具体规定，而目前市场上某些号称"富锌"的产品，售价很低，而锌含量不足 50%，充其量只能叫做"含锌"，不宜用作长效防腐底漆。此外，不同涂装用途对富锌底漆涂覆厚度要求不同，随之对锌粉粒度及粒度分布的要求也不同，对锌粉中水分、Pb、Ca 等杂质含量也有严格的要求。这些因素便是当前市场上促使富锌底漆价格悬殊的原因之一。

　　以下分别对环氧富锌漆以及无机富锌漆进行简单介绍。

3.2.7.1 环氧富锌漆

有机富锌漆中最常用的是环氧富锌漆，此外还有氯化橡胶富锌漆等，但是因其是热塑性树脂，遇热时会变软，所以应用不多。

环氧富锌底漆是以锌粉为防锈颜料，环氧树脂为基料，聚酰胺树脂或胺加成物为固化剂，加以适当的混合溶剂配制而成的环氧底漆，其中的锌粉量通常在85%以上，以形成连续紧密的涂层。环氧富锌漆可与大多数涂料相兼容（除了醇酸漆会皂化），是多道涂层系统中很好的底漆，不管是新建现场维修的施工。环氧富锌漆经常用作工厂维修和船舶进坞时的临时底漆。它干燥迅速，重涂间隔相对较短。附着力好，耐碰撞，耐热可达到150℃，耐磨性能也很好。

环氧富锌比无机富锌的缺点首先是阴极保护作用相对较弱，因为导电性能较低，其次是可接受的氯化物含量低。这是应用于海洋环境最大的缺点。

受到VOC法规的限制，高固体分的环氧富锌底漆开始应用体积固体分在65%以上同时并不降低锌粉含量，同样满足ISO 12944-5和SSPC Paint 20要求。有些环氧富锌底漆固体分含量高达73%，VOC为249g/L，已经可以满足目前世界上最为严格的工业保护漆中有关VOC的规定（250g/L）。

3.2.7.2 无机富锌漆

美国钢结构涂装协会在SSPC Paint中，把无机富锌涂料分为三大类：类型1-A，水溶性后固化型；类型1-B，水溶性自固化型；类型1-C，溶剂型自固化型。

（1）水溶性后固化无机富锌漆

水溶性后固化无机富锌漆，主要以硅酸钠（又名水玻璃）为黏结剂，与锌粉混合后，涂在钢铁表面，当涂膜干燥后，再喷上酸性固化剂，如稀硫酸（H_3PO_4），使涂层固化，磷酸固化剂的作用在于同硅酸钠生成硅酸，副产物为磷酸钠，生成的硅酸与锌粉反应生硅酸锌聚合物。磷酸钠副产物可以溶于水中，在涂层固化后可以用水洗涤去，在固化反应中，磷酸还可与锌粉生成不溶的磷酸锌，因而增加了涂层的致密性。锌粉在不断牺牲自我的同时，还与CO_2和水生成不溶的碱式碳酸钙 $[3Zn(OH)_2 \cdot 2ZnCO_3]$，对涂层有屏蔽保护作用。这种无机富锌涂料已经不大使用。

（2）水溶性自固化无机富锌漆

水溶性无机硅酸锌涂料与其溶剂型硅酸锌漆一样，富含金属锌粉作为防锈颜料，在漆膜中紧密接触，并与钢材表面紧紧地连成一体。形成与钢材之间的良好的导电性，起到电化学保护作用，即使涂层有局部破损，锈蚀也不会像其他有机涂层一样向周围蔓延。水性无机硅酸锌涂料由于不需要添加任何有机溶剂，所以VOC值为0。水溶性自固化无机富锌漆多以硅酸钾为基料，硅酸锂的水溶性较差，且价格较高，硅酸钠虽然溢水且价格低，但是易被碳酸化。硅酸钾水溶液中 SiO_2 与 K_2O 比例可以分为低摩尔比和高摩尔比两种类型。高摩尔比硅酸钾在成膜和防锈性能上优于低摩尔比硅酸钾配制的涂料。锌粉混入基料硅酸钾后，与硅酸钾分子结构中的—OH 基团发生交联反应，最终形成漆膜的固化。在固化过程中，基料硅酸钾—OH 基团的多少，锌粉的多少以及两者的有效接触是很重要的因素。基料中的 SiO_2 与 K_2O 的摩尔比愈高，—OH 基团数也愈多，室温下的成膜速度也愈快。水溶性自固化无机富锌中的锌粉不仅作为牺牲阳极来保护钢材，它与空气中的二氧化碳和湿气与硅酸盐进行反应，在生成碳酸盐的同时，锌粉也同硅酸盐充分反应成为碱式碳酸锌 $3Zn(OH)_2 \cdot 2ZnCO_3$，沉积于漆膜的空隙中，可以增加漆膜的致密性，加强漆膜的屏蔽作用。它保留了对水的敏感性，直到水溶剂完全从漆膜中挥发，它的固化受温度和湿度的影响较大。丙烯酸涂料和聚氨酯涂料等高性能中间漆和面漆，但是不能涂醇酸等油性涂料，因为油性涂料会在锌面皂化而剥落。水性无机硅酸锌涂料可以作为防锈底漆和储罐内壁的单一涂层使用。上面可以复涂环氧漆、老化而脱落使用水性无机硅酸锌涂料时，钢材表面处理要求喷砂大到 ISO 8501-1：1988 Sa 2½ 级，表面粗糙度达到 ISO 8503-2 中的 G 级（40～80μm，R_{y5}）。喷砂后钢板表面要用干燥清洁的压缩空气或真空吸尘器除去喷砂表面的磨粒和灰尘。施工时最低钢板温度 5℃，相对湿度不能太低，低于 30％时会引起干喷。喷涂时推荐使用空气喷涂法。

（3）溶剂型自固化无机富锌漆

溶剂型自固化无机富锌漆的固化机理也很复杂，它的酯料为正硅酸乙酯。纯正硅酸乙酯分子式为 $Si(OCH_2CH_2)_4$。生产涂料使用的无机硅酸树脂通常是正硅酸乙酯部分水解的产物是一种齐聚物，带有四个乙氧基，在蒸馏水中微量酸性水解生成部分水解产物，水解制成含羟基的正硅酸乙酯溶液，当与锌粉混合，涂覆成膜时，部分水解的硅酸乙酯会吸收空气中的水进行水解缩聚，水分进一步发生反应。形成网状聚合物。锌粉含量达 85％以上的溶剂型无机硅酸锌底漆基本配方如表 3-4。

表 3-4　溶剂型无机硅酸锌底漆基本配方

A 组分	硅酸乙酯	22～26	A 组分	云母粉	7～9
	酸	0.1		溶剂	32～36
	水	2～3		助剂	0.5
	高岭土	7～9	B 组分	锌粉	20～22

无机富锌漆对于施工要求比较严格。在喷砂前进行钢结构处理是很有必要的，包括焊缝的打磨光顺、咬边气孔的补焊打磨，飞溅的铲除打磨，锐边的倒角等。尾料保证锌粉与钢材表面充分接触，保持良好的导电性，必须对钢材表面进行喷砂处理到 Sa 2.5(ISO 8501-1：1988)。如果粗糙度低而不足，会影响附着力，增加漆膜龟裂的可能性。可以使用钢砂。硅铝等无油无水无污染的优质磨料，喷枪口压力要求 0.6～0.7MPa(85～100psi)。喷砂结束后，立即进行真空吸尘清洁。

无机富锌漆的固化要依靠相对湿度和温度，相对湿度最好保持在 65% 以上。喷洒清水可以解决低湿度时的固化温度。在施工后 4~5h 就可以喷洒清水保持漆面湿润，帮助固化的完成。无机富锌漆膜的固化的检测，标准方法是 MEK 测试法，根据 ASTM D4752，白色棉布蘸上 MEK 试剂，来回擦拭 50 次，如果没有或者仅有很轻微变色说明固化已要完成，如果严重变色或者漆膜被擦去，说明还未完成挂糊。

无机富锌漆的漆膜厚度，在多道涂层的重防腐系统中作为底漆时，通常为 75~80μm 就足够了，如果是单道涂层用于成品油或化学品的储罐舱内壁中，漆膜要求在 90~100μm，水溶性无机富锌漆用于储罐舱室内壁时，漆膜设计为 125~150μm。

过高的干膜厚度会导致漆膜开裂，通常认为 125μm 以下最安全，但是不同厂家的配方对这一安全的干膜厚度会有很大差异。在实际施工时，大多数产品在结构内角处很容易产生龟裂问题，当为了达到最低膜要求时，喷漆者会在角落里多走几枪，这样就导致了漆膜过厚，加上角落上的漆膜的收缩不均匀，很容易就造成龟裂现象，在复杂结构，经常使用小枪嘴。

由于硅酸锌漆本态就是多孔的，进行几个月的室外固化后其孔隙会逐渐受大气中的二氧化碳和湿气作用而形成的锌盐填充而变得致密，可是大多数的钢结构是不允许在涂面漆前进行一至两个月的固化期的，而必须在其是多孔的情况下进行复涂，这样往往造成后续面漆的起泡破裂而留下针孔或仍然存在于漆膜中。使用特殊配制的封闭漆可以减少针孔和起泡，很薄的涂层进行极薄的封闭（刚刚封闭掉），通常是 30μm 左右，可迫使空气逸出。

第 ④ 章 ▶▶

冷涂锌技术及涂料配方分析

4.1 概述

冷涂锌涂料为单组分高含锌量富锌涂料，它是由纯度高于 99.9% 的锌粉、挥发性溶剂和有机树脂三部分配制而成的富锌涂料。与其他双组分富锌涂料或其他单组分产品相比，冷涂锌涂料中锌的含量极高，能够为钢铁提供很好的阴极保护，即使在很苛刻的环境中，仍能长效保护钢铁表面；与双组分、三组分的涂料相比，不存在使用前繁琐的混合工序和涂料使用时间的限制，操作简便，施工方便，不需要特别的技术，只需要搅拌均匀，保证必需的涂膜厚度即可；与热镀锌、热喷锌相比具有低污染、低能耗的优点；而且还具有优良的防锈性能，良好的附着力，选用冷涂锌涂料作为防腐涂装体系中的底漆时，与多种涂料有很好的配套性。因而冷涂锌涂料广泛应用于土木、建筑、电力、通信、环境卫生、船舶渔业等铁构件的防锈以及镀锌构件的维修维护。

在合理设计涂层配套和涂装工艺的基础上，冷涂锌涂料是替代热浸涂锌、电弧喷锌的最好材料，是对钢结构重防腐保护技术很好的补充。这可减少三废、降低能耗、明显提高环境保护的综合效益。因此十五年来冷涂锌涂料在我国得到了迅速的发展，除国外进口的"Zinga"锌加等冷涂锌涂料外，国内建立了近十家的冷涂锌生产厂家，2013 年包括单独成膜的冷涂锌、与重防腐涂料配套成膜的冷涂锌产品，全国共使用了冷涂锌 4200t，约 2.5 亿人民币，且每年逐步上涨。电力的设计规范中，已指定冷涂锌可应用在空冷岛的涂装中；建筑钢结构的配套设计中，也允许使用冷涂锌。冷涂锌在我国重防腐行业得到了迅速的发展。

但冷涂锌在我国的使用历史短，人们对其认识不足，以致不法商家借机炒作，市场上不乏鱼目混珠的现象，因此，制定规范、统一的冷涂锌行业标准，明确冷涂锌概念，避免与富锌涂料混淆，对促进行业技术进步，引导行业健康、有序发展具有重要意义。为此，全国涂料与颜料标准化技术委员会于 2014 年开展了冷涂锌涂料标准的制定工作,并于 2015 年 7 月进行了公示,新标准编号为 HG/T 4845—2015(见附录),并于 2016 年 1 月 1 日正式颁布实施。

目前,国内冷涂锌树脂主要以改性聚苯乙烯为主,聚硅氧烷、丙烯酸酯、聚氨酯和环氧酯等多种树脂并存。在 HG/T 4845—2015 标准中,虽然还是未对冷涂锌树脂和锌粉做出明确限定,但已明确规定了冷涂锌涂料的涂层干膜锌含量应大于等于 95%。其实也就对涂料配方中的冷涂锌树脂和锌粉提出了更高的要求。因此势必会造成现今市场上冷涂锌涂料的进一步洗牌。本章将会从配方分析角度出发来详细介绍什么是冷涂锌涂料、冷涂锌涂料具有什么特性以及在市场上怎么选择适宜的冷涂锌涂料,以便于用户在实际工程中对冷涂锌涂料能客观的认识、正确使用和鉴别。

4.2 冷涂锌涂料配方分析

目前,国内市场上的冷涂锌涂料是由锌粉、树脂、溶剂和少量防沉剂组成的单组分溶剂型涂料。不同厂家树脂和锌粉不尽相同,见表 4-1。

表 4-1 冷涂锌涂料市场情况

序号	产品牌号	公司名称	主要树脂类型	锌粉种类
1	ROVAL	上海罗巴鲁	丙烯酸	球状锌粉
2	ZD	无锡锌盾	聚苯乙烯	球形锌粉
3	锌加	上海尚峰	聚苯乙烯	片状锌粉
4	航特	沈阳航特	聚苯乙烯	片状锌粉
5	HOST	武汉现代	聚硅氧烷	球状锌粉
6	EPO-ROVAL	日本	环氧酯	球状锌粉
7	JP-1618	湖南金磐	石墨烯改性树脂	球形锌粉

例如,某公司以经特殊表面处理的超细锌粉、有机导电树脂和独特的树脂包覆锌粉技术为基础,制备了冷涂锌涂料,其组成见表 4-2。

表 4-2 冷涂锌涂料组成及简介

组成	简介	干膜中各组分含量
锌粉	纯度高于 99.995%,采用原子化法提炼,颗粒超细化,直径约为 3~5μm,呈椭球状,锌颗粒间接触面大且多,排列紧密空隙小	全锌含量≥96%
树脂	无毒中性有机导电树脂	固体树脂含量≤4%
溶剂	不饱和烃、挥发性芳香烃、无毒环保型溶剂	挥发

冷涂锌的漆膜特性是各组分之间以及与钢基体之间复杂的相互作用的综合体现。在涂刷过程中,树脂上的极性官能团与锌粉、钢铁通过化学键紧密结合,同时锌粉与空气中的水和二氧化碳反应生成不溶性涂膜,并使已生成的锌盐聚合物转化为网状锌盐配合物,进一步提高涂层与基体间的结合力,得到致密牢固的涂膜。形成涂膜后,树脂将锌粉均匀包覆并作为导电通道,使电子可沿着相互接触的粒子进

行传递而使整个涂膜具有导电性。

4.2.1　冷涂锌树脂

目前，国内冷涂锌树脂以改性聚苯乙烯为主，聚硅氧烷、丙烯酸酯和环氧酯等多种树脂并存。不同树脂性能不同，若树脂选取不当，或为了保证树脂的导电性不得不牺牲包覆能力及其他物化性能，都会降低冷涂锌的实用性。我国南北跨度大，施涂环境差异明显，选用树脂时对环境因素考虑不足，也会造成无谓的损失。因此对树脂的选择应当慎重。

（1）冷涂锌树脂共性

不管冷涂锌树脂是何种树脂体系，用以制备冷涂锌涂料时，主要是单组分形式存在，通过物理干燥成膜。树脂在冷涂锌涂料的湿膜和干膜中是相同的，其组成、分子结构及大小都没有变化。干燥过程仅仅是稀释剂挥发的物理过程，涂膜干燥后留下的树脂在涂层中相互缠绕交织的网络和方式不同。具有以下四个共性：

① 层间互溶性，也就是说，有可逆性。冷涂锌涂层在喷涂数月或数年后，仍可在其本来的溶剂或更强的溶剂中重溶。溶剂分子穿透到树脂分子之间，分离后重新液化，溶解树脂分子，实现层间互溶，因此这类涂料无最大涂装间隔的限制，重涂性能极佳，也利于回收。

② 不耐溶剂，对溶剂有敏感性。冷涂锌涂料对它们本身的溶剂或更强溶剂没有抵抗力。这类涂料不耐溶剂，也不耐油脂。

③ 物理干燥的涂膜在形成中不涉及化学反应，涂膜形成对温度无依赖性，可以在较低温度下施工。合适的烘干温度可以促进稀释剂的挥发速率，加速成膜。

④ 热塑性、物理干燥的涂层，在较高温度下会变得柔软。

正是由于此冷涂锌树脂共性使得冷涂锌涂料也具有以上四个共性。有好有坏，比方说不耐溶剂，会影响配套中间漆和面漆等。国内外刚宣传此产品时都只要求做一道冷涂锌底漆即可，不要求做中间漆或面漆。如果要做中间漆或面漆，就得事先做相关配套试验。

（2）冷涂锌树脂的附着力机理

固体冷涂锌树脂在冷涂锌涂料的干膜中含量不超过 5%，一般在 4%～5% 之间。如此少的树脂要对 95%～96% 的锌粉实现涂覆和对钢铁基材实现黏附，且在外力作用下不脱落，这对冷涂锌树脂的要求极高，是一般普通的富锌涂料树脂所不能比拟的。

当前冷涂锌树脂，都是选择具有某些功能基团（如羟基、环氧基、氨基、硅氧键、磷酸根离子等）的有机树脂或通过添加具有这些功能基团的树脂，使它们在锌粉颗粒表面形成化学键来形成牢固的包覆。此外就是对钢板表面喷砂，提高基体粗糙度，使镀锌层与基体更好"啮合"，发生锚固效应，产生结合强度更高的金属键作用力，以此实现冷涂锌树脂与锌粉和钢铁基材的牢固附着。

（3）冷涂锌树脂的特性

① 独特的锌粉包覆技术。以球形锌粉为例。锌粉按其粒径大小可分为 3 类：普通锌粉（粒径大于 $45\mu m$）、细锌粉（粒径为 $10\sim45\mu m$）和超细锌粉（粒径小于 $10\mu m$）。假设一个普通的富锌涂料（锌粉粒径为 $50\mu m$，且假定都为球形），其干膜锌粉含量为 80%，有机树脂为 20% 时，胶黏剂在钢板上形成一层附着，且锌粉颗粒被平整牢固的黏附在胶黏剂上方。如图 4-1(a) 所示，白色圆形为锌粉，黑色部分为有机树脂层。当此普通富锌涂料的锌粉粒径降为 $25\mu m$ 时，其干膜锌粉仍为 80g，有机树脂为 20g，其成膜图则变为图 4-1(b)，可以看出此时有机树脂对锌粉实现了全包裹。

如果对锌粉的粒径继续减小为 $5\mu m$ 时，其干膜锌粉仍为 80g，则只要 4g 有机树脂即可对其实行全包裹。此时干膜锌粉含量接近为 96%。因此，涂膜锌粉中干膜树脂含量仅 4% 就对含量 96% 的锌粉实现了全包覆，其包覆方式如图 4-2。

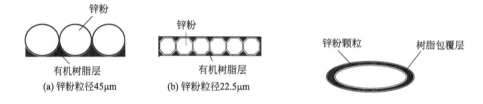

锌粉

有机树脂层

(a) 锌粉粒径45μm

锌粉

有机树脂层

(b) 锌粉粒径22.5μm

锌粉颗粒

树脂包覆层

图 4-1　富锌涂料成膜状态

图 4-2　冷涂锌中的树脂包覆方式示意图

当有机树脂通过纯物理吸附包覆在颗粒表面时，有机树脂容易脱附下来，因此有必要提高其与颗粒表面的作用，使其键合在颗粒表面，以改善树脂在颗粒表面的包覆。可以选择具有某些功能基团（羟基、氨基等）的有机树脂或通过添加具有这些功能基团的树脂，使它们在颗粒表面形成化学键来形成牢固的包覆。通过对超细锌粉进行独特的树脂表面包覆处理，可以改善锌粉颗粒的分散性和表面活性，使锌粉颗粒表面获得新的物理、化学、力学性能及新的功能。

② 有机导电树脂。冷涂锌中的树脂是特殊的导电有机树脂。如果有机树脂对锌粉实行全包覆，就会把锌粉的导电性给屏蔽，这就使冷涂锌的锌粉与钢铁基材不能形成原电池，锌粉不能"牺牲阳极"，从而就不能保护钢铁基材。但由于树脂是导电树脂，使隔离开来的导电锌粉粒子彼此再接触形成一种导电无限网链，最终冷涂锌体系的导通性不受影响，使冷涂锌层仍能导电，防腐蚀原理与热镀锌的相当。

特殊有机树脂为冷涂锌的防腐蚀提供了"屏障保护"，其作用机理是：首先以有机树脂"屏障保护"为主，此时导电锌粉被有机树脂隔离保护，减缓了锌粉氧化。这是因为冷涂锌中的有机树脂在锌粉颗粒的周围形成了致密的保护屏障层（涂层无空隙），可有效地抵御外界如水、氧和离子的渗入侵蚀。随后冷涂锌表面，锌粉颗粒也可与空气中的 CO_2、H_2O 结合生成 ZnO、$Zn(OH)_2$ 和碱式碳酸锌，填满了镀层的空隙，形成了一层"自修复"锌盐屏障。此"屏障保护"层，减缓了镀锌层和钢铁结构的腐蚀速率，从而延长了保护期。屏障保护原理如图 4-3。

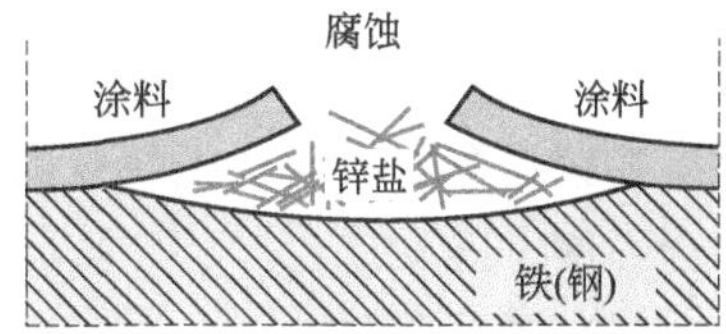

当有机涂层破损，就以牺牲阳极锌粉的"阴极保护"为主。冷涂锌的锌颗粒间接触面大且多，

图 4-3　屏障保护原理示意

排列紧密空隙小，干膜锌粉含量高达 96%。热镀锌仅上面镀锌层的锌含量为 96%，且锌颗粒排列时空隙较大。因此冷涂锌中的锌颗粒虽被有机树脂包覆，但由于有机树脂含量低，成薄涂层，且树脂为导电树脂，其导通性并未受到限制，仍具有良好的"阴极保护"。

4.2.2　锌粉

4.2.2.1　锌粉形态

锌粉的应用性能与它的颗粒尺寸和结构形状有着十分密切的关系。一般的球形锌粉其平均颗粒尺寸在 $5 \sim 9 \mu m$，其比表面积为 $0.1 \sim 0.2 m^2/g$，极细的锌粉其颗粒尺寸为 $2 \sim 3 \mu m$，其比表面积为 $0.3 \sim 0.4 m^2/g$。关于锌粉颗粒度的分布，在我国的国家标准有大致的描述，不详细也不严格。

表 4-3　GB/T 6890—2000 锌粉的粒度和筛余物

规格	筛余物		粒度分布/%	
	最大粒径/μm	含量/%	$\leqslant 30 \mu m$ 以下	$10 \mu m$ 以下
FZn30	45	—	$\geqslant 99.5$	$\geqslant 80$
FZn45	90	0.3	—	—
FZn90	125	0.1	—	—
FZn125	200	1.0	—	—

从表 4-3 中可以看出，关于锌粉的结构形状也没有评价的尺度，目前对形状的评述还只停留在定性的水平。实际应用中，不同的用途对锌粉的颗粒尺寸及结构形状有着不同的要求。

（1）球形锌粉

锌粉在制备过程中，金属锌锭蒸馏后冷凝结晶为球形锌粉颗粒，锌粉颗粒表面有晶格缺陷的存在，如空位、位错，或者有气体、氧化物、杂质的存在使晶格发生畸变。球形锌粉颗粒随着粒径的减小，完整的晶面在颗粒总表面上所占的比例减少了，处于表面上的原子数目增多了，不饱和键或表面悬挂键增多了，键力不饱和的质点（原子、分子）占全部质点数的比例增多了，因此锌粉表面具有较高的活性如高化学反应性、高吸附能力、高凝聚性等。这有利于在机械镀锌过程发生置换反应产生诱导沉积作用。球形锌粉在沉积、成层过程容易发生松散锌粉颗粒之间的位置重组，导致空隙的迁移和压缩变形，进而致使镀层致密化。球形锌粉颗粒的微变形容易在锌粉颗粒表面产生新鲜的原子面，保证锌粉颗粒间的真正结合，产生较高的结合强度。

（2）鳞片状锌粉

片状锌粉的尺寸特点是片径和厚度的比例大约为（3～100）∶1，其分散于载体后具有与底材平行的特点，片状粉和片状粉连接，相互填补形成连续金属覆盖层，遮蔽能力强。若采用片状锌粉做富锌涂料，涂层封闭性好，孔隙率低，阻挡了腐蚀介质的侵入。片状锌粉构成的机械镀层的致密度比球形颗粒锌粉构成的机械镀层要高，耐腐蚀性能要好，但在镀层的致密化过程中，片状锌粉难以像球形锌粉颗粒那样发生塑性变形，进而产生新鲜的原子面，不利于镀层中锌粉之间的金属键合。

片状锌粉因片径和厚度尺寸比例较大，所以采用片状锌粉获得的机械镀层外观呈银白色，光滑细腻。笔者在研究中发现，对于机械镀锌薄镀层，采用球形超细锌粉和片状粉可获得外观质量相当的镀层；对于机械镀锌厚镀层，采用前者比采用后者获得的镀层要平整。见图4-4。

(a) 球形锌粉构成的镀层　　　　　　　　(b) 片状锌粉构成的镀层

图4-4　不同形状锌粉构成的镀层

(a) 球形锌粉的扫描电镜图　　　　　　　(b) 鳞片状锌粉的扫描电镜图

图4-5　不同形状锌粉的扫描电镜图

在颜料涂料行业中出现了由粒状锌粉向鳞片状锌粉转移的大趋势。鳞片状锌粉作为磁性金属材料具有超薄、超细、呈片状的特点（见图 4-5）。锌在涂料中呈片状排列，耗锌量小，涂层致密，腐蚀路线延长，还具有显著的屏蔽效应，较强的反射光线能力以及优良的导电性，并且比粒状锌粉能更密实地附着在金属基材表面，从而得到优异的防锈、防腐蚀性能。含鳞片状锌粉的涂料，可以处理超大、超长和带有内螺纹等异形复杂管件、接插件等，涂件表面涂层均匀、光亮、美观，并可涂漆上色、焊接，一定程度上取代了传统的电镀、热浸镀锌，在处理工艺中不产生废气和废水污染。目前在涂料行业中最为热门的达克罗涂料（DACRO）的主要原料就是鳞片状锌粉，它要求片状锌粉的厚度为 $0.1\sim0.3\mu m$，片径分布为大于 $15\mu m$ 的要少于 2%，大于 $10\mu m$ 的要求少于 6%，小于 $2\mu m$ 的占 $10\%\sim20\%$，平均片径为 $3.2\sim6.0\mu m$。粉末的表面经特殊处理后，在水溶液中发氢量少，最终处理液中含 $50g/L$ 以上的锌粉，且锌粉要有一定的氧化度。

但由于鳞片状锌粉在制备工艺上的复杂性以及高价格，因此在市场上推广受到影响。目前市场上锌粉的主流还是球形锌粉。

4.2.2.2　锌粉化学性能和电化学性能

锌位于元素周期表上第二族副族，和另外两种重金属镉和汞位于同一副族内，称锌副族，为非过渡元素。

（1）锌的化学性能

指锌与任何其他非电解质通过电子交换相互作用的能力，其反应的特点是锌表面的原子与非电解质中的氧化剂直接发生氧化-还原反应，没有自由电子参加，因而没有电流产生。锌通常是二价的，释放出外层两个电子形成电子价化合物，其价键构造有离子键，也有共价键。锌在干燥清洁的大气中与空气中的氧发生氧化反应形成氧化锌，其主要反应为：

$$2Zn+O_2 \longrightarrow 2ZnO$$

$$Zn+H_2O \longrightarrow ZnO+H_2$$

$$Zn+CO_2 \longrightarrow ZnO+CO$$

上述反应在室温下进行得非常缓慢，加热到 $200℃$ 以上则反应明显，加热到 $400℃$ 以上则反应加速。即便如此，在 $400℃$ 以上 $500h$ 长时间加热，ZnO 膜的生成厚度也不过 $0.5nm$，用肉眼是无法看到的，厚度增大到 $30\sim40nm$ 时，在光线干扰下方可看到。ZnO 的体积比 Zn 大 0.44 倍，很致密，且与锌表面结合牢固，因而防止了氧的向内扩散，起到了保护作用。但当 ZnO 膜生长过厚，由于膜层体积胀大而产生的内应力将使它从基体上开裂、脱落而失去保护作用。锌还能跟 F、Cl、Br、I 等气体发生作用，与 S、P 在加热时能发生爆炸，锌不与 N、H、C 发生作用。从上述锌的化学性能可见，锌通常环境下由于氧化反应而造成的腐蚀并不严重，决定其腐蚀性状的是其电化学性能。

（2）锌的电化学性能

大多数天然介质及酸、碱、盐的溶液是电解质，锌与其接触后决定锌行为的是它的电化学性能。电化学反应的特点是在氧化反应过程中有自由电子参加，一对共轭的氧化-还原反应在空间上是分开的，例如锌在水溶液中的腐蚀反应为：

$$Zn + 2H_2O \longrightarrow Zn(OH)_2 + H_2$$

它是由两个电子参加的反应构成：

$$Zn - 2e^- \longrightarrow Zn^{2+} \quad （氧化反应）$$

$$2H^+ + 2e^- \longrightarrow H_2 \quad （还原反应）$$

把一种金属浸入电解质溶液中（水中含酸、碱或盐），金属表面活性较高的金属离子处于一种较易脱离金属表面的状态，会与溶液中水的极性分子作用发生水合，如果水合时产生的水合能足以克服金属晶格中锌离子与电子间的引力，则一些锌离子将会从金属锌表面上脱离下来，进入与锌金属表面接触的溶液中而形成水合离子组成正电层。金属锌表面附近的电子不能进入溶液而留在金属锌表面形成负电层，这样金属锌表面形成了双电层，使金属与溶液间产生电位差，这种电位差被称为"电极电位"。

电极电位可以用来表征金属溶入电解质溶液中变成金属离子的趋势，负电性越强的金属，它的离子溶入溶液中的趋势越大，也就是它越容易发生反应而受到侵蚀。它是表征金属处在电解质溶液中热力学稳定性的一个简单而明确的物理量。

4.2.2.3 锌对铁保护原理

锌对铁的保护原理，其实就是利用锌的电化学性能而发生的牺牲阳极（Zn），保护阴极（Fe）的一种主动阴极保护原理。因锌比铁活泼，容易失去电子。在前期锌粉的腐蚀过程中，锌粉和钢铁基材组成原电池，锌的电极电位（−0.76V）比铁的电极电位（−0.44V）低，锌为牺牲阳极，铁为阴极，腐蚀电流由锌流向铁，钢铁便得到了阴极保护，原理如图 4-6。

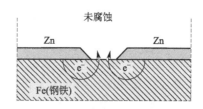

图 4-6　阴极保护示意图

此外，锌在大气中大多形成 ZnO 或 $Zn(OH)_2 \cdot ZnCO_3$ 等致密而黏附性好的薄膜，可防止钢铁进一步氧化。

$$Zn + 2H_2O \longrightarrow Zn(OH)_2 + H_2$$

$$Zn(OH)_2 \longrightarrow ZnO + H_2O$$

$$Zn(OH)_2+CO_2 \longrightarrow ZnCO_3+H_2O$$

$$Zn(OH)_2+CO_2 \longrightarrow ZnCO_3 \cdot Zn(OH)_2 \cdot 2H_2O$$

当然，锌粉在不同地区（干燥区、乡村区、海岸地区、城市和工业区）的平均腐蚀速率及其对比值不同，其腐蚀反应及其产物会有所不同，见表 4-4。

表 4-4　锌粉在不同地区的平均腐蚀速率、对比值及其腐蚀反应和腐蚀反应产物

大气类型	锌平均腐蚀速率 /(μm/年)	腐蚀速率对比值	腐蚀物质	腐蚀反应及反应产物
干燥区	0.2	1	O_2、CO_2	
乡村	1.1	5.5	O_2、H_2O、CO_2	$Zn \rightarrow ZnO \rightarrow 3Zn(OH)_2 \cdot 2ZnCO_3$
城市和工业区	6.2	31	O_2、H_2O、CO_2、SO_2	$Zn \rightarrow ZnO \rightarrow 3Zn(OH)_2 \cdot 2ZnCO_3$ $ZnS \rightarrow ZnSO_3 \rightarrow ZnSO_4$
海岸地区	1.5	7.5	O_2、H_2O、CO_2、Cl_2	$Zn \rightarrow ZnO \rightarrow 3Zn(OH)_2 \cdot 2ZnCO_3$ $ZnCl_2 \cdot 4Zn(OH)_2 \rightarrow Zn_3OCl_4$ $ZnCl_2 \cdot 6Zn(OH)_2 \rightarrow Zn_4OCl_6$

4.2.2.4　冷涂锌涂料技术的锌粉特性

锌粉的化学成分应符合表 4-5 中的规定。表 4-5 为所有锌粉的化学成分，其中对全锌和金属锌的含量做了界定，同时也对杂质，即纯度做了相应的规范。

表 4-5　所有锌粉的化学成分

等级	化学成分(质量分数)/%						
	主品位,不小于		杂质,不大于				
	全锌	金属锌	Pb	Fe	As	Cd	酸不溶物
一级	98	96	0.1	0.05	0.0005	0.1	0.2
二级	98	94	0.2	0.2	0.0005	0.2	0.2
三级	96	92	0.3	—	0.0005	—	0.2
四级	92	88	—	—	—	—	0.2

注：以含锌物料为原料生产的四级锌粉，其硫含量应不大于 0.5%。

冷涂锌涂料技术中的锌粉为特殊表面处理的超细锌粉，为高锌含量和高纯锌含量的锌粉。此外，冷涂锌涂料的锌粉有两种形态：球形和鳞片形。商用锌粉通常为球形。这里主要是介绍纯度高于 99.995%，颗粒粒径约 3～5μm，采用原子化法提炼的超细锌粉。

超高纯度的锌粉，避免了由于铁、镍、钴和铅等存在而形成微电池，杜绝了镀层产生麻点腐蚀，有利于镀锌层对钢铁基体的保护；超细粒径的锌粉，使锌颗粒间的接触面大且多，排列紧密空隙小（如图 4-7），从而镀层致密，孔隙率低，镀层表面粗糙度低。即使冷涂锌镀层中存在一定的结构间隙，也可被更细小的锌粉颗粒填充，从而加大镀层的致密度。同时超细锌粉粒径细小，其表面活性大，促进沉积，有利于镀层的形成，但是如果粒径过小，锌粉易于团聚，沉积速率降低，生产

率降低，生产成本增加；经特殊表面处理的超细锌粉，即使其粒径过小（3～5μm），锌粉仍很难团聚，在保持外观质量的前提下，沉积成镀层的速度仍较快。因此，经特殊表面处理的超细锌粉，有利于冷涂锌形成良好致密的镀锌层。

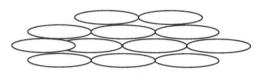

图 4-7　冷涂锌中锌粉的排列

超细锌粉为冷涂锌提供了主动阴极保护作用。锌粉只有在干膜含量中超过92％以上才具有真正的阴极保护作用。目前普通富锌漆干膜中含锌量一般在 60％～80％，大多是在 70％以下，只能提供微弱的阴极保护作用。冷涂锌产品中锌粉纯度高于 99.995％，涂层干膜中含锌量高达 96％，可为钢铁基材提供优异的阴极保护作用。随后冷涂锌涂层表面的锌粉颗粒发生氧化生成致密的锌盐，填满了镀层的空隙，形成了一层"自修复"锌盐屏障。

当然，冷涂锌涂料技术发展到至今，市面上已有用防锈颜料或铝粉、银粉替代部分锌制成的冷涂锌产品，这类产品兼具防腐效果及美观度，免去了使用其他涂料时多重喷涂的工序，节省材料、降低成本，在防腐条件相对温和的环境中能直接使用。也有人将球状锌粉与片状锌粉配比使用，球片基冷涂锌的导电性虽有所降低，但屏蔽性能进一步提高，耐盐雾性及表面硬度显著增大。

4.2.3　溶剂

4.2.3.1　概述

在涂料工业中，溶剂的广泛含义是指那些用来溶解或分散成膜物质，形成便于施工的液态产品，并在涂膜形成过程中挥发掉（活性稀释剂除外）的液体。由于溶剂是挥发的液体，习惯上称作挥发分。涂料工业中，常用的溶剂有两种，即有机溶剂和水。液态涂料按其使用的溶剂不同，分为三类：溶剂型涂料，无溶剂涂料，水性涂料。

溶剂型涂料中使用的为有机溶剂，包括能溶解成膜物质的溶剂（也称真溶剂），能增进溶剂溶解能力的助剂，能稀释成膜物质溶液的稀释剂和能分散成膜物质的分散剂。至于在纤维素等涂料产品中使用的旨在赋予涂膜柔韧性和增加附着力的不挥发性液体，系我们通常所讲的增塑剂，不属于溶剂的范畴。在溶剂型涂料产品中，作为溶剂组分的皆为有机化合物，包括萜烯化合物、脂肪烃、醇、酯、酮、醇醚与醚酯、取代烃和环烷烃等，统称有机溶剂。为了获得满意的溶解度及挥发成膜效果，在产品中往往采取混合溶剂，而很少采用单一溶剂。

现在涂料产品中，开发了一种既能溶解或分解成膜物质，又能在涂料成膜过程中和成膜物质发生化学反应，形成不挥发组分留在涂膜中的化合物，它也属于溶剂的一种，为反应性溶剂或活性稀释剂。由于活性稀释剂在涂料成膜的过程中，能与树脂交联而形成涂膜组成的一部分，而不像一般有机溶剂那样挥发到大气中，所以通常将这种类型的涂料称为无溶剂涂料，是当前重点发展的环境友好型涂料的一种。

4.2.3.2 有机溶剂的主要特征

（1）溶解力

在涂料工业中，溶剂的溶解力是指溶剂溶解成膜物质而形成均匀的高分子聚合物溶液的能力。我们设计色漆配方选择溶剂首先要考虑溶剂将高分子分散成小颗粒形成均匀溶剂的能力，一定浓度的树脂溶液形成速率以及一定浓度溶液的黏度和溶剂之间的互溶性。

通过对物质溶解过程的研究表明，低分子化合物在液体中的溶解和高分子化合物在有机溶剂中的溶解机理完全不同。高分子聚合物内聚的高分子链比低分子大得多，而且分子又存在多分散性，其溶解过程比低分子化合物复杂得多。将高分子化合物溶解于溶剂中，首先是接触溶剂表面的分子链段最先被溶剂化，溶剂分子在高分子聚合物表面起溶剂化作用的同时，溶剂分子也由于高分子链段的运动，而能扩散到高分子溶质的内部去，使内部的链段逐步溶剂化。因此高分子聚合物在溶解前总会出现吸收大量的溶剂，体积膨胀的阶段，这个阶段就是我们通常所说的高聚物"溶胀"阶段。随着溶剂分子不断向内扩散，必然使更多的链段松动，外面的高分子链首先全部被溶剂化溶解，里面又出现新表面进行溶剂化而使其溶解，最终形成均匀的高分子化合物溶液。这是高分子聚合物溶解的特点。因此我们不难看出，溶剂对高分子聚合物溶解力的大小，溶解速率的快慢，主要取决于溶剂分子和高分子聚合物分子间的亲和力，溶剂向高分子聚合物分子间隙中扩散的难易，也即溶剂对于高分子聚合物的溶解力不是溶剂单方面的性质。

溶解力在涂料工业科研和实践中的应用，大致可以归纳为以下几个方面：

① 依据溶解度参数相同或者相近可以互溶的原则，可以判断树脂在溶剂（或混合溶剂）中是否可以溶解。

② 依据溶解度参数值相同或者相近可以互溶的原则，预测两种溶剂的互溶性。

③ 依据溶解度参数可以估计两种或两种以上树脂的互溶性。如果这几种树脂的溶解度参数（或溶解度参数数值范围的平均值）彼此相同或者相差不大于1，这几种树脂可以互溶。这将对于预测混合树脂溶液的储存稳定性及固体涂膜的物化性能（如透明度、光泽等）具有理论及实用价值。

④ 利用涂料用树脂在一系列已知溶解度参数的溶剂中的溶解情况，可以通过

实验确定该树脂的溶解度参数的范围。

⑤ 利用溶解度参数我们可以判断涂膜的耐溶剂性。如果涂料中所用的成膜物，其溶解度参数和某一溶剂（或混合溶剂）的溶解度参数相差较大，该涂膜对该溶剂而言，就有较好的耐溶剂性能。

⑥ 在涂料产品中，为了提高漆膜的柔顺性、附着力，克服硬脆易裂的缺点。常在树脂中加入增塑剂，增塑剂应具有与树脂混溶的性能，能溶解于涂料用溶剂的性能。实践证明，增塑剂的选用，也可以用溶解度参数 $\delta_{混合}$ 的计算方法。

⑦ 利用溶解度参数可以在研制塑料涂料过程中选用适当的数值和溶剂，通常将塑料涂料涂装于塑料产品表面时，既要求涂料对塑料底材有较好的附着力，又不能出现涂料中所用的溶剂将被涂装的塑料咬起现象。这就要求塑料涂料中使用的树脂的溶解度参数要尽量接近塑料的溶解度参数值，以使涂膜有较好的附着力。但是涂料用溶剂的溶解度参数与塑料的溶解度参数相差得越大越好，以确保塑料表面不被溶解或咬起。同时也要求塑料涂料中树脂的溶解度参数相差得越大越好，以保证增塑剂不渗析。

（2）黏度

在涂料工业中，我们不仅关心树脂能否溶解在溶剂中，形成均匀的溶液，同时也关心所形成的树脂溶液黏度，即希望相同浓度（或固体含量）的树脂溶液黏度越低越好。这样当达到相同的施工黏度时，漆液的固体含量较高，从而使施工效率提高，发挥到大气中的溶剂量较少，对环境的污染较轻。

溶剂通常是以两种方式影响着树脂溶液的黏度：一是溶剂对高聚物的溶解力；二是溶剂自身的黏度。前者的作用已为人们所普遍认识，而后者的作用往往为人们所忽视。

在聚合物溶液中，聚合物分子之间存在着一种吸引力，虽然这种吸引力是比较弱的，但是它们是沿着一条很长的分子链起作用的，同时分子链之间也相互接触，因此分子之间的吸引力就是相当可观了。另外聚合物分子链之间还可能发生简单的缠绕，这两种因素皆会导致聚合物的黏度增加。也就是说树脂溶液的黏度会随着树脂溶液浓度的增加而增加。

如果我们将分子量相同的同一种聚合物以相同的浓度溶于几种"真溶剂"中，那么聚合物溶液的黏度将会正比于所用溶剂的黏度。例如，浓度为12%的聚苯乙烯溶液，在溶剂为甲乙酮（黏度为0.04mPa·s）时，黏度为40mPa·s；在溶剂为乙苯（黏度为0.7mPa·s）时，黏度为160mPa·s；在溶剂为邻二氯苯（黏度为1.3mPa·s）时，黏度为330mPa·s。惊人的事实是：往往被人们忽视的溶剂自身的黏度，有时对树脂溶液黏度的影响是十分显著的。例如，两个溶剂自身的黏度差仅为0.2mPa·s（即1.0mPa·s和1.2mP·s）时，可使50%的醇酸树脂溶液的黏度相差2000mPa·s（即10Pa·s和12Pa·s）。

从范例中可以看出，溶剂自身黏度对溶剂黏度的影响是最明显的，而溶剂溶解

能力的影响仅为次要作用，因此，我们在配制任何一种涂料用树脂溶液（涂料）或涂料产品时，为使其黏度能满足预定的要求指标，在选择溶剂时，必须同时考虑溶剂的溶解能力和溶剂的自身黏度这两个重要因素。

（3）挥发速率

干燥的涂膜是在溶剂挥发过程中形成的。在这个过程中，溶剂的作用是控制涂膜形成时的流动特性，如果溶剂挥发太快，那么涂膜既不会流平，也不会对基材有足够的湿润，因而不能产生很好的附着力。挥发过于迅速的溶剂，还会导致由于迅速冷却而使润膜表面的水蒸气冷凝而形成的涂膜发白。如果溶剂挥发太慢，不仅会延缓干燥时间，同时涂膜会流挂而变得很薄。如果溶剂组成在挥发过程中发生不理想的变化，就会产生树脂的沉淀和涂膜的缺陷。因此溶剂的挥发速率是影响涂料及涂膜质量的一个重要因素。

① 纯溶剂的挥发速率。预测纯溶剂挥发性最好的依据是其蒸气压，影响溶剂挥发速率的因素主要有：

a. 氢键的影响。溶剂分子间的相互作用，影响混合物中组分的挥发，特别是氢键的存在，将明显地限制溶剂的挥发速率。

b. 温度的影响。溶剂的相对挥发速率与其蒸气压紧密相关。而蒸气压又随着温度的变化而变化，温度越高，蒸气压也越高，溶剂的挥发速率也越快。

c. 表面气流的影响。由于多数溶剂蒸气压比空气重，除非用空气气流将其带离溶剂层表面，否则它们将趋于留在溶剂层表面，如果溶剂蒸气积聚使涂膜表面空间趋于饱和，则严重阻碍溶剂挥发，所以涂膜表面气流速度越大，溶剂挥发速率就越快。因此，保持空气流通对于涂膜的挥发过程起主要影响。

d. 比表面积大小的影响。单位体积的表面积——比表面积越大，挥发速率就越快，这是因为溶剂只在表面的缘故。在涂料施工中，用喷枪喷涂，对溶剂挥发速率的要求就和用刷涂或浸涂方法施工要求不同，由于喷涂时漆液被雾化成小的液滴，比表面积很大，气流也较大，溶剂挥发的速率就快。如果溶剂选择不当，譬如混合溶剂的挥发速率如果较快，则会导致喷涂时出现"拉丝"、"干喷"现象，这时就需要采用挥发速率慢，且溶解能力强的溶剂组分，以调整溶剂的挥发速率。

e. 高分子聚合物的影响。在涂料产品中，混合溶剂的挥发速率是不能从各个溶剂各自的挥发速率来准确预测的。这是因为，除了溶剂分子间的相互作用会延缓溶剂的挥发以外，高分子聚合物和溶剂分子之间的吸引力也会延缓溶剂的挥发，所以在高分子溶液中，溶剂的挥发将比预料的要慢。但是稀释剂的挥发速率则不受高分子聚合物的影响，由此可见，各种溶剂的挥发速率数据至多只能作为涂料溶剂选择的粗略参考而已。因此有必要对某一涂料中选用的混合溶剂进行实际试验，以验证其挥发速率是否符合要求。

② 混合溶剂挥发速率。混合溶剂挥发速率等于各溶剂组分的挥发速率之总和。大多数混合溶剂，由于其分子结构不同，不能看作是理想溶剂。

混合溶剂从涂膜中的挥发多利用"两阶段挥发"理论解释，即溶剂从涂膜中挥发为两个连贯而又重叠的阶段，在第一阶段即"湿"阶段，溶剂分子的挥发是受溶剂分子穿过涂膜液-气边界层的表面扩散阻力制约，溶剂挥发的模式多少类似上述单纯的混合溶剂的挥发行为。在涂膜开始凝定后，即进入第二阶段，即"干"阶段，在"干"阶段，溶剂挥发损失决定于溶剂从相对的聚合物扩散到涂膜表面的能力，因此在"干"阶段溶剂的挥发速率明显降低。

影响"湿"阶段的因素如我们前面在"影响溶剂挥发速率的因素"所讨论的那样，影响"干"阶段溶剂挥发速率的因素可以定性地归纳如下：

a. 溶剂分子大小和形状的影响。如前所述，在"干"阶段，溶剂挥发损失决定于溶剂从相对的聚合物扩散到涂料表面的能力。而底部溶剂的扩散是采取由一个孔隙到另一个孔隙，即从高分子聚合物产生的自由体系中扩散至表面而逸出。因此溶剂分子越小，形状越规整，扩散就越容易。

b. 溶剂在聚合物中保留能力的影响。溶剂释放并不表现出与溶剂挥发性和溶剂能力相平行，这是出乎预料的。

c. 聚合物和溶剂相互作用的影响。聚合物分子链有极性基团如羟基、羧基，产生氧键时，会降低溶剂的扩散速率。聚合物的性质也对溶剂保留有肯定的作用，但是这仅是一般的影响。

d. 聚合物玻璃化温度的影响。假如有两个聚合物体系，一个体系的 T_g 低于室温，另一个体系的 T_g 高于室温。对于 T_g 小于室温的高聚物，由于体系中存在溶剂，使 T_g 降低，即使在涂膜干燥的最后阶段，因为原来 T_g 就小于室温，所以还有一部分自由体积，使底部的溶剂可以扩散出来。而对于 T_g 高于室温的体系。随着溶剂的不断挥发，T_g 也不断增大，到达室温，由于 $T_g > T_{室温}$，体系的自由体积仍很少，底部溶剂的扩散就困难，从而导致溶剂容易残留下来。

e. 水的影响。水对有机溶剂相对挥发速率影响很小或毫无影响。

f. 涂膜厚度的影响。残留溶剂多少和涂膜厚度的关系为：

$$\lg C = A \lg(x^2/t) + B$$

式中，C 为溶剂浓度（按单位聚合物质量与溶剂质量比表示）；x 为厚度；t 表示保留时间；A、B 为常数。

对于"干"阶段的挥发速率而言，除了最后的溶剂挥发痕迹损失之外，该公式是有效的，厚度的关键作用表现在式中，它以平方项出现。因此对指定聚合物/溶剂体系而言，达到任何特定干燥阶段浓度 C 时，x^2/t 比率为常数，所以一般可以认为：保留时间与施工的涂膜厚度平方成反比，例如，假定涂膜厚度增加一倍，则保留时间增加 4 倍。

（4）表面张力

① 表面张力在涂料上的应用

表面张力应用于液体时，指的是形成一个单位面积所需要的功。或者定义为，

在液体表面上垂直作用于单位线段上的表面缩紧力,其国际单位是 N/m 或
mN/m。

　　表面张力驱使降低液体的表面积,使表面分子从不平衡状态至液体平衡状态。
从热力学上讲,这相当于降低体系的自由能。当两种不同表面张力的液体相互接
触,低表面张力的液体将流向表面张力较高的液体并将其覆盖,以使总的表面自由
能降低。这种流动称作"表面张力差推动的流动",也有人称之为"表面张力梯度
推动的流动"。正是基于上述"表面张力差推动的流动"的原理,在涂料制造与涂
装过程中采用表面张力低的树脂溶剂和液体涂料,无疑是有益的,表现在以下几
方面:

　　a. 表面张力低的树脂溶液(漆料),有利于对颜料的湿润,便于颜料在漆料中
的分散,提高色漆制造研磨分散效率,并有利于漆浆的稳定;

　　b. 表面张力低的液体涂料有利于涂膜对底材的湿润,因此便于涂膜的流平和
提高涂膜对底材的附着力;

　　c. 高固体分涂料的表面张力对其喷涂时的雾化性能的影响比涂料黏度的影响
更为重要,由于表面张力低的液体有利于涂膜喷涂时不容易断裂和雾化,所以表面
张力低的固体分涂料容易获得满意的喷涂效果;

　　d. 某些涂膜病态也与表面张力有关,例如陷穴缩孔和"镜框效应"。当涂料喷
涂于表面被污染的底材上时会产生陷穴。这是由于类似灰尘和油污这样的污染物,
通常都比周围表面的表面张力低些,因此,当涂料涂于该表面上时,污染物就会溶
于涂料中,使这部分涂料的表面张力降低,而表面张力低的地方的涂料会向附近表
面张力高的地方流动,周围涂料增加,中间形成陷穴。"镜框效应"也是由类似的
原因造成的。由于溶剂自底的四周围缘或弧形表面上的挥发速率比底材平面上的涂
膜中溶剂挥发速率快,随着固体分的提高,表面张力增加得也快。那么,底材平面
上表面张力低的涂料就会移向边缘,使那里的涂膜增厚,而形成"镜框效应"。通
常,最大限度地降低高固体涂料的表面张力,可以使上述涂膜病态得到缓解。

　　② 降低涂料表面张力的途径

　　既然漆料及涂料的表面张力对色漆制造、涂料喷涂施工及涂膜质量有如此重要
的影响,那么降低漆料及涂料的表面张力就是十分重要的课题了,而认真选择溶剂
是降低涂料表面张力的途径之一。

　　涂料配方中的成膜物——高分子聚合物的表面张力比较高,一般在 32～
61mN/m,而各类溶剂的表面张力相对比较低,约在 18～35mN/m 范围内。在涂
料用有机溶剂中,其表面张力增大的顺序是:脂肪烃<芳香烃<酯<酮<醇醚及醚
酯<醇。

　　含有大量溶剂的传统涂料,表面张力值都比较低。但是,由于涂料表面张力是
随着其固体分的增加而增高的,因此,对于合成树脂涂料,特别是高固体分涂料而
言,由于成膜材料成了主要成分,其表面张力又比较高,而溶剂比例又大幅度降

低，以有限的溶剂，要将树脂溶液的表面张力降低到尽量低的限度，这就要十分严格地选择溶剂的表面张力。以低表面张力的溶剂配制成涂料就可以获得比较低的表面张力。

所以，我们在选择溶剂组成色漆配方时，除考虑前面所论述的溶解力、黏度、挥发速率等因素外，溶剂的表面张力也是一个重要的因素。在平衡各项因素的前提下，应当尽量选用低表面张力值的溶剂。相信随着涂料工业的发展，表面张力的作用会越来越为人们所关注。

（5）电阻率

由于静电喷涂施工具有所获涂膜均匀、装饰性好、生产率高、适合批量生产、涂料利用率高、能减少溶剂扩散污染的优点，因此许多用户采用静电喷涂的方式进行涂料产品的涂装。在配置静电喷涂涂料时，电阻率是一个重要的指标，最佳的涂料电阻率是静电喷涂施工的必要参数之一。

组成涂料的各个组分，包括成膜物、颜料、添加剂和溶剂都会影响涂料的电阻率。但是选择成膜物和颜料往往是出于对涂膜所需要的装饰性能、力学性能、耐老化性能等多方面考虑来确定的，而变更这些组分来调节涂料的电阻率，在大多数情况下是不现实的。添加剂的用量一般较少，为达到特定的目的而选择特定的添加剂往往比较严格，因此，通过溶剂的选择来调整涂料的电阻率就显得十分必要了。

不同种类的溶剂，依据其极性程度不同，具有不同的电阻率。醇类溶剂、酮类溶剂和乙二醇醚类溶剂极性强，具有低的电阻率；烃类和酯类溶剂的极性较弱，具有较高的电阻率。当一种电阻率高的溶剂和一种电阻率低的溶剂混合时，产生中等电阻率。混合溶剂的电阻率取决于溶剂的组成。

在涂料用静电喷涂的方式施工时，首选自然是容易带电的涂料，但是实际工作过程中，往往遇到某些不易带电的涂料，这些难以带电的涂料分为两类：第一类是不易接触静电荷的涂料；第二类是具有特别高的或特别低的电阻值的涂料。对于第一类涂料，常采用的方法是控制性地加入极性溶剂，从而改变其带电性能，顺利地进行静电喷涂；对于第二类涂料则分别添加极性和非极性溶剂，将其电阻值调整到适当的范围。通常，使用非极性溶剂为主要溶剂时，一般都会添加少量的极性溶剂。对于高固体分的涂料，由于溶剂加入量较少，调整其电阻相对困难一些。但是通过正确的选择溶剂，将涂料调整到大多数静电喷涂设备要求的电阻范围内，是可以做到的。

（6）密度

溶剂的密度是指单位体积溶剂的质量，单位是 kg/m^3 或 g/cm^3。鉴于国际和国内环保法规定关于挥发性有机物（VOC）及空气污染物的限定，都是以单位体积的质量，如 g/L 表示的，所以选用低密度，而有较强溶解能力的溶剂是在指定黏度下，使每单位体积的涂料含有较少质量挥发性溶剂的有效途径。

4.2.4　助剂

4.2.4.1　润湿分散剂

（1）润湿分散剂概述

涂料与油墨制造过程中的颜料分散是指在机械力的作用下，将颜料的二次团粒润湿、分散在展色剂中，从而得到一个稳定的颜料分散悬浮体。悬浮体的稳定性与颜料、树脂、溶剂三者的性质及其相互作用有关。要想制得一个良好的颜料分散体，有时必须要借助于润湿分散剂的帮助。

润湿分散剂按分子量的差异可分成低分子量的传统型的表面活性剂和高分子量的新型的具有表面活性的聚合物。低分子量的润湿分散剂是指分子量为数百（800～1000）的低分子化合物。高分子量的润湿分散剂是指分子量在数千至几万的具有表面活性的高分子化合物。

按其应用领域，又被划分为水性润湿分散剂和油性润湿分散剂。还有既可在水性领域也可在油性领域中应用的水油两性润湿分散剂。

① 低分子量润湿分散剂。这类润湿分散剂属于传统型的表面活性剂，分子具有两亲结构，其活性是由非对称的分子结构决定的。

a. 阴离子型。其亲水基是阴离子，带负电，例如油酸钠，主要亲水基有羧酸基、磺酸基、硫酸基、磷酸基等。

b. 阳离子型。其亲水基是阳离子，带正电，主要是铵盐、季铵盐。

c. 非离子型。不电离、不带电，主要有聚乙二醇型和多元醇型两大类，例如脂肪族聚酯 $C_{17}H_{33}CO(OCH_2CH_2)_nOH$ 多用于水性体系。

d. 两性润湿分散剂。分散剂同时具有两种离子性质，例如卵磷脂。

e. 电中性是指化合物中阴离子和阳离子都有大小相同的有机基团，整个分子呈电中性，但却有极性。这种助剂在涂料中应用相当广泛，几乎每个涂料助剂厂家都有几种电中性的产品。

低分子量润湿分散剂对无机颜料有很强的亲和力。因为无机颜料通常是金属氧化物或含有金属阳离子及氧阴离子的化合物，表面具有酸性、碱性或两性兼具的活性中心，它们与阴离子、阳离子表面活性具有很强的化学吸附作用，能够形成表面盐，牢固地锚定在无机颜料的表面上。但这种酸、碱基的相互作用对于有机颜料是不可能的。因为有机颜料的分子是由 C、H、O、N 等元素组成的。这些原子不能被电荷化，所以有机颜料表面没有像无机颜料那样的活性中心。因此，传统型的润湿分散剂不能稳定有机颜料分散体，而多数被推荐用于无机颜料的分散。对于有机颜料需要使用高分子量润湿分散剂。

② 高分子量润湿分散剂。传统型的低分子量的润湿分散剂有确定的分子结构和分子量，但高分子量分散剂却与其不同，分子结构和分子量都不固定。它是不同

分子结构和不同分子量的分子集合，分子量大的在 5000～30000 之间，有的可能比这还高些，多数是嵌段共聚的聚氨酯和长链线型的聚丙烯酸酯化合物。它具有与颜料表面亲和的锚定基和构成空间位阻的伸展链。锚定基必须能够牢固地吸附在颜料表面上，伸展链又必须能与树脂溶液相容。很显然均聚物满足不了这两个常常是相互矛盾的要求，所以高分子量分散剂必须是某种形式的官能化聚合物或共聚物。

高分子量分散剂的伸展链多数是聚酯构成的，它能在多种溶剂中有效。较高分子量的聚酯在芳香烃类溶剂中可溶；而较低分子量的聚酯在酮、酯类溶剂及二甲苯/丁醇混合类溶剂中有很好的溶解性。所以聚酯化合物会在诸多溶剂中提供良好的空间位阻效应。

制成一种与某种溶剂相容的聚合物稳定化链，并不是设计高分子量分散剂的最终结果。设计出既能与溶剂相容又能与溶剂挥发后的树脂相容，而又不影响涂料各项性能指标的稳定化伸展链才是最重要的。所以在选择使用高分子量润湿分散剂时除要注意其与树脂溶液的相容性，同时还要测试加入分散剂后干涂膜的光泽与基材的附着力、耐久性等各项指标。

高分子量分散剂的锚定基是吸附在颜料粒子表面上的基团，是根据颜料表面的特殊性和吸附机理而设计的。对于具有酸性吸附中心的颜料可以采用胺类、铵、季铵基团锚定基，碱性吸附中心的颜料可以采用羧基、磺酸基、磷酸基及其他盐类的锚定基，通过酸/碱或离子对吸附在颜料粒子表面上。对于具有氢键给予体和接受体的颜料表面可采用多胺和多醇为锚定基。对于依靠极性吸附和范德华力吸附的颜料可采用聚氨酯类化合物为锚定基。对于像酞菁蓝、二噁紫类有机颜料可采用它们自身的衍生物为锚定基。

了解高分子量分散剂的结构对选择使用是至关重要的。要获得良好的涂料、油墨分散体，一定要选择适宜的润湿分散剂。

（2）润湿分散剂的应用

如何润湿颜料粒子？又如何使颜料分散体处于稳定状态？这是涂料工作者必须思考的问题。在涂料、油墨中颜料表面会产生竞争吸附，怎样调整树脂聚合物和分散剂在颜料表面上的吸附作用，保证颜料的润湿和分散的稳定性，是控制涂料性能指标的重要因素。

① 润湿分散剂在极性活性基料中的应用。当无机颜料和具有活性吸附团的树脂聚合物配合使用时，为了获得更好的涂料性能，在含活性基的树脂溶液中使用分散剂，最好要让润湿分散剂先吸附在颜料粒子的表面上，为此要注意以下几点：

a. 色浆研磨料的添加顺序，最好是先加溶剂，而后加润湿分散剂，再加颜料，最后加树脂溶液；

b. 颜料表面特性，无机颜料要知道其表面的酸、碱性；

c. 树脂的活性基是什么，是酸性的还是碱性的；

d. 再根据颜料表面的特性和树脂活性基及酸、碱强度来选择湿润分散剂，一定要注意两者之间的酸、碱性关系。

②　润湿分散剂在非活性基料中的应用。每种颜料的分散效率都是颜料、树脂溶液和助剂三者作用的结果。溶剂作用也很大，它主要是作为分散介质，对颜料的润湿和分散是间接起作用的。无机颜料在含活性基的极性树脂基料中分散时可以不用分散剂，而在不含活性基的非极性树脂基料中则不同，不加润湿分散剂是无法制成颜料分散体系的。

涂料中使用的无活性官能团的非活性树脂是很多的，例如乙烯类树脂、热塑性丙烯酸树脂、过氯乙烯、高氯聚乙烯、橡胶树脂等。因为树脂聚合物缺乏活性官能团，很难在颜料表面产生牢固的吸附层，没有吸附层就无法产生空间位阻效应，所以分散体的稳定性不良。在这种非极性树脂基料中，无机颜料可以采用低分子量的控制絮凝型润湿分散剂，色浆制造时也一定要注意树脂浓度和颜基比，这类助剂通过架桥达到控制絮凝，弥补了树脂和其自身分子量小的缺陷，能起到防沉、防浮色发花的作用。

有机颜料在这种基料中分散时最好选择高分子量分散剂，关键是要注意分散剂与树脂的相容性、添加量和添加顺序。

③　润湿分散剂的添加量及添加顺序。润湿分散剂的添加量应根据添加剂的种类、颜料的种类、颜料的特性而定。无机颜料一般用低分子量的润湿分散剂就可以，用量可控制在颜料的 1%～5%，有机颜料多使用高分子量分散剂。使用时首先要注意树脂与分散剂的相容性，相容性不好，高分子量分散剂的伸展链是卷缩的，造成吸附层薄，空间位阻效应差。

每种颜料在一个特定的分散体系中都存在一个最佳的浓度值。这个最佳值跟颜料的比表面积、吸油量、最终要求的细度，研磨时间和色浆中所有树脂聚合物的特性有关，要根据这些条件试验而定。在试验时一定要把设备因素考虑进去。

Ciba 公司关于高分子量分散剂添加量的确定推荐了许多方法：

a. 无机颜料。高分子量分散剂固体分添加量，可按颜料吸油值的 10%计算。

b. 炭黑。高分子量分散剂有效分的添加量，可按 DBP 吸附值的 20%计算。

c. 有机颜料。高分子量分散剂有效分的添加量，应是颜料 BET 的 20%～50%。BET 大的用量就要大些。

d. 分散剂添加顺序。无机颜料，极性含活性官能团的树脂，在加树脂前后添加，影响不大，因为起作用的主要是树脂。若无活性树脂，使用高分子量分散剂或低分子量分散剂，最好是先加颜料，再加分散剂，最后加树脂。

要使分散剂更好地发挥作用，应当让分散剂与颜料表面有最多的接触机会。所以使用树脂含量不宜多，一般控制在 10%左右，以免让树脂占据颜料更多的表面，树脂用量大了对色浆的黏度不利。

添加顺序是先将分散剂加到溶剂中，在搅拌的情况下添加颜料，加完后搅拌 5～10min，最后添加树脂溶液，搅拌均匀后研磨粉碎至 $5\mu m$ 以下。

4.2.4.2 防沉剂

涂料中颜料、填料粒子的沉淀是一个复杂的问题。提高体系黏度，使分散体系稳定，降低密度差，也能使分散体系稳定。当然，减小颜料、填料位径，更能达到稳定的目的，而界面层和粒子间的相互作用也能大大降低沉降速率。

从流变学的角度看，结合涂料使用性能要求，防沉最理想的流变性就是触变性。提高涂料黏度，并使其具有一定的触变性，从而使颜料、填料粒子质量所产生的剪切力低于屈服应力，触变体不会流动，颜料和填料不会沉淀。这就是产生触变性的防沉剂防沉机理。

有的防沉剂是通过在颜料、填料表面的吸附，形成一定结构的界面层，降低颜料、填料粒子和液相的密度差，或产生相互作用等，达到防沉目的。

如上所述，按防沉机理分，防沉剂可分为触变型防沉剂和其他防沉剂。触变型防沉剂有有机改性膨润土、气相二氧化硅、氢化蓖麻油蜡及其衍生物、部分金属皂类（二型稠厚剂）等，另一部分金属皂类，如一型稠厚剂，也有人称为絮凝型防沉剂。如按涂料分，可分为溶剂型涂料防沉剂和水性涂料防沉剂，但通常所说的防沉剂大都是指溶剂型涂料防沉剂。其实，未经有机改性的膨润土是亲水的，就是触变型水性涂料防沉剂。

常用的防沉剂及应用情况如下。

（1）有机改性膨润土

膨润土是亲水的，与溶剂型涂料不相容。因此，必须用季铵盐对膨润土进行改性，在其分子中引入憎水性的烷基，才可用于溶剂型涂料中。有机改性膨润土经过活化处理后，在溶剂中溶胀，通过边缘的—OH形成氢键，产生触变性，达到防沉作用。

这种防沉剂通常用于颜料分较低的体系，高颜料分体系不宜使用，因为会造成过度增稠。有机改性膨润土防沉剂也存在色泽深、透明度差、对光泽有影响、易产生刷痕、增加溶剂用量、漆液固含量难以保证等缺点。

（2）气相二氧化硅

它是由四氧化硅在氧-氢焰中水解而成的，为无定形物质，粒径小，比表面积大。气相二氧化硅的颗粒为球形，表面有硅氧基，颗粒之间通过氢键互相结合，形成三维网络结构，赋予涂料触变性，产生防沉效果。气相二氧化硅的防沉作用，在非极性涂料体系中比较有效。而在极性体系，如醇类和水，则效果较差。

（3）蓖麻油蜡及其衍生物

蓖麻油是一种半干性油，蓖麻油酸的甘油酯分子中含有双键。蓖麻油氧化后，双键消失，状态由液态变成固态，外观为蜡状。成分为12-羟基硬脂酸三甘油酯。该分子是三维结构，含有可能形成氢键的羟基。

在非极性和低极性涂料中，如以烃类为溶剂的中油、长油醇酸树脂涂料，氢化蓖麻油分散后就溶胀，形成凝胶结构而具有触变性，因此有防沉作用。在极性涂料中，氧化蓖麻油可能发生溶解，防沉效果较差。

（4）金属皂

主要是锌皂和铝皂，特别是硬脂酸铝常在溶剂型涂料中被用于防沉剂。它们被溶剂溶解成胶束并形成凝胶结构。防沉效果在很大程度上取决于铝和硬脂酸的比例，要想取得较强的防沉作用，就要将硬脂酸铝中所含铝的比例提高。在气干型醇酸漆中，催干剂会与硬脂酸铝产生强烈的相互作用，以致防沉作用消失。

（5）触变树脂

聚酰胺或聚氨酯改性的醇酸树脂也可用作防沉剂。既可用于色漆，也可用于清漆，限制使用在短油醇酸体系和含极性溶剂体系中。触变树脂广泛使用于中、低PVC 溶剂型建筑涂料中。过量使用可能导致涂料光泽下降和黄变。

（6）改性聚脲增稠剂

改性聚脲增稠剂的增稠防沉机理既有氢键的作用，也有端基的缔合作用。与一般增稠剂比较，它的防沉降和抗流挂性能好。根据端基的极性不同，改性聚脲增稠剂可分为三种：低极性聚脲增稠剂、中极性聚脲增稠剂和高极性聚脲增稠剂。前两种用于溶剂型涂料增稠防沉，而高极性聚脲增稠剂既可用于高极性溶剂型涂料中，也可用于水性涂料增稠。

4.2.4.3　消泡剂

消泡剂是一种表面活性剂，在气-液界面处发挥作用，能消除涂料生产和施工时所产生的泡沫。

以往，溶剂型涂料的消泡问题并未引起人们太多的重视，其原因是传统型涂料起泡的概率并不高，再者消泡也比较容易。现在由于我国涂料工业的快速发展，涂料品种不断增加，档次不断升级，高档的汽车涂料、木器涂料、修补涂料、卷材涂料等层出不穷，人们对涂料的装饰性、保护性要求更高，所以消泡已成为高档产品必须考虑的技术措施。再者，由于环保意识的强化，节约资源环保型涂料、绿色健康型涂料得以快速发展。这些涂料包括水性涂料、无溶剂型涂料、高固体分涂料、UV 涂料等。特别是水性涂料，还有水性油墨等新产品不断出现，与传统溶剂型涂料相比更易起泡，而且难以消除，涂料工业的发展对消泡提出了更高层次的要求。

这些技术的应用使涂料体系内发生紊流、飞溅和冲击、产生气涡的概率增大，容易产生传统工艺中不易出现的弊病，消泡也是其中一个急需解决的问题。

因此，不仅传统溶剂型涂料需要消泡剂，新型的涂料及新型的涂装工艺更为需要。消泡剂已成为当前涂料工艺必不可少的一种助剂，在涂料助剂的市场中占有相当大的比重。

（1）泡沫的形成及其稳定

在涂料及油墨中产生泡沫的原因如下：

① 涂料和油墨生产时由于机械搅拌会把空气夹带到涂料和油墨中；

② 涂料涂装过程中带入的空气，如刷涂、辊涂、高压无气喷涂、油墨的丝网印刷过程等；

③ 双组分涂料，施工前混合时，搅拌混入的空气；

④ 被涂物的孔隙较多，由于涂料的渗入空气被赶出形成空气泡，如在多孔的木材和水泥墙上涂漆施工时；

⑤ 化学反应产生的气泡，如双组分 PU 涂料中的多异氰酸酯与微量水反应会产生 CO_2。在涂料中泡沫的存在会导致针孔、缩孔、鱼眼、橘皮等不良现象，影响涂料的涂饰性和保护性。

泡沫的产生和稳定是两个概念，前者是指泡沫产生的过程及其量的多少，后者是指泡沫形成后的稳定程度。在涂料及油墨体系中影响泡沫稳定性的主要因素有以下几方面：

① 表面张力。泡沫的生成伴随着气-液界面的扩大，其所做的功可用"表面张力×表面积"表示，当气泡扩张的表面积相同时，表面张力小，形成泡沫所需要的功也小，也就是表面张力小的液体容易起泡。表面张力对泡沫的形成有影响，但并不一定是其稳定的因素。

② 表面黏度。液膜强度是稳定泡沫的主要因素之一，强度的大小又取决于表面吸附膜的坚固性，其坚固性的量度为表面黏度。通过实验证明，表面黏度较大的溶液所产生的泡沫寿命也较长，但表面张力与泡沫的寿命并无明确的数学对应关系。吸附在液膜上的活性物，若其分子间作用力较强，排列得比较密，尤其是疏水基之间能形成氢键键合结构的表面活性化合物，其表面黏度较大，寿命长。也就是说，表面膜的强度与表面吸附分子之间的相互作用有关，相互间引力大者，膜的强度也大；反之则强度小。强度大者泡沫稳定性好，小者稳定性差。

③ 表面张力的"修复"作用。所谓表面张力的"修复"作用，实际上是 Marangoni 效应在起作用，也就是液体从低表面张力处向高表面张力处的流动现象。用能量观点分析，吸附着表面活性剂的液膜，若表面扩大，其所吸附的分子浓度便会降低，表面张力也将随之增大，这需要做很大的功。若表面收缩，基团吸附的分子浓度会增大，同时表面张力下降，于是不利于进一步收缩。所以这种吸附着表面活性剂的液膜有反抗液膜表面扩张或收缩的能力。这就是表面弹性的基本原理，也是表面活性剂具有吸附"修复"作用的原因。

④ 溶液的黏度。它虽然不是稳泡的决定因素，但它对消泡的影响却很大。当涂料黏度高时，小气泡分布在其内部，浮力很难将其推向表面，它会长期悬浮在涂料内而不破灭，若留在涂膜中，将产生针孔、缩孔、鱼眼等弊病。另外，当外部溶液数度高时，泡沫膜内的液体不易排出，泡沫膜厚度的减小很缓慢，所以泡沫的寿命较长。尤其是在高黏度的无溶剂型涂料中常会遇到这种现象。其次，在有孔隙的

底材上涂装时，随着涂料向孔隙内渗入，孔隙内空气被挤出，若涂层较厚，表层溶剂挥发过快，黏度快速升高，气泡浮力无法克服黏度的阻滞作用，被截留在涂膜中形成鱼眼、缩孔、针眼等。在有孔的木材上涂装，这种现象很常见。

⑤ 表面活性剂的电荷排斥作用。泡沫双层液膜的表面活性剂是带有相同电荷的，在泡沫壁较厚时，静电不显示作用；当排液泡沫壁变薄时，双层表面活性剂的间距缩短，静电排斥产生作用，阻止了泡沫膜进一步变薄，限制了排液，延长了泡沫的寿命。

（2）消泡剂和脱泡剂的组成

具有消泡作用的助剂可分成消泡剂和脱泡剂。在水性涂料中主要使用消泡剂，在溶剂型和无溶剂型涂料中使用的多是脱泡剂。

① 消泡剂的组成。一般来说，消泡剂是由三种基本成分组成的，即载体、活性剂、扩散剂（主要是润湿剂和乳化剂，也可以不用）。

在水性乳胶漆和水性油墨中，使用矿物油系消泡剂是很多的。这类消泡剂的活性剂主要有脂肪酸金属皂、有机磷酸胺、脂肪酸酰胺、脂肪酸酰胺酯、脂肪酸酯、多亚烷基二醇、疏水二氧化硅等。活性化合物可以是固体的，也可以是液体的，固体必须是微细的颗粒，液体必须是乳液液滴。有时是单一的一种，也有时是复合的，还有的加入少量的有机硅。

扩散剂大部分是乳化剂和润湿剂，用以保证活性物质的渗透性及扩散性，典型的扩散剂有脂肪酸酯、脂肪醇、辛基酚聚氧乙烯醚、脂肪酸金属皂、磺化脂肪酸、脂肪酸硫代琥珀酸酯等。

载体也可称为溶剂组分，通常是脂肪烃。但以往多用芳香烃，因其对人体健康和环保有危害，限制了它们的应用。脂肪烃毒害性小，但在水相中溶解性较低，对光泽有不利的影响。载体可将消泡剂所有成分组合到一起，便于添加，同时还可以降低成本。另外，载体的自身表面张力也很低，体现出了消泡的特性。但对泡沫体系来说，对载体是有选择性的。

有机硅系列是现代水性涂料和水性油墨所用消泡剂的主流产品。其活性部分是聚硅氧烷链段，依靠改性的聚醚链段来控制其相容性。通常采用疏水和/或部分亲水聚醚来改性聚硅氧烷。聚醚与有机硅是依靠—Si—O—C—键和—Si—C—键相连接。后者耐温性和耐水解性更好些，其结构形式大致有嵌段共聚、枝状接枝共聚、梳状接枝共聚等。产品有浓缩型的、100％活性物质和乳化型的。乳化型的必定含有乳化剂，载体多数是水。这些产品中有的含有疏水 SiO_2 粒子，有的不含。

② 脱泡剂的组成。脱泡剂必须与涂料体系有一定的不相容性；相容性太好，会导致脱泡失效；相容性过差，会导致产生缩孔之类的负面作用。因为涂料体系是千差万别的，一种脱泡剂不可能与所有涂料体系都相匹配，所以脱泡剂不可能是通用的。脱泡剂的活性物质有有机硅类、聚合物类、氟硅类、有机硅/聚合物混合类几大类。

有机硅类脱泡剂又可分为聚二甲基硅氧烷（硅油）、聚醚改性聚硅氧烷、烷基、芳基改性聚硅氧烷等。有机硅类脱泡剂表面张力比较低，非常容易进入泡沫体系，添加量比较少，不易引起浑浊，脱泡能力好，可快速将微泡带至表面。这类脱泡剂的缺点是，当泡沫形成后，不易消除，抑泡能力比较低。

聚合物非硅类的脱泡剂主要有聚酯、聚丙烯酸酯、氟碳共聚物、氯醋共聚物、丙烯酸共聚物等。这类脱泡剂一般对表面张力影响不大，向涂料中加入时不如硅类脱泡剂，需要时间较长。当泡沫形成后，非常容易消除，具有很强的抑泡性能。这类脱泡剂的缺点是，相容性差，容易引起浑浊，脱泡能力差。

对于消泡剂和脱泡剂来说，欲使其具有良好的效果，活性剂的表面张力必须比成泡介质低。并能进入和迅速扩散于成泡介质中，通常用渗透系数（E）和扩散系数（S）来表示。

$$E = \gamma_F + \gamma_{DF} - \gamma_D$$
$$S = \gamma_F - \gamma_{DF} - \gamma_D$$

式中，γ_F 为泡沫的表面张力；γ_{DF} 为消泡剂与泡沫膜的界面张力；γ_D 为消泡剂的表面张力。

当 $E > 0$ 时，说明消泡剂或脱泡剂进入成泡介质中；当 $S > 0$ 时，说明消泡剂或脱泡剂具有扩散性。也就是说，只有当 E 和 S 都是正值时，才能呈现消泡或脱泡效果，这也就说明了表面活性剂的表面张力越低，消泡和脱泡效果越好。

消泡剂和脱泡剂经常含有疏水的固体粒子，例如 SiO_2 粒子。其消泡原理是反润湿效果，稳定泡沫的表面活性剂的双分子膜层无法润湿疏水的固体粒子，造成局部区域表面张力失衡，形成膜层不稳定，导致泡沫破裂，从而提高消泡效果。

③ 选择及应用消泡剂和脱泡剂时应注意的因素。选用涂料的消泡剂和/或脱泡剂时，一定要注意涂料的种类、体系构成成分、起泡的原因、运输储存条件、涂装方法等诸多因素与消泡剂和脱泡剂性能的关系。

要有良好的消泡效果，选用的消泡剂和脱泡剂的表面张力一定要比涂料的表面张力低。与涂料体系要有一定的不相容性，但不能产生负面作用。在涂料体系内还要有良好的分散性，也就是说，消泡剂和脱泡剂一定要有较高的渗透系数和扩散系数。消泡剂和脱泡剂不应与涂料组分发生反应。在应用时还要注意消泡剂和脱泡剂的添加方法和添加时间。

（3）破泡效果与涂料体系的关系

通过对多种消泡剂和脱泡剂的筛选评价实验，得出以下结论：

① 同一种消泡剂或脱泡剂在不同的涂料体系中消泡效果不同；

② 在同一种涂料体系中，不同的消泡剂或脱泡剂会表现出不同的消泡效果；

③ 涂料类别相同，但所用树脂结构不同（如聚酯氨基烘漆，所用部分聚酯树脂不同），消泡或脱泡效果也不一样；

④ 涂料所用树脂类型相同，若组成树脂的原料有所不同，对消泡或脱泡效果

也会构成影响。例如，都是二元醇、甲苯二异氨酸酯组成的水位聚氨酯分散体，若改变其中二元醇的类型，消泡效果会产生明显的变化；

⑤ 同一种涂料体系，同一种消泡剂或脱泡剂在清漆和色漆中效果不一样。

这些结论说明，消泡剂或脱泡剂的应用效果与涂料体系及树脂的组成物有密切关系。因为不同树脂与溶剂组成的涂料的表面张力与消泡剂或脱泡剂的差别是不可能一样的，它们之间的相容性也不可能相同。另外，涂料构成不同，形成泡沫和稳泡的因素肯定不同，所以消泡剂和脱泡剂的破泡效果不相同那是必然的。

（4）破泡效果与涂料起泡因素的关系

涂料体系不同，起泡程度不同。涂料体系相同，配方不同，起泡程度也不同。这就是说，在涂料配方中有许多因素对起泡和稳泡有影响，通过实验和生产实践可归纳出以下几方面：

① pH。pH 会影响消泡剂的效果。例如，消泡剂是在某种 pH 范围内选定的，此时涂料可能偏碱性，经储存或涂膜干燥过程，涂料变成偏酸性，这样消泡效果会有所下降；

② 表面张力。涂料表面张力的高低对消泡剂有较大的影响，消泡剂的表面张力必须比涂料的表面张力低，否则就无法起到消泡和抑泡作用。涂料的表面张力是一个可变因素，所以选用消泡剂时要恒定表面张力，再将表面张力变化因素考虑在内；

③ 其他助剂的影响。在涂料中使用的表面活性剂多数是与消泡剂趋向于功能不相容的关系，特别是乳化剂、润湿分散剂、基材润湿剂、流平剂等会对消泡剂的效果产生影响。因为这些助剂都有稳泡作用（在气/液界面定向排布），使消泡剂用量加大或性能下降。溶解性强的表面活性剂还有可能溶解消泡剂，使消泡剂经时失效。所以在各种助剂配合使用时一定要注意不同助剂之间的关系，选择最佳平衡点；

④ 烘烤温度。涂料在常温下进入高温烘烤，开始瞬间温度会下降，气泡可移至表面，然而由于溶剂的挥发、涂料的固化、表面硬度的增加，会使泡沫更趋于稳定，截留在表面，产生缩孔和针孔，所以烘烤温度、固化速率、溶剂挥发速率对消泡剂的效果也有影响；

⑤ 涂料的固含量、黏度、弹性高固体分厚涂膜、高黏度、高弹性涂料都是非常难以消泡的，在这些涂料中消泡剂扩散困难，微泡变大泡速率缓慢，泡沫向表面迁移能力下降，泡沫膜黏弹性大等不利消泡因素很多。这些涂料中的泡沫是相当难以消除的。最好选用消泡剂和脱泡剂配合使用。以低表面张力的硅类消泡剂为好，脱泡剂对涂料的亲和性要好些，使其容易在涂料内扩散，抑泡性要强；

⑥ 涂装方法和施工温度涂料施工涂装方法很多，包括刷涂、辐涂、辊涂、刮涂、高压无气喷涂、丝网印涂等。采用的涂装方法不同，涂料的起泡程度也不同。刷涂、辊涂泡沫多于喷涂和刮涂，泡沫最多的是油墨的丝网印刷，而且不好消除。温度高比温度低时泡沫多，但温度高时泡沫比温度低时好消除。

上述这些因素对涂料的起泡性、稳泡性都有某种不同程度的影响，在选择消泡剂、脱泡剂时一定要特别注意。

4.2.4.4　防腐剂、防霉剂和防藻剂

涂料在生产和储存中可能发生的微生物污染问题是罐中防腐问题，是细菌带来的问题，要通过加防腐剂、环境净化和严格的生产管理来解决。

涂膜有亲水成分，有一定吸水性，同时含有微生物的养分，在湿热环境中，容易长霉，在有阳光的地方，还会生长藻类。因此，对涂膜来说，存在干膜防霉、防藻问题，主要是通过加防霉剂、防藻剂来解决。

（1）防腐剂、防霉剂和防藻剂作用机理

防腐剂、防霉剂和防藻剂对菌类、藻类的抑制和毒杀性能，不仅取决于其组成、结构、浓度和作用时间，还与菌类和藻类本身有关。

通常，根据作用方式和机理，防腐剂和防霉剂可分为三类：①膜活性防腐剂和防霉剂。它们能与菌类膜起作用，造成细胞内物质泄漏，导致细胞死亡。②亲电子防腐剂和防霉剂。它们与亲核细胞物（如氨基酸、蛋白质和酶）起反应，不可逆地阻止活细胞功能。③整合型防腐剂和防霉剂。它们通过与新陈代谢起关键作用的金属离子螯合而发挥防腐和防霉作用。

（2）常用防腐剂

现在市面上的防腐剂品种繁多，就其活性组分进行分析，较常用的如下：

① 苯并咪唑氨基甲酸甲酯（BCM）。苯并咪唑氨基甲酸甲酯是常用的防霉剂，别名多菌灵，其结构式如下：

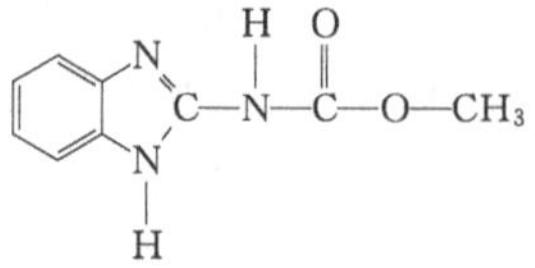

BCM 能杀死或抑制大部分霉菌生长，是一个很好的防霉剂。但在相对湿度大的情况下，对毛霉、交链孢霉和根霉等无效。对细菌和酵母菌也无效。

BCM 的优点是，水溶性低，在水中溶解度 8mg/kg，光稳定性好，热稳定性好，毒性低。其缺点是，杀菌谱有缺陷。

② 2-正辛基-4-异噻唑啉-3-酮（OIT）。OIT 也是一种常用的防霉剂，其结构式如下：

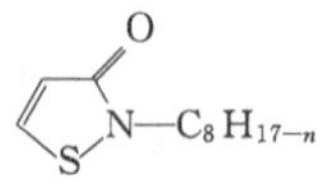

OIT 的优点是，广谱杀菌，既防霉又抗藻，稳定性好。其缺点是，水溶性较大，在水中溶解度 480mg/kg，在涂膜中的防霉剂较易被雨水冲刷掉，对皮肤刺激性大。

③ 3-碘-2-炔丙基丁基氨基甲酸酯（IPBC）。IPBC 是环境友好型防霉剂，其结构式如下：

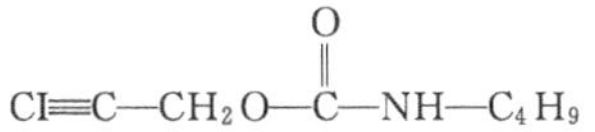

$$CI \equiv C - CH_2O - \overset{\overset{\textstyle O}{\|}}{C} - NH - C_4H_9$$

这是用于涂料工业的唯一线型防霉剂。IPBC 的优点是，具有均衡而高效的防霉能力，pH 稳定性好。其缺点是，水溶性较大，在水中溶解度 190mg/kg。价格很贵，可能会造成变色。

④ 四氯间苯二甲腈。四氯间苯二甲腈简称 TPN 或 CLT，俗名百菌清，其结构式如下：

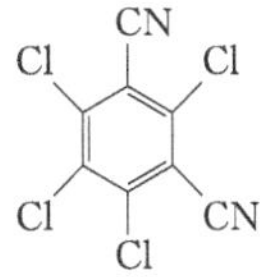

纯 TPN 是无色无味结晶体，在水中溶解度极低，约 0.5mg/kg，工业品（纯度约为98%）为淡黄色结晶体，稍有刺激性气味。在通常情况下，对酸碱和紫外线都是稳定的，也不腐蚀容器。TPN 的优点是，水溶性低，防霉性较好。而缺点是，抗菌谱有缺陷。它是一个含氯产品。

⑤ 4,5-二氯-2-正辛基-4-异噻唑啉-3-酮。简称 DCOIT，其结构式如下：

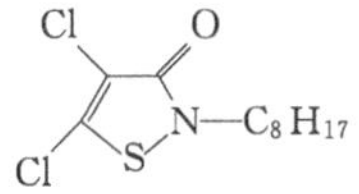

DCOIT 广泛，DCOIT 的优点是既能用于干膜防霉，又可用于罐内防腐，所试微生物的 MIC 都在 20mg/kg 以下，是广谱高效防腐防霉防藻剂。水溶性低，在水中溶解度 14mg/kg。DCOIT 的缺点是，渗析较严重，对皮肤刺激性较大。

⑥ 吡啶硫酮锌。吡啶硫酮锌是防霉防藻剂，是锌的螯合物，简称 ZPT，其结构式如下：

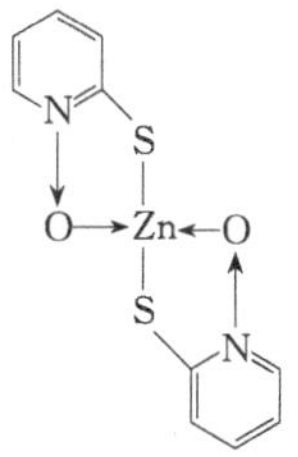

吡啶硫酮锌的优点是抗菌谱广，毒性低，它不仅作为防霉防藻剂，而且还用在洗发剂和化妆品中，在洗发剂中用于去头皮屑。吡啶硫酮锌既能用于干膜防霉，又可用于干膜防藻。在水中溶解度低，约 8mg/kg，在丙二醇中溶解度 200mg/kg。热稳定性好，在 100℃至少能稳定 120h。可在 pH 值 4.5~9.5 之间使用。

吡啶硫酮锌的缺点是，在紫外线下会逐步降解。储存温度应在 10℃以上。当低于 1.5℃，吡啶硫酮锌会沉淀结块。

⑦ 常用防藻剂 N'-（3,4-二氯苯基）-N,N-二甲基脲是一种常用的防藻剂，国内又称其为敌草隆，其结构式如下：

$$
\text{HN—C—N—CH}_3 \quad \text{CH}_3 \quad (\text{O})
$$

（结构式：二氯苯基与 HN—C(=O)—N(CH$_3$)CH$_3$ 相连，苯环下方有 Cl、Cl 取代）

它防藻性能好，价格适中，如有防藻要求，往往需要加该组分。但它对其他作物也有同样的杀害作用，好在其水溶性低，约 32mg/t。

⑧ 二甲硫基-4-叔丁基氨基-6-环丙基氨基-三嗪或称 N-环丙基-N'(1,1-二甲基乙基)-6-甲硫基-1,3,5-三嗪-2,4-二胺，简称 lrgarol 或 Cybutryne，及其变体 Terbutryrne，都是新开发的防藻剂，安全性好。Irgarol 或 Cybutryne 的结构式如下：

（三嗪环结构式：环上连 S—CH$_3$，一侧为 H$_3$C—C(CH$_3$)(CH$_3$)—NH—，另一侧为 —NH—CH—环丙基(CH$_2$—CH$_2$)）

吡啶硫酮锌，除防霉外，还是很好的防藻剂。

（3）防腐剂和防霉防藻剂的选用

选择防腐剂、防霉剂和防藻剂的原则是高效、低毒、广谱、相容、稳定、持久和高性价比。首先要看防腐剂、防霉剂和防藻剂的组成，其次看其有效组分浓度，然后考虑价格。一般选择两个活性组分及其以上的复配防腐剂和防霉防藻剂。

防腐剂、防霉剂和防藻剂在涂料中的用量，应使其有效成分浓度至少等于或大于最低抑制浓度（MIC）。复配并具有协同作用的，根据复配后的 MIC 确定。

一般来说，按全配方质量计，防腐剂 0.1%～0.3%，防霉防藻剂 0.3%～1.2%。具体根据原料含菌情况，防腐剂和防霉剂中有效组分浓度，涂料所经受的温度，产品的 pH 值和所含氧化还原剂情况，以及产品要求等，通过试验确定。同时还要注意所选的防腐剂和防霉剂在涂料体系中是稳定的，以保证防腐剂和防霉剂（防藻剂）持久地起作用。

在生产中，防腐剂和防霉防藻剂通常在颜料和填料研磨分散阶段开始时就加入，以抑制或杀死水和原材料中的细菌。对于热稳定性差的防腐剂和防霉防藻剂，应在调漆后阶段加入，以防颜料和填料研磨分散时温度过高使其分解而失效。

筛选防腐防霉防藻剂时，或测定涂料防腐防霉防藻性时，往往都需进行防腐防霉防藻性试验。防霉防藻的时效性也可通过淋水和人工老化后测定防霉防藻性而得到，还可通过自然曝晒测定。

4.3 冷涂锌技术的优势

4.3.1 防腐蚀性能

冷涂锌干膜中的锌粉含量高达 96%，锌粉纯度在 99.9% 以上，锌粉粒度为 $3\sim6\mu m$。比利时 Zinga 和日本 ROVAL 还采用了片状锌粉。因此冷涂锌涂层对钢材来说具有优异的防腐蚀性能。从冷涂锌的防腐蚀机理上分析，可归纳为两点。

（1）具有电化学保护作用

因为锌比铁活泼，容易失去电子。在前期锌粉的腐蚀过程中，锌粉和钢铁基材组成原电池，锌的电极电位比铁的电极电位负，锌为牺牲阳极，铁为阴极，电流由锌流向铁，钢铁便得到了阴极保护。

（2）锌腐蚀沉积物的屏蔽保护作用

随着冷涂锌在应用过程中不断被腐蚀，腐蚀产物在锌粉间隙和钢铁表面沉积，其腐蚀产物即碱式碳酸锌（俗称白锈）结构致密，且不导电，是难溶的稳定性化合物，能够阻挡和屏蔽腐蚀介质的侵蚀，起到防蚀效果，因此也可誉为冷涂锌的"自修复"性。

每个品牌的冷涂锌材料都出具了国家级的系列测试报告，如盐雾试验、盐水浸泡试验、冷热交变试验等；都列举了大量的工程业绩，以说明冷涂锌优秀的防腐蚀性能。在具体操作方式上，比利时 Zingametall 公司斥巨资，对锌加涂层质量参加了国际保险。$40\mu m$ 干膜的锌加涂层保证有 10 年的防腐寿命，10 年后涂层仅达到欧洲锈蚀标准 Re3 级（即锈蚀面积 1%）；有 50 年生产历史的日本 ROVAL 公司的冷涂锌经过日本国家级权威部门鉴定后，得到了日本国土大臣的特别认定书，从法律上肯定了 ROVAL 系列产品在钢材和镀锌钢板上的防锈性能，被评为耐腐蚀的最高级别；深圳彩虹公司的强力锌产品质量和使用质量也由中国人民保险公司对其作了保险。由于目前国际、国内对冷涂锌钢结构防腐无统一的标准，有的冷涂锌厂家提出 $80\mu m$ 单层冷涂锌防腐涂层有 10 年防腐年限，有的厂家提出冷涂锌与重防腐涂料的复合涂层有 50 年的防腐年限，说法各一。笔者团队认为，冷涂锌虽然是一个防腐性能优异的材料，但对它的防腐年限和涂层质量应有一个统一的评定标准，这也是广泛应用冷涂锌材料的前提。在目前尚没有统一标准的前提下，笔者认为可有两种办法估算。

① 参照金属镀层使用寿命估计法

这一般是指单独形成防腐涂层即底面合一的冷涂锌涂层。根据江南造船集团中心试验室的测试，热（电弧）喷锌镀层的锌含量为 97%；而 Zinga、ROVAL、金磐等冷涂锌涂层中锌的含量也达 96%；因此笔者认为冷涂锌涂层亦可视作金属镀层估算使用寿命：

$$冷涂锌涂层耐用年限 N = \frac{7.14 \times F \times 96\% \times H}{G}$$

式中，N 为防腐年限；F 为冷涂锌干膜厚，μm；H 为折减系数，可取 0.8；G 为按 ISO 12944 标准，不同大气环境下锌层每年的腐蚀质量，g/m^2。

值得一提的是：冷涂锌作底漆，喷涂在有粗糙度的钢材表面，其损耗量随粗糙度的大小而有所不同。经查阅资料和计算，得出在粗糙度 R 约为 $60\mu m$ 状态下，冷涂锌干膜厚有 $15\mu m$ 的损耗。在估算涂层使用寿命时，应该考虑此项因素。现以喷涂 $80\mu m$ 冷涂锌（实际干膜厚为 $65\mu m$）、钢结构处于 C4 大气环境条件下，锌层每年腐蚀率以 $30g/m^2$ 计算，涂层的防腐年限为 11 年，达到中档使用寿命。

特别需要说明的是，在 ISO 12944 标准中特别强调了预期的耐久性与涂装配套的设计使用寿命是同一概念。耐久性不是商业上的担保时间，耐久性是指配套涂层达到第一次大修前的时间，此时涂层状态达到 ISO 4628-3 的 Ri 3 级，锈蚀面积为 1%。

② 参照 ISO 12944—1998 标准和 ISO 14713 标准

ISO 12944—1998 标准是国际标准化委员会关于重防腐涂料防腐蚀保护的标准。它有 8 个章节，其中 ISO 12944—2 是关于腐蚀环境的定义，完全适用于冷涂锌，如在 C4 大气腐蚀环境条件下，规定了暴露 1 年后，低碳钢损失 $400\sim500g/m^2$、锌层质量损失 $15\sim30g/m^2$；又如 ISO 12944—5 中，详细规定了重防腐涂料涂装配套方案，规定了腐蚀环境、使用寿命和漆膜厚度的关系（见表 4-6）。

表 4-6 ISO 12944 中腐蚀环境、使用寿命和漆膜厚度的关系

腐蚀环境	使用寿命	干膜厚度/μm
C2	低	80
	中	150
	高	200
C3	低	120
	中	160
	高	200
C4	低	160
	中	200
	高	240(含锌粉);280(不含锌粉)
C5-I C5-M	低	200
	中	280
	高	320

注：使用寿命中：低指 $2\sim5$ 年、中指 $5\sim15$ 年、高指＞15 年；使用含锌底漆时，锌粉含量不能低于 80%。

ISO 12944 标准中提出高耐久性涂装配套系统的使用寿命大于 15，第二个可参考的标准是 ISO 14713—1998，它规定了以金属涂层作底层，与重防腐涂料配套组成复合涂层时，腐蚀环境、涂层寿命、涂装配套体系之间的关系（见表 4-7）。

表 4-7　ISO 14713 热喷涂防腐蚀涂层体系

腐蚀环境	涂层寿命/年	涂层体系
C2	≥20	喷铝 100μm
		喷铝 50~100μm＋封闭
C3	≥20	喷铝 100μm
		喷铝 100μm＋封闭
		喷锌 100μm
		喷锌 100μm＋封闭
C4	≥20	喷铝 100μm＋封闭
		喷锌 100μm＋封闭
		喷铝 150μm＋封闭
C5-I	≥20	喷铝 100μm＋封闭
		喷锌 100μm＋封闭
		喷铝 150μm＋封闭
		喷锌 150μm＋封闭
C5-M	≥20	喷铝 150μm＋封闭
		喷锌 250μm
		喷锌 150μm＋封闭

　　表中"封闭"是指锌、铝镀层上用环氧类漆封闭后，再配套以环氧云铁中层漆、聚氨酯面漆等重防腐涂料（标准中提出涂装配套系统的最高耐久性大于 20 年）。试验和工程应用实际也证明该复合涂层防腐效果显著，国内有许多著名学者均认为该涂层使用寿命可达 30 年以上。

　　从理论上分析，冷涂锌材料的防锈性能优于重防腐配套涂料。与热（电弧）喷锌（铝）镀层比较，冷涂锌涂层结构致密、孔隙小；对钢材来说不仅具有阴极保护作用，而且有屏蔽保护作用；在淡水环境条件中，冷涂锌涂层的防腐蚀性能优于热（电弧）喷铝；因此笔者认为在表面处理、冷涂锌膜厚及配套涂料设计合理的前提下，冷涂锌与重防腐涂料的复合涂层的使用寿命也不会小于 20 年。日本 ROVAL 公司 50 年、比利时锌加 30 年的施工实践，也充分显示了冷涂锌材料具有较高的性价比。

4.3.2　施工性能

　　施工性能优异是冷涂锌能够得到广泛使用的前提。冷涂锌材料的成膜物质均为有机树脂，如丙烯酸、聚苯乙烯、环氧酯等，因此像涂料一样能在各种条件下，包括暴露在大气环境中，方便地进行各种形式的涂装施工，如刷涂、辊涂、有气喷涂、无气喷涂，并能达到涂层厚度和结构的设计要求，特别是适应目前在钢结构涂装中广泛使用的无气喷漆技术。我国重庆长江机械厂生产的 QPT9C 和 QPT3256 无气喷漆机是喷涂冷涂锌的理想设备。

　　由于冷涂锌均系单组分材料，在涂装施工中无熟化期、混合使用期等限制，施工十分方便。大多数冷涂锌材料触变性能良好，稍做搅拌即可涂装施工。目前在

"杭肖"、"宝冶"大型钢结构厂已有了批量喷涂冷涂锌的经验。另外装罐后的冷涂锌有良好的稳定性，储藏过程中材料的流变性和剪切性不变，受温度变化的影响也小。比利时锌加提出了可长期储藏质量不受影响的承诺。ROVAL、金磐等冷涂锌储存期均在1年以上。与热（电弧）喷锌、铝相比，冷涂锌涂装前对钢材表面处理的等级与水平要求较低，喷砂（抛丸）处理达到ISO 8501 Sa 2.5级；在电焊缝、钢结构的死角部位只需手工或风（电）动工具打磨至ISO 8501 St 2级。经过测试，上海ROVAL公司的冷涂锌产品喷涂在清洁度为St 2级的钢材表面后，用国标拉开法测试，附着力可达到8.1MPa，效果十分理想。

冷涂锌可以在室内涂装，但更多的是在工地现场涂装，温湿度等自然条件对涂装质量有一定的影响，如雨雪天、大风天不宜涂装。但与其他重防腐涂料相比，冷涂锌材料对环境条件的要求并不高。如大多数厂家在技术说明书中标明，涂装的温度为-5~50℃。尽管在技术说明书中推荐的湿度须小于85%，钢材表面温度大于露点温度3℃时，才能涂装施工，但实践证明，冷涂锌可以在相对湿度大于85%的条件下施工。比利时Zinga甚至提出可以在潮湿表面涂装；涂装后2h下大雨，不会影响涂层质量，只不过涂膜颜色变黑，1~2个月后自然恢复锌灰色。ROVAL公司及金磐公司的技术人员也认为，冷涂锌涂层经过日晒雨淋，不会影响附着力。

4.3.3　涂膜用途

（1）可以单独成为防腐涂层

冷涂锌涂层与无机、有机富锌漆的涂层不同，可以单独成膜，作为"底面合一"的防腐涂层，但涂层的颜色只能是常规的锌灰色。深圳彩虹公司的"自动喷锌"、日本ROVAL公司的"ROVAL SILVER"、湖南金磐的冷涂银等，则是具有漂亮金属光泽的冷涂锌涂层。在它们的干膜中，锌粉含量在80%以上，又加有一定量的铝粉。涂层既有防锈作用，又有装饰作用。日本ROVAL公司的EPO-ROVAL（ER）涂层应用更为广泛，除了防锈蚀外，单独成膜的ER涂层还具有一定的耐汽油、润滑油的性能，可用于储罐内壁的涂装；耐温度的范围也有了提高，瞬时可耐200℃，长期可耐130℃；涂层体积电阻率为$4.5×10^4 \Omega \cdot cm$，具有导静电能力。

（2）冷涂锌涂层是重防腐涂料涂装配套的良好底层

所有冷涂锌材料说明书中均表明：除醇酸类油性涂料外，可与环氧类封闭漆、中间漆及聚氨酯、丙烯酸、氟碳面漆等重防腐涂料配套使用，组成复合涂层。荷兰热浸锌研究所研究发表的等加效应结果指出，无论热浸镀锌、电弧喷锌、锌层表面上涂重防腐涂料，其复合涂层使用寿命为两者使用寿命之和的1.8~2.4倍（称等加效应），同样适应于冷涂锌。大量的工程实践也证明了这一点。

（3）冷涂锌涂料可用于热浸镀锌、热（电弧）喷锌镀层的修补、加厚

　　冷涂锌涂料可用于高速公路的护栏修补等，工艺十分方便。由于国内热浸镀锌工艺中往往有钝化的过程，在"钝化膜"上复涂冷涂锌材料，附着力肯定受到影响，可采取相应措施加以弥补。值得一提的是，冷涂锌是用于镀锌钢件焊接安装后，电焊缝修补的最好材料。其防锈性能好、附着力优异、操作施工方便，深受船厂和钢结构厂的欢迎。图 4-8 表示镀锌件的劣化程度，图 4-9 表示镀锌件的修补过程。

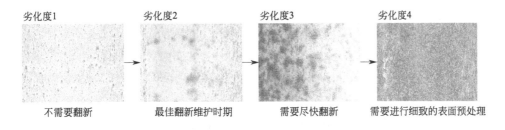

劣化度1	劣化度2	劣化度3	劣化度4
不需要翻新	最佳翻新维护时期	需要尽快翻新	需要进行细致的表面预处理

图 4-8　镀锌件的劣化程度和翻新程度

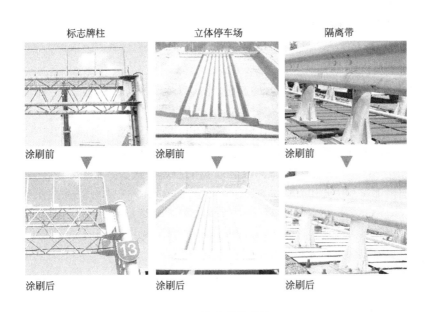

图 4-9　镀锌件的修补

　　冷涂锌还可作混凝土钢筋的涂层（图 4-10）。国内外大量研究和多年的工程业绩证明：除了科学配比混凝土外，采用涂层可更有效地防止处于恶劣环境条件下的钢筋腐蚀。最常用的是环氧树脂粉末涂料。与镀锌、涂塑、阴极保护、喷环氧粉末涂层等工艺相比，冷涂锌具有防腐效果好、涂装工艺简单、涂层厚度易于控制、对环境无污染、经济效益明显等优势。根据印度 SRMB 有限公司（钢筋生产厂家）

委托印度 JADAVPUR 大学做的关于锌加冷涂锌钢筋与热镀锌钢筋、环氧涂层钢筋、不锈钢钢筋（铜-铬合金）、未涂装涂层钢筋比较评价试验报告结果：在 NACE 溶液（5％氯化钠＋0.5醋酸溶液 pH 值 3.5）阴极极化试验中（判断涂层阴极保护有效性），冷涂锌钢筋防腐性能远优于其他钢筋样品；在 5％氯化钠盐雾试验中，锌加钢筋防腐蚀性能是热镀锌钢筋二倍以上；在 NACE 溶液的应力开裂腐蚀（SCC）试验中，冷涂锌钢筋抗应力开裂腐蚀性能是热镀锌的 2.5 倍，是未涂装钢筋的 1.75 倍。

图 4-10　混凝土钢筋上的应用

　　更重要的是，"Zinga"、"ROVAL"、"EPO-ROVAL"均具有国家级测试单位的对握裹力的测试报告，数据表明，上述产品镀层对钢筋的握裹力，同环氧粉末涂层一样，减少幅度在国家允许的范围内。在比利时、中国香港、俄罗斯、中国台湾地区均有工程业绩。目前，比利时的 Zinga 正大批量应用于杭州湾大桥的混凝土钢筋上。

4.3.4　环保性能

　　同重防腐涂料一样，冷涂锌的生产和涂装工程都涉及环境保护、施工人员及公众的职业卫生和安全，因此环境友好又是冷涂锌主要的发展方向。冷涂锌材料具有优异的环保性能，主要体现在 4 个方面：①成分内不含 Pb、Cr、Hg 等重金属。②材料归属厚膜型材料，触变性能好，经充分搅拌后，少加或不加稀释剂，即可涂装施工。由于冷涂锌固体含量高达 78％，一次无气喷涂可获得较高的膜厚，减少了有机溶剂的挥发量，降低了干燥时的能耗，这些均有利于环境保护。③测试证明绝大多数冷涂锌的溶剂和稀释剂内不含苯、甲苯、二甲苯等毒性大的有机溶剂。④冷涂锌是替代热浸镀锌、电弧（热）喷锌的最好材料，它对减少三废、降低能耗等社会效益作用明显。

4.3.5　与常用锌阴极保护技术的优势对比

　　目前锌阴极防护的主要方式有热镀锌、热喷锌、冷喷锌、有机富锌类涂料、无机富锌类涂料，各自原理和工艺都有区别，目前有的厂家将富锌类涂料自称为"冷涂锌涂料"，对冷涂锌工艺是一种误解，下面就其组成、原理、效果做一个对比说明。

4.3.5.1　与热浸（喷）镀锌技术对比

　　冷涂锌技术与热浸（喷）镀锌的防腐原理相当，都以阴极保护为主，其基本原理是基于涂层中金属锌可牺牲自身而使钢铁受到保护，冷涂锌涂料干膜含锌量高达

96％，足以保证为钢结构提供绝好的主动阴极保护。在与热浸镀锌同样条件进行电化学试验测试结果如表 4-8。

表 4-8　镀锌电化学试验测试结果

检测项目	冷涂锌涂层(50μm)	热浸镀锌(50μm)
最大保护电流/mA	2.5	2.75
保护时间/min	260	248

实验结果表明冷涂锌阴极保护原理类似于热浸镀锌，防腐蚀保护性却优于热浸镀锌。即使在极其苛刻的侵蚀环境下，通过高达 3000h 以上的盐雾试验，也表明，冷涂锌涂料仍能长效防腐，通过牺牲自己对钢铁形成保护。冷涂锌涂料与热浸锌的主要区别如下：

（1）保护原理及防护性能

冷涂锌涂料：具有双重保护，一是阴极保护，二是屏障保护。冷喷锌层本身致密，屏障保护性能较好；常温施工，氧化率很低，无热喷涂、热镀因为热胀冷缩造成的微孔，空穴率大大降低，防护性能更加优异。

热浸镀锌：施工温度高，容易造成构件变形，孔隙率和氧化率较高，镀锌层破损后难于修复。

（2）表面处理

冷涂锌涂料：表面处理要求低，清洁度达到 GB/T 8923.1—2011 Sa 2.5 级标准即可。

热浸镀锌：表面处理要求高，常规需要碱洗除油、水洗、酸洗除锈、水洗、中和等系列工艺，每步工艺参数都需要严格控制及检测。

（3）涂镀层性能

冷涂锌涂料：附着力试验（划格法）为 0 级，证明锌盾与钢结构表面具有优良的附着力，耐冲击，柔韧性好。

热浸镀锌：性能一般较好，但如果工艺过程中不严格控制参数，残酸、前处理不充分等原因可能造成镀层发花剥落。

（4）施工性能

冷涂锌涂料：使用方便，无地点、工件尺寸和形状的限制，施工效率高，施工周期短，可直接重涂，更可用于热浸镀锌的修复，防腐年限长、维修方便且节省费用。

热浸镀锌：操作要求高，只能在热镀锌厂进行操作，对工件尺寸和形状有规定，如工艺技术参数控制不好会严重影响防腐效果，且难于修复。

（5）环保性能

冷涂锌涂料：不含任何铅、铬等重金属成分；溶剂中不含苯、甲苯、甲乙酮等有机溶剂，符合 BS6920 英国标准，可以直接与饮用水接触。

热浸镀锌：工艺中产生的废水对环境污染严重，环保投资很高，发达国家已禁止使用不环保的热镀锌工艺，而是在发展中国家生产后进口。

其与热浸镀锌和热喷锌技术的对比见表 4-9 和图 4-11。

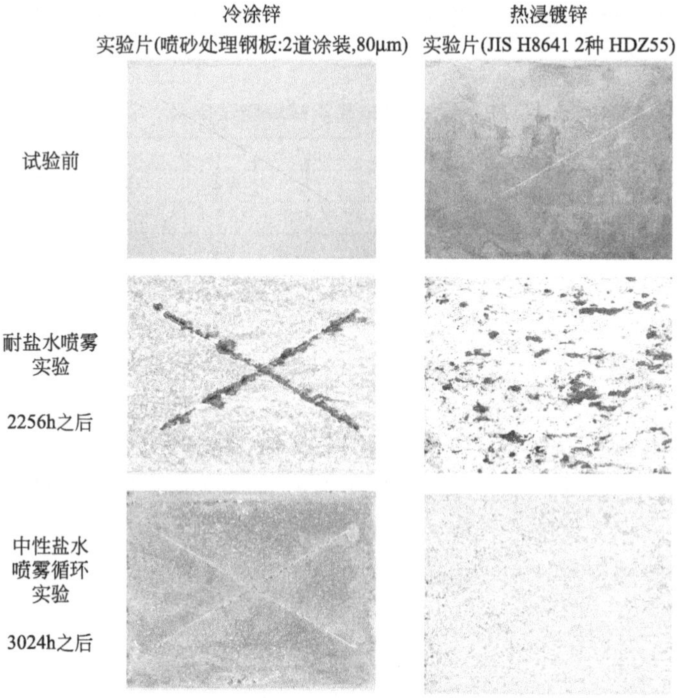

冷涂锌
实验片(喷砂处理钢板:2道涂装,80μm)

热浸镀锌
实验片(JIS H8641 2种 HDZ55)

试验前

耐盐水喷雾
实验

2256h之后

中性盐水
喷雾循环
实验

3024h之后

图 4-11　冷涂锌与热浸镀锌耐盐试验对比

表 4-9　冷涂锌与热浸镀锌、热喷锌技术对比

项目	热浸镀锌	热喷锌	冷涂锌
涂层技术	金属涂层	金属涂层	有机涂料涂层＋金属涂层
涂层厚度/μm	85～100	85～100	85
单次涂装防护年限	15～20	10～20	15～20
表面处理要求	需清洗及前处理	Sa 3 级	Sa 2.5 允许带锈涂装
施工方式	热浸	电弧喷锌;氧-乙炔热喷锌	刷涂、有气(无气)喷涂、辊涂、浸涂
施工难易度	难	难	易
现场施工	不能	较困难,有条件限制	方便灵活
能耗	高	高	低
效率	视热镀厂规模	一支喷枪热喷锌,10m²/h;电弧喷锌,50m²/h	一台高压无气喷涂机,200～400m²/h
环保与安全	前处理酸洗废液,镀液大量剧毒物质,废液、废气	严重锌雾、粉尘、职业病	冷涂锌不含铅、镉、苯等有害物质,涂装和普通涂料一样,无严重污染
重涂与维修	难以修复	维修困难,无法重涂	易于重涂与维修
强度	高	高	低

4.3.5.2　冷涂锌技术与富锌涂料对比

（1）冷涂锌与富锌涂料组成区别

① 富锌涂料。环氧富锌底漆是由锌粉、环氧树脂液、聚酰胺树脂三组分组成的自干型底漆，目前市场上富锌类涂料含锌粉量 30%～80%；无机磷酸盐富锌涂料是由无机黏结剂和水与醇作溶剂，再与锌粉、铝粉所组成，其含锌量大于 70%。无机硅酸盐富锌底漆是由烷基硅酸酯、超细锌粉、颜填料、特种助剂、固化剂等组成。

富锌类涂料一般为双组分或三组分，有施工活化期限制；普通富锌涂料的锌粉采用纯度为 97% 左右的普通锌粉，采用蒸凝法提炼，全部呈球状形态。

② 冷涂锌。冷涂锌涂料是钢铁表面锌涂镀阴极防护的一种新材料，可在常温下喷镀锌含量在 96% 以上的锌层，采用的锌纯度为 99.99%，不含铅、镉等重金属成分，不含苯、甲苯、一氯甲烷或甲乙酮等有机溶剂，冷涂锌中使用的原子化提炼的锌粉，呈多种形状，其中特定比例的锌粉细度为纳米级。冷涂锌为单组分，无施工期、活化期限制。

（2）冷涂锌与富锌涂料的保护原理区别

从涂料的基本原理上来说，富锌类涂料的原理是锌粉＋树脂黏附，锌粉必须靠其中的环氧一类的树脂来包覆和黏结到金属表面，因此必须遵守涂料的颜料体积浓度（CPVC）来进行配方制造。当锌粉数量达到一定高比例后，不可能再添加锌粉，否则将不能包覆锌粉，涂料失去附着力，因此干膜 96% 以上的锌含量是富锌涂料无法达到的，且涂料中有机或无机类树脂基本为绝缘体，障碍阴极电流，阴极防护能力有限。

冷涂锌采用专利原理制造，实现了和热镀锌一样的镀层金属锌含量，镀层体积电阻率在 $10^5\Omega\cdot cm$ 级别，与镀锌层一致，阴极保护能力很强，这是普通富锌涂料无法达到的。

（3）检验比较

从效果上来说，普通富锌类涂料属于一般涂料体系，阴极防护能力有限，有机物本身也存在老化时限，一般涂料体系防护在 5～7 年的使用寿命。HG/T 3668—2009富锌底漆标准规定，富锌底漆耐盐雾标准为 72h，而冷涂锌材料耐盐雾达到数千小时，远远优于普通涂料。

因为冷涂锌涂料技术可以提供主动的阴极保护，而普通富锌漆不能，因此只有干膜含锌量达到 92% 以上的高含锌富锌涂料才能具有真正的阴极保护，普通富锌漆上出现轻微划痕就会产生锈蚀，随后锈蚀会蔓延并产生大面积锈蚀，而冷涂锌涂层上出现刮痕不会产生锈蚀（即使刮痕达到 0.5cm 宽度），见图 4-12。这是因为普通富锌漆仅提供被动的屏障保护，在长时间日晒雨淋和紫外线照射下会老化和粉化产生微小裂缝,从而涂层上产生孔隙、起壳、起泡、龟裂等缺陷,最终导致涂层剥落从而失去屏障保护。所以冷涂锌涂料技术的防腐性能是普通富锌漆的 5~6 倍。

冷涂锌技术与普通富锌涂料的对比可用表 4-10 概括。

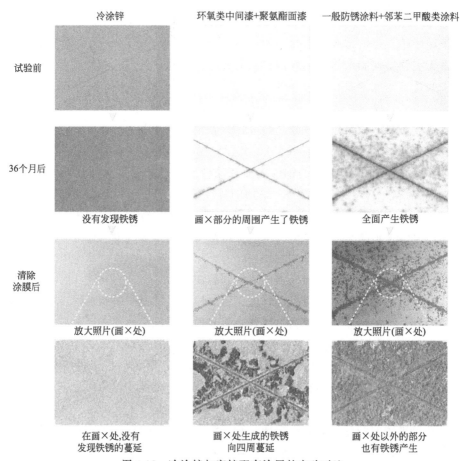

图 4-12　冷涂锌与富锌配套涂层的实验对比

表 4-10　冷涂锌技术与普通富锌涂料比较

项目		冷涂锌	普通富锌涂料
保护原理		冷涂锌产品含纯度高于 99.995% 以原子化提炼的锌粉,镀层干膜中含锌量可高达 96%,与普通富锌漆相比涂层可提供优异的阴极保护	只有干膜含金属锌量超过 90% 才具有真正的阴极保护作用,根据 HG/T3668 标准的要求普通富锌漆干膜中一般含金属锌量为 60%~80%,仅提供微弱的主动阴极保护
施工环境		可在恶劣环境和相对湿度(≤95%)高下施工	恶劣环境和相对湿度高(≥85%)下施工会破坏涂层
施工时间		当天	最少三天
施工、修补维护便利		单组分,可在任何地方施工	双组分或三组分,在加工厂或现场施工
		旧镀锌涂层表面进行简单清洁处理(去除锌盐)后就可直接涂装新冷涂锌层	在涂装新涂层必须彻底去除旧漆膜和锈蚀

续表

项目	冷涂锌	普通富锌涂料
施工效果	新旧冷涂锌层可以重融在一起。即使在 20 年后重新涂装也可	经过固化，新旧涂层不可以重融在一起
防腐效果	具有优异的机械及耐磨性能，涂层耐老化、不易粉化，锈蚀不会从铁基体蔓延开	涂层易老化、粉化、起壳、龟裂等，锈蚀会从铁基体蔓延开
防腐年限	15 年以上	0～5 年
环保节能	优异	不良
节省材料	优良	不良

4.4　冷涂锌技术亟待解决或注意的问题

虽然冷涂锌涂料现已普遍应用于重防腐工业，国内冷涂锌产品也占领了相当的市场份额，但在替代传统锌防护措施保护钢铁基材时，也出现了不少失败的案例，这些失败案例暴露出如下问题。

（1）冷涂锌的强度不够

一方面表现在自身强度不够。表面有锌灰，指划极易出现痕迹，而且氧化层会影响拉开法附着力的测试，很容易造成附着力测试失效。

另一方面与钢材间的附着力也不理想。即便钢材表面清洁度符合 ISO 8501 Sa 2.5、ISO 8503 要求，粗糙度在 $40\sim70~\mu m$ 之间，各类冷涂锌产品的附着力仍相差悬殊，高的可达 8.0 MPa，低的只有 1.0～1.5 MPa，不满足国家对防腐底漆的基本要求（约 3.0 MPa）。

（2）颜色单一

冷涂锌涂料涂层目前只有锌灰和银灰色，对于要求外观的工程，不可用冷涂锌单独做一层涂膜，这就要求配套其他中间漆或面漆。

（3）涂层与其他漆层之间的配套性能不理想

冷涂锌可以与环氧类、聚氨酯类等双组分中层漆配套使用，但在具体施工时，常因配套漆溶剂极性过强，中间漆喷涂过厚等造成冷涂锌层脱落，完全失去保护能力。即使喷涂中间漆比较合理，也经常会出现起泡现象，造成层间附着力失效的情况。

（4）冷涂锌涂层会逐步发黑

经过长时间雨打、风吹、日晒，冷涂锌涂层与热浸锌一样会逐渐发黑，见图 4-13。由于板面腐蚀的程度不一致，早期会出现颜色不均一的现象，甚至会出现白锈，不仅影响外观，也会影响接下来的配套施工。时间久了应打磨掉表面的白锈和灰尘等。

2014 年下半年起在澳门某天桥、宁波某大桥等施工现场发生了多起冷涂锌与配套涂层咬起、连底脱落的严重事件，接下来笔者以这些事件为例，提出自己的看法，希望能引起从事冷涂锌推广、销售、涂装施工的人员一些思考，同时供设计单位、业主及供货商参考。

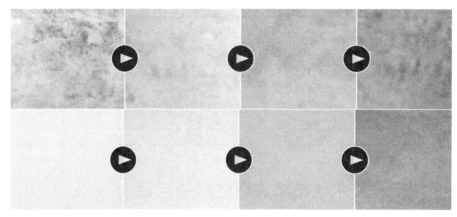

图 4-13 冷涂锌涂层变化情况

设计单位对宁波某大桥钢梁拟定的配套方案与规定膜厚如表 4-11 所示。

表 4-11 宁波某大桥钢梁拟定的配套方案与规定膜厚

冷涂锌	$100\mu m$	国内某公司生产
环氧云铁中层漆	$150\mu m$	外资公司（张家港）
聚氨酯面漆	$80\mu m$	外资公司（张家港）

在这个配套方案中，存在着下列问题：

① 按 ISO 12944 国际标准的规定，宁波某大桥处于 C4 腐蚀环境下，富锌底漆锌粉量达到 80%，干膜厚达到 $60\sim80\mu m$，总膜厚为 $240\mu m$，涂层就可取得最高使用寿命等级，即涂层寿命大于十五年；在上述配套中，冷涂锌的锌粉含量高达 96%，干膜达到 $100\mu m$、总膜厚为 $330\mu m$。明显浪费资源，有悖节约、环保的原则。

② 在大桥涂装中，必须用无气喷漆法喷涂冷涂锌，一般推荐膜厚为 $40\sim60\mu m$。要达到 $100\mu m$ 规定膜厚至少喷二道冷涂锌。冷涂锌不是"湿对湿"的涂料，内层未干，不仅极易引起冷涂锌层间裂开，而且不能适应桥梁钢结构涂装流水线的生产节拍。

③ 冷涂锌是一种不耐溶剂的快干型有机富锌涂料。在上述配套中，采用的外资公司的环氧云铁中间漆，它的固含量高达 80%、又含有片状的云母氧化铁颜料，$150\mu m$ 干膜厚，使冷涂锌内溶剂无法挥发；环氧树脂极性又强，就将单组分的冷涂锌"连根拔起"，整个涂层脱落。建议配套快干型的中层漆，一次喷漆的膜厚不超过 $100\mu m$，以增强复合涂层的配套能力。

④ 在现代化的涂装工程中，为保证涂层质量，底、中、面漆配套涂料必须是同一厂家的产品。若冷涂锌与其他厂出品的重防腐配套，事先需做大量的配套性能测试，否则会因配套性不好而使涂层失效。

第5章 冷涂锌涂料制备及过程控制

5.1 冷涂锌涂料制备

冷涂锌的生产过程就是把锌粉固体粒子混入液体树脂中，使之形成均匀微细的悬浮分散体。

5.1.1 制备工艺流程

(1) 工艺流程

冷涂锌涂料制备的工艺流程包括：预分散→高速分散→检测→过滤→包装。

① 预分散。预分散的目的一是用树脂取代部分锌粉表面所吸附的空气等，使锌粉得到部分润湿；二是初步打碎大的锌粉聚集体。因而这道工序以混合为主，并起部分分散作用。

② 高速分散。高速分散通过新型高效搅拌设备分散盘上锯齿的高速运转，对冷涂锌树脂和锌粉进行高速的强烈剪切、撞击、粉碎、分散，使原料迅速混合、溶解、分散、细化，得到均匀分散的冷涂锌涂料。

③ 检测。冷涂锌涂料的检测内容包括两个方面：一是涂料原始状态的检测；二是涂料使用性能的检测。涂料原始状态检测即产品装入容器和在容器储存后的质量状态，考察其是否符合预定要求。

④ 过滤。即在不影响涂料组成变化的前提下，滤出涂料制作过程中残留及带入的杂质。

⑤ 包装。

(2) 冷涂锌具体生产操作过程

冷涂锌涂料制备前，先把大桶包装里的冷涂锌树脂在$600\sim800r/min$的高速分散机下分散$15\sim20min$，再将冷涂锌树脂、溶剂及助剂按配方量加入活动桶，启动高速分散机，在$300r/min$慢速搅拌下，缓慢加入锌粉。锌粉加入完毕后，调整转速至≥1000r/min，保持搅拌30min以上，分散均匀，刮板漆膜平整，无颗粒，停搅拌，过滤分装保存，即可得到冷涂锌涂料。

5.1.2 生产设备

5.1.2.1 高速分散机

（1）高速分散机的工作原理

高速分散机的主要工作部件是叶轮，图5-1所示为最常见的锯齿圆盘式叶轮，叶轮由高速旋转的分散轴带动。

叶轮的高速旋转使搅拌槽内的漆浆呈现滚动的环流，并产生一个很大的漩涡，位于漆浆顶部表面的颜料粒子，很快呈螺旋状下降到漩涡的底部和叶轮边缘2.5～5cm一带，形成一个湍流区，在这个区域内，颜料粒子受到较强的剪切和冲击作用，很快分散到漆浆中。在此区域外，形成上、下两个流束，使漆浆得到充分循环和翻动。

高速分散机兼起混合和分散作用。在高速分散机操作的初始阶段，颜料还堆在漆料上面，此时宜采用低速进行混合，防止粉料飞扬，然后再提高转速，增加分散能力。实践证明，叶轮端部的圆周速度只有达到20m/s以上时，才能获得比较满意的分散效果，只是在分散膨胀型漆料时，可降低至15m/s，但是叶轮的圆周速度也不可过高，否则会造成漆浆飞溅，使圆盘叶轮暴露过多而导致混入空气，从而破坏叶轮下方已形成的层流状态，使分散效率下降且无谓地增加了功率消耗。一般叶轮的最高圆周速度约为25～30m/s。

图5-1 高速分散机的叶轮

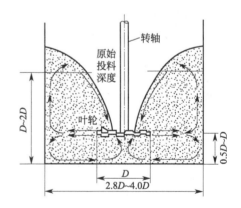

图5-2 高速分散机中叶轮
的正确位置和搅拌槽的适宜尺寸

图5-2中推荐的尺寸关系说明了搅拌槽直径与叶轮直径的关系及叶轮工作的合

理位置。搅拌时可取下限，调漆时可取上限。在实际生产中，可根据漆浆黏度与分散轴转速，适当调整投料高度及叶轮的插入深度。在叶轮高速旋转时，漆浆会形成很深的漩涡，要防止物料从搅拌槽边沿外溢。

叶轮直径与搅拌槽直径有一个合理的比例，其目的是使物料循环得好。即使具有一样高的圆周速度，但一般来说，小叶轮的效果要比大叶轮的效果差；但因为搅拌功率与叶轮直径的五次方及转速的立方成正比，使得大叶轮消耗的功率要比小叶轮大很多。因此，为使循环良好，搅拌槽一般不设挡板，也不应有死角，故以碟型底为好。

（2）高速分散机的设备结构

① 常用机型的结构

22kW 高速分散机是目前广泛使用的机型，图 5-3 为 GFJ-22A 高速分散机结构，主要由机身、回转装置、分散轴和叶轮、液压升降装置及电气控制箱组成。

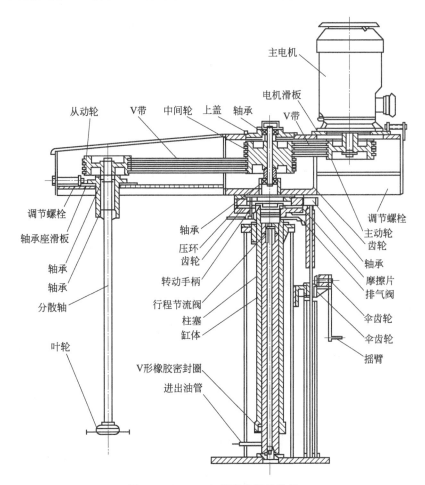

图 5-3　GFJ-22A 高速分散机结构

　　a. 机身。高速分散机的躯干，它支承传动装置、分散轴和叶轮，装有液压升降装置和回转装置，使高速分散机的叶轮既能升降，又能围绕机身中心 360°回转。

　　b. 液压升降装置。液压系统原理见图 5-4。液压升降装置主要由固定的柱塞和可移动的缸体组成。齿轮油泵供应压力油，经单向阀、行程节流阀注入缸体内，推动缸体上升；下降时靠传动装置和分散轴部分的自重排油而自行下降，下降速率由行程节流阀控制。缸内空气由排气阀排出。

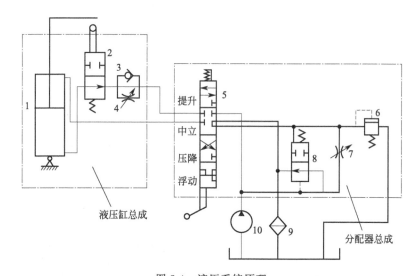

图 5-4　液压系统原理

1—液压缸；2—行程控制阀；3—单向阀；4，7—节流阀；5—手动换向阀
（滑阀）；6—安全阀；8—液控换向阀；9—过滤器；10—液压泵

　　c. 回转装置。缸体与传动箱的连接作用用滚珠隔开，并可由压环、摩擦片、螺栓和转动手柄锁紧。当转动手柄松开时，通过摇臂转动伞齿轮，带动齿轮副使传动箱回转。

　　d. 分散轴和叶轮。分散轴为挠性轴，由从动 V 带轮带动，由轴承座支承，分散轴下端装叶轮。叶轮大多采用锯齿圆盘式叶轮，常用不锈钢板制。

　　e. 电气控制箱。电气控制程序为：主电机运转时，泵电机不能运转；泵电机运转时，主电机不能运转。电器配置可按用户要求配置普通型或防爆型，有防爆要求时，装在现场的电机和电器，按防爆等级采用防爆的型号，其余不防爆的器件均需隔离安装。

　　② 高速分散机有关问题讨论

　　a. 安装形式。同一机型的高速分散机，有两种安装形式，即安在地面上的落地式和安在楼板或操作平台上的平台式，如图 5-5 所示。

　　落地式为基本形式，有的机型只有落地式一种。与落地式高速分散机配套的搅拌槽系移动式容器，统称活动漆浆罐，也有叫漆盆或拉缸的，一般备有很多个。一盆已制备好的漆浆推送到研磨分散工序，又一个空盆进行投料操作，如此循环往复，操作机动灵活，便于清洗、换色，特别适用于多品种、小批量的生产。

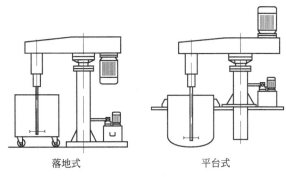

　　平台式高速分散机要与安在楼板或操作平台上的固定罐配套使用，适用于大批量生产。为更好地发挥设备效能，一台高速分散机可配置 2～4 个固定罐，也

图 5-5　高速分散机的两种安装形式

可以用 2 台高速分散机配 6 个固定罐，依次进行操作。

　　b. 变速形式高速分散机在工作时，一般在刚加入粉料时需要低速运转，以防粉尘飞扬，待基本混合均匀后，再进行高速分散，所以高速分散机的分散轴起码应具有两挡转速，如能实现无级变速，那么操作就更加方便，运转就更加平稳了。

　　目前，高速分散机常采用下列方法改变速度：

　　a. 选用多种电机。主电机选用双速或三速电机，可使分散轴获得两挡或三挡转速，此方法简单可行，因三速电机价高，故以双速电机应用较多。

　　b. 带式调速。采用无级变速胶带，实现带式无级变速传动，调速不轻便，一般胶带寿命不长，更换胶带比较麻烦。

　　c. 油压马达变速。变速方便，变速范围较大，但油压马达要有高压油泵配合，占地面积大，而且油泵的噪声也较大，这种形式多用于进口设备上。

　　d. 采用电磁调速电机。可实现无级调速，调速范围广，这种电机结构简单，价格低，但大多不防爆，不能用于需要防爆的场所。

　　e. 变频调速。通过变频器改变电流频率，从而改变交流异步电机的转速。变频调速用于高速分散机，具有启动电流小、控制平滑、使用方便以及节能等优点，加上近年来装置费用不断降低，其应用日益普遍。

　　（3）高速分散机的型号示例

　　由于高速分散机应用广泛，所以制造厂家很多。接下来将比较常见的型号举例加以说明。

　　① GFJ-22A。表示高速分散机，主电机名义功率为 22kW，落地式（字母 B 代表平台式）。

　　② FL22。表示高速分散机，落地式（字母 X 代表悬挂式，即平台式），主电机名义功率为 22kW。

　　③ GFJ-350。表示高速分散机，叶轮直径为 350mm，安装形式到底是落地式或平台式，型号中未表示，需另加说明。

（4）高速分散机使用注意事项

进行生产之前，除了先阅读设备说明书之外，还需关注下列注意事项：

① 安全。高速旋转的分散轴及边缘尖利的叶轮，对人的安全构成威胁，因此，不允许戴手套擦拭运转部位，要严防衣袖、长发等被轴卷住而发生事故，同时要防止包装袋或其他异物掉入设备内。

② 注油。油箱内按要求注入润滑油达到油标合理位置，在使用过程中要关注油面高度，同时搞好轴承、齿轮等处的润滑工作。

③ 检查叶轮。旋转方向要与标示的方向一致，叶轮安装牢固、不松动，外缘齿形应无明显的变形及磨损。

④ 锁住回转。高速分散机在运转时，应锁紧转动手柄，防止传动箱回转，以免发生事故。

⑤ 试车。高速分散机安装或大修后，要先经试车，确认正常后再投入生产。试车主要内容如下：

a. 试液压升降系统。调整溢流阀至规定压力，排除油缸内空气，检查油箱油位，检查各连接部位和密封部位应无渗漏现象。

b. 试传动部位和分散轴。启动主电机，无论是三速电机还是双速电机，各挡按钮都能正常顺利变换，若是无级变速传动（电磁调速电机、变频或带无级变速等），能方便、灵敏地在变速范围内变速，传动部分各处无异常振动、噪声及发热等现象，分散轴下端无明显晃动。因分散轴系挠性轴，开车或停车通过第一极限转速（530～600r/min）时，分散轴略有振动属于正常现象。

c. 确认主电机和液压泵电机电器连锁可靠。为安全起见，这两个电机不能同时启动。

d. 严禁开空车。无论试车或生产，叶轮不浸入盛液容器中时，才能开车，否则容易甩弯分散轴或发生其他事故，当发现分散轴弯曲或其他异常情况时，均应立即停车处理。对可变速的高速分散机，一般应低速启动和低速停车。

e. 对漆浆黏度的要求。漆浆的黏度要适中：太稀则分散效果差；太稠使流动性差。合适的漆料黏度范围通常为 0.1～0.4Pa·s，当漆浆比较黏稠时，活动漆盆应固定，以防在操作中发生位移。

f. 注意操作过程中的温升。由于分散机的能量大部分转换为热能，导致漆浆温度升高，黏度降低，这样对分散操作不利；同时，温度升高也加剧了溶剂的挥发，所以要控制温升，尽量合理地缩短开车时间，必要时停止降温，或使用带有夹套可通冷却水的搅拌槽。

g. 关注电流。操作过程中要经常注意电流的变化，如发现超载运行，应停车检查原因，采用措施后再继续运转，如电流很小，可设法合理地加大负荷，以提高工作效率。

h. 搞好卫生。停车后及时清理叶轮、分散轴，搞好设备及环境卫生，最后将分散轴恢复至最低位置。爱护设备，及时检查、维护。如检查、调整传动 V 带地松紧程度；主电机、液压泵及电机、轴承等处应无异常的温升、振动及噪声；液压系统应无泄漏。

（5）高速分散机的优缺点

① 优点：结构简单，操作及维护、保养容易；应用范围广，既可在配料工序用作预分散，也可在搅稀料工序用作调漆，对某些易分散颜料和对细度要求不高的产品，也可直接起分散作用；生产效率高；换色、清洗方便。

② 缺点：分散能力差，不能分散硬的或结实的颜料团粒；对黏度太大、流动性差及某些触变性漆浆不适用。

5.1.2.2　过滤设备

涂料中的杂质可能来自原料，也可能在制造过程中混入，即使漆料和溶剂都是合格的，但从管道中放出时，也可能带有铁锈；在加入粉料拆袋时，可能会混入一些包装材料（如线绳、纸片）；用砂磨机作业时，一些碎的研磨介质（如玻璃珠）已混入漆浆中，再者整个制造过程中不可能是全密闭的，带入尘土和形成漆皮也在所难免，所以色漆在灌装出厂前，一定要过滤，以把住最后的关口，除去各种杂质，保证产品质量。色漆过滤的特点是既要除去杂质，又不能去掉符合细度要求的颜料，这也是它与树脂、漆料和清漆过滤的不同之处。

色漆过滤的设备和方法主要有罗筛、振动筛、挂滤袋过滤、袋式过滤机和滤芯过滤器。其中，挂滤袋过滤和袋式过滤器的应用最为普遍。

（1）罗筛

罗筛，也称过滤罗，是最原始的过滤器。因它的结构太简单了，说它是工具也恰如其分。在一个罗圈上绷上规格（目数）适当的铜丝网或尼龙丝网等，将它置于带支架的漏斗状容器或斜底容器中，容器底部或侧面装灌漆用鸭嘴阀或者专用铜旋塞，这就是一个简单的过滤灌装用罗筛。

罗面上的丝网，较常用的是黄铜丝编织的，俗称黄铜丝布。规格（目数）按工艺要求选取，大多选 80～150 目，丝网规格常以目数来表示。所谓目数，就是指 1 in（25.4mm）边长内有多少个孔，表 5-1 列出了部分筛目尺寸对照表，仅参考。

表 5-1　部分筛目尺寸对照表

规格/目	60	65	80	100	115	150	170	200	250	270	325	400
孔径/mm	0.246	0.208	0.175	0.147	0.124	0.104	0.088	0.074	0.061	0.053	0.043	0.038

罗筛的操作也很简单，进行过滤时，将待滤色漆以适当速度放入罗内，并维持一定的液位，同时用铲刀不时刮动，清理逐渐形成的滤渣，以加快过滤速度。

罗筛过滤只能用于产量小且对过滤精度要求不高的涂料，现已逐渐被挂滤袋过滤取代。

（2）振动筛

使用罗筛过滤时，为了避免滤渣堵住筛孔，要用铲刀经常刮动。振动筛利用筛网的高频振动，有效地克服了这个弊端。

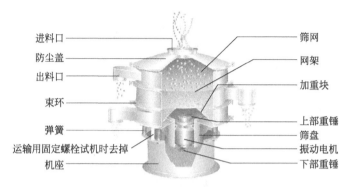

进料口 —— 筛网
防尘盖 —— 网架
出料口 —— 加重块
束环 —— 上部重锤
弹簧 —— 筛盘
运输用固定螺栓试机时去掉 —— 振动电机
机座 —— 下部重锤

图 5-6　振动筛结构

① 振动筛结构和工作原理。图 5-6 展示的振动筛主要由筛网机构、机芯振动机构及机座等部件组成。筛网机构通过 3 套特制的橡胶弹簧和主支承螺栓与底座连接。机芯振动机构由机芯、上偏心重锤和下偏心重锤组成。上、下偏心重锤的偏心方位可调节。经电机驱动，在上、下偏心重锤产生的离心力作用下，最终使筛网形成高频的水平和垂直两个方向的复合振动（三维振动），使待过滤物料在筛网上形成轨道漩涡，使过滤能顺利进行。

对于不同物料的过滤，可选用不同孔径的筛网，同时，可调节偏心重锤的偏心方位，以得到理想的振幅和振型，满足过滤的工艺要求。

② 振动筛的优缺点。优点：结构简单、紧凑，体积小；一般都不用固定基座，使用移动方便；过滤效率高，过滤成本低；换色、清洗方便。缺点：由于筛网不带压过滤，筛孔过小时影响过滤速度，所以还不能满足高档色漆的细度要求；工作时有一定程度的噪声；大多系敞开式过滤，存在溶剂挥发污染环境问题。所以，振动筛宜用于过滤乳胶漆。

（3）挂滤袋过滤

挂滤袋过滤比罗筛过滤更简单、更方便、更实用，所以几乎到处都在使用。

把滤袋用铁丝或用卡箍卡的办法固定在垂直的放料管上，利用罐内液位的静压，打开放料阀门就可以过滤了。滤渣被截留在滤袋内，滤液用容器盛接。待滤袋内滤渣较多了，可暂停过滤，取下滤袋清除滤渣，将滤袋用溶剂洗净再用，直到不能重复使用时换新滤袋。

挂滤袋仅利用不大的液体静压力，所以滤袋不能太紧，阻力不可过大。目前常用的是尼龙单丝滤袋，标注的过滤细度范围为 $80 \sim 800 \mu m$，可按工艺要求选用；国产无纺布标准滤袋主要有过滤面积为 $0.25 m^2$ 和 $0.5 m^2$ 两种，滤袋直径均为 180mm，长度分别为 450mm 和 850mm；也可自制或定制更长的滤袋。

5.1.2.3　包装设备

包装设备是指能完成全部或部分产品和商品包装过程的设备。包装过程包括充填、裹包、封口等主要工序，以及与其相关的前后工序，如清洗、堆码和拆卸等。此外，包装还包括计量或在包装件上盖印等工序。使用机械包装产品可提高生产率、减轻劳动强度，适应大规模生产的需要，并满足清洁卫生的要求。目前应用最为广泛的是常压灌装机。

常压灌装机是在大气压力下靠自重进行灌装。当机器处于"自动"状态，机器按设定速度，自动进行灌装。而当机器处于"手动"状态，操作人员踩动踏板，来实现灌装，若一直踩住不放，则变为自动连续灌装的状态。这类灌装机又分为定时灌装和定容灌装两种。

常压灌装机通过汽缸带动一个活塞来抽取和打出物料，用单向阀控制物料流向，用磁簧开关控制气缸的行程，即可调节罐装量。灌装机一般采用流量计式灌装方式。

常压灌装机开车前必须先用摇手柄转动机器，察看其转动是否有异样，确实判明正常再可开车。机器必须保持清洁，严禁机器上有油污、铁屑等，以免造成机器损蚀，机器在生产过程中，及时清除。将机器表面各部清洁一次，并在各活动部门加上清洁的润滑油。

5.2　冷涂锌的生产过程控制

5.2.1　生产过程控制策划

生产和服务的提供过程将直接影响组织向顾客提供产品和服务的质量，因此生产企业应对如何控制生产和服务提供过程进行策划，对人、机、料、法、环、测等影响生产和服务提供过程质量的所有因素加以控制，使其处于受控条件之下。

由于不同的产品和服务的类型及生产和服务提供过程的特点不尽相同，其生产和服务提供的受控条件也不尽相同。

对于涂料行业，按照 ISO 9001 7.5.1 的要求，受控条件应包括以下几项：

① 表述产品特性的信息。以作为实施生产和服务提供活动的依据。它可以体现为不同的形式，如涂料产品性能指标说明，包括产品规范、样品、样件、颜色标准、施工条件、设备、包装要求等。

② 必要时，获得作业指导书。并非所有的生产和服务提供过程都需要有相应的作业指导书，但是如果没有作业指导书就可能导致生产过程失效或失控的情况下，应向这些活动的操作者提供作业指导书，以便规范和指导生产过程的实施。作

业指导书的形式可以是多种多样的，如工艺过程卡、操作规范、工艺规程、工艺流程以及相应的设备使用指导书等。

③ 使用适宜的设备。在生产过程中，使用满足过程能力要求的设备是保障产品质量的重要方面，因此在生产过程中，应使用能够持续稳定地生产合格产品的设施设备。

④ 获得和使用监视和测量装置。有的生产过程需要使用监视和测量设备，这种情况下应为这些过程配置所需的检测设备，并在这些过程的实施之中使用合适的监视和测量设备。

⑤ 实施监视和测量。在有些生产过程的实施中，需要对这些过程的特性进行监视和测量，以确保这些过程的特性控制在规定或允许的范围内。

⑥ 放行、交付和交付后活动的实施。按照策划的受控条件对产品放行、交付、交付后的活动实施控制。生产和服务提供过程的控制（例如将产品交付给顾客的送货上门服务）、交付后活动（例如交付后的配套产品的供应、培训、施工指导、维护等售后服务）的控制，在这些活动中，组织应按规定的要求和程序开展活动并实施控制。

针对以上要求，涂料行业一般应相应地确定以下因素：

① 涂料产品性能指标说明，施工工艺参数，包括环境条件（温度、湿度等）；

② 提供给生产过程的作业指导书，以及施工过程指导；

③ 确定适宜的生产设备（混合、研磨、调色等设备）以及符合施工要求的涂装设备；

④ 确定符合相应规范要求的检验、试验设备和装置；

⑤ 安排有相应资质的人员对涂料产品的生产、涂装过程实施相应的检验和指导；

⑥ 对有交付和交付后活动要求的顾客，应安排适宜的过程，如施工指导、涂装监理。

5.2.2 生产作业指导书

作业指导书，是作业指导者对作业者进行标准作业正确指导的基准。作业指导书基于零件能力表、作业组合单而制成，是随着作业的顺序，对符合每个生产线的生产数量的每个人的作业内容及安全、品质的要点进行明示，可以通过表格形式确定一个人作业的机器配置，记录周期时间、作业顺序、标准持有量，此外，还可记录在什么地方用怎样的方法进行品质检查。如果作业者按照指导书进行作业，一定能确实、快速、安全地完成作业。

涂料生产业指导书由各项目经理部或作业队编写，作业指导书由各项目经理部总工审核批准，指挥部定期或不定期抽查作业指导书实施情况。生产作业指导书的基本内容如下：

① 与涂料作业相关的职责和权限；

② 涂料作业内容的描述，包括加工的产品及其工序、操作步骤、过程流程图；

③ 所使用的材料和设备，包括材料型号、规格和材质；设备名称、型号、技术参数规定和维护保养规定；

④ 涂料作业所使用的质量标准和技术标准要求，过程能力的要求，判定质量符合标准所依据的准则；

⑤ 检验和试验方法，包括计量器具要求、调整和校准要求；

⑥ 对工作环境的要求，包括温度、湿度以及安全和水环保方面的要求。

涂料作业指导书的版面格式要求包含的内容有：作业指导文件的名称、统一的标准编号、编写依据、发布和实施日期、编制人、审核人、部门负责人签字以及正文等。

涂料作业指导书的编制首先需要遵循质量管理体系文件编制的原则，除此之外，还应依据下列原则和要求：

① 确定性。涂料作业指导书的重点内容应该是解决如何作业的问题，即应列出具体操作的详细过程，包括每一步骤所使用的原材料、仪器设备以及过程作业的结果和判定标准等。

② 实用性。涂料作业指导书的内容和形式应以实用为原则，尽量简洁、易懂，而且要符合文件控制的要求。以文字叙述作业过程时，应选择通俗易懂的语句来表达，或者尽量多采用图表、图示、流程图和照片等形式，方便每个使用者的理解。

③ 必要性。当然也不是每个岗位、每个活动都必须有涂料作业指导书，应该充分考虑活动的复杂性、事实活动的方式、完成活动所需的技能、人员和资源要求等，以便确定最能适合组织运作需要的作业指导书。

④ 协调性。编写涂料作业指导书时，应认真分析现有文件的特点和适用性，以相应的技术规范、标准和有关技术文件作为编写依据，同时也应注意作业指导书的内容并非一定要限制在所依据的质量管理标准要求的范围之内，还可以包括对其他业务活动的控制要求。

冷涂锌涂料生产作用指导书应包含以下基本内容：

① 目的。确保生产员工了解所需要做的事，怎么做，如何才能做好；有什么样的要求；保质保量地生产出顾客满意的产品；减少不合格的发生。

② 适用范围。冷涂锌涂料生产。

③ 职责。生产操作工人按要求进行产品的生产；生产技术部对指导书进行解释和修改工作并确保每个员工都清楚；公司相关管理人员对该指导书进行定期的确定。

④ 生产控制流程。包括投料工序、分散工序、调漆工序、灌装。

⑤ 要求。冷涂锌生成过程中的要求主要包含以下六个方面：

a. 安全方面要求。严禁烟火；能正确使用消防器材；生产前开启通风设备；勿被传动物件缠带。

b. 投料工序。严格按配方要求并在搅拌情况下投料。每投一个包装搅拌 1 分钟以上，投料完后搅拌 3 分钟以上方可进入分散工序。

c. 分散工序。根据配方要求确定分散时间，细度达到要求后进入调漆工序。

d. 配料工序。严格按照配方要求配齐各种原材料。此工序为关键过程，应严格按照配方要求投料。

e. 过滤包装工序。计量准确，包装完后清洁所有工器具。如果是新产品或新色彩留样并贴好标签。

f. 入库。轻提轻放，数量准确。

5.2.3　工艺过程检测

（1）涂料的取样

涂料产品的取样用于检测涂料产品本身以及所制成的涂膜。取样是为了得到适当数量、品质一致的测试样品，要求对所测试的产品具有足够的代表性，取样的正确与否直接关系检测结果的准确性。

（2）涂料的生产过程检测

① 不挥发分含量。不挥发分或称固体分指的是涂料组分中经过施工后留下成为涂膜的部分，它的含量对形成涂膜的质量和涂料使用价值有直接关系。现在为了保护环境，减少挥发有机物对大气的污染，国际上提倡生产高固体分涂料。测定不挥发分含量应该属于涂料组成的分析项目，通常把它列为对涂料状态的检测项目，测定不挥发分最常用的方法是加热烘焙以除去蒸发成分。各国标准略有不同，但基本原理都是一样的，即将涂料在一定温度下加热烘焙，对干燥后剩余物质量与试样质量进行比较，以百分数来表示。我国国家标准 GB/T 1725—2007《色漆、清漆和塑料　不挥发物含量的测定》规定的检测方法是用玻璃培养皿和玻璃表面皿，在鼓风恒温烘箱中进行，温度规定为 105℃±2℃，烘焙 3h。

② 黏度。黏度是流体的主要物理特性，流体在外力作用下流动和变形，黏度是表示流体流变特性的一个项目，它是对流体具有抗拒流动的内部阻力的量度，所以也称为内摩擦力系数，它以对流体施加的外力与产生流动速度梯度的比值表示。

冷涂锌涂料黏度的测定方法主要有流出法和通过不同剪切速率下应力的方法。

③ 密度。密度的定义为在规定的温度下，物体的单位体积的质量，常用单位为 g/cm^3 或 g/mL。测定涂料密度的目的，主要是控制产品包装容器中固定容积的质量。

目前密度的测定按国家标准 GB/T 6750—2007《色漆和清漆　密度的测定比重瓶法》进行，该标准中指定使用比重瓶（质量/体积杯）法在规定的温度下测定液体色漆、清漆及有关产品密度。比重瓶有两种：一种是容量为 20～100mL 的玻璃比重瓶；另一种是容量为 37mL 的金属比重瓶。

④ 其他。涂料制板干燥后，对涂膜的外观、硬度、附着力、耐冲击力、柔韧性均要检测，检测合格后方可包装。

5.3 储存和运输过程控制

（1）涂料的储存

涂料的储存场所应为保持凉爽、干燥且通风良好的室内环境，储存温度应符合产品说明书的规定，在储存过程中应避免以下几种情况：

① 温度过高。温度上升会导致涂料中各个组分的反应活性提高，涂料中的成膜物质与助剂之间会因为温度的升高而发生化学反应，这些化学反应会造成涂料的黏度升高，产生胶化、絮凝等涂料病态，最终可能使涂料提前失效；在没有化学反应的前提下，当温度升高时涂料本身的黏度会下降，黏度下降会造成整个体系的防沉等性能下降，锌粉与成膜物质之间的稳定体系被破坏，导致涂料在包装桶内发生沉淀、结块等问题，因此要维持涂料的正常性能，规定最高的储存温度是必需的，一般规定涂料储存时的最高温度不应超过 40℃。

② 温度过低。涂料的储存温度过低时往往会使涂料体系的黏度上升，一些助剂在温度过低的情况下也可能失效，所以，通常涂料储存时的最低温度不应低于 5℃。

③ 露天摆放。当涂料在露天摆放时，涂料的包装物直接暴露在室外，遭受雨、雪、日光等介质的侵袭，包装物有可能会提前失效，出现泄漏、破损、生锈等问题，影响涂料的品质甚至会使涂料提前失效。露天下的阳光曝晒还会使包装桶内产生高温，造成溶剂挥发和包装桶变形，成为火灾和爆炸的隐患，因此一般规定涂料禁止露天摆放，对于在施工现场需要临时露天摆放的涂料，在不同的季节要做好相应的保温和降温措施，如冬季要用保温材料覆盖，夏季要注意洒水降温。

④ 空气相对湿度过高。涂料储存环境的相对湿度过高时，会使金属制的包装物腐蚀生锈，特别是当包装桶的密封部位边缘发生锈蚀时，由于锈蚀而发生的体积膨胀能使密封失效，从而发生泄漏。失去包装物屏蔽的涂料由于直接暴露在环境中会加速提前失效。

（2）涂料的运输

在涂料运输前，应检查包装方式（包括外包装）和容器材料是否符合运输部门 GB/T 13491—1992《涂料产品包装通则》的规定。在运输前后还应检查包装容器有无损坏，盖子是否紧密，不得渗漏；在涂料的运输中，应防止雨淋、日光曝晒，避免碰撞，并符合运输部门的有关规定，也必须执行公安局有关防火安全规定，即必须严禁烟火，隔绝火源，远离热源，并应设置完善的消防设备；产品在装卸时，应谨慎、细心，避免由于碰撞、跌落而损坏容器。

第 6 章 ▶▶

冷涂锌涂料性能检测及分析

6.1 冷涂锌涂料性能检测标准

冷涂锌涂料为高含锌量富锌涂料，它是由高纯度的锌粉、挥发性溶剂和有机树脂三部分配制而成的单组分富锌涂料。与其他双组分富锌涂料如环氧富锌或无机富锌及其他单组分产品相比，冷涂锌涂料中锌的含量极高，能够为钢铁提供很好的阴极保护，即使在很苛刻的环境中，仍能长效保护钢铁表面。冷涂锌涂料施工方便，不存在使用前繁琐的混合工序和涂料使用时间的限制；操作简便，不需要特别的技术，只需要搅拌均匀，保证必需的涂膜厚度即可；与热镀锌、热喷锌相比具有低污染、低能耗的优点；而且还具有优良的防锈性能，良好的附着力，即选用冷涂锌涂料作为防腐涂装体系中的底漆时与多种涂料都有很好的配套性，因而广泛应用于土木、建筑、电力、通信、环境卫生、船舶渔业等钢铁构件的防锈以及镀锌构件的维修维护等。

目前我国社会环保意识普遍提升，低污染、低能耗的产品应用越来越广泛，冷涂锌涂料必将迎来更广泛的发展机遇；同时，伴随国内技术的日趋成熟，其巨大的市场潜力吸引了众多国内外涂料企业进入此领域。为了促进我国冷涂锌涂料健康、有序发展，加快行业的技术进步，国家制定了规范、统一的冷涂锌行业标准（HG/T 4845—2005）。

在标准制定工作组会上，对标准名称进行了讨论，有代表提出虽然"冷喷锌"也是行业习惯的名称，但是从该产品的实际施工方式考虑，除了主要方式"喷涂"以外，还可以采用"刷涂"、"辊涂"等，因此，将申报时《冷喷锌涂料》名称改为《冷涂锌涂料》，不会扩大产品的范围，可使标准名称更准确。经过代表讨论，达成了将申报时《冷喷锌涂料》名称改为《冷涂锌涂料》的一致意见。标准于 2016 年 1 月 1 日开始实施。

本标准定位于相关应用领域的通用涂料产品标准，在设置项目和指标时应兼顾主要应用领域的要求，使标准既能体现冷涂锌涂料的特性，也能尽量满足各方需要。标准的具体内容见附录。

6.2 冷涂锌涂料及涂层性能测定方法

6.2.1　外观的测定

涂料外观的测定可分别搅拌后目测检查。

6.2.2　在容器中的状态

打开容器，用调刀或搅拌棒搅拌，允许容器底部有沉淀，若经搅拌易于混合均匀，可评为"搅拌混合后无硬块，呈均匀状态"。

6.2.3　不挥发分的测定

定义：指涂料所含有的不挥发物质的量，常用以不挥发物的质量（W/W）百分数或体积（V/V）百分数表示。

测定方法如下：

重量法：GB/T 1725—2007《色漆、清漆和塑料　不挥发物含量的测定》（等同采用国际标准 ISO 3251：2003）。利用加热烘焙方法去除试样中的挥发成分。以烘烤前后重量百分比表示。

GB/T 1725—2007《色漆、清漆和塑料　不挥发物含量的测定》代替 GB/T 1725—1979（1989）《涂料固体含量测定法》、GB/T 6740—1986《漆料　挥发物和不挥发物的测定》和 GB/T 6751—1986《色漆和清漆　挥发物和不挥发物的测定》。

实际操作：把总质量约为2g的试样置于已干燥的直径为（65±5）mm且已称量（m_0）的培养皿中，快速混合均匀后，立即称量（m_1），然后在（105±2）℃，恒温烘烤3h，取出后放入干燥箱中，冷却后，称量（m_2）。

固体含量按式(6-1)计算：

$$X = \frac{m_2 - m_1}{m_1 - m_0} \times 100 \tag{6-1}$$

式中，X 为固体含量，%；m_0 为培养皿质量，g；m_1 为干燥前试样和培养皿质量，g；m_2 为干燥后试样和培养皿质量，g。

实验结果取三次平行试验的平均值。

6.2.4　干燥试验的测定

涂料从液态膜变成固态膜的全过程称为干燥。可以参考以下标准进行涂层干燥性能检测。

GB/T 1728—1979（1989）《漆膜、腻子膜干燥时间测定法》

GB/T 6753.2—1986《涂料表面干燥试验　小玻璃球法》（等同采用国际标准 ISO 1517：1973）

GB/T 9273—1988《漆膜无印痕实验》（等同采用国际标准 ISO 3678：1976）

中国国内把涂料干燥程度分为表面干燥、实际干燥和完全干燥三个阶段。表干测定方法有吹棉球法、指触法和小玻璃球法；实干测定方法有压滤纸法、压棉球法、刀片法和无印痕试验法等。

（1）表干测定法

① 范围及说明。本方法适用于漆膜、腻子膜干燥时间的测定。表面干燥时间指在规定的干燥条件下，液体层表层成膜的时间。本方法是在产品到达标准规定的时间后，在距膜面边缘不小于 1cm 的范围内，检验漆膜是否表面干燥（烘干漆膜和腻子膜从电热鼓风箱中取出，应在恒温恒湿条件下放置 30min 测试）。

② 测定方法

a.吹棉球法。在漆膜表面上轻轻放上一个脱脂棉球，用嘴距棉球 10～15cm，沿水平方向轻吹棉球，如能吹走，膜面不留有棉丝，即认为表面干燥。

b.指触法。以手指轻触漆膜表面，如感到有些发黏，但无法黏在手上，即认为表面干燥。

c.小玻璃球法。将样板放平，从 50～150mm 高度上将重约 0.5g、直径为 125～250μm 的小玻璃球倒落到漆膜表面上。10s 后，将样板保持与水平面成 20°，用软毛刷轻轻刷漆膜。用一般直视法检查漆膜表面，若小玻璃球能被刷子刷掉，而不损伤漆膜表面时，即认为表面已经干燥。小玻璃球法仅适用于自干型涂层。

（2）实干测定法

① 范围及说明。本方法适用于漆膜、腻子膜干燥时间的测定。实际干燥时间指在规定的干燥条件下，液体层全部形成同体系涂膜的时间。本方法是在产品到达标准规定的时间后，在距面边缘不小于 1cm 的范围内，检验漆膜是否实际干燥（烘干漆膜和腻子膜从电鼓风箱中取出，应在恒温恒湿条件下放置 30min）。

② 测定方法

a.压滤纸法。在漆膜上放一片定性滤纸（光滑面接触漆膜），滤纸上再轻轻放置干燥试验器，同时开动秒表，经 30s，移去干燥试验器，将样板翻转（漆膜向下），滤纸能自由落下，或在背面用握板之手的食指轻敲几下，滤纸能自由落下而滤纸纤维不被黏在漆膜上，即认为漆膜实际干燥。对于产品标准中规定漆膜允许稍有黏性的漆，如样板翻转经食指轻敲后，滤纸仍不能自由落下时，将样板放在玻璃板上，用镊子夹住预先折起的滤纸的一角，沿水平方向轻拉滤纸，当样板不动，滤纸已被拉下，即使漆膜上黏有滤纸纤维亦认为漆膜实际干燥，但应标明漆膜稍有黏性。

b. 压棉球法。在漆膜表面上放一个脱脂棉球，于棉球上再轻轻放置干燥试验器，同时开动秒表，经 30s，将干燥试验器和棉球拿掉，放置 5min，观察漆膜有无棉球的痕迹及失光现象，漆膜上若留有 1～2 根棉丝，用棉球能轻轻掸掉，则认为漆膜实际干燥。

c. 刀片法。用保险刀片在样板上切刮漆膜或腻子膜，并观察其底层及膜内均无黏着现象（如腻子膜还需用水淋湿样板，用产品标准规定的水砂纸打磨，若能形成均匀平滑表面，不黏砂纸），即认为漆膜或腻子膜实际干燥。

d. 厚层干燥法（适用绝缘漆）。用二甲苯或乙醇将铝片盒擦净、干燥。称取试样 20g（以 50％固体含量计，固体含量不同时应换算），静止至试样内无气泡（不消失的气泡用针挑出），水平放入加热至规定温度的电热鼓风箱内。按产品标准规定的升温速率和时间进行干燥。然后取出冷却，将试块从中间被剪成两份，应没有黏液状物，剪开的截面合拢再拉开，亦无拉丝现象，则认为厚层实际干燥。平行试验三次，如两个结果符合要求，即认为厚层干燥。（注：油基漆样板不能与硝基漆样板放在同一个电热鼓风箱内干燥）

e. 无印痕法。在漆膜表面上放一块 25mm×25mm 的聚酰胺丝网，并在正方丝网中心放一块橡皮圆板，然后在橡皮圆板上小心放上所需质量的砝码，使圆板的轴线与砝码的轴线重合，同时启动秒表。经过 10min 后移去砝码、橡皮圆板及丝网，观察漆膜有无印痕来评定干燥程度。若测定无印痕的时间，则在预计达到无印痕时间前不久开始，以适当的间隔时间重复上述试验步骤，直至试验显示涂层无印痕为止，记录涂层刚好无印痕的时间。

冷涂锌产品的干燥时间测定按 GB/T 1728—1979 的规定进行，其中表干按指触法的规定进行，实干按压滤纸法的规定进行。

6.2.5　涂层厚度的测定

参考标准 GB/T 13452.2—2008《色漆和清漆　漆膜厚度的测定》（等同采用国际标准 ISO 2808：2007）。可运用该标准中规定的方法测量涂覆至底材上的冷涂锌的湿膜厚度和干膜厚度。这里仅介绍湿膜卡测定湿膜厚度和用磁性测厚仪测定干膜厚度两种方法，若需要了解更多的涂层厚度测定方法，可以参考 GB/T 13452.2—2008 标准。

（1）湿膜厚度

湿膜厚度测定一般是涂覆者用于指导人们确定获得预期干膜厚度需要涂覆的规定涂料用量。湿膜测厚仪一般有两种：湿膜厚度梳规和湿膜厚度轮规。采用湿膜厚度测厚仪的优点在于可以在涂覆过程中检查和改正不适当的涂膜厚度。如果涂覆者知道湿膜厚度，当以此数据乘以涂料固体分的体积百分率，就可估算出干膜厚度：

$$干膜厚度＝湿膜厚度×体积百分率（涂料固体分）$$

涂装作业人可利用湿膜厚度计边检测边施工，随时调整湿膜厚度。在施工中，湿膜厚度的检测频数可以是任意的，在喷涂大而平整的表面，操作熟练时，检测频数可小些；在被涂物面结构复杂、操作不熟练的情况下，检测频数可大些。一般要求在每 $10m^2$ 的涂覆表面均匀分布测量点，一般 $1m^2$ 分布 5 个测量点，各测量三次，测平均值，以提高湿膜厚度的可靠性。

测定湿膜厚度主要是为了核对涂料施工时的涂布率，以保证施工后总干膜厚度，湿膜的测定必须在涂布施工后立即进行，避免因溶剂挥发而使漆膜发生收缩现象。

梳规/轮规是最常用的湿膜测厚仪，俗称湿膜卡。梳规由梳齿组成，两端的外齿处于同一水平，而中间各齿则距水平面有依次递升的不同间隙，指示出相应不同的读数。操作方法：把梳规垂直压在被测湿膜表面，部分齿被沾湿，湿膜厚度几位沾湿的最后一齿与下一个未被沾湿的齿之间的读数。常用量程有 $0\sim100\mu m$、$0\sim200\mu m$、$0\sim700\mu m$、$50\sim750\mu m$ 等。轮规由三个轮同轴组成一个整体，直径为 50mm，厚度 11mm，中间轮与外侧两个轮偏心，具有高度差，轮外侧有刻度，以指不同间隙的读数。操作方法：把轮轨垂直压在被测湿膜表面，从最大读数开始滚动至零点，湿膜首先与中间偏心轮接触的位置即为湿膜厚度，以微米（μm）表示，常用量程 $0\sim150\mu m$。

大多情况下，湿膜厚度的测定，只是保证干膜厚度的辅助手段。对无机富锌涂料和一些快挥发性的涂料，如冷涂锌涂料，干、湿膜比例变化很大，仅用湿膜厚度估算干膜厚度，可能带来错误的结果，因此，评价总厚度还是以干膜厚度为准。

（2）干膜厚度的测定

涂层干膜测厚仪可无损地测量磁性金属基体（如钢、铁、合金和硬磁性钢等）上非磁性涂层的厚度（如铝、铬、铜、珐琅、橡胶、漆膜等），以及非磁性金属基体（如铝、铜、锌、锡）上非导电涂覆层的厚度（如珐琅、橡胶、漆膜、塑料等）。涂层测厚仪集成了便携式、一体式、智能数显等，具有测量误差小、可靠性高、稳定性好、操作简便等特点，广泛地应用在涂料与涂装行业以及制造业、金属加工业、化工业、商检等检测领域。

测定干膜厚度的重要性在于保证涂覆达到规定的厚度，避免由于不适当的厚度导致涂层的过早失效。干膜厚度的测量，必须在涂膜完全干燥后，采用干膜测定仪进行测定。常用的干膜测厚仪有磁性测厚仪、固定探头测厚仪、涡流仪和破坏性测厚仪等。磁性测厚仪是目前广泛应用的，其中有一种笔式测厚仪，如德国 Minipen 笔式测厚仪，用于现场检查十分便携，但不适合于精密检查，测量时，必须使笔尖的磁探头从涂层表面断开，其分开瞬间的读数为干膜厚度，如图 6-1。

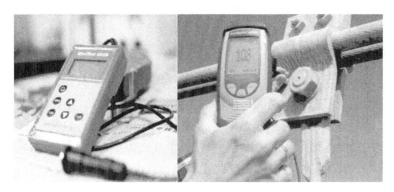

图 6-1　市场上常见的磁性干膜测厚仪

　　使用磁性干膜测厚仪检测时，仪器装上电池后，按下"ON/OFF"按键开机，等蜂鸣声响后，液晶显示屏上显示"0"时，仪器自动进入测量状态，直接将测头垂直并快速紧压到工件表面的涂镀层上，仪器通过测头自动测量出涂层厚度，并通过显示屏把厚度值显示出来（注意：测量时测头保持垂直）。测量点的选择要注意均匀性和代表性。对于大面积的平整表面每 $2m^2$ 测定一点，每点测定三次，计算算术平均值。焊缝、铆钉等测定都有困难的部位可不予测定，但为防止涂装过薄应手工刷涂一遍。对于面积较小的区域或部件，需保证每一面应有三个以上的检测点。测定干膜厚度一般要求遵循 90/10 检测规则：所有厚度测定点的平均值不应低于规定干膜厚度的 90%；未达到规定干膜厚度的测定点数不应超过测定点总数的 10%。为达到规定厚度者应进行如下处理：合格率低于 80%，需全面补涂一道；合格率为 80%～90%，应根据情况局部涂装、焊缝，铆钉部位必须重涂一道涂料。许多涂层膜厚超过规定值，且高膜厚不会产生过度的流挂、起皱或龟裂等缺陷，但带来了涂料的过多损耗和涂装经费的增加。由于涂层过厚会影响溶剂的挥发和完全干燥，以及下一涂层的固化，应予以注意。当膜厚超过规定最大干膜厚度的 10% 时，应设法解决。

　　选购测厚仪时，要特别注意是否符合 GB/T 4956—2003《磁性法测定厚度》和 GB/T4957—2003《非磁性金属基体上非导电覆盖层厚度测量　涡流方法》的相关要求。

6.2.6　密度的测定

　　一般用已知质量的小杯来确定涂料的密度 ρ，其公制单位为 kg/L。把一个装有标准体积（如 100mL）涂料的杯装满，并且在上门放一个带有小孔的杯盖，清除从小孔中排出的多余涂料。称量盛有涂料杯的质量，减去杯和盖的质量后得到计算密度（kg/L）的必要数据：

$$\rho = W/V$$

式中，V 是以 mL 为单位杯的体积；W 是以 g 为单位涂料的质量。

6.2.7 黏度的测定

黏度是流体的主要物理性能。流体（含胶体）体系在压力、重力、剪切力等外力作用下流动和变形，黏度是评价流体流变特性的一个指标，是对流体具有的抗拒流动的内部阻力的量度，表示了流动分子间相互作用而产生阻碍其相互运动的能力，即流体流动的阻力（或称内摩擦力）。数学意义为剪切应力与剪切速率的比值，称为剪切黏度，动力黏度与液体密度之比即运动黏度。

① 动力黏度：国际单位为帕·秒（Pa·s），而习惯用单位为泊（P）、厘泊（cP），1Pa·s＝10P，1mPa·s＝1cP。

② 运动黏度：动力黏度与流体密度之比，国际单位为 m^2/s，习惯用单位是斯（St）、厘斯（cSt），1cSt＝1mm^2/s。

流体有牛顿型和非牛顿型之分。牛顿型流体的特征是流体在一定温度下，在很宽的剪切速率范围内黏度值能保持不变，而非牛顿型流动则剪切力不与剪切速率成正比，它的黏度值随切变应力的变化而改变。随着切变应力增加，黏度值降低者为假塑性流体，反之随着切变应力增加而黏度值也随之增加者称为膨胀性流体，它们的黏度值实际上是其表面黏度。

液体涂料中除了溶剂型清漆和低黏度色漆属于牛顿型流体之外，绝大多数的色漆属于非牛顿型流体中的假塑性流体或塑性流体。某些涂料品种具有触变性，也是一种流变性质，即这些品种受到外力作用时黏度降低，而静止时很快恢复原有的黏稠性。

（1）流出杯法

定义：流出杯法测定的黏度均是条件黏度，即为一定量的试样在一定温度下，从规定直径的孔所流出的时间，以秒（s）表示。当然，流出时间 s 可查表换算成运动黏度值（mm^2/s）。

根据标准 GB/T 1723—1993《涂料黏度测定法》，可分为涂-4-杯和涂-1-杯。二者的嘴孔内径和量程分别为涂-4-杯 Φ（嘴孔内径）4mm，量程 20～150s；涂-1-杯 Φ5.6mm，量程 20s 以下。

根据标准 GB/T 6753.4—1998《色漆和清漆 用流出杯测定流出时间》（等效采用 ISO 2431：1993 标准，类似于美国 ASTM D5125、德国 DIN 53224、英国 BS EN 535、法国 NFT 30-070 等），ISO 杯根据嘴孔内径可分为四种型号：Φ3mm、Φ4mm、Φ5mm、Φ6mm，最佳量程范围：30～100s。

（2）旋转黏度

定义：液体在流动时，在其分子间产生内摩擦的性质，称为液体的黏性，黏性的大小用黏度表示，是用来表征液体性质相关的阻力因子。黏度又分为动力黏度、运动黏度和条件黏度。

测定原理：通过一个经校验过的铍-铜合金的弹簧带动一个转子在流体中持续旋转（见图 6-2），旋转扭矩传感器测得弹簧的扭变程度即扭矩，它与浸入样品中的转子被黏性拖拉形成的阻力成比例，扭矩因而与液体的黏度也成正比。

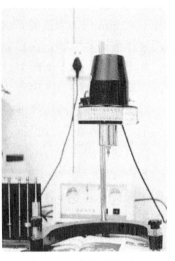

图 6-2　旋转黏度计

标准：GB/T 10247—2008《黏度测试方法》；GB/T 9751—1988《涂料在高切速率下黏度的测定》（等效采用国际标准 ISO 2884—1974《色漆和清漆　在高切速率下黏度的测定》）。

6.2.8　涂层附着力的测定

定义：漆膜与被涂物表面通过物理和化学力的作用而结合在一起的牢固程度，称为附着力。它是衡量冷涂锌漆膜性能好坏的重要指标之一。

标准：GB/T 1720—1979（1989）（划圈法），GB/T 9286—1998（划格法，等效采用 ISO 2409：1992），GB/T 5210—2006（拉开法，等效采用 ISO 4624：2002）。

三种方法各自独立，无换算关系，各有优缺点。

（1）划圈法

测定时对漆膜破坏除垂直压力外还有唱针旋转扭力，适用于各种涂料实验室测试，测定结果以 1～7 级表示。如图 6-3 所示。

图 6-3　划圈附着力测定仪
和划圈法划痕圆滚线

测试方法：测试前先检测附着力测定仪的针头，如不锐利，应予更换，提起半截螺帽，抽出试验台，即可换针；再检查划痕与标准回转半径是否相符，不符时应调整回转半径；调整方法是松开卡针盘后面的螺栓、回转半径调整螺栓，适当移动卡针盘后，依次紧固上述螺栓，将划痕与标准圆滚线比较，一直调整到与标准回转半径5.25mm的圆滚线相同为止。测定时，将样板涂漆面朝上放在试验台上，拧紧固定样板调整螺栓，向后移动升降棒，使卡针盘提起，松开固定样板的有关螺栓，取出样板，用漆刷除去划痕上的漆屑，以4倍放大镜检查划痕并评级（如划痕未露底板，应酌情加砝码）。

以漆膜完好的最低等级表示漆膜的附着力好，结果以至少有两块样板的级别一致为准，1级最好，7级最差。

（2）划格法

方法简单，适合于现场使用。原理按格阵图形切割涂层，并恰好穿透至底材，观察涂层之间及与底材抗分离的能力。

切割工具为刀片或划格器。切割成横、竖6或11道，长10～20mm，间距1mm的小方格25～100个。

测试方法：测量时首先根据底材及漆膜厚度选择适宜的刀具，并检查刀刃是否锋利，否则应予更换。将样板涂漆面朝上放置在坚硬、平直的物面上，握住切割刀具，使刀垂直于样板表面，均匀施力，以平稳的手法划出六条切割线，再与原先的切割线成90°角垂直交叉划出平行的6条切割线，所有切口均需穿透到底材的表面。用软毛刷沿着网格图形的每一条对角线，轻轻地向后扫几次。在硬底材的样板上施加胶带（根据网格胶带的位置，见图6-4），除去胶带最前面一段，然后剪下长约75mm的胶带，将其中心点放在网格上方压平，胶带长度至少超过网格20mm，并确保其与漆膜完全接触。在贴上胶带5min内，拿住胶带悬空的一端，并以与样板表面尽可能成60°的角度，在0.5～1.0s内平稳地将胶带撕离。然后目视或使用双方商定的放大镜观察漆膜脱落的现象。在试样表面三个不同部位进行试验，记录划格试验等级。

测定结果以0～5级表示，如图6-4所示，以漆膜完好的最低等级表示该漆膜的附着力好，分为0～5级，0级最好，5级最差。

图6-4　画格板和划格法结果分级示意图

（3）拉开法

属于剥离实验法。在规定的速度下，在试样的胶结面上施加垂直、均匀的拉力，测定涂层间或涂层与底材间附着破坏时所需的拉力。

$$F = G/S \tag{6-2}$$

式中，F 为附着力，MPa；G 为试样被拉开破坏的负荷值；S 为试样的横截面。

测试结果以破坏强度（附着破坏时所需的拉力，测量 6 次，以平均值和范围来表示结果）和破坏性质来表示。

破坏性质的表示方法如下，用来评定破坏类型：

A—底材内聚破坏；A/B—第一道涂层与底材间的附着破坏；B—第一道底层的内聚破坏；B/C—第一道涂层与第二道涂层间的附着破坏；n—复合涂层的第 n 道涂层的内聚破坏；n/m—复合涂层的第 n 道涂层与第 m 道涂层间的附着破坏；—/Y—最后一道涂层与胶黏剂间的附着破坏；Y—胶黏剂的内聚破坏；Y/Z—胶黏剂与试柱间的胶结破坏。

对于每种破坏类型要估计破坏面积的百分数，精确至 10%，如果涂料体系在平均 3MPa 的拉力下破坏，检查表明第一道涂层的内聚破坏面积大约为 20%，第一道涂层与第二道涂层间的附着破坏面积大约在 80%，这样拉开法实验的结果可表示为：3MPa（2.5～2.9 MPa），20%B，80%B/C。拉开法测试过程复杂，且必须等胶黏剂完全固化后才能测试，实验结果与试板材质、厚度级表面状态以及拉开方式等因素密切相关。图 6-5 为拉开法仪器的示意图。

（4）拉开法与划格法的比较

GB/T 9286—1998《色漆和清漆 漆膜的划格试验》（等效采用 ISO 2409：1992《色漆和清漆 划格试验》），GB/T 5210—2006《色漆和清漆 拉开法附着力试验》（等效采用 ISO 4624：2002《色漆和清漆 拉开法附着力试验》）。

GB/T 9286—1998 标准第 1.1 条指出该方法是"评定涂层从底材上脱落的抗性的一种试验方法"以及"用这种经验性的实验程序测得的性能，除了取决于该涂料对上道涂层或底材的附着力外，还取决于其他各种因素"。正因为这种影响因素的

图 6-5 拉开法仪器

复杂性和不确定性，"所以不能将这种试验程序看作是测定附着力的一种试验方法"。显然，这与原先都把划格法当成现场检验漆膜附着力最为方便的传统认识有很大差别。

在 GB/T 9286—1998 第 1.3 条的注 2 中还指出"当应用于设计成凹凸不平的图案表面的涂层时，该方法所得的结果会有较大的偏差"。这里所指的凹凸不平的图案，即为通常所说的有较大粗糙度的表面。例如，经喷砂处理后的钢板、喷锌（铝）层、无机富锌涂锌等。

GB/T 9286—1998 等效采用的 ISO 2409：1992，ISO 组织于 2007 年 5 月 15 日公布了修订版本 ISO 2409：2007，除仍保留了上述"范围"中的注 2 外，并进一步指出注 2 的具体解释"参见 ISO 16276：2007《防护涂料体系对钢结构的防腐蚀保护——涂层附着力和内聚力（断裂应力）的评判和分级》第 2 部分——划格试验和划×试验"。该标准第 41 条指出"对于硬涂层，划格试验不适用，应使用划×试验；对于含有片状颜料的涂层，不管是划格试验还是划×试验，其测试结果均带有误导性。涂料供应商应推荐合适的试验方法"。

综上所述，笔者团队认为在喷砂钢板上涂装含有"冷涂锌涂料＋环氧云铁中间漆（含有片状颜料）"的配套体系，采用 GB/T 9286—1998 测试"涂层从底材上脱落的抗性"有较大的偏差，也易造成误导，故不适宜用划格法测定其附着力，对于这类涂层附着力的测试推荐采用 GB/T 5210—2006《色漆和清漆 拉开法附着力试验法》。

GB/T 5210—2006 第 1 条就明确指出"本标准规定在色漆、清漆或相关产品的单涂层或多涂层体系上进行拉开法附着力试验"，"对于比较不同涂层的附着力大小是有效的。对附着力有明显差别的一系列已涂漆试板提供相对评定等级则更为有效"。

当然用拉开法测量冷涂锌涂层的附着力，需要把表面一层疏松的氧化层轻微打掉，其后在实验前要确定是否把垫片周边的涂层切开，可用特殊的割线机装置来实现该目的。对于内聚强度非常高的涂层，如果不把周边切开，而把非常大面积的涂层分开，其结果将没有任何意义，但切割本身会造成涂层轻微裂纹而减低拉出强度。冷涂锌涂层很容易受此影响，需谨慎操作。

在冷涂锌涂料防腐涂装实际工作中，经常会遇到附着力时好时坏的问题，说明我们对上述"拉开法"和"划格法"这两项国内外标准认识程度还不够。

6.2.9 耐冲击性测定

定义：涂层在经受高速率的重力作用下发生快速变形而不出现开裂或从底材上脱落的能力。

标准：采用 GB/T 1732—1993《漆膜耐冲击测定法》

原理：指以一定的重锤落于漆膜试板上，使之经受伸长而不引起破坏的最大高度表示漆膜冲击强度，通常以 cm 表示。QCJ 型漆膜冲击强度测定仪器见图 6-6。

试板：马口铁板 50mm×120mm×0.3mm。

图 6-6　QCJ 型漆膜冲击强度测定仪

操作：将试板平放于下部铁贴上，漆面朝上；将重锤提升至所需高度，松手使重锤自由落体冲击试板；4 倍放大镜观察冲击处漆膜有无裂纹、皱皮、剥落等现象。

6.2.10 柔韧性测定

定义：漆膜随底材一起变形而不发生损坏的能力，称为柔韧性。

标准：GB/T 1731—1993《漆膜柔韧性测定法》；GB/T 6742—2007《色漆和清漆 弯曲试验（圆柱轴）》（等同采用 ISO 1510：2002）；GB/T 11185—2009《色漆和清漆 弯曲试验（锥形轴）》；GB/T1748—1979(1989)《腻子膜柔韧性测定法》。

这里介绍的方法 GB/T 1731—1993《漆膜柔韧性测定法》。最常用检验仪器为 QTX 型漆膜柔韧性测定仪，如图 6-7。

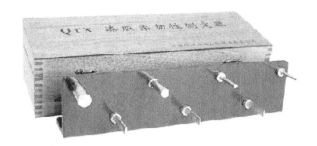

图 6-7 QTX 型漆膜柔韧性测定仪

按轴棒曲率半径，分为 7 个等级：0.5mm、1mm、1.5mm、2mm、2.5mm、5mm、7.5mm。

试验材质：马口铁片

试验尺寸：120mm×25mm×(0.2～0.3)mm

测定方法：用双手将试板漆膜朝上，紧压于规定直径的轴棒中心线，弯曲后，用 4 倍放大镜观察漆膜，检查漆膜是否产生网纹、裂纹及剥落等破坏现象。以样板在不同直径的轴棒上弯曲而不引起漆膜破坏的最小轴棒的直径（mm）表示柔韧性。

6.3 锌（金属锌、全锌）含量测定方法

6.3.1 不挥发分中金属锌含量测定

按 HG/T 3668—2009《富锌底漆》中 5.7.2 的规定进行，即 HG/T 3668—2009《富锌底漆》附录 A 规定的不挥发分中金属锌含量（化学分析法）测定。

具体试验步骤如下。

(1) 混合物中溶剂不溶物的制备

① 装置及器皿。离心分离机：转速 2000～15000r/min；试管：圆底，不锈钢或玻璃制，容量为 50mL；分析天平：感量为 0.1mg。

② 操作步骤。准确称取按比例混合的样品约 10g，置于试管内，加入分析纯的 2-甲基-4-戊酮与丙酮 1：1（体积比）的混合溶剂 20mL，用玻璃棒充分搅匀，棒上的固体用约 10mL 混合溶剂冲回试管内，加混合溶剂到试管的 4/5 处。为防止溶剂挥发，用软木塞将试管塞住后放入离心机内，在转速 3000～15000r/min 下分离 20～30min，倒掉上层清液，将沉淀物用于试验，上述操作需重复 3 次。将沉淀物置于(105±2)℃的烘箱内干燥 2h，取出，放入干燥器内冷却 30min，准确称取沉淀物的质量。

(2) 溶剂不溶物中金属锌含量的测定

在二氧化碳作保护气的条件下，试样中的金属锌与硫酸铁反应（铜盐作催化剂），生成相当量的硫酸亚铁，用高锰酸钾标准溶液滴定，间接计算试样中的金属锌含量。

① 试剂。二氧化碳；磷酸（1.69g/mL）；硫酸（1＋19）；甲基红指示剂（1g/L）：称取 0.10g 甲基红溶于 100mL 的乙醇（1＋1）溶液中；硫酸铜溶液（200g/L）：称取 200g $CuSO_4 \cdot 5H_2O$ 溶于 1L 的水中；硫酸铁溶液（330g/L）：称取 330g $Fe_2(SO_4)_3$ 于 1L 的水中，加热至完全溶解；高锰酸钾标准溶液：称取 20g 高锰酸钾置于 3L 的烧杯中，加入 2L 蒸馏水，煮沸 1h，冷却，静置至次日，移入 2L 容量瓶中，用煮沸并冷却的蒸馏水稀释至刻度，充分摇匀，放置至沉淀沉降，经玻璃丝或瓷过滤器过滤于棕色瓶中，盖上玻璃塞。

② 标定。称取(0.72＋0.0002)g 无水草酸钠，在烘箱中于(105±2)℃干燥 1h，置于 500mL 锥形瓶中，将其溶解于 200mL 的硫酸溶液中，加热至 70～80℃，立即用高锰酸钾溶液滴定至出现淡红色为终点。高锰酸钾标准溶液对 Zn 元素的滴定系数 F 计算如式(6-3)：

$$F = m \times 0.4879/(V - V_0) \tag{6-3}$$

式中，F 为高锰酸钾标准溶液对 Zn 元素的滴定系数，g/mL；m 为多称取草酸钠的质量，g；V 为标定时消耗高锰酸钾溶液的体积，mL；V_0 为空白消耗高锰酸钾溶液的体积，mL；0.4879 为草酸钠转化为对 Zn 元素系数。

当 3 次测定的极差值≤0.00001g/mL 时，取其平均值，否则重新标定。

③ 测量步骤。在一个干燥的 750mL 锥形瓶中充满二氧化碳，塞好瓶塞。将干燥好的溶剂不溶物用研钵充分研磨后称取（0.40＋0.0002）g（差减法称量）试样，迅速打开瓶塞将试样倒入锥形瓶中，立即塞好瓶塞，摇动，使试样分散（避免生成聚合物）。向锥形瓶中加入 10mL 硫酸铜溶液，剧烈摇动 1min，然后用 50mL 硫酸铁溶液冲洗锥形瓶颈部，把附在上面的金属粒子冲下去，塞紧锥形瓶瓶口，放

置在搅拌器上搅拌或用手摇动直到试样完全溶解,需 $15\sim30min$。试样完全溶解后,加入 20mL 磷酸及 200mL 硫酸,立即用高锰酸钾标准溶液滴定至淡红色为终点,同时进行空白试验。

④ 金属锌含量计算。溶剂不溶物中金属锌含量（C）按式(6-4)计算:

$$C(Zn\%) = F(V_1 - V_2)/m \times 100\% \qquad (6\text{-}4)$$

式中,F 为高锰酸钾标准溶液对 Zn 元素的滴定系数,g/mL;V_1 为滴定试样消耗高锰酸钾标准溶液的体积,mL;V_2 为滴定空白消耗高锰酸钾标准溶液的体积,mL;m 为称取的试样质量,g。

实验结果取 2 次平行试验的平均值,两次测定结果的差值应 $\leqslant 0.80\%$。

(3) 混合物中不挥发分的计算

富锌底漆两组分按规定比例混合均匀后,称取约 1.00g,于 $125^{\circ}C$ 干燥 1h 后,测定不挥发分（D）。

$$D = (M_1 - M_2)/M \qquad (6\text{-}5)$$

式中,M_1 为烘干后试样和容器质量,g;M_2 为容器质量,g;M 为试样质量,g。

实验结果取两次平行试验的平均值,两次平行试验的相对误差 $\leqslant 3\%$。

(4) 不挥发分中金属锌含量的计算

不挥发分中金属锌的含量（A）按式(6-6)计算:

$$A(\%) = B \times C/D \qquad (6\text{-}6)$$

式中,B 为混合物中的溶剂不溶物含量,%;C 为溶剂不溶物中的金属锌含量,%;D 为混合物的不挥发分,%。

按照 HG/T 4845—2015《冷涂锌涂料》的标准中规定,冷涂锌涂料中不挥发分金属锌含量 $\geqslant 92\%$。

6.3.2 不挥发分中全锌含量测定

按 GB/T 6890—2012《富锌底漆》附录 A 的规定进行（如果测得的是锌粉颜料中的全锌含量,则根据液料和粉料的配比及不挥发分,按附录 A 中式 A.3 计算出不挥发分中的金属锌含量）。

全锌测量方法:Na_2EDTA 滴定法测定全锌量,具体步骤如下。

(1) 范围

本方法适用于锌粉中全锌含量的测定,测定范围为 $90\%\sim99\%$。

(2) 方法

试样用盐酸和过氧化氢溶解,在 pH 值为 $5\sim6$ 的乙酸-乙酸钠缓冲溶液中,以二甲酚橙为指示剂,用 Na_2EDTA 标准溶液直接滴定。

（3）试剂

①抗坏血酸（固体）；②乙酸钠（无水）；③盐酸（密度1.19g/mL）；④氨水（密度0.90g/mL）；⑤冰乙酸（密度1.049g/mL）；⑥盐酸（1+1）；⑦氨水（1+1）；⑧甲基橙（1g/L）；⑨二甲酚橙指示剂（5g/L），限两周内使用；⑩乙酸-乙酸钠缓冲溶液（称取180g乙酸钠溶于少量水中，加入15mL冰乙酸用水稀释至1L，混匀）；⑪过氧化氢（30%）；⑫硫代硫酸钠（100g/L）；⑬氟化钾（200g/L）；⑭乙二胺四乙酸二钠（Na_2EDTA）。

（4）标准溶液 $[c(C_{10}H_{14}N_2O_6Na_2 \cdot 2H_2O) = 0.05mol/L]$ 的配制

称取18.6g EDTA二钠盐溶于少量水中，移入1000mL容量瓶中，用水稀释至刻度，混匀，放置3日后标定。

（5）标准溶液的标定

称取3份0.1000g金属锌（＞99.99%）置于400mL烧杯中，加入10mL盐酸盖上表面皿，低温溶解，取下冲洗表面皿，冷至室温，稀释至50mL，用氨水和盐酸调至溶液恰变红色，然后依次加入1滴甲基橙指示剂、15mL缓冲溶液和2滴二甲酚橙指示剂，用待标定的Na_2EDTA溶液滴定至溶液由紫色变为亮黄色为终点。同时做空白试验。

按式(6-7)计算Na_2EDTA标准溶液对锌的滴定系数：

$$F = m/(V-V_0) \tag{6-7}$$

式中，F为Na_2EDTA标准溶液对锌的滴定系数，g/mL；m为称取金属锌质量，g；V为标定时消耗Na_2EDTA标准溶液的体积，mL；V_0为空白试验消耗Na_2EDTA标准溶液的体积，mL。

当三次标定结果的极差值不大于0.000005g/mL时，取其平均值，否则重新标定。

（6）分析步骤

称取试样0.15g±0.0001g放入400mL烧杯中，加5mL盐酸，滴入4～5滴过氧化氢，盖上表面皿，低温加热至试样完全溶解，取下表面皿，用少许水吹洗表面皿及杯壁，放冷。

滴加两滴甲基橙指示剂，用氨水和盐酸调至溶液恰变红色，加0.1g抗坏血酸溶解，加入15mL乙酸-乙酸钠缓冲溶液、5mL硫代硫酸钠、5mL氟化钾溶液，摇匀，加入1～2滴二甲酚橙溶液，用Na_2EDTA标准溶液滴定，溶液由紫红色变黄色为终点。

分析结果的计算和表述：按式(6-8)计算全锌的百分含量

$$Zn(\%) = [F(V_1-V_2) \times 100]/m \tag{6-8}$$

式中，F为Na_2EDTA标准溶液对锌的滴定系数，g/mL；V_1为试液消耗Na_2EDTA标准溶液的体积，mL；V_2为空白试验消耗Na_2EDTA标准溶液的体积，mL；m为试样量，g。

6.4 防腐蚀性能测试及分析

6.4.1 中性耐盐雾试验

（1）中性耐盐雾试验的测定方法

多年来，研究者采用盐雾试验来确定金属或涂层的耐腐蚀性能，并努力研究这些试验与实际使用性能的相关性及这些试验的重现性。至今，盐雾试验仍被广泛应用，主要为中性耐盐雾试验，采用 GB/T 1771—2007《色漆和清漆　耐中性盐雾性能的测定》（等效于 ISO 7253：1996）。

漆膜的耐盐雾试验考核涂层对盐雾侵蚀的抵抗能力。海上、沿海及近海地区空气中含有呈弥散微小水珠状的盐雾，这种含盐雾空气相对湿度高、密度也比一般空气大，容易沉降在各种物体上。盐雾中的氯离子具有极强的腐蚀性，对金属和钢筋混凝土结构具有强烈的腐蚀作用，而耐盐雾试验正是模拟这种腐蚀环境的一种腐蚀试验方法。

试验设备：盐雾箱（图 6-8）的容积不小于 $0.2m^3$，最好不小于 $0.4m^3$；箱顶部要避免实验时聚集的溶液滴到试样上；喷雾装置，包括喷雾气源、喷雾系统及盐水槽；盐雾收集器，至少有两个，一个靠近喷嘴，一个远离喷嘴。

样板制备与保养：按 HG/T 4845—2015 执行。

试验条件：配制 NaCl 浓度为（50±10)g/L，pH 值 6.5～7.2；经 24h 一个周期后，收集器收集的溶液，每 $80cm^2$ 为 1～2mL；温度为 35℃±2℃。

结果表示：按 GB/T 1740 "综合破坏等级" 执行，分为 1～5 级或者分别评定试板生锈、气泡、变色、开裂或其他破坏现象。

图 6-8　盐雾箱

特别说明：如有要求，检查样板放于符合 GB/T 9278 规定的标准环境中，状态调节到规定时间后，再开始检查样板表面漆膜变化情况；如需要做划痕实验，可用一种具有碳化钨刀尖的工具在试板表面划出一条均匀的、划穿涂层至底材不带毛刺的平行线（划痕线间距不小于 25mm）或交叉线，如 V 形或×形切口的亮线。

中性盐雾试验是目前国内外检验漆膜耐腐蚀性能的主要方法，不仅适用于单层漆膜的检测，也适用于对复合配套涂层的考核。

（2）冷涂锌涂层的中性耐盐雾试验分析

对冷涂锌涂层的原始刷涂态表面分别放大 50 倍、1000 倍，得到的结果如图 6-9 所示。

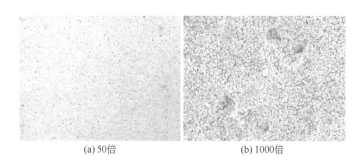

(a) 50倍   (b) 1000倍

图 6-9　冷涂锌原始涂层的 SEM 表面微观形貌图

图 6-9（a）为冷涂锌涂层试样放大 50 倍后的表面形貌照片，从图中可以看出，涂层表面光滑致密，但存在大量的孔隙缺陷。图 6-9（b）为冷涂锌涂层试样放大 1000 倍的表面形貌照片，由图可以看出涂层较为平整，孔隙缺陷明显，表面粒子呈规整的球状形态，且彼此之间存在明显的间隙。冷涂锌涂层的形成既没有热镀锌那样的高温冶金反应，也没有电镀锌那样的电沉积效应，其涂层是在常温下利用粒径极细的锌粉在特殊有机树脂的黏结作用下形成，所以随着有机溶剂的挥发，冷涂锌涂层中的锌粒子在没有氧化产物生成的情况下，呈现出高孔隙率的形貌特征。涂层的孔隙为腐蚀介质侵蚀基体材料提供了渠道，因此对防腐涂层来说，涂层孔隙率越低越好。

按照如此，锌粉的牺牲速度势必会加快很多，但事实上冷涂锌涂层还是能起到长效和高效防腐性能。

对经过中性盐雾试验后的冷涂锌样品表面分别放大 50 倍、1000 倍，观察到的结果如图 6-10 所示。

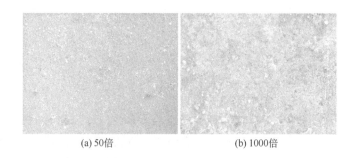

(a) 50倍   (b) 1000倍

图 6-10　经 2500h 中性盐雾试验后的冷涂锌涂层 SEM 微观形貌图

图 6-10（a）为冷涂锌涂层经过 2500h 中性盐雾腐蚀试验后试样放大 50 倍的表面腐蚀形貌照片，从图中可以看出表面致密平滑，少有褶皱，且没有明显的孔隙存在。图 6-10（b）为经过 2500h 中性盐雾腐蚀试验后的冷涂锌涂层试样放大 1000 倍后的表面腐蚀形貌照片，图中只有很少的圆形状粒子，并且粒子之间间距很大。经

过 EDS 能谱仪分析，冷涂锌涂层的表面氧化度大概为 $4\% \sim 8\%$，主要成分是 ZnO、$Zn(OH)_2$ 及碱式碳酸锌 $[ZnCO_3 \cdot 2Zn(OH)_2 \cdot H_2O]$ 氧化物粉末。而图中也可以看出涂层表面的孔隙很少，这是因为冷涂锌涂层表面的氧化物粉末沉积于涂膜空隙中，增加了涂膜的致密性，并且使得钢结构表面与盐雾箱中电解质溶液隔绝，免受溶蚀及氧化，从而起到了屏蔽保护的作用。这层氧化物保护膜又称为白锈，一定程度上可以减缓锌的腐蚀。

对冷涂锌原始涂层和经过在中性盐雾试验腐蚀后的抛光横截面（以线切割法沿垂直涂层方向切段）分别进行放大 200 倍和 100 倍的扫描电镜观察，观测的结果是一样。如图 6-11 所示。

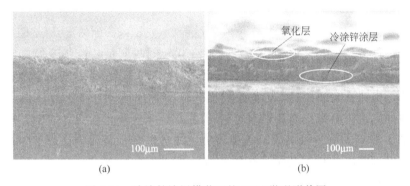

图 6-11　冷涂锌涂层横截面的 SEM 微观形貌图

图 6-11(a) 为冷涂锌涂层原始试样横截面抛光后放大 200 倍后图片，涂层表面起伏不大，厚度均匀，SEM 标尺测量达到 $80\mu m$ 以上。图 6-11(b) 为冷涂锌涂层经过 2500h 中性盐雾腐蚀试验后试样的横截面抛光后放大 100 倍后图片。从图中可以看出，涂层表面的氧化物已经基本覆盖涂层表面，生成一层致密的保护膜，形成了屏障保护。涂层里面的涂层物质基本上融于一体，可能是细微水分、空气渗入涂层之中形成氧化物粉末填充于锌粒子和特殊有机树脂的混合物空间中。

正是这层白锈（出现为正常现象）——ZnO、$Zn(OH)_2$ 及碱式碳酸锌 $[ZnCO_3 \cdot 2Zn(OH)_2 \cdot H_2O]$ 氧化物粉末，充当"自修复层"，从而进一步起到屏障保护的作用，即把大多数腐蚀介质，如水、氧气等阻隔在外面，使钢铁基材得到缓蚀效果；再加之锌的主动阴极保护，使得冷涂锌涂料的防腐性能相当优越。

据报道，按国家盐雾试验的有关标准检测，一般冷涂锌涂层的盐雾试验寿命为 $1000 \sim 2000h$。其中，罗巴鲁的"ROVAL"见报告为 1000h，"航特"的锌铝基涂膜耐盐雾寿命为 1964h；"昊锌"HX-ZINC96 的耐盐雾试验寿命已超过了 2000h。2016 年发行的冷涂锌涂料的行业标准 HG/T 4845—2015 中规定，耐盐雾试验寿命为大于等于 2000h。其中湖南金磐的 JP-1618 冷涂锌涂料现报告为 2500h，锌加为 9600h。

6.4.2 电化学分析

（1）电化学分析试验的测定方法

涂覆在金属表面上的有机涂层可以有效地减缓金属表面的腐蚀过程。判断涂层的防腐性能，可以采用一些传统的评价方法，如可将试样浸泡在 NaCl 溶液或 HCl 溶液中，经历一段时间的浸泡后根据涂层起泡或脱落情况判断金属基体上的涂层的防腐蚀能力。传统评价方法多为经验性的，而且试验周期长，重现性差。由于有机涂层是典型的电介质，它的介电特性随水和氯化物的侵入会发生明显的变化，它的变化也会引起涂膜电阻、电容的变化，因此可以使用能够测量涂膜电阻、电容的电化学交流阻抗谱方法对它进行评价。

电化学阻抗谱（EIS）方法是一种通过控制电化学系统的电流（或系统的电位）在小幅度的条件下随时间按正弦规律变化，同时测量相应的系统电位（或电流）随时间的变化，进而分析电化学系统的反应机理，计算系统相关参数的电化学测量方法。电化学交流阻抗谱的特点是可在从 1000kHz 到 0.001Hz 的宽广的频率范围内对样品进行测量，能得到金属/有机涂层体系完整的信息，包括试样电极的阻抗实部、阻抗虚部、阻抗模值、相角等，测量的结果可用奈奎斯特（Nyquist）图（阻抗实部与阻抗虚部的关系图谱）或波特（Bode）图（阻抗模值或相角随测量频率的变化）来表示。

（2）试验仪器

电化学交流阻抗测试采用经典的三电极体系进行，参比电极采用饱和甘汞电极，辅助电极为铂片，研究电极为涂有涂层的低碳钢电极，电解池采用 H 型电解池（如图 6-12 所示）。

图 6-12 H 型电解池体系

用于电化学交流阻抗测量的电化学工作站为 IviumStat 型电化学工作站（Ivium Technologies B. V.，Netherlands）（如图 6-13 所示），其主要的技术参数如表 6-1 所示。

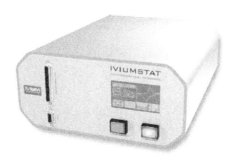

图 6-13　荷兰 IviumStat 型电化学工作站

表 6-1　IviumStat 型电化学工作站的技术参数

项　目	技术参数
最大电流	±5A
最大电压	−10～+10V
电位范围	−10～+10V
测量电流分辨率	所选电流范围的 0.015%，最小 0.15fA
循环伏安或线性扫描频率	1μV/s～10000V/s
计时方法取样频率	100k 数据点/s，或最小取样间隔 10μs
交流阻抗频率范围	10μHz～2MHz
扰动信号幅度	0.015mV～1V，或者电流范围的 0.03%～100%

（3）冷涂锌涂料电化学分析

在进行电化学测试时，采用三电极系统，它由工作电极 WE（working electrode，涂层试样）、参比电极 RE（reference electrode，饱和甘汞电极）和辅助电极 CE（counter electrode，铂电极）组成。试验采用电位自动扫描的方法（动电位法）来测量涂层在 3%NaCl 溶液中的极化曲线，在试验过程中，逐渐增加阳极电势，观察电流密度随浸泡时间的变化情况，从而得到不同样品的极化曲线。动电位法具有快速、可靠、重现性好的优点。图 6-14 为裸钢基体、冷涂锌和热镀锌在 3%NaCl 溶液中的极化曲线。

表 6-2　不同材料在 3%NaCl 溶液中的极化曲线特征值

样　品	裸钢基体	冷涂锌	热镀锌
自腐蚀电位 E/V	−0.5964	−1.072	−1.025
自腐蚀电流 $J/(\mu A \cdot cm^{-2})$	20.12	83.34	80.28

钢铁受腐蚀介质的损害主要来源于电化学作用，而由电化学腐蚀理论可知，在腐蚀介质形成的微电池中，腐蚀首先在电极电位较低的阳极发生，因此标准电极电位比铁低的金属材料均可作为其防腐涂料。由图 6-14 及表 6-2 可知，两种含锌涂层的腐蚀电位至少高于裸钢电位 400mV，在腐蚀介质中，可见两种涂层均能为钢基体提供阴极保护驱动力，冷涂锌和热镀锌涂层的腐蚀电流均高于裸钢，说明裸钢基体上的含锌涂层产生了阴极电流，起到阴极保护作用，因此，由于两种含锌涂层

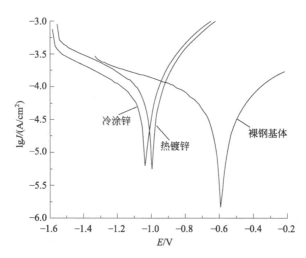

图 6-14 不同材料在 3%NaCl 溶液中的极化曲线

的电化学保护作用,裸钢腐蚀被抑制,形成涂层保护作用。冷涂锌和热镀锌涂层具有相似的腐蚀电位与腐蚀电流,当冷涂锌与热镀锌涂覆在裸钢基材上时,冷涂锌能达到与热镀锌相似的防腐效果。冷涂锌中的锌粉含量高达 96%,能够像热镀锌那样,为基体提供良好的阴极保护作用。此外,由于冷涂锌干膜中 4%的特殊有机树脂具有填充冷涂锌涂层中细小微孔的作用,可以抑制水、氧和离子透过涂层,形成良好的屏障保护。热镀锌由于热镀锌生产过程中温度过高,造成降低镀件的机械强度和产生孔隙,并且工作环境差,污染严重而造成其发展前景会受到一定的限制。因此,相对于热镀锌涂料来说,冷涂锌涂料符合国家提倡的节能环保可持续发展策略,在现在及未来的发展中将会越来越受到重视。

6.5 失效分析

涂层失效是指涂层在投入使用后不久,偏离预期的保证期并出现脱落(涂层与底材、涂层层间剥离)、裂缝或裂纹、机械强度丢失、气泡等严重涂层缺陷,从而导致涂层失去其保护、装饰和功能性的作用,它不同于漆膜弊病,但有可能是漆膜弊病导致的漆膜失效。

理清涂层失效,有助于分清相关方(涂料供应商、工程承包商、工程监理、业主等)的责任,提供必要的分析报告和证据供法庭仲裁。同时,积累案例可预防类似事故发生。

6.5.1 冷涂锌单涂层失效分析

冷涂锌单涂层本身要起到保护钢铁基材,就必须与钢铁基材接触才行。因此对底材的表面处理要求较严格。通常表面处理控制如下指标：①表面清洁，清除灰尘、氧化铁皮、铁锈、油及润滑油等污染物；②表面含盐量控制在 $\mu g/cm^2$；③表面粗糙度为 $25 \sim 75\mu m$，视配套体系有所不同。

表面处理的主要方法有溶剂清洗、手工和动力工具除锈、喷砂和抛丸、酸洗及磷化、铬酸处理等，这些方法都已经在工业上大规模使用并标准化。其中典型的有以瑞典船级社的 Sa 标准、ISO 国际标准以及各国的标准等。不管是采用哪种标准，都是要求除去表面松懈的弱界面层、各种低表面张力的污染物，露出坚实的高表面活性的钢铁基材，从而达到冷涂锌单涂层与其接触起主动阴极保护的作用。适当增大粗糙度，更能促进附着。

除钢铁以外的底材，需做相关试验验证后，才可做下一步应用，如冷涂锌涂层在镀锡材料上是没有附着力的；在塑料基材上是不具备导电效果的，等。

冷涂锌涂料在生产加工和储存过程中存在一定的缺陷，如果使用时，不能正确操作，也有可能导致冷涂锌涂层失效。如冷涂锌涂料的溶剂挥发快，在生产加工时应严格控制其固体分和黏度，以免影响喷涂的整体性。而冷涂锌涂料在储存时容易分层、沉淀或返粗，如果使用时不搅拌均匀或过滤，冷涂锌涂层将失效严重。

冷涂锌涂料在涂装过程中与涂装理论有关的缺陷导致的失效，一是溶剂挥发速率控制不好，过快或过慢导致冷涂锌涂层综合性能下降，附着力性能下降尤为突出；二是冷涂锌涂料表面不平整，很粗糙，膜厚不均一，设计配方时，一定要控制膜厚相差 $10\mu m$ 上下，附着力性能仍要保持一致；三是对冷涂锌涂料使用环境把握不准，令涂层在超过涂层耐性极限以外工作，如在超高湿度、超低温度和超高温度下施工等。

6.5.2　冷涂锌配套涂层失效分析

主要体现在冷涂锌涂层与配套涂层，如环氧云铁中间漆或面漆（含银面漆）的层间附着力失效。

冷涂锌配套其他涂层时，主要是起泡引起的涂层失效模式。泡可大（$d \geqslant 2cm$）可小（肉眼观察不到）；可以是充满液体的实泡，或者是气泡；可以发生在底材-底涂界面，也可以出现在涂层之间。它与施工时带入涂层的空气泡不同，它是涂装后在使用过程中产生的结果。冷涂锌涂料具备起泡的三个必要的条件：涂层之间或底涂与底材之间缺乏附着力；有产生气体或液体泡的来源；一定的推动力。

当以下其他充分条件一起存在时，冷涂锌配套涂层失效不可避免：

① 底涂层与中间漆或面漆缺乏附着力——配套不良。水蒸气渗透并凝聚在层间界面上，或液体介质进入，只要它们的蒸气压或内压力超过层间附着力，它们将推动面涂层脱离并形成泡。在浸渍和高凝结环境中往往产生液体泡。

② 渗透压起泡。这是在浸渍环境下由于底材或底涂层中无机盐、有机溶剂或

表面活性剂等杂质,以涂层作为半透膜形成高、低浓度产生渗透压,推动气泡的产生。

③ 溶剂滞留引起的起泡。底漆的溶剂未适当挥发,或者滞留在多孔冷涂锌体系中,接着被高封闭性面漆屏蔽,那么当温度变化时,溶剂挥发产生的蒸气压可能拉开附着力薄弱的部位起泡——干泡。

④ 阴极保护导致的起泡。大型船舶或钢结构防腐往往是涂料和阴极保护-牺牲阳极、电流保护配套使用。对底漆有耐电位的要求($-1 \sim 1.2V$),一旦失衡,由于金属表面的反应产生氢气而导致起泡。

⑤ 腐蚀介质渗透引起起泡。腐蚀性介质渗透到底材发生反应,直接产生气体起泡,如无机酸、有机酸(甲酸、乙酸即是腐蚀介质,又是涂层溶剂)与钢材,苛性碱与锌、铝反应等产生的氢气导致起泡。

6.5.3 冷涂锌涂层耐盐雾性能失效分析

造成盐雾试验失效的原因本身很多,跟制板有关系,跟存放也很有关系。

如果在上述冷涂锌涂层失效情况下,且未按照行业标准 HG/T 4845—2015 中的标准制备盐雾样板,仍做盐雾试验,可能在实验进行至 $300 \sim 500h$ 会出现起泡现象,冷涂锌涂层耐盐雾失效。接下来先分析下它为什么会失效。

首先我们先分析下冷涂锌在盐雾实验中遭受腐蚀的过程,如图 6-15 所示。

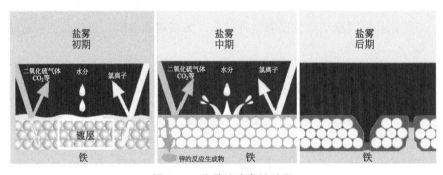

图 6-15 盐雾试验腐蚀过程

初期主要是镀层上面的那一层薄有机树脂层起屏蔽保护作用和渗透进入后的气体、水分和氯离子等外界腐蚀因子穿过锌粉的间隙到钢铁表面,锌发生电化学反应生成腐蚀物"锌白"从而保护铁不生锈。这一时间段大概是 $0 \sim 300h$(判断依据为涂膜出现的锌盐开始扩展),如图 6-16 所示。

盐雾中期主要是有机树脂层的慢慢破坏,而锌与各外界因子反应物生成的锌盐(白色)来填充有机树脂层的破损,以及锌盐填充在锌粉间隙,进一步封闭,使外界腐蚀因子不易侵入(二氧化碳、氧气和水分等不能侵入,而部分氯离子可侵入),起到进一步屏蔽保护作用,形成致密的锌盐保护层。此时间段大致时间为 $300 \sim$

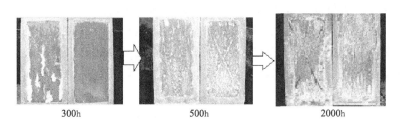

300h   500h   2000h

图 6-16　冷涂锌盐雾破坏性试验随着时间增长的变化情况

1000h（锌盐快速扩展，且局部锌盐开始慢慢变厚）。

后期当锌盐保护层进一步受到少许破损，锌将发挥电化学保护防止锈蚀在涂膜下扩散，及时提供防护，阻止红锈生成或延长。此时间大致为 1000～3000h（锌盐在局部越来越厚，有堆积现象，其他部分变薄或画叉处有红锈出现）。

初期遭受腐蚀的主要原因为有机层太薄。因为涂膜镀锌的有机层太薄，且为导电有机层，电阻率也小。早期很容易起泡，起泡的内应力的产生，主要是因为盐雾腐蚀破坏过程中起主要作用的是氯离子 Cl^-，Cl^- 离子半径很小，只有 1.81×10^{-10} m。它具有很强的穿透能力，容易穿透金属氧化层和防护层进入金属内部，破坏金属的钝态；同时，氯离子具有一定的水合能，容易吸附在金属表面的孔隙、裂缝等部位，取代保护金属的氧化层中的氧，使金属受到破坏。盐溶液的电化学腐蚀过程如下：

阳极：金属以水化离子的形式进入溶液，并把当量的电子留在金属中

$$Me \longrightarrow Me^{2+} + 2e^-$$

$$Me^{2+} + nH_2O \longrightarrow Me^{2+} \cdot 2H_2O$$

$$或\ Me + nH_2O \longrightarrow Me^{2+} \cdot nH_2O + 2e^-$$

电子从阳极流到阴极。

阴极：留在金属中的剩余电子被氧去极化，氯通过扩散或对流，到达阴极表面，吸收电子而成为氢氧根离子

$$1/2O_2 + H_2O + 2e^- \longrightarrow 2OH^-$$

溶液中，氯化钠溶液离解，同时生成腐蚀物。

$$NaCl \longrightarrow Na^+ + Cl^-$$

$$2Me^{2+} + 2Cl^- + 2OH^- \longrightarrow MeCl_2 \cdot Me(OH)_2$$

除了氯离子外，盐雾腐蚀机理还受溶解于盐溶液里（实质上是溶解在试样表面的盐液膜）氧的影响。氧能够引起金属表面的去极化过程，加速阳极金属溶解。由于盐雾试验过程中持续喷雾，不断沉降在试样表面上的盐液膜使含氧量始终保持在接近饱和状态，腐蚀产物的形成使渗入金属缺陷里的盐溶液体积膨胀，因此增强了金属的内部应力，引起应力腐蚀，导致保护层起泡。

由于冷涂锌涂层随着初、中期，锌盐大面积形成，氧气、二氧化碳等气体被屏

蔽，进入的盐液膜里受氧等的影响降低，仅少量氯离子进入，产生的电子没被氧去极化，直接被阳极锌吸收而牺牲阳极。随着时间的推移，由于气泡周围的腐蚀电流更大，阳极锌牺牲得更多，气泡会慢慢下陷而消失或被锌盐再一次填充。

针对此现象我们做了一组破坏性试验，结果也认证了这一现象，如下：

$$Zn + 2H_2O \longrightarrow Zn(OH)_2 + H_2$$

$$Zn(OH)_2 \longrightarrow ZnO + H_2O$$

$$Zn(OH)_2 + CO_2 \longrightarrow ZnCO_3 + H_2O$$

$$Zn(OH)_2 + CO_2 \longrightarrow ZnCO_3 \cdot Zn(OH)_2 \cdot 2H_2O$$

由此得出，早期出现的气泡，出现了冷涂锌涂层耐盐雾失效的现象，只要不出现大面积脱落或随着时间的推移气泡会自动消失的情况，被保护物钢铁将在 3000h 的时候才出现腐蚀（红锈）或红锈延长。

第7章

冷涂锌涂料施工工艺及配套

要发挥冷涂锌涂料的优良性能，必须正确掌握冷涂锌涂料的涂装施工工艺技术。冷涂锌涂料施工工艺应掌握下列几个关键：底材表面处理、充分搅拌均匀、涂膜厚度、施工环境和配套工艺等。

7.1 底材表面处理

7.1.1 底材表面处理的目的和方法

众所周知，底材表面处理的质量是影响涂膜质量的最主要因素，有研究表明表面处理对涂层发挥有效性能的影响程度高达百分之五十以上。表面处理的基本目的是：一为结构处理；二为表面清理；三为调整表面粗糙度。

钢材本身在进一步表面处理前，必须进行一定的结构处理，如锐边的打磨、倒角的磨圆、飞溅的去除、焊孔的补焊及磨平。这些问题对涂层的完整性、附着力有很大影响，所以必须在除锈前就进行处理。

表面清理指除去表面上对涂料有损害的物质，特别是氧化皮、铁锈、可溶性盐、油脂、水分等。如果表面处理不彻底，残留杂质污物，将影响涂层的保护效果。

表面粗糙度大可以增大对涂层的接触表面，并有机械吻合作用，提高了涂层对底材的附着力。粗糙度不能过大，否则在波峰处往往引起厚度不足，导致早期点蚀，而且会在较深的凹坑里截留气泡，成为涂层鼓泡的根源。

表面处理的通常程序为：结构处理→除油污→除盐分→氧化物、锈蚀物、旧漆膜及其他污物的清除→表面清洁。表7-1所示为钢材表面的杂质种类及对涂膜性能的影响。

钢铁表面处理方法分物理处理和化学处理两种方法。物理处理方法主要包括手

表 7-1 钢材表面的杂质种类及对涂膜性能的影响

杂质种类	油污	氧化物、锈蚀物	盐分	旧漆膜
对涂膜影响	附着力低下、缩孔、脱落	附着力低下、起泡、脱落	附着力低下、起皱、脱落	起皱、附着力不良、脱落
去除方式	溶剂擦拭	打磨、喷射	打磨、喷射	打磨、喷射

工工具清理、动力工具清理和喷射处理等，前者主要靠人工操作，后者采用电或压缩空气等作为动力，并使用各种机械设备。手工工具清理适合污物附着不牢固、处理量相对较小及没有动力源的作业场，处理的效果往往差一些；动力工具清理的效率较高，适合较大批量的处理工作；而喷射处理往往适合工业化生产。在选择底材处理方式时，还要考虑总费用的限制和环保的要求等因素。

7.1.1.1 手工工具清理

手工工具清理是一种原始的除锈方式，其方式是用简单的工具敲松和铲除底材表面厚的和疏松的锈蚀物。用这种方法可以除去附着不牢的氧化皮、松散的旧漆膜和其他杂物，但是对于附着力牢固的氧化皮、铁锈等则往往无能为力。现在大规模的底材处理作业已经不再采用手工除锈，它主要作为辅助手段，用于小面积的除锈或者机械设备难以完成的除锈作业，还可以用在喷射除锈前，对厚锈和松散起泡的旧漆膜手工铲除，以节省喷射的成本。

（1）特点

手动工具的优点是设备成本低、便于携带且不需动力源，作业方式灵活。缺点是表面粗糙度小，而且手工工具清理的所有工作都要靠人工完成，劳动强度大，操作环境恶劣，效率低，除锈质量也较差。

（2）工具

手工清理用的工具都是简单的手工工具，常用榔头、铲刀、刮刀、锉刀、钢丝刷及砂布、砂纸等。各种工具的用途为：榔头一般用于敲松和除去局部较厚的锈层和旧漆膜；锉刀用于除去牢固附着在底材表面的硬质凸起物；刮刀用于除去缝隙中的铁锈和腻子等；铲刀用于铲除油污、附着不牢的异物和旧漆膜；钢丝刷可用于清除较薄的疏松锈层和旧漆膜等；砂布、砂纸一般用于清除较轻的锈和旧漆膜。

（3）操作程序

手动工具清理操作开始时，首先要检查表面的状况，如锈蚀的状态、异物的种类等；然后用铲刀除去较厚的油污和附着不牢的异物、铁锈；再用溶剂清洗或擦拭去残留的油污；有锈层存在时要用榔头敲松厚锈层，并用刮刀或铲刀除去；用锉刀除去毛刺、焊渣和各种突出物；用砂纸打磨平面和突出部位的铁锈，用钢丝刷清理缝隙和麻坑内的铁锈；用铲刀除去翘起和附着力不牢的旧漆膜，用砂纸磨去粉化的旧漆膜；最后要用压缩空气吹去浮尘，或用抹布清洁表面，并尽快涂装底漆。

7.1.1.2　动力工具清理

动力工具清理与手工清理的工具相似，但这些工具要使用诸如电或压缩空气等能力源，清理效率可以大大提高。动力工具可以除去所有松散的附着异物，如氧化皮、铁锈、旧涂膜等，但是不能除去附着牢固的异物，因此使用范围仅限于修理等场合。动力工具作业时的噪声很大，操作过程产生的粉尘多且与操作者直接接触，对人员的伤害和环境的污染较严重，现在已经很少大规模使用。

动力工具包括砂轮机、动力钢丝刷、气铲、风动打锈锤、针束除锈器等，可分别用于不同的部位。下面介绍下常用动力工具的用途。

(1) 砂轮机

砂轮机主要用于清除铸件的毛刺，清理焊缝，打磨厚锈层。它的除锈工件是砂轮盘，工作原理是依靠砂轮的高速旋转来磨削和敲击底材表面，达到清除杂质和平整底材表面的作用。

(2) 动力钢丝刷

主要依靠钢丝相对于底材作相对运动时产生的摩擦和剪切力以除去钢材表面的异物，适用于除锈、除旧漆膜、清理焊缝、去毛刺、去飞边等，其特点是可以对麻坑等凹陷部位进行处理，但不能除去氧化皮、焊接飞溅物等附着牢固的异物。其刷面根据不同的用途有轮形、杯形、伞形等形状。

(3) 风动打锈锤

风动打锈锤依靠锤头往复运动撞击金属表面铁锈，从而使其脱落除去，是一种比较灵活的除锈工具，适用于比较狭小的区域。风动打锈锤的动力主要为压缩空气，也有电动的。其主体由锤头、手柄和旋塞构成。锤头有多种形状，其中菱角形锤头适用于平面除锈，尖形锤头则适于边角、凹坑和浅缝处除锈。

(4) 针束除锈器

针束除锈器是一种依靠金属丝旋转和往复运动冲击底材的除锈工具，动力为电或压缩空气，常被用于焊缝、孔洞等狭小区域。

7.1.1.3　喷射处理

喷射处理被广泛应用于清理、抛光和抛丸等作业，其作用原理是依靠离心等方式产生的动力赋予喷射介质一定的能量，并使喷射介质冲击被处理底材的表面，通过冲击、磨削等作用清除掉其表面的杂质，并产生一定粗糙度的方法。喷射的动力通常有离心力、高压气体、高压液体等，具体的清理方法有喷砂处理、抛丸处理和高压水处理等，我们将向大家简要介绍这些处理方法。需要提出的是，对于处理方法的叫法有多种，例如抛丸处理也可以被称为抛砂处理，因为这种抛射处理方法使用的介质（即磨料）不只限于钢丸，有时也使用砂粒等；同样喷砂处理有时会因为使用钢丸作为磨料而被称为喷丸处理；高压水处理也会因在水中夹带有磨料而被称为湿喷砂处理，为了便于读者理解，在这里把各种方法简单地分为抛丸清理、喷砂清理和高压水喷射处理。

（1）抛丸清理

抛丸是指通过抛丸设备高速旋转的叶轮把钢丸、砂粒和钢丝段等磨料以很高的速度和一定的角度抛射到工作表面上，让丸料冲击工作表面，产生冲击和磨削作用达到清除钢材表面异物、消除应力和产生粗糙度的作用。

抛丸机通常由叶轮、罩套、定向套、分丸轮等组成。工作时电动机带动叶轮以2500r/min左右的转速高速旋转，钢丸等磨料靠重力进入分丸轮，并同叶轮一起旋转产生离心力，在从定向套飞出的过程中被加速，最后以60~80m/s的速度飞出，抛射到被处理的底材表面。

抛丸机操作时通过控制和选择丸料的颗粒大小、形状以及调整和设定机器的行走速度，控制丸料的抛射流量，可以得到不同的抛射强度，从而获得不同的表面处理效果。

现在大部分的喷射处理操作都已经实现自动化生产，自动化喷射处理系统通常包括动力系统、抛射系统、工件传送系统、磨料输送和循环系统以及粉尘回收系统等，为了防止喷射处理后的钢材出现锈蚀，很多喷射处理系统还都带有车间底漆自动喷涂装置。

（2）喷砂处理

喷砂处理是常用的一种表面处理方法，被广泛用于钢结构、储罐等涂装前的底材处理和现场组装后的二次底材处理，以及小面积修补涂料时的底材处理等。它具有较好的处理效果和经济性，是各种物理处理方法中性价比最高的一种，喷砂处理的缺点是过程中容易产生粉尘、会对环境造成污染并对工人身体健康造成损害。

喷砂处理的工作原理是以压缩空气为动力，将磨料推入或吸入管道，并在管道内使气流不断加速，形成磨料流从喷枪喷出，磨料流以极高的速度冲击底材表面，依靠冲击和磨削等作用除去金属底材表面的铁锈、氧化皮等污物，并在表面形成一定粗糙度。

喷砂处理按照磨料进入系统的方式分为吸入式和压出式两种，其原理见图7-1。

喷砂处理系统由压力装置、吸入装置、喷砂装置、回收装置、通风除尘装置等部分组成。压力装置产生的压缩空气进入喷砂缸，推动喷砂缸内的磨料经导管缸再重复使用，筛网上的废物则转入废物箱，磨料室内的含尘气体和磨料回收装置中的粉尘通过风机吸进除尘设备除尘，然后排向大气。

喷砂处理是一种比较方便的底材处理方法，其应用也有很多种分类，包括开放式喷砂、密闭式喷砂和自动循环式喷砂等。

① 开放式喷砂。开放式喷砂处理方式被广泛应用于储罐、桥梁等大型工件的

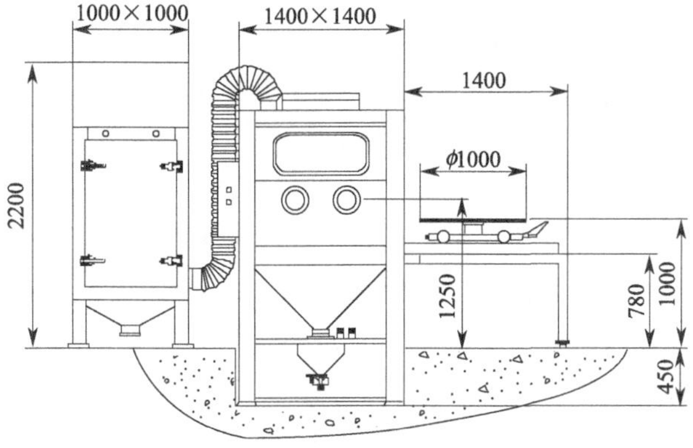

(a) 喷砂处理吸入式

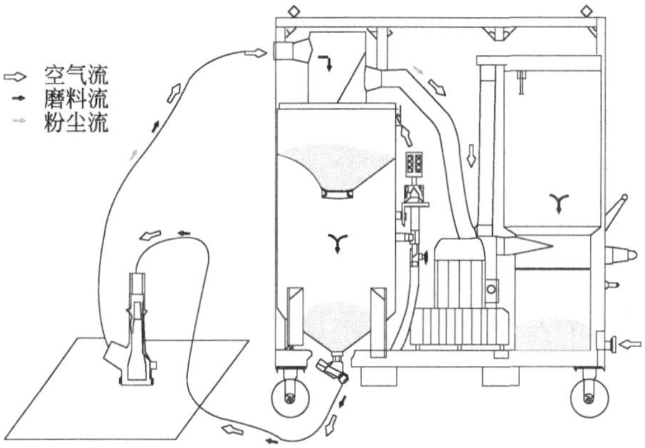

(b) 喷砂处理压出式

图 7-1　喷砂处理吸入式和压出式原理图

现场底材处理。采用敞开式作业，对场地条件要求低，底材处理质量好，费用比较低，但是由于噪声大、磨料回收率低，对环境的污染较大。

② 密闭式喷砂。由于开放式喷砂处理的粉尘多、磨料不易回收等特点，对环境的影响很大，因此大部分被密闭式喷砂所代替。密闭式喷砂系统将喷砂操作部分密闭起来，有效地减少了污染。密闭的喷砂室设有除尘和磨料回收系统，小型的密闭喷砂室适于处理小的工件，效率不高；大型密闭喷砂室很多是自动的，可以用于连续化生产或处理如船舶分段等大型工件。进入喷砂室工作的人员需要配备独立呼吸系统和防护服装。

③ 自动循环式喷砂。自动循环式喷砂系统在开放式喷砂系统的基础上进行了改进，采用了特殊的喷嘴，这种喷嘴配有一个带有毛刷的密闭材料外套，外套与真空除尘系统相连。工作时外套紧贴工件表面，磨料对工件喷射后产生的粉尘和废磨料能被真空系统及时地抽到分离筛选装置，经分离和过滤后可以送回系统重复使用，从而避免了粉尘等有害物质的扩散，减少了环境污染。

（3）水喷射处理

水喷射处理是一种相对较新的技术，它利用高压水的冲击力，对底材表面附着物产生冲击、水楔、疲劳和气蚀等作用，使其脱落而除去。水喷射处理有两个显著的优点：第一，它喷射的介质主要是水，能抑制粉尘的释放，有利于环保，因此使用范围比其他喷射方法要广；第二，它不仅可以除去氧化皮、铁锈和旧涂层等杂质，还可以溶解并冲掉可溶性盐类，这是干法喷射无法做到的，但这种方法不能在底材的表面产生粗糙度，而且有可能使邻近的完好漆膜产生开裂。由于水的存在，清理后的钢材在涂装之前会产生锈蚀，因此有时需要在水里加入缓蚀剂。

水喷射处理系统通常由高压水泵、高压管路、控制装置和喷枪等组成，先进的水喷射系统往往还配有水循环装置，利用真空将喷射后产生的废水和杂质回收起来，进行过滤分离后，水可以重复使用。

水喷射处理，按通行的标准，可分为低压水清理、高压水清理、高压水喷射和超高压水喷射四类。

低压水清理（LPWC）压力小于34MPa，通常用于除去疏松的氧化皮或沉积物。

高压水清理（HPWC）压力为34～70MPa，用于除去旧的锈皮和疏松漆膜，使用"鼓风式喷射"枪嘴喷出水流，每分钟流量大约为60L。

高压水喷射（HPWJ）的压力为70～170MPa。

超高压水喷射（UHPJC）的压力大于170MPa，用于完全除去所有的锈蚀和氧化皮，并且除去所有的残存旧漆膜。

以上各种表面处理方法各有其特点，有的除锈质量好，有的施工比较方便，有的费用较低，所以在设计表面处理时应该综合考虑各种因素，确定比较合适的方法。几种物理处理方法对比见表7-2。

表7-2　几种物理处理方法对比

除锈方法	除锈质量	表面粗糙度	对漆膜保护性能的影响	必要的施工场地	现场施工的适用	粉尘问题	钢板厚度限制	除锈费用
喷射处理	最佳	最佳	最佳	有限制	良好	差	受限制	高
动力工具处理	勉强适合	不适合	良好	无限制	最佳	良好	不受限制	低
手工工具处理	不适合	不适合	良好	无限制	最佳	良好	不受限制	最低
水喷射处理	最佳	不适合	勉强适用	无限制	良好	最佳	受限制	高

7.1.2 表面处理的等级和水平

为了正确评价表面处理的质量，许多国家都制定了表面处理质量评定标准，如国际标准化组织（ISO）、美国钢结构涂装协会（SSPC）、日本造船研究协会（JSRA）、美国防腐工程师联合会（NACE）等。中国也等效采用 ISO 8501-1：1998 标准的有关部分，制定了关于钢铁除锈的国家标准 GB 8923—2011《涂装前钢材表面锈蚀等级和除锈等级》。下面笔者将对一些常用的标准和它们之间的相互关系做一个简单的介绍。

不同国家的表面处理的标准级别存在一定的对应关系，现将各国除锈标准的对应关系列于表 7-3。

表 7-3　各国表面处理标准对应表

标准名称							表面处理方法	处理内容	除锈率
美国	瑞典	中国	英国	德国	国际	美国	日本造船研究协会		
SSPC	SIS	GB	BS	DIN	ISO	NACE	SPSS		
SP 5	Sa 3 A,B,C,D	1 级	Sa 3	Sa 3	NO. 1	喷砂 Sd 3、喷丸 Sh 3	喷砂喷丸	喷砂清除露出白色金属	99%
SP 10	Sa 2.5 A,B,C,D	2 级	Sa 2.5	Sa 2.5	NO. 2	Sd 2、Sh 2	喷砂喷丸	喷砂清除露出接近白色金属	95%
SP 6	Sa 2 B,C,D	3 级	Sa 2	Sa 2	NO. 3	Sd 1,Sh 1	喷砂喷丸	喷砂清除	67%
SP 7	Sa 1 B,C,D	—	Sa 1	Sa 1	NO. 4	Ss—	喷砂喷丸	喷砂清除	
SP 3	St 3 B,C,D	—	St 3	St 3	—	Pt 3	动力工具除锈		
SP 2	St 2 B,C,D	—	St 2	St 2	—	Pt 2	手工除锈		

ISO、SSPC 和 NACE 三个标准之间也存在一定的对应关系，见表 7-4。

表 7-4　表面处理标准对应表

SSPC	ISO	NACE	SSPC	ISO	NACE
SP 1			SP 8		
SP 2			SP 9		
SP 3			SP 10	Sa 2.5	NO. 2
SP 4			SP 11		
SP 5	Sa 3	NO. 1	SP 12		NO. 5
SP 6	Sa 2	NO. 3	SP 13		NO. 6
SP 7	Sa 1	NO. 4	SP 14		NO. 8

以 ISO 为例详解如下。

ISO 8501-1 规定了评定锈蚀等级和预处理等级的依据，采用的是目视法，将被评定物与标准照片对比，它规定的内容主要包括锈蚀等级、预处理等级、目视评定步骤等几个部分和 28 张典型样板的照片。

锈蚀等级：将未涂装过的金属表面按氧化皮覆盖情况和锈蚀程度分为 A、B、C、D 四个等级（图 7-2）。

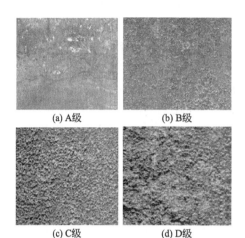

图 7-2 金属表面腐蚀等级评定照片　　　　图 7-3 金属表面喷砂等级

A 级：钢材表面大面积地覆盖着氧化皮，几乎没有锈；

B 级：钢材表面已开始生锈，氧化皮脱落；

C 级：钢材表面氧化皮已经因锈蚀而脱落或者可以被刮掉，但是正常目测下只能看到少量的点状锈斑；

D 级：钢材表面氧化皮已经因锈蚀而脱落，正常目测下可以看到大量的锈斑。

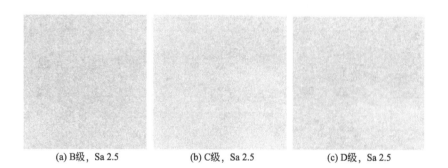

(a) B级，Sa 2.5　　　　(b) C级，Sa 2.5　　　　(c) D级，Sa 2.5

图 7-4 金属喷砂 Sa 2.5 等级图像

预处理等级：将喷射处理后的金属表面分为 Sa 1、Sa 2、Sa 2.5、Sa 3 四个等级，如图 7-3 和表 7-5 所示。图 7-4 为金属喷砂 Sa 2.5 等级图像。

表 7-5 喷砂清理的等级

等　级	表面状况
Sa 1 轻度喷砂清理	在不放大的情况下观察时,表面应该看不见残油、油脂和灰尘,没有不牢固的氧化皮、铁锈、涂料和异物
Sa 2 彻底的喷砂清理	在不放大的情况下观察时,表面应该看不见残油、油脂和灰尘,没有不牢固的氧化皮、铁锈、涂料和异物,任何残留的污物应是牢固附着的

续表

等　　　级	表面状况
Sa 2.5 非常彻底的喷砂清理	在不放大的情况下观察时,表面应该看不见残油、油脂和灰尘,没有不牢固的氧化皮、铁锈、涂料和异物,任何残留污物的痕迹应只显示为点状和条状的轻微色斑,见图 7-4
Sa 3 使钢材表面外观洁净的喷砂清理	在不放大的情况下观察时,表面应该看不见残油、油脂和灰尘,没有不牢固的氧化皮、铁锈、涂料和异物,显示均匀的金属色泽

将动力工具处理的分为 St 2 和 St 3 两个级别,见表 7-6。

表 7-6　手动和电动工具清理的等级

等　　　级	表面状况
St 2 彻底的手动和电动工具清理	在不放大的情况下观察时,表面应该看不见残油、油脂和灰尘,没有不牢固的氧化皮、铁锈、涂料和异物,任何残留的污物应是牢固附着的
St 3 非常彻底的手动和电动工具清理	与 St 2 类似,但是表面要处理得更彻底,钢材要闪耀金属光泽

火焰清理方式进行表面预处理由字母 "F1" 表示。火焰清理的描述见表 7-7。在火焰清理之前应铲掉厚层铁锈,可见的残油、油脂和污物也应当被去除,火焰清理后应用电动钢丝刷清理表面。

表 7-7　火焰清理

等级	表面状况
F1 火焰清理	在不放大的情况下观察时,表面应该看不见氧化皮、铁锈和异物。任何残留物应仅显示为表面褐色(不同颜色的阴影)。

注:火焰清理包括最后用电动钢丝刷去除清理过程中的产物。手动钢丝刷无法达到令人满意的涂装表面要求。

表面粗糙度:金属表面经过喷射后,就会获得一定的表面粗糙度或表面轮廓。表面大颗粒的存在会使被涂金属的表面粗糙度明显增加,有利于涂料和底材之间的附着。但是如果粗糙度过大会造成规定膜厚的涂料无法覆盖住粗糙度的波峰,如果粗糙度和涂膜厚度差距过小,容易造成波峰处的膜厚变薄,影响保护效果;另外过大的粗糙度会由于涂料对底材的浸润不良而造成涂膜防腐性和附着性降低,因此粗糙度并不是越大越好。评定表面粗糙

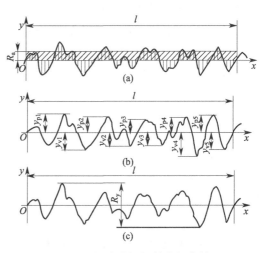

图 7-5　评定表面粗糙度的参数

度的参数见图 7-5。通常控制粗糙度在涂装干膜厚度的 $1/5 \sim 1/4$。图中 R_a 是在取样长度 L 内轮廓偏距绝对值的算术平均值;R_z 是在取样长度内 5 个最大轮廓峰高

的平均值与 5 个最大轮廓谷深的平均值之和；R_y 是在取样长度 L 内轮廓峰顶线与轮廓谷底线之间的距离。

ISO 8503-1 提供了用对比样板的方法评价表面粗糙度的标准，该标准规定的标准样板有两种，共八块，每块标准样板的分级描述见表 7-8。

表 7-8　ISO 粗糙度标准板的描述

处理方法	等级	表面粗糙度	
钢砂处理表面（样板 G）	细（fine G）	表面轮廓等于样板 Ⅰ～Ⅱ 但不包括 Ⅱ	$R_y 23～49\mu m$，典型值为 $25～45\mu m$
	中（medium G）	表面轮廓等于样板 Ⅱ～Ⅲ 但不包括 Ⅲ	$R_y 50～84\mu m$，典型值为 $55～80\mu m$
	粗（coarse G）	表面轮廓等于样板 Ⅲ～Ⅳ 但不包括 Ⅳ	$R_y 85～129\mu m$，典型值为 $85～129\mu m$

7.1.3　涂装冷涂锌涂料前的表面处理

对冷涂锌来说，表面处理同样重要，不同的钢材表面有不同的处理方式和等级水平。

(1) 新的钢材表面

喷涂冷涂锌前，应选择机械除锈（喷砂、抛丸等）的方法，使钢材表面清洁度达到 ISO 8501-1 的 Sa 2.5 级，相当于 GB 8923 的 Sa 2.5 级。它的文字定义为：钢材经过机械除锈后，表面无油、无锈、无氧化皮及其他的污物，或仅留轻微的痕迹；95％钢材表面受到钢丸（砂）冲击，露出金属的光泽。对于表面处理质量的另一个指标——粗糙度，不同的冷涂锌材料对粗糙度的要求都有所不同。在湖南金磐施工说明书中，对粗糙度的要求略低，$R_z=40～60\mu m$；在锌加（Zinga）的施工说明中，要求平均粗糙度 $R_a=12.5\mu m$，即粗糙度 $R_z=55～75\mu m$。

如果冷涂锌单独成膜，作为防腐涂层时，表面粗糙度可控制得略小一点，以保证冷涂锌的涂层厚度；而当冷涂锌作为重防腐涂料的底层、总配套涂层厚度大于 $180\mu m$ 时，为保证整个涂层的附着力，钢材表面粗糙度 R_z 应大于 $60\mu m$。

(2) 旧的钢材表面

最好亦是采用喷砂的办法，去除旧漆膜、锈斑后，钢材表面尚有一定的粗糙度。若条件限制，也可采用手工打磨及风（电）动工具打磨除锈的办法，除锈等级标准达到 ISO 8501-1 St 3 级，即非常彻底的手工和动力工具除锈。它的文字定义为：表面应无可见的油脂和污垢，并且几乎没有附着不牢的氧化皮、铁锈、旧涂层和异杂物；表面应具有金属底材的光泽。不同品牌的冷涂锌材料对表面处理的等级要求各有不同，如：ROVAL 在对钢材表面打磨到 St 3 级时，经中国船舶工艺研究所测试，$60～80\mu m$ DFT 涂层，对钢材的附着力好，拉开法可达到 6.1MPa；比利时 Zinga 在涂装前，允许钢材表面有 5％左右轻微锈蚀面积。总的来说，冷涂锌涂料对底材处理的等级及要求与常规涂料的要求是一致的。

(3) 镀锌钢材表面

冷涂锌材料一般用作旧镀锌钢板或热浸镀锌钢材表面的修补或复涂。喷涂冷涂锌材料前，除了去掉锈、油及其他污物外，同时必须去掉锌盐（白锈），以免影响冷涂锌的附着力。常用锌盐的去除方法有扫砂、打磨处理、清水冲洗等，允许留有轻微的痕迹。

同样冷涂锌材料单独作为防腐涂层，在修补、复涂时，也采用上述表面处理的办法，冷涂锌层间重熔性能更为优异。

（4）电焊缝的表面处理

众所周知，电焊缝部位是钢构件最易锈蚀的部位。实践证明，在有电弧喷锌（铝）和热浸锌镀层的钢构件焊接安装后，用冷涂锌对焊缝进行修补，是经济而有效的办法。但修补前，焊缝表面必须认真去除"飞溅"、"焊渣"，去除油脂、去除焊缝探伤剂及其他污物，打磨处理至 ISO 8501-1 的 St 2 级。表面处理完毕后，立即涂装第一道冷涂锌。

7.2 涂装

优质的冷涂锌，在钢材经过符合规格的表面处理后，只要能够达到常规涂料的施工条件就能充分发挥冷涂锌的最大优越性，且能给予钢材有效的保护。除了各种规格、各种类型的冷涂锌气雾罐外，冷涂锌最常用的方法有刷涂、辊涂、空气喷涂和高压无气喷涂四种。

7.2.1 涂装环境条件

冷涂锌可以在室内涂装，但更多的是在工地现场涂装。温、湿度等自然条件对涂装质量有一定的影响，雨雪天、大风天不宜涂装。但与重防腐涂料相比，湖南金磐新材料科技有限公司（以下简称金磐）的冷涂锌材料对环境条件的要求并不高。金磐冷涂锌涂装的温度范围为 $-5 \sim 50℃$，尽管在技术说明书中推荐的湿度范围须小于 85％，钢材表面温度大于露点温度 3℃时，才能涂装施工，但实践证明：金磐冷涂锌可以在相对湿度大于 85％的条件下施工。一些客户用过金磐后发现：冷涂锌涂层经过日晒雨淋，不会影响附着力，而且会变得越来越硬；金磐冷涂锌可以在潮湿表面涂装；涂装后 2h 下大雨，不会影响涂层质量，只不过涂膜颜色变黑，1～2 个月后自然恢复锌灰色。

如在船舱或晚上进行施工时，必须有充足的照明度。采光条件不好，容易产生漏涂、涂层不均匀等弊病，但照明器具须是防爆型；必须有足够的通风量，以及时排出粉尘、溶剂；施工人员应佩戴风帽进行施工。

7.2.2 涂装前的准备工作

喷涂冷涂锌前包括三方面的准备工作。

第一是开罐前要确定冷涂锌牌号、品种、批号等，并作详细记录。

第二是搅拌。冷涂锌中锌粉密度大，易沉淀、结块。使用前，均需机械搅拌使材料均匀如一。冷涂锌涂料的触变性能较好，极易搅拌均匀，但有个别冷涂锌产品，在无气喷涂的同时，还需继续搅拌，防止锌粉沉淀，以保证涂装质量。

第三是稀释。同现代化的重防腐涂料一样，冷涂锌通常开罐、搅拌后即可使用。稀释剂主要用来清洗工具，对于冷涂锌材料，在手工辊涂、刷涂时，可加入＜5％的稀释剂，以易于施工。冷涂锌材料在无气喷涂时，在冬季温度低时，可加入适量稀释剂；为控制膜厚可以加入适量稀释剂（10％～15％），但这些均需在生产厂家的技术人员指导下进行。特别需强调的是，必须采用专用的稀释剂，不同品牌的冷涂锌稀释剂不能互用；更不能将重防腐涂料的稀释剂当作冷涂锌稀释剂，否则后果严重。

虽然冷涂锌可以采用多种方式进行涂装，如刷涂、浸涂、有气喷涂等，但用无气喷涂法的冷涂锌涂层附着力最好，也是控制膜厚的最好办法。

7.2.3 刷涂

刷涂是使用最古老、最简单的涂装方法，几乎从涂料一开始产生就有了这种方法。刷涂法施工简单，涂料损耗少，所需工具价格低廉，因此即使是在科技高度发达的今天，刷涂仍然在一定场合使用。由于刷涂法生产效率低，最适合于平面和小尺寸物体的施工。刷涂法通常适合于干燥速率较慢的涂料。另外，刷涂容易产生刷痕，装饰性能差，需要熟练的操作工人才能保证一定的装饰效果。

冷涂锌涂料一般用专用稀释剂兑稀0～5％后，刷涂选用毛较为柔软、可以吸收大量涂料的刷子，涂装时注意不要延展涂膜，不要留下刷痕，以保证涂膜厚度均匀。

刷涂前要准备柔软的漆刷，用专用兑稀剂将刷子浸泡，甩干，以去除刷子上的尘土和浮毛；同时准备一个大小合适的干净容器，将涂料搅拌均匀后倒入容器中，添加稀释剂调整好涂料的黏度，最好用纱布等过滤一下涂料。

将刷子放入涂料至刷毛的1/3～2/3处，使刷子蘸上涂料，刷柄不要接触容器内壁，蘸料以饱满又不滴下为准，蘸料后应以刷尖轻触罐壁数次，或在桶边内挂掉多余的涂料。刷涂时手握刷子要牢固，在刷涂过程中，刷柄应始终垂直于被涂物表面，涂料刷涂时用力要适中，速度均衡。

① 慢干涂料的刷涂。慢干涂料的刷涂分为涂布、抹平、修饰三个步骤，见图7-6。

涂布是在手臂所及的范围内将刷毛黏附的涂料涂布在被涂物表面；抹平是将已经涂布在被涂物表面的涂料展开抹平；修饰是按照一定方向将涂料涂刷均匀，尽量消除刷痕并使膜厚均匀。

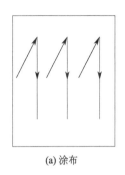　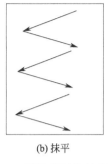　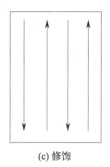

(a)涂布　　　　　(b)抹平　　　　　(c)修饰

图 7-6　刷涂慢干涂料步骤

② 快干型涂料。刷涂快干型涂料时，要将涂布、抹平、修饰三个步骤快速合一，见图 7-7。

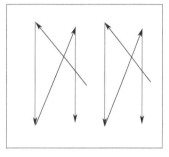

每次刷涂的宽度要窄，不能反复刷涂，必须在将涂料涂布在被涂物表面的同时，尽可能快地完成抹平和修饰。

涂刷完毕后，应及时用相应溶剂清洗干净，晾干保存，以备下次使用。

图 7-7　刷涂快干涂料步骤

7.2.4　辊涂

辊涂是借助辊刷的辊动将涂料转移到被涂物表面的方法。辊涂法的施工效率比刷涂法高一倍左右，并且工人的劳动强度要比刷涂法低。辊涂法常常用于建筑、混凝土施工以及风电叶片等外形简单且由较大平面组成的被涂物的表面涂装。辊涂法的涂料损失率较喷涂要少，对环境的污染也小，但是辊涂不适合于边角和凹凸不平的部位。

（1）辊刷的构造

辊刷是辊涂的主要工具，它由手柄、支架、辊芯和辊筒四个部分组成。

手柄的上部与支架相连，下部一般有丝带扣的孔，可以连接加长杆；辊芯连接支撑机构，能够滚动；滚筒的内层是筒衬的外表面，是辊刷的关键部件，使用时辊筒可以牢固地套在有弹性的辊芯之上，辊芯可以在支架上滚动。

含漆层有纤维含漆层和发泡含漆层两种。纤维含漆层用羊毛等天然纤维或尼龙、聚酯等合成纤维制成。按照纤维的长度可将辊刷划分为长毛、中毛和短毛，长毛含漆层的毛长为 $18\sim30$mm，用于粗糙表面涂装；中毛含漆层毛长为 $10\sim17$mm，为通用型；短毛含漆层的毛长为 $2\sim9$mm，用于装饰要求高的表面涂装。

（2）辊涂的分类

通常将辊涂分为标准型、特殊型和压送式三种。

① 标准型辊刷。标准型辊刷的刷辊呈圆筒形，按照辊刷的内径可以分为通用

型、大型和小型，通用型辊刷内径为 38mm，辊幅为 100～220mm，适用于一般的平面或曲面；小型辊刷的内径为 50～58mm，适用于大面积的辊涂。

② 特殊型辊刷。特殊型辊刷的刷筒主要用于形状复杂部位的涂装，可以设计成锥形、棱角形、半圆形等，艺术型辊刷的辊筒设计有凸起的花纹或图案，可以辊涂出不同效果的图案以满足艺术装饰要求。

③ 压送式辊刷。压送式辊刷是一种可以自动供给涂料的辊涂工具，由输送装置和辊刷两部分组成，输送装置包括压送泵和涂料存储罐，涂料经压送泵增压后由输送管输出，再经支撑杆和辊芯内腔输送到含漆层为辊刷自动输送涂料，辊刷的手柄上有控制涂料流量的开关。

压送式辊刷能实现自动供给涂料，而且涂料的输出量可以调整，移动方便，因此能够进行连续涂装，适用于大面积被涂物的涂装；但由于压送式辊刷比较重，不适合小面积涂装。

（3）辊涂操作

① 准备。辊涂施工前应该根据涂料的特性、被涂物的大小和形状来选择辊刷的大小、辊筒的形状、毛刷的长短等，同时要准备好盛放涂料的辊涂盘，辊涂盘的大小要和辊刷相匹配。

② 蘸料。将涂料注入辊涂盘，涂料量以能够没入辊刷外径一半为宜。辊刷在盘内滚动蘸上涂料后，要在辊涂盘内反复滚动辊刷，使含漆层均匀地黏附涂料，并去除纤维层中夹带的气泡。

③ 施工。施工时要用力握住辊刷，然后轻轻用力让辊刷在被涂物表面按照 W 形轨迹运行，将涂料先大致分配在被涂物表面；然后逐渐用力，将涂料均匀地黏附在被涂物的表面；最后用辊刷沿一定的方向辊饰，尽量消除辊痕。为了避免涂料流淌，整个涂装过程要对辊刷逐渐加力。

辊刷使用后，应将辊筒从辊芯上取下，去除辊筒和辊芯上的涂料，并将各部分用相应的稀释剂清洗干净，晾干后妥善保存。

7.2.5 空气喷涂

将冷涂锌涂料用专用稀释剂兑稀 5%～10%后，空气喷涂选用口径为 1.5～2.5mm 的喷枪、120# 的过滤网，气压为 0.29MPa。

被涂件进入喷漆室后，操作者开始喷涂，走枪的方法有两种：一是横向走枪，喷涂从左至右，从下向上喷；二是纵向走枪，喷涂时要从操作者近身一边起，从下向上走枪，依次向前，始终让漆雾向前飞去。要注意保持喷枪与工件表面成 90°直角，并以表面相同的距离和稳定一致的速度移动，喷枪不要歪斜，以免造成漆膜不均匀；掌握好喷枪移动速度，速度过快，漆膜表面显得干瘦，流平性差，粗糙无光；移动过慢，漆膜过厚发生流挂；喷涂过程中喷枪不能停止，否则会产生流挂；

控制好喷枪的扳机，在喷枪移动到距离待喷涂工件表面边缘 5cm 左右处扣动扳机，在喷枪扫过已喷涂表面的边缘约 5cm 以外处放开扳机；操作者还应先喷工件里面，后喷侧面；先喷边线、棱角、复杂的表面，后喷简单表面，为达到漆膜厚度又不产生流挂，对工件不易喷涂到的部位和焊缝处先局部喷漆，再整体喷涂。特别要注意的是不容易涂装的地方要进行预涂装（如各种边缘、焊缝处、凸凹部位等）。

常见问题及解决方案，见表 7-9。

表 7-9 空气喷涂常见问题及解决方案

常见问题	可能的原因及解决方案
	对应的空气帽喷幅空气孔堵塞→清洗空气帽 喷嘴受脏或涂料干在喷嘴上→清洗喷嘴
	空气帽雾化空气孔堵塞、喷嘴堵塞或受损→清洗,更换喷嘴和撞针
	涂料流量不足→增加涂料压力 喷幅调节阀空气压力过高→降低
	空气压力或空气量不足→增加 涂料施工黏度过高→降低 涂料流量过高→降低涂料压力
	基层过湿,尚未干燥→待涂层干燥后再喷涂,多次行枪 空气压力或空气量过高→降低 空气压力或空气量不足→增加 空气帽受损喷型不佳→检查空气帽 错误的交叠喷涂→使用正确的交叠喷涂法,50% 的交叠行枪

7.2.6 无气喷涂

为了适应现代化钢结构制造行业，在使用无气喷漆法时，应严格掌握施工技术条件。无气喷漆技术条件如下。

(1) 喷漆机的选择

由于冷涂锌成分内锌粉含量较高，无气喷漆泵必须选择富锌涂料专用设备，因为这种富锌类无气喷漆机机械部件有较高的耐磨寿命。国外的产品有 Graco BULLDOG、WIWA WAGNU M 8032 等，我国重庆长江机械厂研制生产的 QPT9C、QPT3256（压缩比 32：1，最大流量 5600mL/min），完全适应于喷涂冷涂锌材料，这在杭州萧钢结构公司、上海宝冶钢构一厂、三厂有着大量施工的经验。具体品种及压缩比见表 7-10。

表 7-10　国内外常用富锌无气喷漆机品种一览表

序号	生产厂家	牌号	压缩比
1	Graco	BULLDOG	33：1
2	WIWA	44032 38032	32：1
3	长江机械厂	GPT 9C GPT 3256C	32：1
4	长平机械厂	CP3250 CF	32：1

此类无气喷涂机有以下特点：①高压泵的加压活塞与连杆运动速度慢，降低压送机构磨损；②配备专用的搅拌装置，边搅拌边喷漆；③压送机构等都采用特殊的耐磨材料，并且配合专用的喷枪、喷嘴和高压软管也有较高的耐磨性；④压缩空气进气管与涂料输出管孔径较大，涂料的输送量也大；⑤加压活塞系统与高压柱塞系统设计成分体式结构，便于清洗、保养与更换。

(2) 喷嘴的选择

喷嘴类型及孔径大小的选择对冷涂锌的涂装质量和对材料消耗量的控制影响很大。冷涂锌中锌粉含量高，对喷嘴的磨损也就大。喷嘴的磨损和喷涂流量见表 7-11。若冷涂锌的规定膜厚为 40μm DFT/道；在大平面钢材上喷涂，喷嘴的技术参数为：①孔径 0.48mm，流量 1500～1600mL/min；②在喷距为 35cm 时，喷幅应为 30～35cm；③随着喷嘴的逐步磨损，孔径变大，喷幅变小（见图 7-8），会影响涂层的成形与厚度，在喷涂中，若发现扇形面积小于 25％时，应及时调换喷嘴。

表 7-11　喷嘴的磨损和喷涂流量

磨损程度	喷嘴大小/in(1in=25.4mm)	喷幅/mm	流量/L·min^{-1}
起始尺寸	0.015	305	0.90
磨损 1	0.017	280	1.15
磨损 2	0.019	230	1.50
磨损 3	0.021	140	1.80

(3) 喷漆压力

冷涂锌中锌粉系重质颜料，喷涂中如果无气喷漆机的喷漆压力调得过高，会使液料压榨出粉料，不仅影响到喷漆机的使用寿命，而且影响到涂层质量，所以无气喷漆时，冷涂锌推荐的喷漆压力比一般重防腐涂料低得多，仅为 8.0～10.0MPa，

也就是说压缩空气的进风压力应调节在 3MPa
以下。

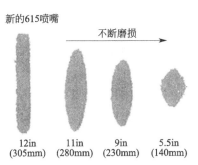

7.2.7　静电喷涂

　　静电喷涂是利用高压静电电场使带负电的
涂料微粒沿着电场相反的方向定向运动，并将
涂料微粒吸附在工件表面的一种喷涂方法。静
电喷涂设备由喷枪、喷杯（旋杯）以及静电喷
涂高压电源等组成。工作时静电喷涂的喷枪或

图 7-8　受磨损喷嘴的喷幅变化

喷盘、喷杯、涂料微粒部分接负极，工件接正极并接地，在高压电源的高电压作用
下，喷枪（或喷盘、喷杯）的端部与工件之间就形成一个静电场。涂料微粒所受到
的电场力与静电场的电压和涂料微粒的带电量成正比，而与喷枪和工件间的距离成
反比，当电压足够高时，喷枪端部附近区域形成空气电离区，空气激烈地离子化和
发热，使喷枪端部锐边或极针周围形成一个暗红色的晕圈，在黑暗中能明显看见，
这时空气产生强烈的电晕放电。

　　涂料中的成膜物即树脂和颜料等大多数是由高分子有机化合物组成，多为导电
的电介质。溶剂型涂料除成膜物外还有有机溶剂、助溶剂、固化剂、静电稀释剂及
其他各类添加剂等物质，这类溶剂性物质除了苯、二甲苯、溶剂汽油等外，大多是
极性物质，电阻率较低，有一定的导电能力，它们能提高涂料的带电性能。涂料经
喷嘴雾化后喷出，被雾化的涂料微粒通过枪口的极针或喷盘、喷杯的边缘时因接触
而带电，当经过电晕放电所产生的气体电离区时，将再一次增加其表面电荷密度。
这些带负电荷的涂料微粒在静电场作用下，向极性的工件表面运动，并被沉积在工
件表面上形成均匀的涂膜。

　　静电涂装工艺起源于 20 世纪 50 年代初期，是涂装工程师们发明的一种可以大
大提高传输效率、降低加工成本的应用方法。近年来随着节能环保的观念进一步深
入，静电涂装更加得到业界的关注，粉末涂料的涂装广泛采用静电喷涂的方式之
后，汽车涂装、家具涂装以及水性漆的涂装均逐步采用静电喷涂。统计数据显示，
目前日本采用静电涂装的生产线超过 1 万条以上。静电喷涂与其他涂装方式相比较
具备以下优点。

　　（1）提高转移效率，节省涂料，节约成本

　　使用静电设备可以节约成本已在许多不同领域得以实现，最明显的节省之处是
涂料的用量。传统的空气喷枪中喷出的涂料有 15%～40%会应用于部件，这就是
所谓的转换效率，余下的 60%～85%则损耗在过滤器或地板及墙壁中的超范围喷
涂中。静电喷枪一般可获得 40%～80%的转换效率，如果采用 HVLP 静电喷涂甚
至可以获得高达 90%的效率。

（2）减少 VOC 排放

另一个节约的领域是减排。在美国，随着联邦及地方法规变得日益严苛，VOC（挥发性有机化合物）的排放已成为主要议题。工厂正不断努力地减少排放到大气中的挥发性有机物含量，通过提高转移效率来降低 VOC 的排放。这是将更多的涂料涂覆在部件上，而少部分沉积于喷涂过滤器或大气中的结果。美国的许多州，如加利福尼亚州，现在要求人们使用 HVLP 或静电技术以获得安装新喷涂室的许可。制造工厂允许排放的挥发性有机物每年都会指定含量（以吨来计），如超过吨位限制，将予以重罚，罚款可能高达数千美元。迫于这些法律，许多公司纷纷投资静电喷涂设备，以遵循挥发性有机化合物规章。

（3）降低维护成本

当转移效率增加时，沉积于喷房中的超范围喷涂将会减少，这意味着以前需要每周清洗和更换过滤器的喷房现在仅需要每两周维护一次。以前每月水洗喷房需消耗 55USgal（美加仑，$1USgal = 3.78541dm^3$）的化学品，现在仅需 30USgal，不仅购买这些材料的成本降低了，而且处理它们的成本也相应降低。肮脏的喷房过滤器和被污染的水通常必须作为危险废物来处置。近年来，处理危险废物的相关成本迅速飙升。不仅是直接成本有所降低，如过滤器、化学品和处置的费用，同时劳力方面的间接成本也有所降低，因为喷房的维护每周平均消耗仅 8 个工时。

（4）提高涂层质量

静电喷涂除了可以节约成本还有很多其他好处。静电包覆有助于减少应用时间。带电的涂料颗粒可以改变方向，当从一个方向进行喷涂时，可在零件顶部、底部及侧面沉积。根据零部件的尺寸和配置，这种包覆方式足以一次性地涂覆所有产品，省去了额外的传输需要。当使用非静电喷枪时，需将喷枪指向每个需要喷涂的区域，如果错过了某个特殊角度，那么将无法喷涂。当采用静电喷头时，包覆式的喷涂可产生涂层更均匀的成品，统一的处理使不少生产厂方得到更低的次品率。当现场翻新家具或设备时，如不采用静电喷漆设备，几乎无法进行。

冷涂锌涂料中含有大量的锌粉，导电性非常好，况且其涂装的对象是钢铁，在静电喷枪和被涂物之间很容易形成静电场，比较适合采用静电涂装。目前在一些钢结构钢厂的防腐蚀涂装已经在逐步尝试采用静电喷涂，静电喷涂提高喷涂效率、节约涂料、减少 VOC 排放以及优化涂层质量的优点在冷涂锌涂料的施工应用过程中已经得到初步体现。

7.2.8 浸涂

浸涂是一种通过浸渍达到涂装目的的施工方法。其操作工艺如下：用悬挂的吊钩将被涂物全部浸没在盛漆槽的漆液中，待各部位都沾上漆液后将被涂物提起离开漆液，让多余的漆自行滴落到漆槽中或采用机械方法把余漆甩落回漆槽内，经干燥后在被涂物表面形成涂膜。浸涂方法很多,有手工浸涂法、传动浸涂法、回转浸涂法、真空浸涂法等。手工浸涂用于间歇式小批量生产;机械浸涂用于连续式批量生产的流水线上。浸涂设备所用的大型漆槽中装有搅拌器,以防涂料中的颜料沉降,此外还装有加热或冷却设施和循环泵、过滤器等附属设备,但在浸涂时不能搅拌,以免漆中出现气泡。浸漆的涂膜厚度主要取决于漆的黏度。被浸工件在浸漆、流漆及干燥过程中应处于同一水平线上,并使凹面向下,使余漆很快流尽,保证涂膜均匀无流痕。浸涂法具有省工省料、生产效率高、设备与操作简单、可采取机械化或自动化进行连续生产的特点,最适宜于单一品种的大批量生产,主要适用于小型五金零件、钢质管架、薄片以及结构复杂的器材或电气绝缘材料等的涂装,但在应用上也有不少限制,例如被涂工件不能太大,表面不可有积漆的凹面,被涂物表面一次仅能涂同一种颜色,不适用要求细微精美装饰的工件等等。浸涂法一般易产生涂层薄而不均匀、有流挂等弊病,因此含有大量低沸点溶剂或重质颜料、表面易结皮的涂料,不宜采用此法涂装。

冷涂锌涂料颜色单一,采用的溶剂沸点较高,但冷涂锌涂料原漆黏度大且锌粉密度大,容易发生沉降现象,因此采用浸涂法施工冷涂锌涂料仅限于结构复杂的小型部件。

当前,在工程应用领域冷涂锌涂料的施工通常采用刷涂、辊涂、空气或无气喷涂的方法。刷涂和辊涂操作简单、施工方便、浪费较少,但劳动效率低下,涂层表面状况不良;喷涂施工时涂料利用率不高、浪费大、喷涂漆雾无序飞溅、VOC 排放高且锌粉密度大不太适宜进行空气喷涂;静电喷涂以其高效率、能降低 VOC 排放、涂层均匀等突出的优势,在冷涂锌涂装尤其是工厂内涂装具有很好的应用前景。

7.3　膜厚管理

7.3.1　膜厚管理的必要性

膜厚管理是指对钢结构涂装施工中的涂层厚度进行控制、检测、分析、判别、质量反馈与处理的全过程。由于冷涂锌涂料触变性能好,固体分高,一次无气喷涂可获得较高的膜厚,而且挥发干燥快,因而与常规涂料相比,该重防腐涂料的膜厚管理具有如下必要性。

7.3.1.1　可保证的膜厚质量

膜厚质量包括两个方面。第一个方面是涂层的厚度,钢结构涂层的膜厚是钢结构涂装施工中必须严格控制的技术指标。在重防腐涂料的防腐机理中,屏障作用起到很大的作用。在相同涂层配套的前提下,涂层越厚,屏障作用越佳,涂层的防腐效果越好。在 ISO 12944 国际标准中,根据钢结构所处的腐蚀环境和使用寿命对漆膜厚度做出了具体规定，见表 7-12。

表 7-12　ISO 12944 国际标准对漆膜在各腐蚀环境和使用寿命厚度要求

腐蚀环境	使用寿命	干膜厚度/μm	腐蚀环境	使用寿命	干膜厚度/μm
C2	低	80	C4	低	160
	中	150		中	200
	高	200		高	240(不含锌),280(不含锌粉)
C3	低	120	C5-I C5-M	低	200
	中	160		中	280
	高	200		高	320

注：使用含锌底漆时，锌含量不能低于 80%（质量分数）。涂层寿命判定标准 ISO 4637-6 将涂层耐久性分为 3 档。低耐久性（low）：设计寿命 5 年以下；中耐久性（medium）：设计寿命 5~15 年；高耐久性（high）：设计寿命 15 年以上。

在钢结构制作的技术文件中，均标有涂层配套方案和各涂层的规定膜厚，这是膜厚管理的技术依据。为了使冷涂锌涂料真正起到阴极保护作用，在膜厚管理中必须保证富锌底漆的膜厚。

膜厚质量的第二个方面是保证膜厚的均匀程度。在不均匀涂层中，涂层薄处极易锈蚀；局部涂层过厚会引起开裂、剥落、针孔等漆膜弊病，因此在膜厚管理中，必须保证膜厚的均匀程度。

7.3.1.2　膜厚管理是降低成本、提高经济效益的必要措施

近年来，我国钢结构制造业迅速发展。切实开展膜厚管理，不仅能提供膜厚质量优异的钢结构产品，而且能杜绝漆料浪费，达到降低成本、提高经济效益之目的。在生产实际中，最有效的措施是用膜厚管理的结果指导耗漆量。

（1）实际涂覆率

这里不得不提冷涂锌涂料的涂覆率和损耗系数。涂覆率是指涂装过程中每单位面积消耗的涂料量，通常以 g/m^2 表示。在没有任何涂装损耗前提下的涂覆率为理论涂覆率，考虑涂装损耗的涂覆率为实际涂覆率，实际涂覆率与理论涂覆率的比值称为损耗系数，损耗系数是涂装设计的一个重要参数，是计算涂料耗漆量的重要依据，它与被涂物形状、涂装方法、涂装环境、验收标准等有关。

理论涂覆率可按式(7-1) 和式(7-2) 求得：

$$D=S[1/\rho_c-(100-M)/100\times\rho_s] \tag{7-1}$$
$$S=D(\rho_c\times\rho_s\times100)/[\rho_s\times100-\rho_c\times(100-M)] \tag{7-2}$$

实际涂覆率＝理论涂覆率×损耗系数

式中，S 为理论涂覆率，g/m^2；D 为干膜厚度，μm；ρ_c 为涂料密度，g/cm^3；ρ_s 为溶剂密度，g/cm^3；M 为涂料固体含量，%。

以某厂家冷涂锌涂料为例，其密度为 2.98g/cm³，其中的溶剂密度为 0.89g/cm³，

质量固体含量为 81%。在干燥涂膜厚为 80μm 时，理论涂覆量可以通过式(7-2) 计算得出：

$$S = (D \times \rho_c \times \rho_s \times 100)/[\rho_s \times 100 - \rho_c \times (100 - M)]$$
$$= (80 \times 2.98 \times 0.89 \times 100)/[0.89 \times 100 - 2.98 \times (100 - 81)]$$
$$= 80 \times (265.22/32.38)$$
$$= 80 \times 8.19$$
$$= 655.2(\text{g/m}^2)$$

即理论涂覆率下，1m^2 需要 0.655kg 冷涂锌涂料来涂覆，或 1kg 冷涂锌涂料理论涂覆面积为 1.53m^2。

实际中在涂装中有损耗，根据涂装方法、被涂物形状及涂膜厚度的管理基准不同，会有差别，见表 7-13。

表 7-13　不同管理基准下的损耗系数

管理基准	70%		80%		100%	
涂装方法	刷涂	无气喷涂	刷涂	无气喷涂	刷涂	无气喷涂
管材/H 型钢		2.0		2.3		2.9
一般型材	1.3	1.7	1.5	1.9	1.8	2.4
平板		1.5		1.7		2.1

以无气喷涂为例，在管理基准 80% 下，平板上的实际涂覆率＝$375\text{g/m}^2 \times 1.7 = 637.5\text{g/m}^2$。

（2）涂料预估量

在实际涂装中，为确保涂膜的性能，业主有时要求绝大多数的涂膜厚度不能低于某一下限值，在这种情况下可以用统计学的方法计算出膜厚的平均值，通过平均值就可以很容易地计算出涂覆量，进而计算出涂料的预估使用量。

通常平均厚膜可以看作正态分布，其数值可求得。设平均膜厚 x_0，低膜厚 x_{min}，最低膜厚以下出现的概率为 P，表示膜厚误差的标准偏差为 δ，则

$$x_0 = \delta K(P) + x_{min}$$

例如，冷涂锌涂料喷涂时最低膜厚为 80μm，最低膜厚以下出现的概率为 5%，计算在 $\delta = 20\mu m$ 时的平均膜厚。

$K(P)$ 值可在正态分布表中查出。$P = 5\%$ 时，$K(P) = 1.6449$，则

$$x_0 = \delta K(P) + x_{min} = 20 \times 1.6449 + 80 = 112.898 \approx 113(\mu m)$$

例如：用无气喷涂法对 1t 钢材涂装某公司的冷涂锌涂料（其密度为 2.98g/cm^3，其中的溶剂密度为 0.89g/cm^3，质量固体含量为 81%）时，最低膜厚为 80μm，在规定膜厚分布的条件下，其平均膜厚为上面求得的 113μm。

则理论涂覆率 $S = (D \times \rho_c \times \rho_s \times 100)/[\rho_s \times 100 - \rho_c \times (100 - M)]$
$$= (113 \times 2.98 \times 0.89 \times 100)/[0.89 \times 100 - 2.98 \times (100 - 81)]$$
$$= 113 \times (265.22/32.38)$$
$$= 113 \times 8.19$$
$$= 925.47(\text{g/m}^2)$$

实际涂覆率＝925.47×1.7＝1573.299(g/m²)

那么，1t 钢材的理论面积＝1t×20m²/t＝20m²

则涂装 1t 钢材大概需要冷涂锌涂料用量估算值为 1.57kg/m² × 20m² ＝ 31.4kg。

7.3.1.3　膜厚管理能最大限度发挥重防腐涂料的优良性能

目前在规范的重防腐涂料技术说明书中，有一项重要的技术指标：推荐膜厚，即在无气喷漆条件下，一次喷涂能达到的干膜厚。如"兰陵"的高固体分环氧湿面涂料，一次喷涂 DFT（干膜厚度）可达 $125\mu m$ 以上，是普通环氧漆的两倍以上，适应码头、钢管桩、石油平台等潮汐区湿润表面的涂装，涂层甚至可以在水下固化，环氧湿面涂料先进的技术性能通过膜厚控制来达到防腐、环保、节能的综合目的。

众所周知，用常温固化氟碳树脂 FEVE 制成的氟碳涂料有超强的耐候性，近年来广泛应用于跨海/江大桥的钢箱梁、扶栏及混凝土表面，如江阴大桥、杭州湾大桥、天兴洲大桥、大胜关大桥均采用了氟碳涂料；国家体育馆建筑钢结构亦采用了氟碳涂料。同为氟碳树脂漆，因用途不同，必须有不同的规定膜厚。

7.3.2　膜厚控制方法

（1）控制涂料的施工黏度

按涂料说明书规定的施工指标，调节好各种涂料的施工黏度。黏度高，涂层厚。冷涂锌涂料是厚膜型涂料，触变性能好，经搅拌均匀后，上下层均匀，即使无气喷涂的稀释率小于 5%，也可喷出均匀漆膜。当然，有条件的厂家，如果开启无气喷涂机的搅拌装置和涂料加热器，则不加稀释剂也可喷出均匀的漆膜。

（2）控制基材表面处理的粗糙度

钢板在抛丸、除锈时，如果选择了粒径较大的磨料造成粗糙度过大，这样要达到规定膜厚，就需要较多的涂料来覆盖，增加了耗漆量。见表 7-14。

表 7-14　粗糙度与损失的干膜厚度关系

表面处理	喷射处理后的粗糙度 $R_z/\mu m$	损失干膜厚度(DFT)/μm
抛丸机、钢丸、喷车间底漆	0～50	10
开放式喷砂机喷细砂	50～100	35
开放式喷砂机喷粗砂	100～150	60
有麻点锈钢材、二次除锈	150～300	125

而且波峰处膜厚较薄，影响钢结构的防锈质量。因此，应选择适宜的磨料颗粒度，粗糙度控制在 $R_z=50\sim75\mu m$ 范围内。

（3）控制喷嘴孔径及喷幅

喷嘴孔径大，流量大，膜厚就厚，消耗的涂料就多，所以在喷漆施工中，要根据规定膜厚和涂料说明书来指导施工，选择合适的喷嘴。喷冷涂锌涂料的喷嘴，磨损较快，时间长了孔径变大，喷幅变小，膜厚极不均匀。另外，喷嘴的另一个工艺参数——喷幅宽度也会影响膜厚的均匀性。对于平面的钢结构，喷嘴的喷幅可大些；而喷涂复杂、狭窄的钢结构时，应选择喷幅较小的喷嘴，提高涂层的均匀程度。

（4）控制喷幅的搭接与重叠

目前，冷涂锌涂料对钢结构的防腐，多采用无气喷涂法。在无气喷涂时，应掌握喷幅1/2重叠的原则。喷幅重叠得多，涂膜就厚；重叠与搭接少，易造成漏喷与涂膜不均，所以在自动喷漆时，应计算、选择喷嘴移动的最佳速度等；在手工喷漆时，操作工人应掌握合适的喷漆距离和喷幅的重叠，见图 7-9。另外，喷漆压力大小、无气喷涂机的型号与质量等等，也会影响膜厚质量，均应严格掌握。

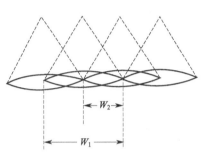

图 7-9　喷雾喷幅的重叠
W_1—喷雾雾幅；W_2—雾幅重叠部分；
50%重叠时，$W_1 = 2W_2$

（5）加强预涂处理

加强预涂装是保证膜厚质量的关键。除了锐边、外角进行"倒角处理"部位需预涂外，还应强调两个特殊部位：一是电焊缝和钢材切割、火工校正的部位，它们经过热应力作用，特别容易锈蚀，必须预涂；二是无气喷涂无法喷到的部位，如钢结构内角、铆钉、螺栓、螺母等连接处、加强型材等复杂结构的背面等，见图 7-10。

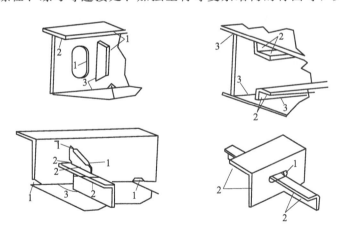

图 7-10　需要预先涂装处
1—端口不易喷到处；2—反面难喷出；3—手焊缝

为保证膜厚质量，按规定的涂层配套预涂底漆、中间层和面漆。预涂一般采用刷涂法，特别是底漆，切记不能用辊涂法。

7.4 冷涂锌涂料施工工艺实例说明

以旧钢材涂刷冷涂锌涂料为例。涂装前钢材表面状况如图 7-11、图 7-12 所示。

底材处理：上述除锈等级标准达到 ISO 8501-1 St 3 级，采用电动工具除锈，见图 7-13。

图 7-11　涂装前钢材整体

图 7-12　涂装前钢材局部生锈程度

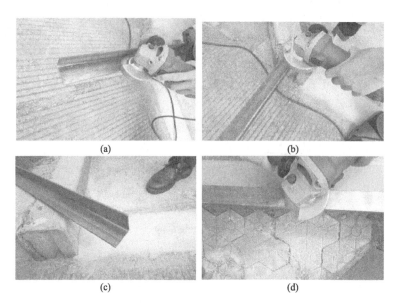

图 7-13　使用电动工具对钢材进行除锈

除锈后，表面应具有金属底材的光泽。边缘处也需要进行除锈，见图 7-14。

① 用干净的毛刷刷去表面的灰尘，如图 7-15(a)、(b) 所示，否则，涂刷的时候，表面会有颗粒物，不平整美观，大颗粒的脏东西，甚至会影响防锈性能。

② 由于锌粉容易沉淀，使用前，请将冷涂锌涂料倒过来，充分摇晃，使其充分混合，打开罐子后，用搅拌工具再进行搅拌（以上方法仅适用于小罐冷镀锌产品，大桶的话，需使用电动工具进行搅拌），如图 7-15(c)、(d) 所示。

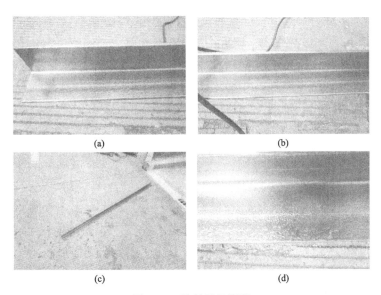

图 7-14　除锈后的情况

图 7-15　搅拌情况

③ 打开罐子时，可以观察下涂料状态；搅拌中，会明显感觉到锌粉沉淀的状态；搅拌后，再看涂料的状态，明显比搅拌前更浓稠，如图 7-15(e)、(f) 所示。

④ 第一道涂装，建议膜厚 $40\mu m$，涂装时，注意不要延展（建议一刷在 5cm 左右）。由于涂料的速干特性，在涂装过程中已经可以明显看到先涂的部位已经开始干燥（发白的地方），如图 7-16(a)、(b) 所示。

⑤ 对于发生延展的地方，需要补涂，如图 7-16(c)、(d) 所示。

⑥ 等待冷涂锌涂膜完全干燥后，进行第二道涂装（推荐膜厚 $40\mu m$），如图 7-16(e)、(f) 所示。

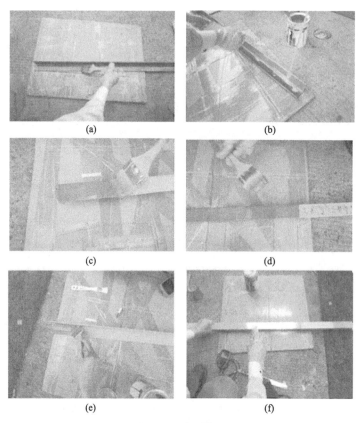

图 7-16　涂刷情况

7.5 配套方案

随着科学技术和国民经济的迅速发展，我国的跨海大桥、海上钻井平台、港湾码头、发电厂、石油储罐等大型钢结构工程蓬勃发展，这些工程结构复杂，因此维修困难，对质量要求高。由于它们长期在日晒、风吹、雨淋、湿热天的环境中使用；在沿海地区受海洋盐雾侵蚀；在工业地区受化工大气和酸碱盐等化学物质的侵蚀；使用环境条件恶劣，加上钢结构的应力腐蚀或温差腐蚀，腐蚀速度快，而且会很严重，因此对其保护年限也提出了很高的要求，如对杭州湾跨海大桥提出了使用寿命必须大于100年的质量要求。特别是我国在2001年10月颁布了国务院《建设工程质量管理条例》即279号令，同时建设部颁布了《关于设计单位执行有关建设工程合理使用年限问题的通知》，使我国的工程建设从工程质量到确保使用年限都进入了法制的轨道。目前世界各国的防腐蚀实践证明，采用重防腐配套涂层是最有效和最经济的方法，也是钢结构防腐中应用最普遍的方法。冷涂锌涂料作为一个优异的重防腐涂料，在配套上正得到广泛的研究和推广。

7.5.1 重视冷涂锌涂层的封闭处理

至今，在冷涂锌产品说明书中还未有涂层空隙率指标。冷涂锌干膜中锌粉含量高达96％；冷涂锌又多为球形锌粉，涂膜中黏结剂不能填满锌粉颗粒间空隙，涂膜肯定有空隙率，因此选择合适的涂料封闭后，才可复涂重防腐涂料。封闭涂料以环氧涂料为主，如"IP"的 Intergard 269 等，薄喷一道30μm左右，有时，亦称连接漆。如果在涂层的配套设计中，没有专门的封闭漆，也可用环氧云铁中层漆，稀释30％～40％后，同样采用雾喷法，干膜控制在30μm左右，使之充分渗透，待固化后达到填封孔隙之目的。在冷涂锌材料的涂装工艺中，封闭处理也是影响复合涂层质量的关键之一，现在市场多用环氧封闭剂和银粉封闭剂，也可事先雾喷一遍中间漆。

7.5.2 中间漆或面漆配套标准

冷涂锌作为底漆使用时，后道推荐中间层配套涂料为环氧云铁；后道推荐面漆配套涂料为氯化橡胶、丙烯酸聚氨酯、氟碳、聚硅氧烷、银面漆。不管推荐哪种配套，都得充分考虑以下几个方面。

（1）腐蚀环境的分类

ISO 12944 国际标准是钢结构涂料配套及规定膜厚设计的唯一依据，首先要确定钢结构腐蚀环境的类型。ISO 12944-2 标准中以低碳钢和锌在各种腐蚀大气环境下暴露第一年后，单位面积上质量损失量（g/m²）和厚度损失率（μm），对大气腐蚀环境和各类水质、土壤的腐蚀环境作了分类，见表7-15、表7-16。

表 7-15 ISO 12944-2 典型的腐蚀环境分类

腐蚀类型	单位面积上质量的损失(暴露第一年后)/(g/m²)				湿性气候下的典型环境(仅作参考)	
	低碳钢	锌	低碳钢	锌	外部	内部
C1	≤10	≤1.3	≤0.7	≤0.1	—	加热的建筑物内部，空气洁净，如办公室、酒店、学校和宾馆等

续表

腐蚀类型	单位面积上质量的损失(暴露第一年后)/(g/m²)				湿性气候下的典型环境(仅作参考)	
	低碳钢	锌	低碳钢	锌	外部	内部
C2	10~200	1.3~25	0.7~5	0.1~0.7	大气污染较低,大部分是乡村地带	未加热的地方。冷凝有可能发生,如住宅、体育馆
C3	200~400	25~50	5~15	0.7~2.1	城市和工业大气、中等的二氧化碳污染、低盐度的临海区域	高湿度和有些污染空气的生产场所,如食品加工厂、洗衣场、酒厂、牛奶场等
C4	400~650	50~80	15~30	2.1~4.2	高盐度的工业区和沿海区域	化工厂、游泳池、海船和船厂等
C5-I	650~1500	80~200	30~60	4.2~8.4	高盐度和恶劣大气的工业区域	总是有冷凝和高湿的建筑和地方
C5-M	650~1500	90~200	30~60	4.2~8.4	高盐度的沿海和近岸地带	总是处于高湿、高污染的建筑物或其他地方

表 7-16　水和土壤的腐蚀分类

分类	环境	环境和结构的实例
Ia1	淡水	河流的安装结构、水力发电站
Ia2	海水盐水	海口区的结构、加闸门、防滤堤、近岸工程
Ia3	土壤	埋地储罐、钢柱和钢管

在该标准中，有 C1、C2、C3、C4、C5-I、C5-M 六个大气腐蚀等级和 Ia1～Ia3 三个水及土壤腐蚀等级。同时参照 ISO 12944-5 标准，就可针对腐蚀因素来选择涂层配套体系。主要依据就是涂层的使用寿命（耐久性，ISO 12944-1 中明确了该概念）。

（2）确定钢结构配套涂层的使用寿命

配套应紧紧围绕冷涂锌涂层的使用寿命这一技术指标。它不是钢结构的使用寿命，也不是商业上的承诺寿命，它是根据 ISO 12944-5：2007、ISO 4628 等国际标准的有关规定，是指涂层到开始第一次大修的年限，此时涂层锈蚀等级达到 ISO 4628 标准的 Ri3 级，图 7-17，锈蚀面积约为 1%，此时开始第一次大修最经济有效。

依据 ISO 4623-3 标准，涂层锈蚀等级为 Ri3（锈蚀区域大于面积的 1%）时，应进行大修。

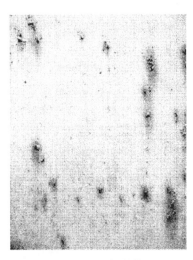

图 7-17　Ri3 损害样品

锈蚀（rusting）定义：漆膜下面的钢铁表面，局部或整体产生红色或黄色的氧化铁的现象。它常伴随有漆膜的起泡、开裂、片落等病态。ISO 4628-3 规定锈蚀的等级见表 7-17。

表 7-17 ISO 4628-3 锈蚀的等级

生锈等级	生锈区域/%	生锈等级	生锈区域/%
Ri0	0	Ri3	1
Ri1	0.05	Ri4	8
Ri2	0.5	Ri5	40~50

配套涂层的使用寿命主要取决于下列因素：涂层配套体系的类型、钢结构的结构特点、钢材除锈前的等级标准、施工条件和钢结构所处的腐蚀环境。由于上述因素可以按 ISO 12944 的标准各部分进行判定，在涂层配套设计中，就应按照 ISO 12944-5 的规定，确定涂层使用寿命的三个等级。低（low）：2~5 年；中（medium）：5~15 年；高（high）：大于 15 年。

（3）钢结构的防腐涂料配套体系及规定膜厚

ISO 12944-5 是涂装设计的核心内容。它根据 ISO 12944-2 中规定的腐蚀环境等级，尤其是依据不同涂层耐用年限（低、中、高）对配套中各道涂料的类型、涂装次数和最小膜厚作了具体规定。ISO 12944-5 中共有十张表格，列举了大量的配套方案，而且对每一种配套的底漆、中间漆和面漆都说明了它们的树脂类型、成膜机理、防锈颜料的名称和规定膜厚。

在 ISO 12944-5 中每个配套均有一个代号，根据代号即可查得底面漆配套方案和所处腐蚀环境，估算出耐用年限。例如，表 7-18 所示为 S329 配套方案及耐用年限估算。S3 说明是处于 C3 腐蚀环境中钢结构涂层配套。

表 7-18 S329 配套方案及耐用年限估算

编号	表面处理	底漆				中间漆和面漆			涂料系统		C3 环境下的耐久性		
		基料	类型	涂层数	NDFT/μm	基料	涂层数	NDFT/μm	涂层数	总 NDFT/μm	低	中	高
ISO S329	Sa 2.5	无机硅酸锌漆	Zn	1	80	环氧漆、丙烯酸聚氨酯漆	2~3	120	3~4	200	满足	满足	满足

ISO 12944-5 标准对配套中使用含锌底漆做了规定，锌粉含量不能低于 80%（质量分数），锌粉颜料必须满足 ISO 3549 的要求。冷涂锌涂料作为一款高富含锌涂料，当然可达到此条要求，但因为其为最新开发的涂料产品，暂时还未在 ISO 12944-5 中明确列举出来，因此，急需涂料工作者根据理论和实践，制定该涂料配套方案和规定膜厚。为了更好地推广此产品，可设计大于 15 年最高级别的涂装配套方案，并按不同行业（桥梁、化工、石油、电力等）进行分类，建立行业的涂装配套方案。

7.5.3 中间漆或面漆配套方案

笔者团队根据冷涂锌涂料近年来的发展和应用，得出如下配套体系及设计方案和膜厚规定，主要是配套银面漆和取代传统富锌涂料三涂层体系中的富锌涂料。

7.5.3.1　配套银面漆

目前，市场上经常用冷涂锌涂料做底漆，与银面漆配套来替代或部分代替热浸镀锌的工程，如 ROVAL 银富锌涂料系列和湖南金磐的 JP-1619 冷涂银封闭剂等，设计的配套方案如表 7-19 所示。

表 7-19　冷涂锌配套方案 1

序号	名称	无气喷漆道数/道	干膜厚/μm	颜色
1	冷涂锌涂料	1	80	深灰
2	冷涂银涂料	1	20	银色
合计		2	100	

由此配套方案来推算。冷涂锌的干膜中，锌粉含量为 96%±2%。它完全是依靠锌粉的阴极保护作用来达到防锈的目的，它可以像热浸涂锌、电弧喷锌等一样计算涂层的使用寿命。现以某钢结构工程为例，表面处理清洁度为 ISO 8501-1 的 Sa 2.5 级，粗糙度 $R_z=50\sim70\mu m$，锌粉损耗率为 0.9，喷涂冷涂锌 $80\mu m$，处于 ISO 12944-2 的 C4 腐蚀环境条件下，锌的年腐蚀率以 $25g/m^2$ 计算。C3～C4 大气环境分类如表 7-20 所示。

表 7-20　C3～C4 大气环境分类

腐蚀类别	单位面积上质量的损失(第一年暴露后)				混合气候下典型环境
	低碳钢		锌		外部
	质量损失/(g/m²)	厚度损失/μm	质量损失/(g/m²)	厚度损失/μm	
C3 中	200～400	25～50	5～15	0.7～2.1	城市和工业大气中等的 SO₂ 污染，低盐度的沿海地区
C4 高	400～650	50～80	15～30	2.1～4.2	高盐度的工业地区和沿海地区

$$冷涂锌涂层耐用年限\ N=\frac{80\times7.14\times0.96\times0.9}{25}=19.7\approx20\ （年）$$

由上述计算结果可知，同样两道，冷涂锌涂层的使用寿命可以达到近二十年，与热浸镀锌的使用寿命相当。2001 年笔者团队曾用此配套方案，完成了广州巴特勒公司的涉外工程。至今已近十五年，外方评价较高。

其经济效益对照见表 7-21。从表中也可见冷涂锌造价略少。

表 7-21　冷涂锌与热浸镀锌的造价比较

涂装时间	产品名称	面积/(m²/t)	产品单价/(元/kg)	价格/(元/t钢材)	平方米造价/(元/m²)	运输费用/(元/t)	表面处理/(元/t)	损耗(20%)/(元/t钢材)	总价造价/(元/t钢材)
最少三天	热浸镀锌	22		1500	68.18182	200	0	0	1700
当天	冷涂锌(10kg)	22	60	660	30	0	100	264	1024

综合此配套方案与热浸镀锌对比：①防腐性能相当；②造价相当；③外观与热浸镀锌接近；④施工方便，当天即可完成。因此，可在局部代替热浸镀锌，尤其是适用于在热浸镀锌槽子无法浸镀的大管件或长管件。

冷涂锌与常规涂层配套的造价比较（损耗按照 40% 计算），如表 7-22 所示。从表中也可看出此配套体系比传统的富锌涂料三涂层体系造价少。

表 7-22 冷涂锌与常规涂层配套的造价比较

品牌	时间	产品名称	单价/(元/kg)	膜厚/μm	涂布率/(kg/m²)	涂装道数/道	涂装间隔时间(25℃)/h	人员费用(工厂)/元	人员费用(现场)/元	平方米造价(工厂)/(元/m²)	平方米造价(现场)/(元/m²)
某国际知名品牌 A	第一天	环氧富锌底漆	48.82	80	0.33	2.00	3.00	2.40	5.00	24.95	27.55
		环氧稀释剂	22.93		0.03					0.96	0.96
	第二天	环氧云铁中间漆	24.00	120	0.25	2.00	3.00	2.40	5.00	10.80	13.40
		环氧稀释剂	22.93		0.03					0.96	0.96
	第三天	聚氨酯面漆灰	48.64	80	0.18	2.00	3.00	2.40	5.00	14.66	17.26
		聚氨酯稀释剂	22.09		0.02					0.62	0.62
	合计									52.96	60.76
某国际知名品牌 B	第一天	环氧富锌底漆	42.56	80	0.37	2.00	3.00	2.40	5.00	24.33	26.926912
		环氧稀释剂	23		0.04					1.29	1.288
	第二天	高固体环氧云铁中间漆	22.93	120	0.27	2.00	3.00	2.40	5.00	11.22	13.82163
		环氧稀释剂	23		0.03					0.97	0.966
	第三天	聚氨酯面漆	48.84	80	0.20	2.00	3.00	2.40	5.00	15.73	18.33332
		聚氨酯稀释剂	23		0.02					0.64	0.644
	合计									40.76	61.979862
冷涂锌产品	第一天	冷涂锌	60	80	0.50	2.00	1	2.40	5.00	44.4	47

综合此配套方案与传统三涂层体系对比：①防腐性能优越；②造价略少；③施工方便，当天即可完成等。因此，可代替传统富锌涂料三涂层体系。

与银面漆配套可推荐涂装体系如表 7-23～表 7-25 所示。

表 7-23　防腐涂层使用寿命 15～20 年

方案	涂层名称	遍数	推荐膜厚/μm	总膜厚/μm	涂层颜色
一	冷涂锌涂料	2	40×2	80	灰色
二	冷涂锌涂料	1	40×1	80	银灰色
	银面漆	1	20×1		

表 7-24　防腐涂层使用寿命 18～25 年

方案	涂层名称	遍数	推荐膜厚/μm	总膜厚/μm	涂层颜色
一	冷涂锌涂料	2	50×2	100	灰色
二	冷涂锌涂料	1	40×2	100	银灰色
	银面漆	1	20×1		

表 7-25　防腐涂层使用寿命 25～30 年

方案	涂层名称	遍数	推荐膜厚/μm	总膜厚/μm	涂层颜色
一	冷涂锌涂料	3	40×3	120	灰色
二	冷涂锌涂料	2	50×2	120	银灰色
	银面漆	1	20×1		

7.5.3.2　冷涂锌作为重防腐涂料的配套底层

当然，以冷涂锌做底层，配套以重防腐涂料的中层和面漆，该复合涂层的使用寿命一般在 20～30 年。判定的依据有以下两点：

① 根据 ISO 14713 标准，在冷涂锌为 60～80μm 时，复合涂层有大于 20 年的防腐年限；

② 等加效应。

20 世纪 90 年代荷兰热浸涂锌研究所研究发表了等加效应研究结果，即热浸涂锌、电弧喷锌、冷涂锌等表面涂重防腐涂料，其复合涂层使用寿命为两者使用寿命的 1.8～2.4 倍。从理论上分析，对照 ISO 14713 标准，作为底涂的冷涂锌干膜厚控制在 60～80μm 就足够了。表 7-26 为十五年来冷涂锌与重防腐涂料配套在桥梁建筑钢结构、水利、石化等行业应用的成功案例。

表 7-26　十五年来冷涂锌成功应用工程案例

序号	应用行业	工程案例
1	电力钢构	广东大唐电厂
		深圳前湾燃机电厂
		山东莱州电厂
2	桥梁钢箱梁等	广州崖门大桥
		张石高速公路桥
		上海磁悬浮列车功能件
		重庆轻轨桥梁
		上海外环线隧道钢件

续表

序号	应用行业	工程案例
3	建筑钢构	上海同济大学立体停车库
		广州大学城
		广州白云国际机场压型钢板
4	水利	宜昌三峡电力修造、钢闸门
		上海叶榭塘水利枢纽工程
		重庆石板水电站钢闸门
		四川二滩水电站
5	污水处理工程	北京高碑店污水处理工程
		嘉兴污水处理工程排海管道
		天津大港污水处理厂
6	石化	中海壳牌石化变电站项目
		南京扬子石化巴斯夫工程
		深圳海上石油平台扶栏
		澳门储油库及输油管道维修

　　为了更好地为客户服务，比利时锌加公司在桥梁、电力、海洋工程、石油储罐等方面都详细地制定了其公司的冷涂锌涂料配套方案和规定膜厚。

　　(1) 常用的桥梁钢结构涂装配套体系

　　冷涂锌涂料可以作为桥梁钢箱梁、钢塔、钢桁梁、钢拱、钢锚固件等钢结构的重防腐涂装体系的底层或者面层，为桥梁钢结构提供长效防腐涂装保护层，表7-27为常用的桥梁钢结构涂装配套体系。

表 7-27　常用的桥梁钢结构涂装配套体系

涂装部位	配套编号	腐蚀环境	涂层	涂料名称	道数/道	干膜厚度/μm
桥梁、钢塔、钢拱、风嘴、护栏及桥梁辅助钢结构外表面等(具有外观要求)	P01	C3	底层	冷涂锌	1	40
			中间层	环氧云铁中间漆	2	100
			面层	丙烯酸聚氨酯面漆	2	60
	P02	C4	底层	冷涂锌	1	60
			中间层	环氧云铁中间漆	2	100
			面层	丙烯酸聚氨酯面漆	2	60
	P03	C5-I C5-M	底层	冷涂锌	2	80
			中间层	环氧云铁中间漆	2	100
			面层	氟碳/聚硅氧烷面漆	2	60
非封闭环境内表面部位	P04	C3	底层	冷涂锌	1	40
			面层	改性环氧面漆	2	100
	P05	C4 C5-I C5-M	底层	冷涂锌	1	60
			面层	改性环氧面漆	2	150
封闭环境内表面部位(不需要配置抽湿系统)	P06	C4 C5-I C5-M	底层	冷涂锌	1	40
			面层	改性环氧面漆	2	150

涂装部位	配套编号	腐蚀环境	涂层	涂料名称	道数/道	干膜厚度/μm
防滑摩擦面部位(无外观要求)	P07		防滑层	冷涂锌(喷涂)	2	80
桥梁预埋钢构件部位(无外观要求)	P08		保护层	冷涂锌	2	80~100

（2）电力工程钢结构防腐

电力工程钢结构防腐冷涂锌配套体系见表 7-28。

表 7-28　电力工程钢结构防腐冷涂锌配套体系

涂装部位	配套编号	腐蚀环境	涂层	涂料名称	道数/道	干膜厚度/μm
风电、水电和太阳能站、核电站等发电站、变电站和配电站等的输送电设备、变电设备等	1	C3	底层	冷涂锌	1	40
			中间层	环氧云铁中间漆	2	100
			面层	丙烯酸聚氨酯面漆	2	60
	2	C4	底层	冷涂锌	1	60
			中间层	环氧云铁中间漆	2	100
			面层	丙烯酸聚氨酯面漆	2	60
	3	C5-I C5-M	底层	冷涂锌	2	80
			中间层	环氧云铁中间漆	2	100
			面层	氟碳/聚硅氧烷面漆	2	60
电线杆塔和电力铁塔等（土壤以上部分）	4	C3	底层	冷涂锌	1	60
			面层	冷涂银面漆	2	20
	5	C4 C5-I C5-M	底层	冷涂锌	1	80
			面层	冷涂银面漆	2	20
电线杆塔和电力铁塔等（埋地部分）	6	C4 C5-I C5-M	底层	冷涂锌	1	80

注：该涂装配套体系设计防腐保护年限为 25 年以上，腐蚀环境分类依据 ISO 12944-2 标准进行确定。

（3）水利工程钢结构防腐

冷涂锌涂料可以作为各种水利工程如闸门钢结构的防腐保护，替代原先水利工程如闸门钢结构要求的热喷锌/铝，为水利工程钢结构长效防腐涂装保护层。常用的水利工程钢结构防腐冷涂锌配套体系如表 7-29 所示。

表 7-29　水利工程钢结构防腐冷涂锌配套体系

涂装部位	配套编号	腐蚀环境	涂层	涂料名称	道数/道	干膜厚度/μm
闸门等钢结构（水线以上部分）外露部位	1	C4	底层	冷涂锌	1	40
			中间层	环氧云铁中间漆	1	80
			面层	丙烯酸聚氨酯面漆	2	60
	2	C5-I C5-M	底层	冷涂锌	1	60
			中间层	环氧云铁中间漆	2	100
			面层	氟碳/聚硅氧烷面漆	2	60

续表

涂装部位	配套编号	腐蚀环境	涂层	涂料名称	道数/道	干膜厚度/μm
闸门等钢结构（水线以下部分）	3	Im1	底层	冷涂锌	1	40
			中间层	环氧云铁中间漆	1	80
			面层	改性厚型环氧面漆	3	150
	4	Im2	底层	冷涂锌	2	60
			中间层	环氧云铁中间漆	2	100
			面层	改性厚型环氧面漆	2	150
闸门等钢结构混凝土预埋钢构件	5		底/面层	冷涂锌	2	80

（4）建筑钢结构防腐

冷涂锌涂料可以作为各种建筑钢结构如体育中心、机场航站楼、高铁车站、会展中心、高层钢结构建筑等的重防腐涂装体系的底层或者面层，为建筑钢结构提供长效防腐涂装保护层。常见的建筑钢结构防腐冷涂锌配套体系如表7-30所示。

表 7-30　常见的建筑钢结构防腐冷涂锌配套体系

涂装部位	配套编号	腐蚀环境	涂层	涂料名称	道数/道	干膜厚度/μm
各种建筑钢结构如体育中心、机场航站楼、高铁车站、会展中心、高层钢结构建筑等室外钢结构部位（具有外观要求）	1	C3	底层	冷涂锌	1	40
			中间层	环氧云铁中间漆	2	80
			面层	丙烯酸聚氨酯面漆	2	60
	2	C4	底层	冷涂锌	1	60
			中间层	环氧云铁中间漆	2	80
			面层	丙烯酸聚氨酯面漆	2	60
	3	C5-I C5-M	底层	冷涂锌	2	80
			中间层	环氧云铁中间漆	2	80
			面层	氟碳/聚硅氧烷面漆	2	60
各种建筑钢结构的室内钢结构部位（不需要防火）	4	C3	底层	冷涂锌	1	40
			中间层	环氧云铁中间漆	2	80
			面层	丙烯酸聚氨酯面漆	2	60
各种建筑钢结构的室内钢结构部位（需要防火部位）	5		底层	冷涂锌	1	40
			中间层	环氧云铁中间漆	2	80
			防火层	超薄型防火涂料（耐火2h）	6～7	1960
			面层	丙烯酸聚氨酯面漆	2	60

（5）市政工程钢结构防腐

冷涂锌可以作为公路、地铁、高铁、人行天桥等桩基钢筋、护栏钢筋和人防门等的防腐保护。其配套体系如表7-31所示。

表 7-31　市政工程钢结构防腐冷涂锌配套体系

涂装部位	配套编号	涂层	涂料名称	道数/道	干膜厚度/μm
各种混凝土钢筋	1	底层	冷涂锌	1	30～40
人防门、护栏等	2	底层	冷涂锌	2	60
		面层	丙烯酸聚氨酯面漆	1	80

（6）石油化工钢结构防腐

石油化工钢结构防腐冷涂锌配套体系见表 7-32。

表 7-32　石油化工钢结构防腐冷涂锌配套体系

涂装部位	配套编号	腐蚀环境	涂层	涂料名称	道数/道	干膜厚度/μm
设备、化学品/石油储罐、管道等钢结构外表面部位	1	C4	底层	冷涂锌	2	60
			中间层	环氧云铁中间漆	1	80
			面层	丙烯酸聚氨酯面漆	2	60
石油储罐等钢结构内表面部位	2	C5-I	底层	冷涂锌	2	60
			中间层	环氧云铁中间漆	1	80
			面层	厚型环氧面漆	2	150
各种建筑钢结构的室内钢结构部位（需要防火部位）	3		底层	冷涂锌	1	40
			中间层	环氧云铁中间漆	2	80
			防火层	超薄型防火涂料（耐火 2h）	6～7	1960
			面层	丙烯酸聚氨酯面漆	2	60

（7）海洋设施钢结构防腐

海洋设施钢结构防腐冷涂锌配套体系见表 7-33。

表 7-33　海洋设施钢结构防腐冷涂锌配套体系

涂装部位	配套编号	腐蚀环境	涂层	涂料名称	道数/道	干膜厚度/μm
海洋大气区部位	1	C5-M	底层	冷涂锌	2	60
			中间层	环氧云铁中间漆	1	100
			面层	氟碳面漆/聚硅氧烷面漆	2	60
海洋潮差区和飞溅区	2	Im2 C5-M	底层	冷涂锌	2	80
			中间层	环氧云铁中间漆	1	100
			面层	厚型环氧面漆	2	150
海洋全浸区	3	C5-M	底层	冷涂锌	1	40
			中间层	环氧云铁中间漆	1	100
			面层	厚型环氧面漆	2	150

7.5.4　涂装间隔时间

涂装间隔时间是重防腐涂料涂装施工中最重要的技术参数，它应由涂料生产厂家提出，并书写在涂料说明书中。在涂装工艺开始前，涂料厂家派出的技术服务人员在与业主、监理、总包、涂装分包等进行技术交底、沟通后，拟定涂装指导书，使这项技术指标能符合下列条件：①满足工厂涂装工艺流程；②保证配套方案成功执行；③确保漆膜质量优异（包括层间附着力、涂层外观和膜厚等）；④使涂装工艺真正做到节能环保。涂料厂的技术服务人员还应坚持在涂装施工第一线，以便解决涂装工艺中出现的问题并及时对涂装质量进行监督。只有这样，才能确保涂层配套体系充分发挥其防腐作用。笔者团队具备丰富的重防腐涂料涂装的经验教训，下面将论述在冷涂锌涂料应用中把握涂装间隔时间的重要性。

7.5.4.1　关于最小和最大涂装间隔时间问题

在重防腐涂料产品说明书中标明了"最小"和"最大"涂装间隔时间。"最小"涂装间隔是指涂层干燥、达到重涂所需硬度的最短时间，它的前提是：

① 涂层达到规定的膜厚；②涂装前和涂装后的温度、相对湿度和通风条件与推荐值一致；③重涂的涂料与配套方案一致。

"最大"涂装间隔是指可允许复涂的最长时间，涂料必须在这段时间内重涂，以确保涂层间的附着力。对于很多最大复涂间隔时间为"无限制"的涂料，必须符合下列条件：①涂层达到规定膜厚的要求；②即将重涂的涂层，必须完好无损、清洁、干燥、无污物；③已老化的环氧云铁中层漆表面或喷涂过厚的环氧云铁中层漆表面，均会失去毛糙度而不具备重涂性，必须作"拉毛"甚至"扫砂"处理，才能进行复涂，以保证附着力。

涂料配方中的成膜物质对重涂间隔起决定性作用，如依靠溶剂挥发而成膜的物理干燥型涂料，就没有最大重涂间隔。冷涂锌涂料大多属于此类。

7.5.4.2　影响冷涂锌涂料涂装间隔时间的因素

说明书中涂料的复涂间隔时间通常是在恒定的实验温度、湿度和膜厚十分均匀的前提下测定的。但在施工现场，各种条件都发生了变化，故必须作适当的调整。复涂间隔时间的调整最能体现涂料厂技术服务人员的专业水平。

影响涂装间隔时间的主要因素包括环境条件、涂料（包括稀释剂）、无气喷涂技术和工人操作技能四大因素。用鱼刺图表示如图 7-18 所示。

① 施工环境中的通风量、阳光照射及温度、湿度均会影响漆膜中溶剂的挥发。对于化学反应性涂料，环境会影响其反应速度，从而影响漆膜的干燥性，而漆膜的干燥程度直接影响到冷涂锌涂料的最小重涂间隔。在低温或通风不足的情况下，如果漆膜中的溶剂未经过充分挥发就施工后续涂层，则会引起起泡等弊病，因此涂装必须遵循最小重涂间隔时间。

② 施工中添加的稀释剂类型如快干型和慢干型（或叫冬用型和夏用型）及其添加量都对溶剂的挥发时间有影响，因此会改变最小涂装间隔。

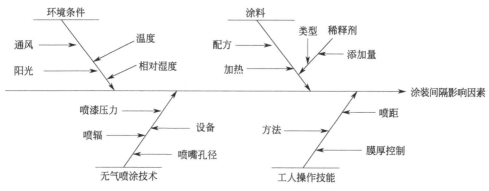

图 7-18　影响涂装间隔时间的主要因素

③ 为提高重防腐涂料的漆膜性能和施工效率，大多采用无气喷涂方式。无气喷涂设备的选择，包括喷嘴孔径的选择、喷幅和喷涂压力的调节以及喷距的掌握等，会影响涂膜形成过程中溶剂的挥发程度及漆膜厚度的控制，从而对涂装间隔也产生重要影响，因此，正确掌握无气喷涂技术至关重要。表 7-34 为常用重防腐涂料的喷漆压力。

表 7-34　常用重防腐涂料的喷漆压力

涂料品种	一道无气喷漆膜厚/μm	体积固体分/%	推荐喷漆压力/MPa
无机富锌底漆	40	70	10.0～12.0
环氧富锌底漆	40	53	15.0
环氧云铁中层漆	100	70	17.5
丙烯酸聚氨酯面漆	40	51	15.0
氟碳面漆	40	51	15.0
高固体分环氧漆	≥150	80	20.0
无溶剂环氧漆	≥200	99	28.0
冷涂锌涂料	60	42	8～10

④ 操作工人必须有高度的责任心和精湛的涂装技术和涂装经验，如对于环氧类涂料，在通常情况下，平均干膜厚每增加 50%，最小复涂间隔时间则应增加 1.5 倍；平均干膜厚如增加 100%，则最小复涂间隔时间应增加 2.5 倍。在施工过程中，操作工人应能够熟练掌握无气喷涂施工技术，能将喷涂孔径、喷涂压力和喷距调节到最佳状态。

上述四大因素有机联系，因地制宜，可将涂装间隔时间控制在最佳状态，保证涂层质量。

7.5.4.3　涂装间隔时间不当导致的失效案例

涂装工程是一个系统工程，它包括涂装材料（包括涂料）、涂装工艺技术和设备及涂装管理（耗漆量管理等）等内容，三者有机结合，缺一不可。但在一些重大工程项目中，却忽视了涂装技术和涂装管理两大关键内容。在重点工程的涂料厂及涂料配套方案的招、投标和涂装总包单位的招、投标中，基本上没有涂装工程师参加，没有执行 ISO 12944-1：1998 等关于涂料、涂装相关的国际标准。如在一些涂装工程中，笔者多次碰到因涂装间隔时间掌握不妥而引起涂层早期失效的案例，教训深刻。

（1）案例一

浦东某港口大桥，设计的配套方案为无机富锌底漆 $80\mu m$，环氧封闭漆 $30\mu m$（不计膜厚），环氧云铁中层漆 $100\mu m$，可复涂聚氨酯面漆 $80\mu m$。按 ISO 12944 国际标准的规定，上述配套涂层在 C4 的腐蚀环境条件下，有大于 15 年的使用寿命。提供涂料的生产厂家是国内著名的厂家，产品质量稳定，其产品说明书中明确表示，环氧云铁中层漆最大涂装间隔为 25℃ 下小于 90 天。但钢结构总包和涂装分包却错误安排涂装工艺，喷完环氧云铁中层漆后，就将钢结构总包焊接在桥址；通车前，在环氧云铁涂层表面未做任何处理时，就喷涂了道聚氨酯面漆，涂装间隔时间长达半年以上，结果两年不到，聚氨酯面漆大面积脱落，电焊缝、螺丝、螺帽区锈水长流，"白锈"、"红锈"面积大于 3%，3 年后不得不进行大修，而且采用的是复涂性能要求更高的氟碳面漆。大修后的结果亦很难预料。

（2）案例二

2008 年前，为赶北京奥运会工程的进度，在某著名的钢结构项目中，12h 内完成了三种油漆、总膜厚为 $240\mu m$ 的喷涂。由于没有遵循最小涂装间隔时间，过量的溶剂无法挥发，顶破涂层，造成涂层大面积起泡。

（3）案例三

在涂装施工中，诸多的因素影响着涂层质量。有的涂层尽管没有超过最大涂装间隔时间，也需打磨后才能复涂，如正在建造中的某跨海大桥采用的是国外两家著名品牌（A 公司、B 公司）的重防腐涂料配套环氧富锌底漆 $50\mu m$（2 道，共 $100\mu m$）、环氧云铁中层漆 $100\mu m$（2 道，共 $200\mu m$）、氟碳面漆 $40\mu m$（2 道，$80\mu m$）。在两家涂料产品说明书中，这 3 种配套涂料间都没有最大涂装间隔的限制，在流水线作业中，各道涂料的复涂间隔时间也在规定的范围中，但发现 A 涂料公司的环氧富锌底漆、环氧云铁中层漆、第一道氟碳面漆表面都呈现砂皮状，每道涂层必须进行打磨后，才能复涂下道涂层。查找原因后发现，这不是由于超过最大涂装间隔时间而造成的，主要问题在于涂料喷涂时，呈现干喷状态。从涂装角度分析可能存在的问题是：①喷涂压力过高，喷嘴过小；②喷距超过 50cm；③在盛夏气温超过 35℃、阳光直射的中午喷涂；④工人操作不当。从涂料自身的角度分析，A 公司涂料的干燥速率明显快于 B 公司涂料。表 7-35 为 A、B 公司生产的涂料的干燥性能对比（资料来源于产品说明书）。

表 7-35　两种涂料干燥性能对比

涂料名称	A公司涂料				B公司涂料			
	基材温度 /℃	表干时间 /min	硬干时间 /h	固化时间 /d	基材温度 /℃	表干时间 /min	半硬干时间 /h	固化时间 /d
环氧富锌底漆	23	10	1.5	5	20	20	3	无
环氧云铁中层漆	23	60	1.5	7	20	180	10	无
氟碳面漆	23	30	7	5	20	15	2	无

在盛夏气温超过 35℃时，A 公司配套涂料干喷的可能性很大。按照上海市涂装施工的定额标准，每打磨一道涂层，每平方米耗费 10 元左右，喷 4 道涂料，打磨 3 次，则每平方米增加工时费 30 元左右，浪费较大，而 B 公司配套涂料有针对性地调慢稀释剂的挥发速率，增加了涂层的流平性，避免了干喷现象的出现，也就不需要复涂前进行打磨处理了。

从上述三个案例分析可知，规范涂装工艺、控制好涂装间隔，不仅对提高涂层耐久性、减少国家财产损失意义重大，而且也最大程度做到了节能与环保。

第8章 冷涂锌涂料应用领域及实例

冷涂锌涂料的本身性质特征决定了其应用领域主要是钢结构材料的防腐以及锌涂层的修补。冷涂锌涂料的应用主要分为六个领域，即桥梁钢结构防腐、电力工业钢结构防腐、水利工程钢结构防腐、建筑钢结构防腐、石油化工钢结构防腐和海洋设施钢结构防腐。下面将详细介绍冷涂锌涂料在每个领域的应用及实例。

8.1 桥梁钢结构防腐

8.1.1 概述

8.1.1.1 我国桥梁建设的发展

经过改革开放30多年的发展，我国桥梁建设在设计理论、施工工艺、材料制造上已有了质的飞跃，在桥梁强国的道路上迈出了一大步。根据近期国际桥梁与结构工程协会的统计，11种类型世界前10名共110座桥梁中，中国桥梁有48座，占43%。

如世界十大跨海大桥，我国就占了四席（见表8-1）。

表8-1 世界十大跨海大桥中国占四席

序号	桥名	全长/km	主桥结构形式	世界排名
1	杭州湾跨海大桥	36	钢梁斜拉桥	1
2	东海大桥	32.5	组合梁斜拉桥	2
3	青岛海湾大桥	25.9	自锚式悬索桥	4
4	舟山大陆连岛工程	25	钢箱梁悬索桥	5

近三年来，在国家新一轮的基础设施建设中，我国桥梁工程更进入了一个高速发展的春天。

根据不完全统计，我国20个省市正在建设桥梁数量高达70座以上，其中有铁

路、公路、跨海大桥；有钢结构、混凝土大桥。在建的跨海大桥中，排位第一的是
港珠澳大桥：全长50km，总投资730亿元，可抗八级地震，16级大风，用钢量50
万吨（相当于11个"鸟巢"），钢结构使用寿命120年。另外在建的跨海大桥有宁
波至舟山的六横大桥、文昌至海口的铺前大桥等，尚在规划之中的跨海大桥还有胶
州湾、大连湾、琼州海峡、玉环岛等26座跨海大桥。2013～2030年在长江、黄河
等我国江、河、湖泊上共规划兴修各类桥梁100多座，目前在建的规模较大的桥梁
见表8-2。

表8-2　目前在建的规模较大的桥梁举例表

序号	桥名	序号	桥名
1	镇江长江大桥	9	洞庭湖大桥
2	南京五桥	10	西藏背萌雅鲁藏布江大桥
3	嘉鱼长江大桥	11	温州北口大桥
4	沌口长江大桥	12	宁波春晓大桥
5	芜湖二桥	13	宁波三官堂大桥
6	舟山秀山大桥	14	湖北香溪长江大桥
7	福建集美大桥	15	武汉青山长江大桥
8	武穴长江大桥	16	沪通大桥

特别值得一提的是21世纪以来，我国开始在桥梁建设上走节能减排、节约资源、
环境友好、可持续发展之路，推广钢结构、钢混组合结构以及预制装配式混凝土结
构，采用标准化设计、工厂化生产、装配化施工，恰恰符合我国桥梁制造技术的努力
方向，这样不仅提高了桥梁的耐久性，而且满足了资源节约型环境友好型的要求。

最近10年来，我国大型钢结构厂承接了许多涉外桥梁工程（见表8-3），显示
了我国强大的造桥能力。

表8-3　我国钢结构厂承接涉外桥梁举例

序号	桥名	承接单位
1	韩国仁川大桥	上海振华重工集团公司
2	美国奥克兰海湾大桥	
3	挪威Hardanger大桥	
4	英国英格兰大桥	中国中建钢构有限公司
5	美国亚历山大·哈密尔顿大桥	
6	美国纽约韦拉扎诺海峡大桥	中铁山海关桥梁厂

由江苏省交通设计院和英国AECOM有限公司联合设计、中铁宝桥集团有限公
司承建制造的泰州长江大桥，在2013年获得英国结构工程师协会
（ISTRUCTE）结构大奖。评审委员会的评语是："这宏伟的工程是一个非凡的成
就，将悬索桥的技术推向了一个新的高度，成为全球范围内大跨度桥梁未来发展方
向的一个典范。"

外界是这样评论我国的桥梁建设的："中国桥梁界仅用20年就完成欧洲几十年
的发展业绩，相信今后的20年，中国桥梁建设市场无疑将是令人羡慕的大舞台。"

8.1.1.2　桥梁涂料的产量

桥梁涂料归属于重防腐涂料。改革开放后，我国桥梁建设的发展促使桥梁涂料的产量一直保持上升的趋势，见表 8-4。

表 8-4　2010～2013 年中国桥梁涂料产量表　　　　　单位：万吨

序号	项目	2010 年	2011 年	2012 年	2013 年
1	重防腐涂料产量	149	160	162	169
2	桥梁涂料产量	20	22	24	25
3	比重/%	13.4	13.7	14.8	14.8

桥梁涂料包括铁路、公路、跨海大桥等新建或维修的钢结构涂料和混凝土涂料。但近几年来增速逐渐放慢，在重防腐涂料行业中的份额也增加不多。

8.1.1.3　我国桥梁涂料及涂装技术发展历程

五十年来，我国桥梁涂料及涂装技术的发展，经历三个发展阶段。

（1）起步阶段（建国起至 20 世纪 70 年代）

主要有三个代表性桥梁建筑用涂料体系，一是 1952 年"重庆三峡"全套提供涂料的成渝铁路钢桥；二是 1956 年铁科院与天津灯塔油漆厂联合开发、提供涂料的武汉长江大桥；三是铁科院与天津灯塔、西北永新联合开发研制的全套涂料在南京长江大桥上应用。涂料品种以醇酸红丹底漆、醇酸云铁中层漆及醇酸面漆为主，也有聚氨酯面漆等。

（2）发展阶段（1981～1999 年）

以上海开林制漆厂为主的我国民族涂料企业开发研制并成功用在黄浦江上的南浦、杨浦、徐浦等跨江大桥上的环氧富锌底漆、环氧云铁中层漆、氯化橡胶面漆，加上江南造船厂、沪东造船厂先进的涂装技术，使这三座大桥开创了我国重防腐涂料与涂装技术发展的新纪元，此技术在当时也处于世界领先的地位。具体涂料配套见表 8-5。

表 8-5　上海黄浦江大桥钢箱梁外侧涂料配套

桥名	建造年份	涂料配套系统	制造厂家	总包单位
南浦大桥	1991 年	环氧富锌底漆 80μm 环氧云铁中层漆 100μm 氯化橡胶面漆 80μm	上海开林	上海江南重工
杨浦大桥	1993 年	环氧富锌底漆 80μm 环氧云铁中层漆 100μm 氯化橡胶面漆 80μm	上海开林	上海冠达尔钢结构有限公司
徐浦大桥	1996 年	水性无机富锌底漆 70μm 环氧云铁中层漆 100μm 氯化橡胶面漆 80μm	美国 IC531 上海开林	上海沪东造船厂

在桥梁混凝土部位也相应采用了环氧封闭漆、氯化橡胶面漆、环氧沥青等重防腐涂料配套。

(3) 迅速发展阶段（2000~2014 年）

随着改革开放步伐的加快，世界主要重防腐涂料公司纷纷进入中国，以合资或独资方式在中国建厂。凭借他们的技术、品牌、管理等诸方面优势，从船舶、集装箱、海洋工程逐步扩大到桥梁行业，完成了在中国国内生产和市场的战略布局，一度垄断了我国桥梁涂料市场。国外涂料公司承接的大型桥梁案例见表 8-6。

表 8-6 国外涂料公司承接的大型桥梁案例

序号	公司名称	桥梁名称
1	海虹 HEMPEL	虎门大桥、江阴大桥、昂船洲大桥、润杨大桥、东海大桥、泰州大桥、洞庭湖大桥
2	AkzoNobel(苏州)国际涂料公司	重庆菜园坝大桥、美国旧金山奥克兰大桥、杭州湾大桥、美国纽约韦拉扎诺海峡大桥
3	Kansai中远关西	巫山长江大桥、青岛海湾大桥、四渡河特大桥、南京大胜关大桥、港珠澳大桥
4	Jotun中远佐顿	重庆朝天门大桥、重庆二江桥、挪威 Hardanger 大桥、泰州大桥、港珠澳大桥

目前，国外涂料公司销量约占我国桥梁涂料市场的三分之二。

总体而言，在桥梁涂料行业，国内涂料厂还缺乏核心竞争力，即在生产规模、产品档次、施工质量、服务水平等方面都有着差异，但国内涂料厂家也能顶住压力，在竞争中积极发展高性能桥梁涂料。特别是国内涂料厂家中的佼佼者"重庆三峡"，据不完全统计，近五年来，供应了武汉天兴洲大桥、韩家沱长江大桥、吉林松原市天河大桥、南方铁路广西都江特大桥等十六座大桥的配套涂料，而且成立了专门的桥梁涂装工程公司，并且包工包料，规范操作施工。另外，"北京百幕"、"浙江鱼童"、"西北永新"、"浙江飞鲸"、"西安天元"等涂料企业在桥梁涂料中也发展迅速，使我国桥梁涂料的发展一直处于高位上。

8.1.1.4　桥梁涂料及其配套

近年来由于国际大公司的桥梁涂料产品陆续进入中国，使我国桥梁涂料和涂装的先进性日益提高，具体体现在下列方面。

(1) 钢结构桥梁

在钢箱梁外侧等常用两种配套，一是全涂料配套，如重庆菜园坝、重庆朝天门、香港昂船洲大桥、杭州湾大桥等，特别是世界上最长的跨海大桥——港珠澳大桥，采用表 8-7 的配套方案，按 ISO 12944 的规定，使用寿命可长达 15 年以上。二是电弧喷锌（铝）与重防腐涂料复合配套，如天兴洲长江大桥、四渡河特大桥、舟山连岛大桥、厦漳大桥、湖南大岳高速洞庭湖大桥（见表 8-8）等。

表 8-7　港珠澳大桥钢箱梁涂层配套方案

部位	涂层体系	最低膜厚/μm	道数/道
外侧	环氧富锌底漆	100	2
	环氧云铁中间漆	200	2
	氟碳面漆	80	2
内侧	环氧富锌底漆	80	1
	环氧厚浆漆	120	1

表 8-8　湖南大岳高速洞庭湖大桥钢箱梁外侧配套方案

工序	涂层体系	道数/道	预定干膜厚度/μm
底涂	电弧喷铝	1	150
封闭漆	环氧专用封闭漆	1	50
中间漆	环氧云铁中层漆	2	150
面漆	聚硅氧烷面漆	1(工厂)	40
		1(工地现场)	40

按 ISO 14713 标准的规定，复合涂层有大于 20 年的涂层使用寿命。

近几年来，高性能面漆的开发与应用，使桥梁涂料的使用寿命和外观质量有了一定程度的提高。在实践中，聚氨酯、氟碳、聚硅氧烷面漆的施工性能也得到了改善。对于钢箱梁内侧，出于节能、环保的目的，近期正在推广高固体分或无漆剂环氧涂料等，如振华港机已成功应用了水性的无机-有机杂化环氧涂料。

（2）混凝土桥梁

近年来，新建混凝土桥梁的数量逐年增加，传统的涂料逐渐被新颖的重防腐涂料所取代。以杭州湾大桥混凝土涂料配套为例（见表 8-9），根据不同部位的腐蚀特征设计不同的涂料配套，具有一定的先进性。

表 8-9　杭州湾大桥混凝土表面涂层配套方案　　　　　　　　单位：μm

涂料名称	表湿区涂层	表干区涂层	索塔区涂层
	17 万平方米	60 万平方米	3 万平方米
	底中面	底中面	底中面
湿固化环氧树脂封闭漆	≤50		
湿固化环氧树脂涂料	<310		
聚氨酯面漆	90		
环氧树脂封闭漆		≤50	≤50
环氧树脂涂料		<280	≤280
氟碳面漆		70	70
涂层总干膜平均厚度	400	350	350

对桥梁钢管桩的防腐蚀涂料，目前用得最多的是 3PE 等环氧粉末涂料，但其缺陷在于操作施工中的破损很难修复。另外还有钢管桩专用涂料，如阿克苏·诺贝尔的 Interzone954、宣伟的 ES301 等产品。在工厂制造时，钢管桩表面经过喷砂、无气喷漆，因而涂层具有良好的附着力、耐海水、耐摩擦性能，且与环氧粉末涂料一样有耐阴极剥离的能力。它们是最理想的钢管桩维修涂料，均系无溶剂的低表面

处理涂料，在潮湿的、有锈斑、旧的漆膜表面涂刷1.5h后甚至可在水下固化。"佐顿"、"海虹"、"鱼童"也开发了相应的产品。

综上所述，我国桥梁涂料及其配套，先进性日趋提高，表8-10为我国桥梁涂料结构和组成。合理的结构组成，促进了我国桥梁工业的发展。

表8-10　我国桥梁涂料结构和组成

组成	占比/%
富锌底漆:环氧富锌底漆、无机富锌底漆、水性富锌底漆	25
环氧涂料	35
聚氨酯涂料	18
氟碳涂料	14
聚硅氧烷涂料	6
其他	2
合计	100

8.1.1.5　我国桥梁涂料的环保、节能性能

提高环保、节能水平是我国的国策，发展我国桥梁涂料的基本点也在于此。笔者认为：提高涂层的耐久性，是最大的节能与环保。用全寿命分析法（LCC）的创新理念来改善某些桥梁涂装工程一次性投资低、全寿命支出高的状况，并在具体措施中加以落实。如淘汰红丹涂料，禁用含Pb、Cr、Hg、Cd等涂料。

以前铁路桥梁多用红丹底漆。它防锈性能好，对表面处理要求低，但出于环保考虑，目前已全面禁止使用。港珠澳大桥等重点工程，遵照RoHs 2011/65-EU-CO950—2008标准，对配套涂料中重金属成分做了限制，见表8-11。

表8-11　港珠澳大桥钢箱梁涂料对金属离子的限制

序号	名称	限量/(mg/kg)
1	Pb	<1000
2	Hg	<1000
3	Cd	<100
4	Cr^{6+}	<1000

根据使用特点，推广高固含量的桥梁涂料，降低VOC是环保型桥梁涂料的主攻方向。以常用环氧云铁中间漆为例，降低VOC量的效果是十分显著的，见表8-12。

表8-12　各种环氧云铁中间漆固含量及VOC值

环氧M10涂料	固含量/%	VOC/(g/L)
1	54	420
2	65	380
3	80	175

对于桥梁钢箱梁内侧，出于对操作工人的身体安全健康考虑，推广高固含量更显必要。对于高固含量的重防腐涂料，一次无气喷漆可达 $250\mu m$　DFT 以上。减少施工道数；常温固化成膜；边缘覆盖性能优异，对涂装工程的节能、减排无疑是有利的。港珠澳大桥对配套涂料的 VOC 也做了限制，见表 8-13。

表 8-13　港珠澳大桥对配套涂料的 VOC 限制

序号	涂料名称	VOC 范围/(g/L)
1	环氧富锌底漆	<350
2	环氧中间漆	<350
3	氟碳面漆	<420
4	聚氨酯面漆	<420

水性桥梁配套涂料的应用有了良好的开端。国家和相关行业协会十分重视水性涂料桥梁的开发与推广。对于混凝土桥梁，交通行业标准 JT/T 821.4—2011 就规定了水性配套体系，见表 8-14。

表 8-14　JT/T 821.4—2011 规定的水性氟碳配套涂层体系

涂层	涂料品种	施工道数/道	最小干膜厚度/μm
底涂层	水性丙烯酸封闭底漆 或水性环氧封闭底漆	1	—
中间涂层	水性丙烯酸中间漆	2	80
面涂层	水性氟碳面漆	2	80

水性无机富锌底漆，二十年前就已应用在上海的徐浦大桥上。宁波铜瓦门大桥、杭州的西泠大桥等（包括正在建造的重庆鹅公岩二桥），均采用水性无机富锌底漆和溶剂型中层漆、面漆配套，漆膜质量优异，配套性能最好，施工性能亦能满足桥梁制造厂的涂装流水线要求。值得一提的是大连振邦涂料厂用于松花江大桥上的全套水性涂料（富锌底漆、环氧中层漆、氟碳面漆）获得了成功。

在桥梁维护大修上，普遍采用了低表面处理涂料。美国 RPM 涂料公司的水性丙烯酸弹性涂料 Rust-olenum Noxed，属于低表面处理涂料，大量用于我国港台地区混凝土和钢结构桥梁的大修上，如香港青马大桥等。目前我国各种桥梁陆续进入了大修阶段，环保型的低表面处理涂料（surface tolerant coatings）得到了迅速的发展。在涂料类型上，以环氧为主，另外还有醇酸、丙烯酸、双组分聚氨酯及单组分湿固化聚氨酯涂料等，它们在节能环保上的表现是多方面的。对表面处理要求 ISO 8501-1　St2 级，可带微锈涂装，可在潮湿表面涂装，可复涂在大多数旧涂层表面，附着力优异，与各类面漆等配套性能良好。此外，个别低表面处理涂料有底、面两用漆作用。除了 AkzoNobel、Hempel、PPG、Jotun 等国际大公司外，国内的"三峡"、"兰陵"、"鱼童"、

"信和"、"红狮"、"百幕"、"华生古象"也都开发并研制成功低表面处理涂料,逐渐用于桥梁维修,充分发挥低表面处理涂料环保、节能的作用,见表8-15。

表 8-15 低表面处理涂料工程案例

序号	工程名称	低表面处理涂料名称	面积/万平方米	施工单位
1	上海外白渡桥大修	Ameron400 Sigma Cover 620	0.6	上海船厂涂装工程公司
2	上海延安路高架钢箱梁大修	Jotamastic 87	＞20.0	上海科鼎涂装工程公司
3	上海南浦大桥钢箱梁大修	Rust-Olenum 9100	＞5.0	河南防腐工程公司昆山分公司
4	杭州湾大桥钢管桩维修	Interzone 954	不详	上海三航科研所工程公司
5	香港青马大桥钢箱梁及钢缆索维修	Rust-Olenum Noxed	＞2.0	不详
6	福建清州大桥	海虹 47750	3.6	厦门鑫金城防腐公司
7	徐浦大桥	低表面处理环氧涂料	6.8	上海建冶科技工程股份有限公司

8.1.1.6 桥梁涂装的逐步规范化

近几年来,国家及相关行业逐步重视桥梁涂装工程。在每个专业会议上,"三分涂料,七分涂装"的话题也逐步提到议事日程上。从广义上理解,涂装包括三方面的内容:一是涂装材料,包括重防腐涂料及配套、电弧喷锌、铝、阴极保护材料等;二是涂装工艺技术,它是一个系统工程,不单是涂装过程中工艺技术参数,主要包括了桥梁重防腐涂料的施工性能;三是涂装管理,包括膜厚质量管理、耗漆量管理、工艺条件管理等等,是节能、环保的关键。在整个桥梁涂装工程中,我国重防腐涂料的开发、研制水平并不落后,但涂装技术及涂装管理上与国际上先进水平相差甚远。

1998 年颁布的关于涂装的两个国际标准 ISO 12944、ISO 14713,以及前几年铁路行业、交通行业颁布的不少有关铁路行业和交通行业标准(见表 8-16),均未认真宣传贯彻及落实。

2008 年以后,随着 ISO 12944—2008 的修订与提高,加上国家关于 VOC 排放及节能、环保政策的出台,促使了桥梁涂装水平的提高。特别是制订国标 GB/T 30790《色漆和清漆 防护涂料体系对钢结构的防腐蚀保护》后,宣传力度大,措施有力,桥梁涂装面貌有明显的变化。

表 8-16 铁路行业和交通行业标准

行业	标准	主要内容
铁道行业标准	TB/T 2486—1994《铁路钢梁涂膜劣化评定》	规定了铁路钢梁涂膜劣化类型、劣化等级和评定方法,适用于评定钢梁涂膜的形态、质量以及铁路钢梁劣化涂膜涂装分类、桥梁其他钢铁结构
	TB/T 1527—2004《铁路钢桥保护涂装》	规定了铁路钢桥保护涂装技术要求、试验方法和检验规则,适用于钢桥的初始涂装、钢桥涂膜劣化后的重新涂装和维护涂装
	TB/T 2772—1997《铁路钢桥用防锈底漆供货技术条件》	分别规定了铁路钢桥各涂装体系防锈底漆、中间层漆、面漆的分类、技术要求、试验方法检验规则及包装、标志、运输和储存,适用于新建钢梁涂装、运营中钢梁重新涂装及维护涂装和其他钢结构涂装使用的防锈底漆、中间漆面漆
	TB/T 2723—1997《铁路钢桥用面漆、中间漆供货技术条件》	
化工行业标准	HG/T 3656—1999《钢结构桥梁漆》	分别对钢结构涂装产品(普通型和长效型)的防锈底漆、中间层漆、面漆的技术要求、试验方法、检验规则及包装、标志、运输和储存做了规定。同时在附录中列举了两类产品的常用品种,并介绍了几个实际应用配套体系
	HG/T 3668—2009《富锌底漆》	近年来桥梁重防腐涂装中广泛应用富锌底漆。对有机富锌底漆和无机富锌底漆,分别规定了技术要求、试验方法、检验规则及包装、标志、运输和储存。其中对富锌底漆中的不挥发分中金属锌含量的检测方法做了相应调整:不挥发分中金属锌含量分为≥60%、≥70%和≥80%
交通行业标准	JT/T 695—2007《混凝土桥梁结构表面涂层防腐技术条件》	对混凝土桥梁作出腐蚀环境与腐蚀因素分析的基础上,设计规定了混凝土桥梁在各种腐蚀环境条件下表面涂层配套体系及其性能指标,并对涂装施工、验收、安全、卫生及环境保护等作出了具体的规定
	JT/T 694—2007《悬索桥主缆系统防腐涂装技术条件》	适用于悬索桥主缆系统的防腐涂装。除规定了有关术语和定义外,着重设计规定了主缆系统涂装材料配套体系、施工工艺、相关材料的性能指标以及验收、安全、卫生、环保等
	JT/T 722—2008《公路桥梁钢结构防腐涂装技术条件》	充分参考了近期国内在钢结构桥梁防腐涂装中的成功经验,结合近年来已在市场上得到成功应用的新产品、新技术,并对以往涂装中一些不正确的做法、概念做了总结和纠正

桥梁设计院在配套设计中,需要真正理解涂层使用寿命的含义。它既不是桥梁结构寿命,也不是涂料质量的商业保证期,而是涂层的使用寿命。按 ISO 12944-5 的规定,腐蚀环境、涂层厚度和使用寿命关系如表 8-17 所示。

表 8-17 ISO 12944-5 腐蚀环境、涂层厚度和使用寿命关系

使用寿命等级	C3		C4	
	其他	含 Zn	含 Zn	其他
低(<5 年)	120	—	160	200
中(5~15 年)	160	—	200	240
高(>15 年)	200	160	240	280

港珠澳大桥业主对涂层的使用寿命提出了大于 25 年的特殊要求,就是通过增

厚规定膜厚来达到目的。

至于涂层使用寿命，是指桥梁配套涂层到第一次大修的年限，则以 ISO 4628 标准来界定。当涂层锈蚀等级达到 Ri3 级，相当于锈蚀面积为 1% 时，则可开始第一次大修，此时大修，性能价格比最高，最经济有效。

对于热喷涂加重防腐涂料配套的复合涂层的使用寿命则以 ISO 14713 标准来对照（见表 8-18），在 C4、C5 的大气腐蚀环境中，涂层最高的使用寿命为 20 年。

表 8-18　ISO 14713 热喷涂防腐蚀涂层体系

腐蚀环境	涂层寿命/年	涂层体系	腐蚀环境	涂层寿命/年	涂层体系
C2	≥20	喷铝 100μm	C4	≥20	喷铝 100μm ＋封闭
					喷锌 100μm ＋封闭
		喷铝 50～100μm ＋封闭	C5	≥20	喷铝 150μm ＋封闭
					喷锌 150μm ＋封闭
C3	≥20	喷铝 100μm	Im2	≥20	喷铝 250μm
		喷铝 100μm ＋封闭			喷铝 150μm ＋封闭
		喷锌 100μm			喷锌 250μm
		喷锌 100μm ＋封闭			喷锌 150μm ＋封闭

另外，通过工程实践，各大设计院在涂层设计中，坚持底、中、面漆均为同一家涂料公司的产品，做好各道涂层的配套性能试验，认真执行 ISO 12944 等规定的质量保证体系。

重防腐涂料的施工性能是由其内在品质决定的。由涂料厂家拟定的涂装施工技术参数，是涂料技术指标的一部分。它包括对表面处理的要求、固含量、一次无气喷漆的推荐膜厚、双组分涂料熟化期和混合适用期、自身及配套涂层的最大、最小的复涂间隔时间、各种温度下固化干燥时间、施工环境允许的温湿度、推荐的喷涂方法、无气喷漆的各种技术参数、边缘覆盖性能等等，上述技术参数应详细表示在技术说明书中。它们是拟定涂装工艺的基础，是涂装管理的依据。

在提高桥梁涂料的施工性能方面，我国涂料厂与国际大公司还有一定的差距。近年来，行业内重视了这项工作，加深了对它的研究，使其成为桥梁涂料制造技术的主攻方向，也使涂装技术逐渐成为多学科、知识面交叉、科技含量高的现代化工程技术。

在钢桥制造行业，涂装是关键工艺，它贯穿于整个桥梁制造工艺的始终。以涂装工艺流程设计为例，它必须依据业主与设计规定的配套方案、依据涂料公司涂料的施工性能、依据桥梁制造工厂涂装流水线的实际。设计正确的涂装工艺流程，是保证涂层质量的关键。

如桥梁混凝土在涂装时，必须先喷环氧封闭底漆。表 8-19 为桥梁混凝土涂层配套体系及相关技术参数。

表 8-19　桥梁混凝土涂层配套体系及相关技术参数

区域		涂层体系	干膜厚度/μm	涂装道数/道
大气层	底层	环氧封闭底漆	按混凝土表面灵活掌握	
	中间层	刮涂型环氧腻子	修补蜂窝、麻面等缺陷	
		环氧云铁厚浆漆	200	1
	面层	氟碳面漆	100	2
水位变化段	底层	湿固化环氧封闭底漆	按混凝土表面灵活掌握	
	中间层	刮涂型环氧腻子	修补蜂窝、麻面等缺陷	
		湿固化环氧厚浆漆	300	1
	面层	氟碳面漆	100	2

对于钢结构桥梁，常规的涂装工艺流程如图 8-1 所示。流程中常常被忽视的是预涂装和第二道面漆的喷涂时间，它们却是涂装工艺的瓶颈。不认真进行预涂装及第二道面漆超过了最大涂装间隔时间，是形成涂层早期锈蚀和涂层脱落的主要原因。桥梁业主十分重视涂装工艺，在行业内首次进行首制件涂装工艺评审，提出涂装"大型化、车间化、标准化、自动化"的总体要求提高了涂装技术水平。最近在湖南大岳高速洞庭湖大桥钢箱梁制造前，业主就召集了设计、监理、总包、涂装分包及涂装专家，对武船重工和江苏矿大大正的涂装工艺和施工组织专门召开评审会议，使涂装工艺逐步规范。

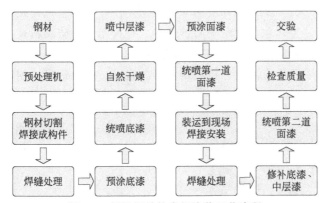

图 8-1　桥梁钢结构常规涂装工艺流程

又如对于大型的桥梁工程，必须采用无气喷漆法。不同的涂料，有不同的施工性能，必须采用不同的无气喷漆机（见表 8-20），并不断提高无气喷漆技术。

表 8-20　各种专用无气喷漆机一览表

序号	重防腐涂料类型	专用无气喷漆机类型		
1	聚脲、无溶剂涂料等适用期<20min	双组分无气喷漆机（有涂料加热装置）	Graco	Xtreme Mix系列产品
			WIWA	混双 333 等
			重庆长江	Szd2　75∶1
				65∶1
				45∶1

续表

序号	重防腐涂料类型	专用无气喷漆机类型		
2	各类富锌底漆	富锌底漆专用无气喷漆机（压缩比为 32：1 或 33：1）	Graco	BULLDOG 32：1
			WIWA	38032
			重庆长江	OPT 9C
			重庆长平	CP 3250
3	高固体分、厚膜型涂料	压缩比较高的无气喷漆机	Graco	Xtreme x70
			WIWA	24071
			重庆长江	GPT7037（带两把枪）
			重庆长平	CP 7321 TF

在我国重防腐涂料与涂装技术的发展历程中，往往重视涂料、忽视涂装，导致目前涂料制造上人才济济，但涂装技术人才贫乏，涂装高级工程师以上技术人员明显断层。由于人才缺乏，使国内从设计院到钢结构厂、二级以上涂装工程公司无法正常开展涂层配套和涂装工艺设计，与我国先进桥梁制造技术很难匹配，从而影响了桥梁工程的耐久性，因此培养涂装技术人员、提高涂装技术水平是提高涂装质量的重点。

8.1.2 冷涂锌涂料在桥梁防腐中的应用

由于桥梁钢结构的重要性和后期维护的困难性，因而一直优先采用性能优良的重防腐涂料涂装、特殊包覆密封等防护技术。各种先进的防腐新技术、新工艺、新材料在桥梁钢结构防护中有较好的市场前景和投资效益。近年来冷涂锌涂料在桥梁钢结构中也得到了开发应用，如桥梁钢箱梁、索鞍、桥梁钢拱、钢桁梁、钢锚固件等，如图8-2～图8-7所示。

图 8-2 悬索桥索鞍

图 8-3 桥梁钢拱

由于冷涂锌防腐性能优异，施工方法简单、灵活、方便，因此近年来广泛应用于各种桥梁钢结构的腐蚀防护和维修，应用案例比比皆是。如美国密西西比州交通厅已经规定该州30多座桥钢结构全部采用冷涂锌重新涂装维修。后湾桥（Back Bay Bascule）大桥是第一座进行冷涂锌重新涂装维修的桥梁，该工程于2002年11月施工完成，在2007年有CBA检测单位检查证明：经过5年使用后，冷涂锌涂层

图 8-4 粘梁维修加固

图 8-5 T 梁腹板

图 8-6 桥梁盖梁

图 8-7 箱梁内部

完好，桥梁钢结构表面没有发现任何锈蚀。同时，澳大利亚昆士兰州交通部专门制定了《桥梁新旧钢结构涂装和维修-锌保护系统》，规定采用锌加对旧桥梁钢结构进行重新涂装维修。冷涂锌涂料在我国桥梁工程防腐中的应用案例如下。

（1）芜湖长江公路二桥

芜湖长江公路二桥建设单位为安徽省交通投资集团，设计单位为安徽省交通规划设计院。踏勘后，在合肥举行芜湖长江公路二桥初步设计审查会，初步设计获交通运输部审批后，二桥进入施工图设计阶段。设计图纸上明确使用冷涂锌，见表 8-21。

表 8-21　芜湖长江公路二桥主桥钢箱梁防腐涂层图纸设计

结构部位	涂层	涂装体系	道数/道	膜厚/μm
钢箱梁（含腹板、含箱形横梁内部、风嘴、锚拉板、横梁、人孔、水密门）外表面（除桥面）外部检查车轨道、工地连接	钢板处理	喷砂除锈达到 Sa 2.5 级		
		无机硅酸锌车间底漆	1	25
		二次表面处理 Sa 3.0 级，R_z:60~100μm		
	底漆	冷涂锌		90
	封闭剂	冷涂锌封闭剂	2	125
	面漆	聚硅氧烷面漆（工厂）	1	40
		聚硅氧烷面漆（现场）	1	40

注：聚硅氧烷面漆为高固体含量≥80%。

（2）香港青马大桥

香港青马大桥在 2006～2008 年的涂层修复工程中，使用了冷涂锌涂料，涂覆厚度在 80～100μm 范围内，维修后效果如图 8-8 所示。

图 8-8　香港青马大桥用冷涂锌维修后效果图

（3）舟山金塘大桥钢箱梁风嘴和钢锚箱防腐涂装

目前国内桥梁钢结构常用的防腐方法有两种：一是采用有机涂料配套系统；二是热喷铝（电弧喷铝）和有机涂料配套系统。在这两种防腐涂装方法中，有机涂料配套系统虽然价格便宜，但不能为桥梁钢结构提供长期防腐效果，且维修困难，因此现在一些桥梁钢结构采用热喷铝（电弧喷铝）和有机涂料配套系统，但是由于其表面处理要求较高，所以钢材表面必须喷砂达到清洁度 Sa 3 级标准，且必须有严格的环境限制。所以目前桥梁各种钢结构都采用新型防腐保护方案——锌加涂膜镀锌方案。浙江舟山金塘大桥地处滨海地带，会受到酸、碱、盐等介质的腐蚀，根据 ISO 12944 标准，本工程中钢结构的腐蚀环境可以定义为腐蚀类别很高的 C5-M 环境。根据该工程防腐保护年限为 30 年以上的要求，业主和设计院选择使用锌加

图 8-9　舟山连岛工程金塘大桥钢
箱梁风嘴冷涂锌防腐涂装

涂膜镀锌方案，涂装方案为锌加 $40\mu m$ ＋环氧面漆 $160\mu m$，见图 8-9。

（4）其他桥梁上冷涂锌工程应用案例

冷涂锌在桥梁钢结构上的应用案例见表 8-22。

表 8-22　冷涂锌在桥梁钢结构上的应用案例

应用领域	工程案例
桥梁钢结构	广州崖门大桥
	杭州湾跨海大桥
	舟山连道工程西侯门大桥
	上海长江大桥
	广州珠江特大桥
	宁波庆丰大桥
	广州黄埔大桥
	武汉天心州大桥
	润扬大桥南接线跨沪宁桥
	张石高速公路桥
	上海磁悬浮列车功能件
	重庆轻轨桥梁
	上海外环线隧道钢件

8.2 电力工业钢结构防腐

8.2.1　概述

电力工业是基础工业之一，是国民经济的重要组成部分。装机容量和发电量是衡量经济发展程度的尺度之一，人均拥有的电量则是衡量人民的物质文化水平的重要参数。

电力是国民经济发展的命脉，电力工业的发展集中反映了国民经济的发展。生活用电量的增加，直接体现了人民生活水平的提高。电力工业是把一次能源转变成电能的生产行业。一次能源是指原始状态存在于自然界中，不需要加工或转换过程就可直接提供热、光或动力的能源，如石油、煤炭、天然气、水力、核能、风能、海洋能等。一次能源可以通过转换成为优质的二次能源——电能。

电能通过变电所、配电设备和高压输电线路，通过电力网络输送到用户。电能可以转化为光能、声能、热能、机械能和化学能等。以电能作为动力可以有效地提高各行业的生产自动化水平，促进技术进步，提高劳动生产率和人民的物质文化水平。

电力工业可以分为发电厂和热电厂。发电厂中生产电能，热电厂即生产电能又对外供热。按照所使用的能源划分，电力工业可以分为以煤、油和天然气为燃料的火力发电厂、以水能作为动力的水力发电厂、以原子核裂变释放出能量转变成电能的核电厂、把风能转变为电能的风电场，其他还有燃气-蒸汽联合循环发电厂、抽水蓄能电厂、太阳能发电厂、地热发电厂、潮汐能发电厂等。

电力的生产与供应同时完成，是一种无储存的商品，所以要求安全第一，防止电力设备的腐蚀，确保电力设备的安全经济运行，不能由于失效故障影响电力的供应。涂装防腐涂料为防止电力设备腐蚀的有效方法。

8.2.1.1 火力发电厂涂料的发展

火力发电厂内的钢铁结构，包括汽轮机岛、锅炉岛、污水处理厂、卸煤厂及其输煤系统等。这些暴露于大气环境中的钢结构，其腐蚀环境是相当恶劣的。很多电厂都建在海边，因而会受到海洋大气腐蚀的影响。电厂本身产生的二氧化碳、二氧化硫以及煤炭粒子，对钢结构有着很严重的腐蚀性。

电厂的钢结构涂料系统以前采用环氧磷酸锌＋环氧云铁＋聚氨酯面漆的方案，现在普遍采用了环氧富锌或无机富锌底漆，以环氧厚浆漆为中间漆，再罩以脂肪族聚氨酯面漆，干膜至少 $240\mu m$，使用寿命可以达到 15 年以上。电厂钢结构涂装方案见表 8-23。

表 8-23　电厂钢结构涂装方案　　　　　　　　单位：μm

涂层	系统 1		系统 2	
底漆	环氧富锌底漆	75	无机硅酸锌漆	80
封闭漆			环氧连接漆①	30
中间漆	环氧云铁中间漆	125	环氧云铁中间漆	100
面漆	脂肪族聚氨酯面漆	50	脂肪族聚氨酯面漆	50
总膜厚	250		260	

①无机硅酸锌表面多孔，直接涂装后道漆漆膜易产生针孔和气泡，因此需要连接漆薄喷迫使多孔涂膜中的空气逸出。

火电厂的钢质埋地循环水管的使用寿命要求在 20 年以上，外壁和内壁的防腐蚀，除了阴极保护系统外，在火力发电行业内还没有统一的标准或规范来进行防腐蚀涂料涂装设计，而多借鉴采用其他行业的标准，如水电、石油、市政等的埋地管道防腐蚀规范。这些规范中防腐蚀涂装设计差别太大，推荐的涂料系统也有很大的不同。

埋地管道的防腐蚀等级，根据 SH 3022—1999《石油化工设备和管道涂料防腐蚀技术规范》3.4.2，不同的土壤腐蚀性等级，要采用不同的防腐蚀等级，其中任何一项超过表列指标者，防腐蚀等级应提高一级，见表 8-24。

表 8-24　土壤腐蚀性等级及防腐蚀等级

土壤腐蚀性等级	土壤腐蚀性等级及防腐蚀等级					防腐蚀的等级
	电阻率/Ω·m	含盐量（质量分数）/%	含水量（质量分数）/%	电流密度/（mA/cm³）	pH 值	
强	<50	>0.75	>12	>0.3	<3.5	特加等级
中	50~100	0.05~0.75	5~12	0.025~0.3	3.5~4.5	加强级
弱	>100	<0.05	5	<0.025	<4.5	普通级

其防腐蚀涂料体系为石油沥青防腐层、环氧煤沥青涂料、无溶剂环氧涂料和高固体改性环氧涂料等。

石油煤沥青防腐涂层是由钢管外浇涂石油沥青、中间加缠中碱玻璃布、外包聚氯乙烯工业膜构成。根据埋地管道在不同地质和地理环境下所产生腐蚀程度的不同，石油沥青防腐层可以分为 3 个等级，即普通级、加强级和特加强级，涂层结构分别为三油二布（≥4.0mm）、四油三布（≥5.5mm）和五油四布（≥7.0mm）。石油沥青防腐涂层在施工过程中，需要加热到 230℃ 左右进行沥青块的熔化，并恒温 2～3h 进行脱水处理，熔化和脱水处理过程中会有黄色的烟冒出。沥青涂料在浇涂时，温度约在 200℃；包覆聚氯乙烯薄膜时，要求温度在 100～120℃。因此，石油沥青防腐蚀涂层的施工不仅工艺复杂，而且对人体健康有害，严重污染环境，并且沥青涂层在长期的使用过程中，其缺陷渐渐暴露出来，如吸水率高、耐土壤应力差、支持植物根茎生长、细菌腐蚀严重等。

环氧煤沥青涂料主要由高分子环氧树脂和煤焦油沥青组成。环氧树脂具有优异的耐酸、耐碱性，附着力优良；煤沥青耐水性强，抗生物性强。环氧煤沥青涂料广泛应用于石油化工、电力、冶金、城市煤气和自来水等行业的管道外壁防腐工程。GB 50268—1997 和 SH 3022—1999 中，规定的环氧煤沥青涂料防腐蚀涂层结构如表 8-25 所示。

表 8-25　环氧煤沥青涂料防腐蚀涂层结构

普通级 （二油，≥0.2mm）	加强级 （三油一布，≥0.4mm）	特加强级 （四油二布，≥0.6mm）
1. 底漆 2. 面漆 3. 面漆	1. 底漆 2. 面漆 3. 玻璃布 4. 面漆 5. 面漆	1. 底漆 2. 面漆 3. 玻璃布 4. 面漆 5. 玻璃布 6. 面漆 7. 面漆

在 SL 105—2007《水工金属结构防腐蚀规范》中推荐的环氧沥青涂料与上表环氧煤沥青涂料最大的不同点就是可以厚涂型施工，一次施工可达 125～250μm，而普通级环氧煤沥青防腐蚀涂层一底二面仍然只能达到 0.2mm。对于压力钢管内壁，SL 105—2007 和 SL 281—2003 推荐使用厚浆型和超厚浆型环氧沥青防锈底漆和防锈面漆，见表 8-26。

表 8-26　压力钢管内壁环氧沥青防锈漆

涂层系统	涂料种类	涂层厚度/μm
底层	厚浆型环氧沥青防锈底漆	125
面层	厚浆型环氧沥青防锈面漆	125
底层	超厚浆型环氧沥青防锈底漆	250
面层	超厚浆型环氧沥青防锈面漆	250

　　环氧沥青防锈漆漆膜坚硬，但韧性欠佳，色彩单一发暗（黑色、棕色）。由于环氧沥青的遮盖力相当好，通常 $10\mu m$ 左右就可以有很好的遮盖作用，极不利于涂层的厚膜控制；加上黑色的"偷光作用"，导致质量检查极其不便。环氧沥青漆如果在涂层下锈蚀蔓延，是不易被发觉的。

　　此外，由于沥青是致癌物，欧洲已经开始限制使用。虽然长久以来，环氧煤沥青是使用最多、效果良好的防腐蚀涂料，但现在绝大部分已经升级为不含焦油的浅色环氧涂料，如无溶剂环氧涂料和高固体分改性环氧涂料。

　　三峡水利枢纽工程发电机组压力钢管直径大（12.4m），距离长（122.175m），落差大（60m），钢管中水的流速高（8m/s），对管壁内涂层会产生腐蚀与磨损，维修困难、费用高昂。左岸电站压力钢管防腐采用的是传统的厚浆型环氧沥青防锈漆，干膜厚度 $450\mu m$。右岸选用了无溶剂超强耐磨环氧漆（涂装干膜厚度 $800\mu m$），以提高压力钢管的使用寿命，减少钢管内壁的防腐维修次数。无溶剂超强耐磨环氧漆具有无溶剂挥发、环保效应、耐磨、耐腐蚀等优点，非常适合压力钢管的防腐。有关专家在 2004 年的现场检查中发现，左岸的环氧煤沥青涂料已经磨损严重，而右岸的无溶剂环氧涂料完好无损。

　　但是，无溶剂环氧涂料对钢材表面的润湿性不良，要求喷砂到 Sa 2.5 级，并且要求表面粗糙度达到 $70\sim100\mu m$。在施工时，无溶剂环氧涂料双组分混合后，理论使用时间仅为 30min，由于双组分混合产生的放热反应，实际使用时间更短。采用高压无气喷涂设备进行喷涂时，要求采用低速高泵压比喷涂设备施工。最好采用双组分加热喷漆泵施工，加热器温度调至 50℃ 左右，喷涂应不间断地进行，任何间断若超过 $2\sim3min$，即关闭加热器用清洗溶剂迅速彻底清洗设备。喷涂完成后，关闭加热器，立即用清洗溶剂清洗设备，至少连续循环清洗 30min 以上。

　　为了解决无溶剂环氧涂料所存在的问题，高固体分改性环氧涂料得到应用。高固体分改性环氧涂料，固体分高达 80%～90%，为环保型高性能涂料，与无溶剂环氧涂料相比，其最大的区别在于可以用常规高压无气喷涂设备进行简便施工，双组分混合后的使用时间在 2h 左右（23℃）。漆膜在海水中有优异的附着力，并且在长期管道通海水的情况下，漆膜不脱落；漆膜具有极强的耐磨性能，以便抵抗管道回填过程中所产生的摩擦和刮伤，保持漆膜的完好，同时防止海水中泥沙的冲蚀；漆膜良好的柔韧性能抵御施工过程中的冲击和碰撞，保证漆膜的完好。

　　如福建宁德电厂一期工程的循环水管，内外壁防腐面积总共达 85000m²，采用改性环氧铝粉厚浆型涂料，外壁干膜厚度 $2\times250\mu m$，内壁干膜厚度 $2\times300\mu m$。近年来应用改性厚浆型环氧涂料的电厂有上海外高桥电厂、常州电厂、镇江高资电厂、扬州二电、戚墅堰电厂、大唐国际宁德电厂、连江可门电厂、福建江阴电厂、浙江玉环电厂。

8.2.1.2　风力发电厂涂料的发展

我国位于亚洲大陆东南、濒临太平洋西岸，季风强盛。季风是我国气候的基本特征，如冬季季风在华北长达 6 个月，东北长达 7 个月。东南季风则遍及我国的东半壁。我国陆疆总长度达 2 万千米，海岸线长达 1.8 万多千米，可利用的海洋风能资源丰富。沿着东南沿海和附近的岛屿，以及内蒙古、新疆、甘肃、青藏高原等地区蕴藏着丰富的风能资源。自 1985 年在海南东方风电场安装首台 Vestas 55kW 风力发电机组以来，经过 20 多年努力，我国在开发利用风能方面取得了长足发展。我国利用风能较好的地区是辽宁、新疆和内蒙古。

海面上的风能要比陆地上大得多，随着风力发电技术的提高和发电成本的降低，利用海上的风能资源开发离岸发电工程对风力发电产业作出了巨大贡献。海上风速高，比平原沿岸要高出 20%，发电量可增加 70%。海上静风期少，可以更为有效地利用风电机组的发电容量。

目前，在欧洲的不同海域和不同海上环境已经建立了 5 个大型海上的风力发电厂，总发电能力达到 480MW。其中，3 个风场建于丹麦沿海，Middelgrunden 风场的装机容量为 160MW，Horns Rev 风场的装机容量为 160MW，Nysted 风场的装机容量为 40MW。目前丹麦在风力发电领域占有领导地位。

风电场钢结构防腐蚀涂料如何确定，主要依据三个标准：ISO 12944《色漆与清漆——防护涂料体系对钢结构的腐蚀保护》（2007）；NORSOK M-501《表面处理和防护涂层》（修订第 4 版，2004）；ISO 20340《色漆和清漆——海上平台及相关结构用防护涂料体系的性能要求》（2009）。

ISO 20340 主要是为海上离岸钢结构防腐蚀涂料制定的最低性能要求，它是 ISO 12944 针对海上钢结构防腐蚀涂料的补充性重要参考标准。因此，ISO 20340 也是海上风电场钢结构涂料系统的重要参考标准。

在重防腐涂装保护中，涂料材料主要是环氧树脂涂料和聚氨酯树脂涂料。它们广泛的应用证明了其高品质和耐久性。但是，由于这些涂料品种多样，在用于海洋工程这样的重要工程中时，仍然需要测试以证明其可靠性。比如 ISO 12944 和 NORSOK M-501 所规定的要求，见表 8-27。

表 8-27　ISO 12944 和 NORSOK M-501 对于涂料性能的要求

试验条件	ISO12944	NORSOK M-501
陆地腐蚀环境 C3	海上腐蚀环境 C5-M/Im2	海上大气环境和浸水环境
480h 盐雾试验(ISO 7523)	1440h 盐雾试验(ISO 7523) 720h 水冷凝试验(ISO 6270)	1 个循环；72h 盐雾试验(ISO 7523) 16h 干燥 80h QUV 试验(ASTM G53) 共计 25 个循环
240h 水冷凝试验 (ISO 6270)	3000h 泡水试验(ISO 2812-2) 1440h 盐雾试验(ISO 7523)	类似于大气环境，但是加上 ASTM G8 (阴极剥离)，30d，-1500mV

典型的评定标准：起泡和开裂(ISO 4628)；锈蚀和剥落(ISO 4628)；粉化(ISO 4628)；附着力(ISO 4624)，以及划痕两边的腐蚀蔓延。

（1）陆地风电防腐蚀涂料系统

风电发电设备所处的风场自然条件相当恶劣。风力常年在4级以上，伴有风沙，日光照射强烈，并有风雨冰雪、寒流高温的交替作用。地处海边的风力电站，还要受到盐雾侵蚀。因此必须采用有效的防腐蚀措施来保护风力电机和塔筒，延长使用寿命，减少频繁的维修工作。

陆地风电场的规划和安装通常都是在乡村环境、接近城市或者滨海地区，在工业环境中是很少的。因此，按ISO 12944-2，其腐蚀程度可以划分为C3、C4和C5-M。对于零维修使用寿命达到15年来说，根据ISO 12944-5，其多道涂层的干膜厚度要达到160～320μm。

作为主要的防腐蚀涂装部位，塔筒的内外表面分别采用不同的涂料系统。干膜厚度的推荐也是基于其暴露于不同的气候条件下的部位而设定的。比如塔筒的外部区域、内部区域和其他部位（电机、齿轮箱、转子轴和风叶等）。

外壁的防锈底漆主要使用环氧富锌底漆和无机富锌底漆，可以形成坚硬耐磨的涂层，锌粉对局部因机械损伤而产生的锈蚀有阴极保护作用，使得锈蚀不会蔓延。钢铁表面更好的方案当然是进行金属锌热喷涂保护。中间漆通常是厚浆型环氧云铁漆或改性的环氧厚浆漆，漆膜坚韧，耐海水，可形成很好的屏蔽保护层。面漆采用脂肪族聚氨酯面漆或保光保色更强的丙烯酸聚硅氧烷面漆，耐紫外线照射。

塔筒采用喷锌防护，表面要求喷砂到ISO 8501-1 Sa 3级，表面粗糙度达到R_z80～120μm。在喷锌表面，会有多孔现象，所以最好先用稀释后的底漆封闭一层，厚度为30～50μm，这样可以避免漆膜表面有针孔产生，然后再涂厚浆型环氧漆和聚氨酯面漆。

塔筒内的保护漆膜厚度要比外部低些，因为在风车运行过程中，露点很少会遇到，其他部位也从不与外界多变的气候和污染性大气相接触。

塔筒内壁的涂料可以选用环氧富锌，再涂上平光的环氧厚浆漆即可，因为没有阳光的照射，所以无须使用聚氨酯面漆。如果采用重防腐环氧厚浆漆，则无须采用富锌底漆。

对于塔筒筒节间的高强度螺栓摩擦面，通常采用无机硅酸锌底漆进行防腐处理，但是其抗滑移系数要满足ASTM A-490 B级要求。

风力电机的叶片通常是以玻璃纤维增强树脂制成，表面可以用聚氨酯面漆或聚硅氧烷面漆进行保护。

陆地风电场钢结构涂料系统见表8-28。

表8-28　陆地风电场钢结构涂料系统

部位		涂料系统	干膜厚度/μm
风筒外壁	系统1	金属热喷涂	80～160
		环氧封闭漆	100
		环氧中间漆	100
		丙烯酸聚氨酯面漆	50

续表

部位		涂料系统	干膜厚度/μm
风筒外壁	系统 2	环氧富锌底漆	75
		厚浆型环氧中间漆	200
		丙烯酸聚氨酯面漆	50
	系统 3	无机富锌底漆	75
		环氧封闭漆	30
		环氧中间漆	200
		丙烯酸聚氨酯面漆	50
	系统 4	环氧富锌底漆	75
		厚浆型环氧中间漆	150
		丙烯酸聚硅氧烷面漆	100
风筒内壁	系统 1	环氧富锌底漆	50
		厚浆型环氧涂料	100
	系统 2	厚浆型环氧涂料	160
机电设备	系统 1	环氧防锈底漆	75
		厚浆型环氧涂料	75
		丙烯酸聚氨酯面漆	50
高强度螺栓摩擦面	系统 1	无机硅酸锌漆	75
风叶	系统 1	丙烯酸聚氨酯面漆	2×50
	系统 2	丙烯酸聚硅氧烷面漆	125

新型的水性重防腐涂料也开始应用于塔筒外壁，该涂料系统干燥快，符合生产商对于时间紧迫的要求。该系统通过了 NORSOK M-501 的认证，该项认证是对于涂料在海洋环境中最权威的认证。该方案也可以采用杂合型系统，如采用溶剂型环氧富锌底漆取代水性环氧富锌底漆，或者溶剂型聚氨酯面漆来代替水性丙烯酸面漆。该涂料系统如表 8-29 所示。

表 8-29　水性重防腐涂料

部位	涂料系统	干膜厚度/μm
风筒外壁	水性环氧富锌底漆	50
	水性环氧中间漆	150
	水性丙烯酸面漆	50
风筒内壁	水性环氧富锌底漆	50
	水性环氧涂料	150

对于塔筒外表面，也有采用玻璃鳞片涂料进行涂装的，漆膜超强耐磨，可以在喷砂后表面直接喷涂玻璃鳞片涂料。如果要采用环氧富锌底漆增强底面的防锈性，注意漆膜不能过厚，通常是 30μm 左右。面漆可以采用脂肪族聚氨酯面漆以提高美观性能。

（2）海上风电场防腐蚀涂料系统

海上风电场机组的大规模生产和采用钢结构基础可以降低成本，由此而带来的就是海上风电场钢结构的防腐蚀问题。海上风电场建设的困难主要是风载荷比陆地高出很多，需要承受海浪带来的负荷，海洋上腐蚀环境恶劣，维修极为不便。海浪和浮冰对海

图 8-10　丹麦 Middelgrunden
风电场

上风电机基础强度和重量有着很大的影响。

对于海上风电工程基础设施以及风机的防腐蚀经验，来自于海上石油平台、破冰船以及海底管线等方面的防腐蚀经验，在这方面的腐蚀控制经验已经非常丰富。因此海上风电场所采用的防腐蚀技术比陆上风电场等级要高得多，完全可以满足海上风电场 20 年的使用寿命。图 8-10 为丹麦的海上风电场。

海上风电场的防腐蚀保护，一般来说，与陆地风电场的涂料系统相似，主要的区别在于漆膜厚度以及涂层道数。

海上风电场的腐蚀保护主要是基于其腐蚀环境 ISO 12944 C5-M，推荐的干膜厚度在 $320\sim500\mu m$（大气腐蚀环境 C5-M）以及 $400\sim1000\mu m$ 范围之内，可以达到 15 年以上的无需维修使用寿命周期。

NORSOK M-501 中推荐了相似的涂料系统。对于大气环境中，干膜厚度要求达到 $335\mu m$，而永久性浸水部位达到 $450\mu m$，这些膜厚度都是最低要求。水下部位，使用环氧涂料，总厚度在 $450\mu m$，最好达到 $600\mu m$ 以上。根据 NORSOK 浸水环境使用阴极保护与涂料系统的双重保护的要求还需应用外加电流或牺牲阳极的阴极保护方法。

成功的海上风电场涂层系统，取决于高质量的涂装工作。在日常的涂装工作中，有一些工作质量上的松弛，总觉得可以接受，但是在海上的恶劣腐蚀环境中，这些工作的缺陷不可被接受，它们有时甚至会导致很严重的腐蚀后果。海上风电场的防腐蚀涂层系统见表 8-30。

表 8-30　海上风电场的防腐蚀涂层系统

部位	腐蚀环境 ISO 12944-2	涂料系统	干膜厚度/μm
大气区	C5-M	无机富锌底漆	80
		厚浆型环氧中间漆	160
		脂肪族聚氨酯面漆或丙烯酸聚硅氧烷面漆	80
飞溅区和潮差区	Im2	环氧/聚酯玻璃片涂料	2×750
水下区及部分海泥区	Im2	超厚浆型环氧玻璃片涂料	2×750
		超厚浆型聚酯玻璃片涂料	2×750
风筒内壁	C4	环氧富锌底漆	75
		厚浆型环氧涂料	175
		厚浆型环氧涂料	125
		厚浆型环氧涂料	125
设备和机械	C4	厚浆型环氧涂料	125
		厚浆型环氧涂料	125
风叶	GRP 风叶	丙烯酸聚硅氧烷涂料	50
		丙烯酸聚氨酯面漆	50

8.2.1.3　核电站发电厂涂料的发展

随着煤、石油、天然气成本不断攀升，越来越多的国家开始把目光转向核电，核能利用技术进入了一个快速发展时期，核电站很多地方存在核辐射，辐射会加速材料老化，多孔的混凝土表面也容易吸附放射性灰尘形成永久性放射源，从而对运行和维修人员造成永久性损伤，因此，在建筑和设备表面涂刷涂料是核电站最常用的防护手段。由于核辐射会使涂料粉化、开裂，破坏涂料的防护作用，只有具备了耐辐射性能的涂料才能在核辐射场所使用。耐辐射性能的涂料，一方面需提供涂层的基本保护作用，另一方面需提供致密、易于清洗以除去放射性污染物的表面。

从 2005 年到现在我国每年都有新开工建设的核电站。作为一种技术成熟可大规模生产的安全、经济、清洁的能源，核电在中国的远景规划中有着很大的发展空间。涂料是核电建设的重要材料，每一个新建机组对涂料的需求量都相当大。

（1）我国核电站发展现状及趋势

我国对核电工业相当重视，投资力度也非常大，已经建成秦山一期、大亚湾核电站，秦山二期、秦山三期、岭澳、田湾核电站也都相继建成。长期以来，我国核电涂料分为以秦山一期为代表的自主研发涂料技术路线和以大亚湾核电站为代表的全面引进涂料技术路线。我国各涂料研究单位、供应商对核电涂料进行了大量的研发工作：兰州应通特种材料研究所开发了耐高温涂料，上海开林造漆厂开发了核岛内环氧涂料，常州涂料化工研究院开发了 NC 系列涂料，这些研发工作在很大程度上推动了我国核电涂料产业的自主化。

目前，我国已投产的核电站有 6 座，共有 11 台核电发电机组，总装机容量为 885 万千瓦，仅占全国总装机容量的 1.1%，2008 年核电发电量 684 亿千瓦，仅占总发电量的 1.99%，我国核电发展相比世界水平还有很大差距。目前世界核电的装机容量平均水平是 17%，其中超过 20% 的有 16 个国家，法国发展最为成熟，达到了 77%，而且，国外的核电成本普遍低于煤电成本。根据 2006 年 3 月国务院通过的《核电中长期发展规划（2005～2020 年）》，到 2010 年，在运行核电装机容量达到 1200 万千瓦；到 2020 年，在运行核电装机容量达到 4000 万千瓦，在建核电装机容量达到 1800 万千瓦。而 2020 年的目标有望调整为 7000 万千瓦，在建 3000 万千瓦。分析人士认为，调整后的目标比此前业界预期的 6000kW 更高，这将直接带来我国核电设备市场的大发展。事实上，地方对发展核电的积极性使得全国核电的发展速度远远超出预期。在政策的鼓励下，我国核电开发迎来"春天"，核电站建设也逐渐从沿海地区向内陆地区延伸。

2009 年，我国引进美国西屋 AP 1000 技术建设的浙江三门一期 2 台 125 万千瓦核电机组、山东海阳一期 2 台 125 万千瓦核电机组，引进欧洲 EPR 技术建设的广东台山 2 台 170 万千瓦核电机组，以及海南核电一期 2 台 65 万千瓦核电机组等项目相继开工，装机容量超过 1000 万千瓦。2010 年，中国内陆江西、湖南和湖北

3个核电项目开工。当前有10座核电站已经开始动工,共24台核电发电机组,已核准的装机容量为2430万千瓦。若考虑二期、三期工程,则最高可达5030万千瓦,核电装备将迎来4000亿元人民币的市场份额。

涂料是核电站用量最大的非金属材料,广泛应用于核电站核岛及常规岛的钢结构、混凝土、设备管道等部位,是核电站腐蚀防护的重要手段之一。自我国首座核电站——秦山核电站起,国内各涂料研究单位、供应商做了大量研究开发工作,如兰州应通特种材料研究所开发的耐高温涂料、上海开林造漆厂开发的核岛内环氧涂料、常州涂料化工研究院开发的NC系列涂料,这些工作对于推动我国核电涂料产业自主化起了重要铺垫作用。目前秦山、大亚湾核电站已经运行10年以上,秦山二期、三期、岭澳、田湾核电站也相继建成,这些核电站在涂料的运用方面获得了许多宝贵经验。

我国核电涂料主要生产企业为上海开林造漆厂、中海油常州涂料化工研究院、兰州应通特种材料研究所等,另外,广东秀珀等一批民营企业也开始研究生产核电涂料。国外核电专用涂层主要供应商有Carboline和PPG等。

(2)核电站环境适用涂层选择

我国现有核电机组均为压水堆,核电站设备可分为核岛、常规岛和辅助系统3部分。核电站涂层防护可分为抗大气腐蚀涂层和抗液体、埋地环境涂层。

商业运行的核电站机组一般均为大功率、连续运行,核电站涂层的施工时机一般选择机组换料大修期间。基于核电站运行的经济性和设备的可靠性,核电站涂层必须选择已成熟运用的可靠产品,并且至少能够满足所在设备一个或几个大修周期的防护要求。核电站涂层设计寿命一般在10年以上。

核岛适用涂层的选择需满足以下要求。

① 耐120℃、400℃温度试验,200h以上。

② 达到EJ/T 1086—1998中规定的涂层在模拟设计基准条件下的附着力要求。

③ 达到EJ/TI 111—2000中γ射线辐照、去污性的要求。

④ 涂料中的各种成分应尽可能降低卤族元素、硫元素的含量。

⑤ 为避免对金属材料析氢过程的影响,涂膜应不含铝粉,尽量不使用含金属锌的涂料。

常规岛适用涂层的选择:保温层下管道涂层除具有一定的耐温性外,还应有一定的耐酸性。对于去离子水环境下的涂层,涂料中各种成分应尽可能降低卤族元素、硫元素的含量。

辅助系统适用涂层的选择:除满足涂层所处环境的耐蚀条件以外,还应重点考虑满足要求施工条件下的全面防护。这部分涂层量大面广,根据涂料的特性和电站管理方便,要求户外设备禁止使用环氧面漆。

(3)核电涂料种类

根据核电站厂房功能和分布区域,压水堆核电站划分为核岛、常规岛、辅助系统 3 部分，其中常规岛和辅助系统统称为常规岛。与此对应，核电站涂料也可分为核电专用涂料和核电常规涂料。核电常规涂料适用于核电站非辐射控制区，即除核安全设备内、外表面涂层以外的全部设备及构筑物，其技术要求与其他工业领域同等环境条件下涂层的技术指标相同。

核电专用涂层是满足核电站所特有的环境条件、技术要求的涂层体系。根据分布区域的不同，核电站专用涂料可分为 3 种类型：① 安全壳内涂层即安全壳内全部设备及构筑物表面的涂层；② 辐射控制区涂层（不包含安全壳的辐射控制区内全部设备及构筑物表面的涂层）；③ 安全设备涂层，即非辐射控制区内主要核安全相关设备、构筑物表面的涂层，包括回路海水冷却系统设备、强制通风和通水管道或沟槽、核级储水罐内部涂层、高架烟囱或设施、气机主油箱及应急柴油机油箱内部涂层。

在核电站辐射强度非常大的区域，辐照足以使涂层失效。因此，在核电站辐射强度大的区域应使用表面无涂层的耐辐射材料。试验证明，$1\times10^5\,Gy$ 辐射剂量条件下，一般涂层会出现变黄、发黏，甚至涂层破坏的情况；而核电站专用涂层要求耐 $1\times10^7\,Gy$ 的辐射剂量。耐辐射性能较好的涂料类型有聚苯基硅氧烷、环氧、聚乙烯、聚酯及含氟树脂涂料等。

去污性在很大程度上取决于涂层的表面性质和表面状态，如表面均匀、平滑、致密和坚硬的涂层不易吸附放射性污染物，吸收后用去污剂易洗涤。研究表明，环氧树脂涂料、含氟聚合物涂料和聚乙烯涂料（涂层）的抗污染性能最好，也最容易清洗，尤其以胺固化的环氧树脂涂料为最好，而高氯化的乙烯树脂涂料、有机硅涂料和聚氨酯涂料稍次。表 8-31 为美国核电专用涂料的主要类型。

表 8-31　美国核电专用涂料的主要类型

类别	混凝土	钢结构	钢制设备
安全壳	环氧聚酰胺、水性环氧	环氧酚醛、环氧	环氧酚醛、酚醛、无机锌、乙烯
辐射	硅氧烷、环氧	醇酸、环氧	环氧、环氧酚醛、乙烯
控制区	改性环氧、聚酯	硅氧烷	无机锌、环氧聚酰胺
安全	水性丙烯酸	环氧酚醛	环氧厚浆、环氧
设备	乙烯基酯	环氧厚浆	环氧酚醛

（4）我国核电涂料采用标准及典型技术指标

我国核电涂层标准以秦山一期、秦山二期涂层技术的成功应用为前提，提出了核电专用涂层的 EJ 标准。这些标准的编写分别参照了 ASTM、NF 对应标准的内容和技术要求。一般来说，有关 30 万千瓦核电厂的标准参照 ASTM 标准编写，其余标准参照 NF 标准编写。中国原子能科学研究院、核工业二院工程实验室等单位为我国核电涂料权威检测机构。表 8-32 给出了应用于不同核电站专用涂层的 EJ 标准。

表 8-32　应用于不同核电站专用涂层的 EJ 标准

标准号	名称
EJ/T 413—1989	30 万千瓦核电厂管道系统标色规定
EJ/T 419—1989	30 万千瓦核电厂二级泵、三级泵涂装工艺技术条件
EJ/T 453—1989	30 万千瓦核电厂安全二级、三级压力容器涂料、包装和运输条件
EJ/T 492—1989	30 万千瓦核电厂核设施防护涂层质量保证
EJ/T 508—1990	30 万千瓦核电厂防护涂层规范
EJ/T 509—1990	30 万千瓦核电厂安全壳内设施、设备防护涂层
EJ/T 1086—1998	压水堆核电厂用涂料涂膜在模拟设计基准事故条件下评价试验方法
EJ/T 1087—1998	压水堆核电厂用涂料涂膜耐化学介质的测定
EJ/T 1111—2000	压水堆核电厂用涂料涂膜受 γ 射线辐照影响的试验方法
EJ/T 1112—2000	压水堆核电厂用涂料 涂膜可去污性的试验测定
HAD 102/06	核电厂反应堆安全壳系统的设计

（5）我国核电涂料工程应用实例

秦山一期核电专用涂料由我国自主化生产，主要供应商有上海开林造漆厂和常州涂料化工研究院。其专用涂料主要类型见表 8-33。

大亚湾核电专用涂料由国外涂料供应商生产，主要有式玛涂料和 Carboline 涂料，目前已在国内设立涂料工厂。所用涂料的主要类型见表 8-34。

表 8-33　秦山一期核电专用涂料的主要类型

类别	混凝土	钢结构	钢制设备
安全壳	铁红聚氨酯+聚氨酯	无机硅酸锌+聚氨酯	无机硅酸锌+聚氨酯
辐射控制区	环氧	醇酸	环氧底漆+聚氨酯
安全设备	环氧、聚氨酯	环氧富锌+氯化橡胶	醇酸、环氧沥青等

表 8-34　大亚湾核电专用涂料主要类型

类别	混凝土	钢结构	钢制设备
安全壳	水性聚酰胺、环氧	聚酰胺、酚醛环氧	聚酰胺、酚醛环氧
辐射控制区	水性聚酰胺、环氧	聚酰胺、酚醛环氧	聚酰胺、酚醛环氧
安全设备	环氧、聚氨酯	环氧、聚氨酯	环氧、聚氨酯

（6）我国核电专用涂层的发展要求及趋势

我国大亚湾、秦山一期核电站均已应用 15 年，这期间，国内涂料商的研发能力大大提高，并已成功将有关产品应用于秦山二期、岭澳二期以及田湾核电站；国外主要核电专用涂料生产商也在国内设立工厂，这种局面对于我国核电站建设无疑是有效和积极的。但是，我们也必须清醒地认识到，我国核电涂层事业仅仅处于起步阶段，与我国核电建设自主化的目标尚有差距。以下是当前核电专用涂料值得关注的问题。

① 核电专业涂层的应用要求。目前，国内涂料商的核电专业涂层已经达到核电站应用要求，但主要颜、填料及助剂仍依赖进口。短期内，如果没有一定的资金投入，并以充分的试验数据为保障，国内涂料商的这种发展局面将很难改变。另

外，核电专业涂料的试验技术条件是制约我国核电专业涂料发展的"瓶颈"。核电专业涂料试验主要包括辐照试验、去污试验和 LOCA 试验。这些试验技术有别于涂料工业中的其他专业技术，国内相应的试验装置较少，涂料生产商的产品鉴定费用较大，因而形成了核电专业涂料发展的门槛。

② 国内核电专业涂层的标准化建设。以秦山一期、秦山二期为契机所开展的我国核电专业涂层 EJ 标准编制，对我国核电涂层的发展提供了支持。从已有 EJ 标准内容及相互关系看，国内核电专业涂层标准需加强以下几方面工作：标准体系建设，包括法规条款的细化，及适合国内核电专用涂层质保、培训、维修相关标准的编制等；开展我国核电专用涂料的分类，促进涂料生产商、核电业主根据分类要求开展涂料产品的研发、管理。我国涂料标准编写参考法国、美国的涂层标准，为建设核电站提供了技术支持和保障。但随着机组投用，涂料的破损和维护不可避免，因此根据核电专用涂层的使用状况编写涂层维护、评估标准非常必要。

8.2.1.4 太阳能光伏发电支撑系统的发展

太阳能资源丰富、分布广泛，是 21 世纪最具发展潜力的可再生能源。光伏发电是利用半导体界面的光生伏特效应而将光能直接转变为电能的一种技术。随着全球能源短缺和环境污染等问题日益突出，太阳能光伏发电因其清洁、安全、便利、高效等特点，已成为世界各国普遍关注和重点发展的新兴产业。中国水电四局有限公司先后承建格尔木 200MWp 并网光伏电站工程、乌兰 50MWp 光伏并网电站工程、龙羊峡水光互补 320MWp 并网光伏电站等工程。2015 年 7 月，百度云计算（阳泉）中心太阳能光伏发电项目成功并网发电。这是太阳能光伏发电技术在国内数据中心的首例应用。

根据德国的统计数据，在一个大型太阳能发电站项目中，建安成本占光伏项目总投资的 21% 左右，而太阳能光伏支架的投资仅占总成本的 3% 左右。因此，相对于太阳能电站高额的投资，支架成本的波动并不是敏感因素，选择高端支架的成本仅提高不足 1%，然而如果选用的支架不合适，后期养护成本会大大增加，整体考虑并不合算。

目前我国普遍使用的太阳能光伏支架系统，从材质上分，主要有混凝土支架、钢支架和铝合金支架三种。混凝土支架主要应用在大型光伏电站上，因其自重大，只能安放于野外且基础较好的地区，但其稳定性高，可以支撑尺寸巨大的电池板。铝合金支架一般用在民用建筑屋顶太阳能应用上，铝合金具有耐腐蚀、质量轻、美观耐用的特点。铝合金采用阳极氧化 $5\sim10\mu m$，在大气环境下，处于钝化区，其表面形成一层致密的氧化膜，阻碍了活性铝基体表面与周围大气相接触，故具有非常好的耐腐蚀性，且腐蚀速率随时间的延长而减小。但铝合金承载力低，无法应用在太阳能电站项目上。另外，铝合金的价格比热镀锌后的钢材稍高。太阳能光伏板支撑系统设计和安装时，设计人员会考虑系统的牢固性、能否承受大风和雨雪天气的负荷、支架安装以后结构件的免维护时间等。所以支撑系统大部分采用了热镀锌碳钢，这类材料做成的结构件使用寿命长，可工厂定制加工，现场无焊接、螺栓安装连接。

(1) 我国太阳能光伏发电发展现状及趋势

光伏发电系统主要由太阳电池板（组件）、控制器和逆变器三大部分组成，它们主要由电子元器件构成，但不涉及机械部件，所以，光伏发电设备极为精炼，可靠稳定寿命长、安装维护简便。理论上讲，光伏发电技术可以用于任何需要电源的场合，上至航天器，下至家用电源，大到兆瓦级电站，小到玩具，光伏电源可以无处不在。

近几年国际上光伏发电快速发展，世界上已经建成了 10 多座兆瓦级光伏发电系统，6 个兆瓦级的联网光伏电站。美国是最早制定光伏发电的发展规划的国家，1997 年又提出"百万屋顶"计划；日本 1992 年启动了"新阳光"计划，到 2003 年日本光伏组件生产占世界的 50%，世界前 10 大厂商有 4 家在日本；而德国新可再生能源法规定了光伏发电上网电价，大大推动了光伏市场和产业发展，使德国成为继日本之后世界光伏发电发展最快的国家。瑞士、法国、意大利、西班牙、芬兰等国也纷纷制定光伏发展计划，并投巨资进行技术开发和加速工业化进程。

中国太阳能资源非常丰富，理论储量达每年 17000 亿吨标准煤，太阳能资源开发利用的潜力非常广阔。中国地处北半球，南北距离和东西距离都在 5000km 以上。在中国广阔的土地上，有着丰富的太阳能资源，大多数地区年平均日辐射量在每平方米 4kW 时以上，西藏日辐射量最高达每平方米 7kW 时，年日照时数大于 2000h。与同纬度的其他国家相比，与美国相近，比欧洲、日本优越得多，因而有巨大的开发潜能。

中国光伏发电产业于 20 世纪 70 年代起步，90 年代中期进入稳步发展时期。太阳电池及组件产量逐年稳步增加。经过 30 多年的努力，已迎来了快速发展的新阶段。在"光明工程"先导项目和"送电到乡"工程等国家项目及世界光伏市场的有力拉动下，我国光伏发电产业迅猛发展。

"十二五"时期我国新增太阳能光伏电站装机容量约 1000 万千瓦，太阳能光热发电装机容量 100 万千瓦，分布式光伏发电系统约 1000 万千瓦。光伏电站投资按平均每千瓦 1 万元测算，分布式光伏系统按每千瓦 1.5 万元测算，总投资需求约 2500 亿元。

(2) 光伏组件支架基础（螺栓地桩）的防腐措施

太阳能光伏支架，是太阳能光伏发电系统中为了摆放、安装、固定太阳能面板设计的特殊的支架。太阳能支撑系统在太阳能板支撑中的应用优点远不止于简单的生产及安装。太阳能板还可以根据太阳光线及季节灵活移动。就像刚安装时一样，每个太阳能板的斜面都可以通过移动紧固件调整斜面以适应光线的不同角度，通过再次紧固使太阳能板准确固定在指定的位置。所以，太阳能支撑的牢固性对于整个光伏系统的应用是非常重要的。

光伏组件安装的支架基础即螺栓地桩所选用钢结构材料的抗拉强度、伸长率、屈服点、冷弯试验等各项力学性能和化学成分要符合国家标准 GB/T 700—2007《碳素结构钢》的相关规定。螺旋地桩作为地面光伏电站支撑系统的基础结构，起承上启下、至关重要的连接支撑作用，桩身材质采用 Q235 系列普通碳素钢。由于螺旋地桩长期处于阴暗潮湿的地下环境，最易发生腐蚀，不仅会造成部分电站支撑系统的失稳或坍塌，甚至会影响到整个光伏电站的使用寿命，因此对螺旋地桩的腐蚀问题必须认真对待。研究表明，通过对桩身表面进行热浸镀锌处理可有效防止腐蚀。青海德令哈 10MW 地面光伏电站其基础采用的就是热浸镀锌螺旋地桩，其有效地起到了承载结构与耐腐蚀功效。

根据腐蚀环境的不同，螺旋地桩的腐蚀主要分为大气腐蚀和土壤腐蚀两种。大气腐蚀主要是螺旋地桩暴露在空气的一部分受到的腐蚀；土壤腐蚀主要是螺旋地桩埋入地下部分受到的腐蚀。螺旋地桩腐蚀有化学腐蚀和电化学腐蚀两大类型。

① 化学腐蚀：物质在非电化学作用下的腐蚀过程。对螺旋地桩来说，主要是在干燥、高温空气中的腐蚀或暴露在重污染场所引起的腐蚀，但纯化学腐蚀的情况很少，只有在特殊条件下发生。

② 电化学腐蚀：金属和其他导体（金属或非金属）与电解质溶液接触时会发生原电池反应，比较活泼的金属失去电子而被氧化，由此导致金属腐蚀的过程。整个腐蚀包括阳极溶解氧化过程和发生析氢或吸氧腐蚀的阴极过程。

造成螺旋地桩电化学腐蚀主要是水和氧气两个因素。

① 大气腐蚀：大气成分中水和氧含量都相对较高。当暴露在空气中的螺旋地桩与比其表面温度高的空气接触时，空气中的水蒸气可在金属表面凝结，即结露，这是地桩发生大气腐蚀的基本原因。引起腐蚀的原因主要为电化学腐蚀，且以吸氧腐蚀为主；在一些空气极度干燥场所，还有化学腐蚀的存在，主要是金属与空气中的氧气直接反应。

② 土壤腐蚀：土壤腐蚀是一种电化学腐蚀。土壤是一种复杂的多相结构，主要是由土壤颗粒、水、空气等有机胶质混合颗粒和无机物所组成。土壤颗粒之间存在大量毛细管微孔或孔隙，空气和水填充到这些孔隙中，常形成胶体体系，该体系是一种离子导体。所以当螺旋地桩与土壤接触时，就形成了腐蚀原电池。大多数土壤是中性的，也有些土壤呈碱性，如砂质黏土和盐碱土，pH 值为 7.5～9.5，所以螺旋地桩在土壤中的腐蚀以吸氧腐蚀为主；只有在强酸性土壤中，如酸性腐殖土和沼泽土，pH 值在 3～6，才会发生析氢腐蚀。

衡量热浸镀锌耐腐蚀性的关键指标是锌层的厚度，一般认为两者成正比关系。我国热镀锌厚度的国家标准 GB/T 13912—2002 见表 8-35。

表 8-35 未经离心处理的镀层厚度

制件及其厚度/mm	镀层局部厚度/μm	镀层平均厚度/μm
钢厚度≥6	70	85
3≤钢厚度＜6	55	70
1.5≤钢厚度＜3	45	55
钢厚度＜1.5	35	45
铸件厚度≥6	70	80
铸件厚度＜6	60	70

注：本表为一般的要求，具体产品标准可包含不同的厚度等级分类在内的各种要求，在和本标准不冲突的情况下，可以增加更厚的镀层要求和其他要求。

在大气或土壤中的镀锌螺旋地桩，其腐蚀情形可分为以下 6 种情况。

① 当镀锌层完好时，螺旋地桩表面被锌层完全覆盖，锌层腐蚀产生的锈层物质会减缓内部锌层和桩身的腐蚀速率。

② 螺旋地桩的镀锌层由于腐蚀或磨损等原因，镀锌层中的铁锌合金部分暴露在腐蚀环境中，由于合金层与纯锌层的电极电位不同，电位较负的纯锌层优先被腐蚀。

③ 螺旋地桩的纯锌层逐渐消耗完毕，此时锌铁合金层完全暴露在外，但仍可缓减腐蚀速率。

④ 当螺旋地桩的镀锌层在打桩或安装的过程中被磨损或者由于腐蚀原因，导致部分缺失，镀锌层、锌铁合金层就会随着腐蚀的过程缓慢溶解，同时其腐蚀产物会抑制氧向金属表面扩散，从而降低腐蚀速率。

⑤ 纯锌层被完全腐蚀，螺旋地桩部分裸露，电极电位较负的锌铁合金对桩身仍能提供电化学保护。

⑥ 当锌铁合金层被消耗完毕，螺旋地桩就会裸露在腐蚀环境中受腐蚀。

通过以上分析可知，80μm 的镀锌层要至少能保证 25 年的使用寿命，也就是说至少 25 年后，纯铁才会暴露在腐蚀环境中受腐蚀。

针对西北地区的天气、地形及土壤的特殊情况，特别考虑西北盐渍土的现状，在光伏电站安装支架基础腐蚀方面，要注意以下几个要点。

第一，针对碳钢材料的螺栓地桩直接插入到盐渍土内部，很容易与土壤中可溶性盐发生反应而被腐蚀的问题，除了按照国家标准对碳钢基础做好热浸镀锌防锈处理外，还应该在碳钢材质表面涂上一层防腐蚀的涂料，将安装基础和盐渍土隔离，确保表面不产生盐渍堆积的腐蚀现象。

第二，由于水泥更加容易与可溶性盐发生反应而导致水泥混凝土安装基础的腐蚀现象，因此也应该在水泥基础表面涂上一层防腐涂料，可以起到一定的防腐效果。

第三，为了防止安装基础与土壤中的可溶性盐发生反应而腐蚀，还可以对安装基础采取阴极保护措施，将腐蚀对象转移，从而达到保护安装基础的目的。

（3）光伏组件支架的防腐措施

光伏组件支架包含从基础连接件至组件下部钢支架之间的支撑结构。对于光伏支架的材质、安装标准及防腐处理主要参考国家相关的建筑标准。

光伏组件支架的材质多为碳钢，外层要采用热浸镀锌防锈处理，应符合国家标准 GB/T 13912—2002《金属覆盖层钢铁制件热浸镀锌层技术要求及试验方法》中的规定，即镀锌层平均厚度不小于 $55\mu m$，防腐寿命不低于 25 年。此外，根据应用环境的不同，钢支架热浸锌厚度有所区别，普通条件下（C1～C4 类环境），$80\mu m$ 镀锌厚度能保证使用 20 年以上，但在高湿度工业区或高盐度海滨甚至温带海水里则腐蚀速率加快，镀锌量需要 $100\mu m$ 以上，并且需要每年定期维护。

所有热浸锌钢构件产品须由国家权威机构出具检测报告或评估报告。镀锌厚度的检测主要采用国家标准 GB/T 13912—2002《金属覆盖层钢铁制件热浸镀锌层技术要求及试验方法》提供的方法进行。

采取热浸镀锌防变形措施，以防止构件在热浸镀锌后产生明显的变形。为防止紧固件腐蚀，全部紧固件（包括螺栓、螺母、垫片等）必须采用不锈钢或渗锌工艺处理，且要满足 JB/T 5067—1999《钢铁制件粉末渗锌》中规定，渗锌厚度不小于 $30\mu m$。

钢质地锚与支架底座必须采用螺栓穿透式的连接形式，螺栓由基础厂家配套提供；支架系统应能够在垂直高度方向调整施工偏差，可调整高差范围为在设计标高基础上 $\pm400mm$，且可在此范围内进行无级式调节。

为保证防腐质量满足 25 年的工程使用周期，所有构件均须在工厂内生产，在现场组装支架系统。构件之间的连接全部为螺栓连接，不允许现场焊接。如果采用圆管构件，管壁厚应不小于 2.5mm，并须提供杆件之间可靠的连接方式。

（4）太阳能光伏发电的未来发展趋势

太阳能光伏发电在不远的将来会占据世界能源消费的重要席位，不但要替代部分常规能源，而且将成为世界能源供应的主体。预计到 2030 年，可再生能源在总能源结构中将占到 30％以上，而太阳能光伏发电在世界总电力供应中的占比也将达到 10％以上；到 2040 年，可再生能源将占总能耗的 50％以上，太阳能光伏发电将占总电力的 20％以上；到 21 世纪末，可再生能源在能源结构中将占到 80％以上，太阳能发电将占到 60％以上，这些数字足以显示出太阳能光伏产业的发展前景及其在能源领域重要的战略地位。

根据《可再生能源中长期发展规划》，到 2020 年，我国力争使太阳能发电装机容量达到 1.8GW（百万千瓦），到 2050 年将达到 600GW（百万千瓦）。预计到 2050 年，中国可再生能源的电力装机将占全国电力装机的 25％，其中光伏发电装机将占到 5％。未来十几年，我国太阳能装机容量的复合增长率将高达 25％以上。

因此，随着太阳能光伏发电产业的迅猛发展，其支撑系统的防腐蚀保护亦显得尤为重要。以热浸锌钢构件光伏电池支撑材料为例，当镀层出现破损后，为了拓展其应用年限，需要寻找一种合适的涂料对其进行修补防护。

8.2.2 冷涂锌涂料在电力工业防腐中的应用案例

冷涂锌涂料近年来在电力工业防腐上的应用越来越广泛，在送电站、变电站、换流站和空冷岛及其 A 列外架构防腐上都得到应用，如图 8-11~图 8-16 所示。

图 8-11　杆塔钢结构

图 8-12　送电站钢结构

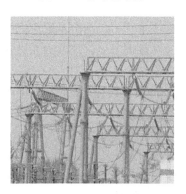

图 8-13　变电站钢结构

图 8-14　换流站钢结构

图 8-15　风电站钢结构

图 8-16　太阳能钢结构

（1）变电站的变压器防腐

随着我国电力工业的发展，对变压器油箱的使用寿命一般要求增加到 10～15 年。为了适应这种变化，某电力设备厂对变压器油箱外侧设计了用冷涂锌涂料的涂装配套方案，见表 8-36。

表 8-36　变压器油箱外侧涂装配套方案

序号	名称	道数/道	干膜厚度/μm	产品型号
1	JP-1618 冷涂锌涂料	1～2	60	湖南金磐冷涂锌
2	环氧封闭剂	1	20～30	Intergard269
3	环氧云铁中间漆	1	60	Intergard400
4	可复涂脂肪族聚氨酯	2	70	Intergard990
合计		5～6	210～220	

在该设计中采用了 JP-1618 冷涂锌材料，该涂层干膜中锌粉含量 96%，所以可视作金属涂层（锌层）估算涂层防腐年限。依据 ISO 12944 C4 严重污染大气环境下锌层每年腐蚀率按 30g/m² 计算，由于基材喷砂后的表面粗糙度 $R_z=60\mu m$，估计有 $15\mu m$ 的干膜厚损耗在粗糙度上。

JP-1618 涂层防护年限为 8 年左右；配套之重防腐涂料防腐年限至少 2 年。根据等加效应计算涂层的防腐年限：$(8+2)\times(1.8\sim2.4)=18\sim24$ 年。因此本设计涂层使用寿命为 15 年。

（2）中国台湾维斯塔斯风电塔架及设备钢结构防腐涂装（图 8-17）

工程地点：中国台湾。

涂装方案：冷涂锌 $60\mu m$＋环氧云铁 $100\mu m$＋可复涂聚氨酯面漆 2 道×$30\mu m$。

(a)　　　　　　　　　　　　　　　　(b)

图 8-17　中国台湾维斯塔斯风电塔架及设备冷涂锌防腐涂装

（3）上海普来克斯仪电实用气体公司空分塔外壁维修防腐涂装（图 8-18）

工程地点：上海金桥开发区。

涂装方案：冷涂锌 2 道×$40\mu m$＋环氧云铁中间漆 $30\mu m$＋聚氨酯面漆 $60\mu m$。

完工日期：2001 年 9 月 28 日。

此外，目前冷涂锌在其他的电力钢结构项目也有应用，见表 8-37。

图 8-18　空分塔外壁冷涂锌配套涂装

表 8-37　冷涂锌在电力钢结构上的应用案例

应用行业	工程案例	应用行业	工程案例
电力钢结构	广东大唐电厂	电力钢结构	新疆金川热电厂
	深圳前湾燃机电厂		重庆神化万州电厂
	宁东发电厂		四川二滩水电站
	山东莱州电厂		珠海国华风电
	四川裕隆换流站		东陵风电场
	陕西渭南变电站		技博太阳能项目

8.3 水利工程钢结构防腐

随着西电东送和南水北调两大世纪工程的启动与实施，水利水电工程钢结构的防腐越来越引起业界人士的高度重视，目的在于最大限度地减少钢结构的腐蚀损失，延长其使用寿命，以及通过涂层的色彩与环境的配合，突显水利水电工程的装饰性、标志性，充分发挥其景观效应。本节通过调查研究、向专家咨询与请教，并结合海虹老人牌涂料的先进技术与经验，就水利水电工程金属结构的防腐涂料与涂装情况做一一介绍。

8.3.1 水工钢结构腐蚀环境分析

水利水电钢结构主要包括各类闸门、拦污栅、启闭机、升船机、压力钢管、清污机、埋件以及过坝通航钢结构等，统称水工钢结构。水工钢结构腐蚀环境主要包括所处地理位置的自然条件和结构运行工况两个方面，它们都直接影响水工金属结构的腐蚀过程，是进行涂装设计的依据与重要参数。

（1）自然环境

自然环境主要指与金属腐蚀过程相关的各种自然条件，比如气象、气候、降雨（含酸雨）、气温、水温、水文、水质、含沙量、相对湿度与蒸发以及风、霜、雾、露等，显然，不同地区、不同地点的自然环境，对于水工金属结构腐蚀过程的影响不尽相同，因此，在进行涂装设计前必须对其自然条件调查清楚。

金属的大气腐蚀是一种最普遍的电化学腐蚀现象。它不是在有大量的电解质溶液中进行的，而是在金属表面上极薄的一层水膜下进行的一种电化学反应。这层水膜或是由于水分的直接沉降，或是由于气温、湿度变化凝结而成。随着水分的沉降或凝聚，总可能溶入一些污染性成分，如 O_2、CO_2、SO_2、H_2S、Cl^-、尘埃等，这些污染性物质显著地提高了水膜的导电性，加速了金属电化学腐蚀。结合水利水电工程的特点，影响水工钢结构大气腐蚀的因素固然很多，但首先是大气的相对湿度。当相对湿度超过某一临界值，即金属腐蚀临界相对湿度，金属的腐蚀速率会急剧增大。一般地说，钢铁生锈的临界相对湿度大约为 75%。引起钢铁在不同条件下腐蚀速率剧增的空气临界相对湿度值见表 8-38。

表 8-38　引起钢铁腐蚀速率剧增的空气临界相对湿度（RH）

表面状态	临界相对湿度/%
干净表面在干净的空气中	接近 100
干净表面在含 0.01%SO_2 的空气中	75
在水中预先轻微腐蚀的表面	65
在 3%NaCl 溶液中预先腐蚀的表面	55

其次空气中所含污染性杂质对金属大气腐蚀速率的影响也很大。例如，与干净大气相比，被 0.01%SO_2 所污染的大气能使钢铁的腐蚀速率平均增大 5 倍多，见图 8-19。

当前我国的水利水电工程大多建于西南、西北等地区山水之间，远离城市，周围空气相对干净，但由于所处地理位置和水汽蒸发，常年气温偏高、湿度偏大；或昼夜温差大，极易产生凝露现象；加上近年来上、下游水体污染、酸雨等因素的影响，大气腐蚀环境日渐严重。因此应十分重视水工钢结构的防腐，采用重防腐涂料与涂装技术，以确保工程竣工投产后的使用寿命。

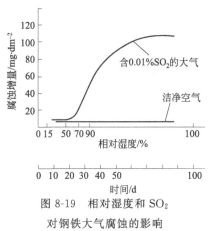

图 8-19　相对湿度和 SO_2 对钢铁大气腐蚀的影响

（2）运行工况

水工钢结构运行工况比较复杂，有些处于大气环境中（室内或室外）；有些处于水下（静水或动水）；有些常年经受高、中速含泥沙水流的冲磨；或常年处于干湿交替状态下等。对于涂装设计而言，一般将水工金属结构运行工况分为以下 5 种状态：

① 水上设备与结构——大气区；
② 干湿交替状态下结构——间浸区；
③ 水下结构——水下区；
④ 高、中速含泥沙水流冲磨作用下的结构——压力钢管内壁；

⑤ 各类埋地件——泥下区等。

水工钢结构各部位的腐蚀状态见图 8-20。

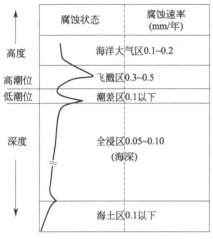

图 8-20　水工钢结构各部位的腐蚀状态

对于某一项具体的水利水电工程的钢结构防腐，首先要调查清楚工程所处地理位置的自然环境，并根据其运行工况条件，确定其腐蚀环境的分类，明确其对防腐涂层性能的要求；此外，要了解工程业主和设计方对于不同水工钢结构防腐寿命的要求以及相关国家标准规定等。在此基础上进行的防腐涂装设计就比较有科学依据，从而保证涂装设计的正确性和可靠性，确保水工金属结构的使用寿命和正常运行。

8.3.2　主要引用标准

主要引用标准：ISO 12944《色漆和清漆钢结构防腐涂层保护体系》，GB/T 15957—1995《大气环境腐蚀性分类》，SL 105—2007《水工金属结构防腐蚀规范》，DL 5017《压力钢管制造安装及验收规范》，TGPS.J《三峡三期工程涂料质量检测标准》（试行），JTJ 230—1989《海港工程钢结构防腐蚀技术规定》，GB 8923《涂装钢材表面锈蚀等级和除锈等级》（相对国际标准 ISO 8501-1：1998），GB/T 13288《表面粗糙度比较样板抛（喷）丸、喷砂加工表面》（相对国际标准：ISO 8503-2：1995），GB/T 13312《钢铁件涂装前除油程度检验方法（验油试纸法）》，JB/Z 350《高压无气喷涂典型工艺》。

8.3.3　水工钢结构防腐涂料及其配套系统

8.3.3.1　水上区

水上设备与结构分为室内和室外两种情况。置于室内的设备与结构主要要求涂层具有符合设计规定的防腐性、耐久性、使用期限及色彩标志；而对于室外的设备与结构，则主要考虑耐大气腐蚀，应选择抗老化、抗紫外线的耐候型涂料配套。通常以脂肪族聚氨酯为好，其次为丙烯酸，再次为醇酸类涂料。不同涂料品种与配套，在大气腐蚀条件下保光保色性、耐久性不同。依据 ASTM D523—2014、ISO 2813—1994 对聚氨酯等 5 种面漆的保光性所检测的数据，表明它们的户外保光性依次递减，即聚氨酯 > 丙烯酸 > 醇酸 > 环氧，由图 8-21 可知，环氧类涂料由于在户外紫外线作用下涂层易粉化，因而一般仅作为户内防腐涂料使用。

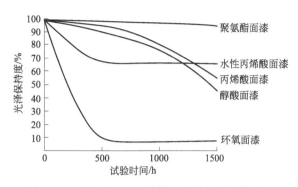

图 8-21　聚氨酯面漆和其他面漆的保光性能对比

8.3.3.2　间浸区

干湿交替状态下的水工钢结构，其腐蚀速率要比长期浸在水中快得多，原因是该部位波浪起伏，空气中的氧不断扩散到水中，使水中溶解氧骤增，持续地产生去极化作用，并且使钢结构表面有更多的机会形成溶解氧的浓差电池而造成局部腐蚀（浓差腐蚀），表现为坑点腐蚀形态。据资料介绍，在淡水环境中，水线以上的间浸区，钢结构表面水膜中含盐量低，腐蚀比较平缓、均匀，与在大气中的腐蚀速率相近，初期为 0.03～0.04mm/年，1 年后衰退为 0.008～0.015mm/年。但在含盐量较高的咸水中，氯离子和硫酸根离子含量相应地较高，分别为 30～40mg/L、50～200mg/L，在这种情况下，水线以上钢结构在大气中的腐蚀仍较平缓，平均腐蚀速率为 0.04mm/年；在水线上下的间浸区，则急剧地变为坑点腐蚀，其局部腐蚀速率增大到 0.25mm/年，为大气中的 6 倍。因此，干湿交替下的钢结构防腐已成为水利水电钢结构防腐工程的关键之一。通常选用耐水性好、层间附着力强、耐干湿交替、耐机械摩擦等综合性能较优的涂料及配套，并进行严格地漆前表面处理和涂装工艺。

根据 SL 105—1995《水工金属结构防腐蚀规范》和 TGPS.J《三峡三期工程涂料质量检测标准》，结合海虹老人涂料公司的经验，对于干湿交替下的钢结构防腐，介绍以下涂料及其配套：

①　环氧富锌底漆 50μm（干膜厚以下同）/环氧中间漆 150μm/丙烯酸面漆 80μm（符合 SL 105—1995，适用腐蚀环境 ISO 12944 之 C4～C5，防护期：中、长期）；

②　环氧富锌底漆 50μm（干膜厚以下同）/环氧云铁中间漆 150μm/聚氨酯面漆 2×50μm（符合 SL 105—2007，适用腐蚀环境 ISO 12944 之 C5，防护期：长期）；

③　无机富锌底漆 50μm（干膜厚以下同）/环氧云铁中间漆 150μm/聚氨酯面漆 2×50μm（符合 SL 105—1995，适用腐蚀环境 ISO 12944 之 C5，防护期：长期）；

④　环氧厚浆漆 2×100μm（干膜厚以下同）/聚氨酯面漆 2×50μm（海虹老人

涂料公司特别推荐，适用腐蚀环境 ISO 12944 之 C5，防护期：长期）；

⑤ 超强环氧厚浆漆 200μm（干膜厚以下同）/聚氨酯面漆 2×50μm（海虹老人涂料公司特别推荐，适用腐蚀环境 ISO 12944 之 C5，防护期：长期）。

技术说明如下。

（1）适用于干湿交替状态间浸区的涂层配套：一共推荐了 5 个，其中①②③这 3 个配套是按照 SL 105—1995《水工金属结构防腐蚀规范》附录 D 设计的；而配套④⑤是海虹老人涂料公司推荐的，完全能够达到或超过 SL 105—2007 中关于涂料选择的要求。

（2）在推荐的前 3 个配套中，均采用富锌漆作为防锈底漆。其中①②用环氧富锌底漆，而配套③用的是无机富锌底漆。

富锌底漆是一种高效防腐涂料，其机理基于金属锌粉对钢材的阴极保护作用。富锌底漆一般分为环氧富锌和无机富锌两类，均以大量锌粉为防锈颜料，而主要成膜物质，前者是环氧树脂，后者为无机硅酸盐。环氧富锌漆不仅防腐性能优异、对底材的附着力强，而且与下道涂层，如环氧云铁中间漆及其他高性能面漆也有着良好的黏结性，同时施工方便，喷、刷均可。据介绍，某海军 051 型导弹驱逐舰 131 舰左右舷船壳干舷便采用了环氧富锌底漆，跟踪检查结果证明，除不足 1‰面积因受到机械损伤出现锈蚀外，其他部位无锈蚀现象发生，有些部位面漆和中间漆被撞脱落，富锌漆漆膜上虽有明显的擦伤痕迹，但漆膜仍大部分完好。历次维修中，环氧富锌底漆从未重新涂装过，使用 19 年仍完好。

无机富锌底漆又分溶剂基和水基两类。最大的优点是突出的耐蚀性、耐热性及耐溶剂性，这几方面优于环氧富锌漆。但是，环氧富锌漆较易与中间漆和面漆配套，而无机富锌漆则受到一定的限制，如固化成膜后，表面有较多的孔隙，需加喷环氧封闭漆后才能喷涂中间漆/面漆，无机富锌漆施工性能也不如环氧富锌漆，受环境（如相对湿度）制约较大，对表面处理要求更严格。施工操作技术水平要求较高，需经专门培训方能上岗。关于中层漆，通常采用环氧云铁漆，主要利用云母氧化铁颜料（MIO）超常的屏蔽性能，如图 8-22 所示。其次，环氧云铁漆膜表面因其片状填料的原因，形成均匀的粗糙度，十分有利于与上、下漆层之间的黏结。

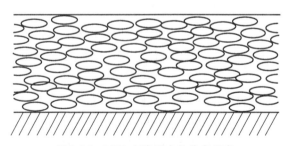

图 8-22　MIO 在涂层中的分布示意

（3）关于面漆，除配套①采用丙烯酸外均采用脂肪族聚氨酯面漆。主要利用其优异的耐大气腐蚀性，即耐候性，而聚氨酯面漆的综合性能要比丙烯酸漆好得多。但是，长期浸泡于水线以下，两者的耐水性尚难胜任，主要依靠富锌底漆/环氧云铁中层漆的耐水性。当然，最佳工艺是水线上下分别涂装，即在水线以下喷涂富锌底漆/环氧厚浆漆、环氧云铁漆或超强环氧漆；而水线以上部位加涂耐候性面漆，但这样做给施工安排带来不便，可操作性差。

（4）配套④⑤为海虹老人涂料公司所推荐，用于间浸区的配套。配套④以环氧厚浆漆作为底漆，例如老人牌环氧厚浆漆 17630 就是一种双组分、厚浆型、聚酰胺加成物固化的环氧漆，可单独作底漆，而且是一种"底面合一"型重防腐涂料，具有优异的防水性和耐浸泡性能，施工性能良好，并且可在 -10℃ 下固化。用于涂装船舶水线位置很成功，推荐其涂装水工钢结构干湿交替部位。

（5）配套⑤的特点在于采用了超强环氧漆，例如老人牌超强环氧 45751 就是一种高强度、高性能涂料。由于配方中采用中、低分子量混合环氧树脂与聚酰胺/聚胺混合固化剂，在固化成膜时，聚胺与低分子量的环氧反应，形成高交联密度的坚硬漆膜；中相对分子质量的环氧与聚酰胺反应生成分子间距较大的长分子链，使漆膜具有优良的柔韧性；再加入特别的硬质填料，从而使漆膜具有突出的耐磨、耐含泥沙江水或海水冲刷的性能，特别适用于大型水利枢纽工程干湿交替部位和压力钢管内壁涂层。

8.3.3.3　水下区

我国大型水利水电工程大都建于大江大河流域，水工结构主要受到淡水的浸蚀。国内外对淡水水域中钢结构的腐蚀调查以及现场腐蚀试验结果表明：水工钢结构水下部分主要是在夏季水温较高时发生剧烈的局部腐蚀（锈瘤）。这不仅因为夏季水温升高有加速腐蚀反应进行的作用，也因为夏季水温高，水中微生物的繁殖与腐败加剧了水下钢结构局部腐蚀的发生。

我国丹江口水利枢纽管理局与湖北省微生物研究所曾对该枢纽水工钢结构水下部分进行了 5 次腐蚀与微生物调查，发现在每年八月高温季节，水库中铁细菌和硫酸盐还原菌数量急剧升高，深孔闸门表面孔蚀严重，暴露 10 年后孔蚀最大深度3.8mm。检查其锈泡中的硫酸盐还原菌数量高达 1055 个，显著地高于同高度库水中的这种细菌的菌数（10 个）。锈泡中硫酸盐还原菌多，意味着这种细菌促进了钢结构的局部腐蚀。因此，对于水下钢结构，应选用抗水、抗菌、耐磨、高附着力的涂层配套。常用品种有环氧沥青漆、厚浆型环氧漆及超强环氧漆等。

老人牌环氧沥青漆 15130 是一种双组分聚酰胺固化的环氧煤焦油沥青涂料，可单独作底漆，其性能兼顾环氧树脂和煤焦油沥青树脂两者的优点，具有以下几方面的特点：突出的耐水性和防腐性；良好的耐酸、耐碱和耐油性；附着力强、韧性好；价格较低，性价比优。该产品为用于严重腐蚀环境下的长效防腐涂料，常用于淡水、海水浸泡部位、潮汐区、飞溅区及其他潮湿阴暗处钢结构的防腐，经国家涂料质量监督检测中心检测：盐雾试验 1000h，评为 1 级；耐湿热试验 1000h，评为 1 级；耐酸（5%体积分数的 H_2SO_4）、耐碱（5%体积分数的 NaOH）168h：漆膜不起泡，不脱落，不开裂，不生锈。

老人牌厚浆型环氧漆 17630 具有优异的耐水性能，前面已做介绍，这里补充的是该产品经国际权威机构挪威海事组织试验后，其耐水耐腐蚀性能被列为最高级别（B1 级），因而被推荐作为水下长期浸泡部位涂料配套方案。

老人牌超强环氧漆 35530 是一种双组分、无溶剂聚胺固化的高档涂料，固化后具有优良的耐淡水、海水、防腐蚀、耐磨蚀性能。经国家涂料质量监督检验中心测试物理机械性能：各项指标测试结果良好，其中耐磨性达到 1000g/1000r，失重仅 0.093g；耐酸性（5%体积分数的 H_2SO_4）168h 不起泡、不脱落、不开裂、不生锈；耐碱性（5%体积分数的 NaOH）168h 不起泡、不脱落、不开裂、不生锈；耐中性盐雾试验（GB/T 1771—1991）1000h，漆膜无变化，评为 1 级；耐湿热试验（GB/T 1740—2007）600h，漆膜轻微变色，评为 1 级。

8.3.3.4 压力钢管内壁涂层

压力钢管内壁涂层受高速水流的作用往往处于高度紊流状态下，其表面由于在以微秒计的时间内局部周期性地形成真空的空穴又突然破灭（水锤作用），释放出大量能量而造成以机械作用为主、电化学腐蚀为辅、又互相促进的气蚀破坏；同时在液体紊流长期冲击下使钢管内表面形成坑坑点点的破坏。当水流中泥沙含量较高时，上述破坏更为严重。此外，锈瘤是水电站压力钢管上常见的特有现象，如果将这种锈壳除去，即可见其内部是点蚀形成的小坑，有人认为是壳外的铁细菌、壳内的硫酸盐还原菌引起的，而在多数情况下，则是电化学上的氧浓差电偶作用引起的。水的电阻率高固然缩小了浓差电偶作用范围，但阳极易极化，又使淡水中浓差电化学效应比海水中更加显著。可见，压力钢管内壁防腐涂层将长年经受高、中速含泥沙流水的冲刷，对涂料的选择要求其具有突出的耐磨、耐水及附着力强的性能。传统的做法是采用环氧沥青漆，例如，鲁布革水电站和十三陵抽水蓄能电站。环氧沥青漆漆膜坚硬，耐水性突出，但韧性欠佳，色彩单一（黑色、棕色），不便于涂层的质量检查。因此需要高强度环氧漆，尤其适用于高水速、泥沙含量大流域的水电站压力钢管内涂，以达到长期防护效果。

8.3.3.5 埋地件

埋地件处于江河流域泥下区，由于泥中孔隙水含氧有限，故泥下区的腐蚀最轻，大量拔桩实测结果表明其腐蚀速率为 0.006～0.03mm/年。但是在泥层面与水下区水底之间构成氧的浓差电偶而加剧腐蚀；在受污染的流域内，泥下区可能有大量硫酸盐还原菌等腐蚀性物质，造成局部腐蚀性相对严重的情况。此外，与所处地土壤的土质化学成分有关，如土壤中腐蚀性介质含量较多或受到较严重的污染，则必须进行防腐涂装。埋地件防腐涂层主要要求涂料具有突出的耐磨、耐水、耐化学品、耐土壤腐蚀的性能。一般采用环氧类和沥青类涂料。结合本公司在三峡工程埋件的经验，一般采用环氧沥青涂料。例如：厚浆型环氧漆/环氧沥青漆配套被法国 Alstom 公司选定为三峡机组埋件防腐涂层配套，效果良好。

8.3.4 冷涂锌涂料在水利工程防腐中的应用案例

冷涂锌涂料可以作为各种水利工程（图 8-23～图 8-26）如闸门钢结构的防腐保护，替代原先水利工程如闸门钢结构要求的热喷锌/铝，为水利工程钢结构长效防腐涂装保护层。常用的水利工程钢结构涂装配套体系如下。

图 8-23 码头吊机钢结构

图 8-24 闸门钢结构

图 8-25 水闸门钢结构

图 8-26 潜水泵

（1）水工钢结构应用——国家南水北调刘山闸闸门钢结构冷涂锌防腐涂

装（图 8-27）

国家南水北调刘山闸闸门钢结构长期浸没在水下，启闭时，干湿交替频繁，并且受到高速水流的冲刷及水泥、泥沙、冰凌和其他漂浮物的冲蚀。根据 ISO 12944 标准，本工程中钢结构的腐蚀环境可以定义为高等腐蚀类别的 C4 环境。根据该工程防腐保护年限为 20 年以上的要求，业主和设计院选择使用锌加涂膜镀锌方案，涂装方案为锌加 $50\mu m$＋环氧云铁中间漆 $80\mu m$＋改性环氧面漆 $100\mu m$。

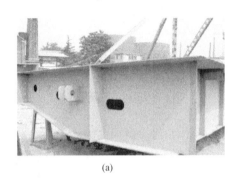 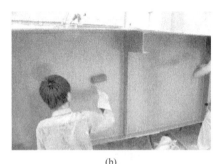

(a)　　　　　　　　　　　　　　　(b)

图 8-27　刘山闸闸门钢结构冷涂锌配套防腐涂装

（2）上海市黄浦江干流水利枢纽工程叶榭塘闸门钢结构冷涂锌防腐涂装（图 8-28）

工程地点：上海市叶榭塘镇。

涂装方案：冷涂锌 2 道×$50\mu m$。

完工日期：2002 年 10 月。

图 8-28　叶榭塘闸门钢结构冷涂锌防腐涂装

此外，冷涂锌在其他的水利钢结构项目也有应用，见表 8-39。

表 8-39　冷涂锌在水利钢结构上的应用案例

应用行业	工程案例	应用行业	工程案例
水利钢结构	宜昌三峡电力修造、钢闸门	水利钢结构	南京扬子石化巴斯夫工程
	上海叶榭塘水利枢纽工程		深圳海上石油平台扶栏
	重庆石板水电站钢闸门		澳门储油库及输油管道维修
	四川二滩水电站		

8.4 建筑钢结构防腐

防腐蚀涂料在市政公共设施建筑钢结构方面的应用，不仅要考虑到长期的使用寿命以及美观装饰性，同时还要考虑到环境保护，即要体现性能、美观和环保法规这三者之间的最佳结合。

8.4.1 建筑钢结构防腐底漆的要求和发展

8.4.1.1 防腐底漆的要求

钢结构防腐蚀涂装体系中，防锈底漆的作用至关重要，它要对钢材有良好的附着力，并能起到优异的防锈作用。常用的防锈底漆有富锌底漆和厚浆型环氧涂料等。富锌底漆中对锌粉有如下规定。

（1）锌粉含量的要求

对富锌底漆中的锌粉含量，不同国家和地区有着不同的规范要求。BS 4652：1995 中规定，干漆膜中锌粉含量不能低于 85％（质量分数）。

ISO 12944-5：1998 中 5.2 条文中规定，富锌底漆，无论是有机还是无机，不挥发分中锌粉含量不低于 80％（质量分数），锌粉标准要符合 ISO 3549 的规定。

HG/T 3668—2000 中关于不挥发分中的金属锌含量的规定，无机富锌底漆不低于 80％，有机富锌底漆不低于 70％。

SSPC-Paint 20：2002 中规定了两类富锌底漆，类型 I 为无机富锌漆，类型 II 为有机富锌。并且按干膜中的锌粉重量规定了三类涂料：Level1 等于或大于 85％；Level2 等于或大于 77％，少于 85％；Level3 等于或大于 65％，少于 77％。这些涂料中的主要颜料成分必须是 ASTM D 520 所规定的金属锌粉的要求。

（2）锌粉性质的要求

用于涂料中的锌粉不可能是 100％的纯金属锌，它会含有一定的氧化锌、氧化铅以及其他非金属成分和金属元素。按 GB/T 6890—2000，其化学成分见表 8-40。

表 8-40 锌粉的化学成分

等级	化学成分/％					
	主品位≥		杂质≤			
	全锌	金属锌	Pb	Fe	Cd	酸不溶物
一级	98	96	0.1	0.05	0.1	0.2
二级	98	94	0.2	0.2	0.2	0.2
三级	96	92	0.3	—	—	0.2
四级	92	88	—	—	—	0.2

（3）锌粉中的铅含量标准

ASTM D520 对作为涂料颜料的金属锌粉规定了 3 个种类。种类Ⅰ中铅含量最大限量没有规定，为通用等级；种类Ⅱ规定铅含量的质量比不大于 0.01％，为高纯度级；种类Ⅲ规定铅含量的质量比不大于 0.002％，属最高纯度级。

8.4.1.2 防腐底漆的发展

建筑钢结构防腐底漆主要包括富锌底漆、环氧防腐底漆、金属热喷涂。

（1）富锌底漆

富锌底漆主要有环氧富锌底漆、醇溶性无机富锌底漆和水性无机底漆。

环氧富锌底漆是主要以环氧树脂为基料，以聚酰胺为固化剂，以超细锌粉为主要防锈颜料的双组分涂料。加入一定的铝银浆和氧化铁红，可以增加耐候性能，防止锌粉产生。

醇溶性无机富锌底漆由烷基硅酸酯聚合物、锌粉、助剂和溶剂等组成，典型的醇溶性无机富锌底漆见表 8-41。与环氧富锌底漆相比较，无机富锌底漆在耐热、耐溶剂、耐化学品以及导静电方面有着更为优异的性能。但无机富锌底漆的施工要求很高，钢材表面必须喷砂到 Sa 2.5。醇溶性无机富锌底漆的固化是通过吸收空气中水分进行水解缩聚反应来完成的，因此无机富锌底漆在喷涂后，空气的相对湿度最好保持 65％以上。无机富锌必须在完全固化后才能涂覆后道漆，否则会引起涂膜层间分离。

表 8-41　典型的醇溶性无机富锌底漆

A 组分	硅酸乙酯	22～26
	酸	6～7
	水	57～61
	高岭土	0～1
	云母粉	0～1
	溶剂	11～12
	助剂	0～1
B 组分	锌粉	20～25

无机富锌底漆表面呈多孔性，喷涂后道漆层前要求使用专门的封闭漆或采用雾喷技术。无机富锌底漆对于漆膜厚度有着严格的要求，过高的干膜厚度会导致漆膜开裂，醇溶性无机富锌底漆通常认为 125μm 以下是安全的。

水性无机富锌，以水代替溶剂和稀释剂，不含任何有机挥发物，无毒，无闪火点，对施工人员的损害明显比溶剂型无机富锌涂料低，对环境污染小，VOC 为零，没有火灾危险，在施工、储存和运输过程中较为安全。它主要利用空气中的二氧化碳和湿气与硅酸钾进行反应，在生产碳酸盐的同时，锌粉也同硅酸钾充分反应生成硅酸锌高聚物，其固化受温度和湿度的影响较大。水性无机富锌底漆要求喷砂到 Sa3，膜厚度可以高至 150～200μm。

（2）环氧防腐底漆

厚浆型改性环氧涂料也是重要的防锈底漆，它们通常含有磷酸锌或铝粉等防锈颜料，漆膜坚固耐久，对钢材的附着力强。这些产品已经在海洋环境下应用了几十年，具有很好的防腐蚀性能。

碳氢树脂改性的环氧树脂涂料有普通型、铝粉型和玻璃鳞片增强型等多种产品，单道喷涂可以达到 $100\sim400\mu m$ 的干膜厚度。以改性酚醛胺为固化剂的通用耐磨环氧漆，作为真正的通用环氧防锈漆，它可以一年四季使用，冬天无需采用低温固化剂，对于车间底漆表面、钢材、铝材、不锈钢、镀锌和热喷涂金属表面等都有良好的附着力，并且可以用醇酸、环氧、丙烯酸、聚氨酯等面漆覆涂。该产品通过 4200h 的盐雾、紫外线循环试验，被认为是不需要采用富锌底漆而可以达到 15 年以上使用寿命的重防腐涂料。

（3）金属热喷涂

许多大型钢结构的设计使用寿命要求在 50 年、甚至 80 年以上，单一的涂料体系不可能达到这样的要求。因此，在室外大气腐蚀环境下，对钢结构进行热喷涂锌或铝涂层，结合涂料封闭，是保护钢结构长期无维护或少维护的最好方法。

在腐蚀环境下，锌或铝涂层作为阳极被腐蚀，其腐蚀产物会覆盖在涂层表面，起到封闭作用。因此，热喷涂锌或铝涂层既有阴极保护作用，还会起到屏蔽作用，确保了当涂层发生破损时，金属喷涂层能牺牲自己。可达到 20 年免维护、40 年少维护的有效保护。

对于金属热喷涂以及无机富锌底漆，要分别施工一道环氧封闭漆/连接漆，干膜厚度约在 $30\mu m$。封闭漆/连接漆的主要作用是对金属热喷涂和无机富锌底漆的多孔表面进行渗透封闭，起到防止起泡针孔的作用，也为后续中间涂层起到了良好的连接作用。

8.4.2　冷涂锌涂料在建筑钢结构防腐中的应用案例

鉴于目前建筑钢结构的迅速发展，在此应特别讨论一下冷涂锌的应用。

防腐与防火的双功能要求——基于建筑钢结构在自身结构以及使用功能方面的特性，决定了大多数钢结构建筑在防护工作上，不仅需要进行长效防腐保护，同时也需具有防火功能。但是，由于这两个功能的特性完全不同，目前缺乏能同时满足这两个功能的保护材料，在国内外都是分别采用（防腐＋防火）相结合的方法。为此，必须合理进行双功能防护的设计与施工，在长效防腐材料选择方面，在建筑钢结构上采用冷镀锌替代传统的热浸锌钢材，不仅施工方便，更赋予了钢结构的可维护性，采用热浸锌钢材的建筑物，一旦锌层受到破坏，便无法再修复；而冷镀锌保护的钢结构可方便地进行返修和维护，重新赋予其使用寿命，节约使用成本。对于一般大气环境中非永久性钢结构，可根据要求，采用单层冷镀锌防护。目前的做法是在钢材上涂装底涂、中涂层、涂防火层再涂面漆，以图借助面漆保护薄弱的防火层，增加整个体系的防护性能。笔者认为，这对于使用年限要求不是很长的场合是可行的，但对于那些半永久和永久性钢结构来说，可能不是最合理的设计，因为在不涉及防火要求的前提下，比较容易设计出较好的长效防腐体系。一旦同时要求防火功能，必然有一个薄弱的环节位于体系中，若按以上的方案进行防护，首先面漆层的屏障保护作用总是有限的，一段时间后外界的湿气、水分等不断侵入，本身较为疏松的防火层，易于发生胀起、鼓泡、开裂等弊病，这些应变必然引起面漆层的损伤。随着面漆的破坏，腐蚀介质极易直接侵蚀中涂、底涂层。面对如此情况，维修工作就将不只是涉及面漆与防火层了。如果我们能将防火层做到面漆之上，再根据设计使用年限和维修计划，将原面漆层的一小部分做到防火层之上，适当加强屏障保护，延长防火层寿命，确保设计使用期内正常使用。到了维修期，由于底-中-面三涂层是较强的结合体系，维修时仅涉及防火层，而防火层强度低，维修时也易于除去，基本不伤及底涂层及中涂层，仅需对防火层进行维护，并重新使用适当厚度的面层封闭，维修工程易于进行，且防腐体系不受大的损伤，保证了整个设计寿命。

冷涂锌可以作为各种建筑钢结构如体育中心、机场航站楼、高铁车站、会展中心、高层钢结构建筑等的重防腐涂装体系的底层或者面层，为建筑钢结构提供长效防腐涂装保护层，如图 8-29～图 8-34 所示。

图 8-29　钢结构内承重架

图 8-30　高铁钢结构支架

图 8-31　混凝土钢筋

图 8-32　机场钢结构

图 8-33　地铁钢构零部件　　　　　　　　图 8-34　人防门钢结构

（1）广州新白云机场

广州新白云国际机场航站楼压型钢板采用热镀锌钢卷板，镀锌量为 $275g/m^2$，厚度为 1.2mm、1.52mm、1.9mm 和 2.0mm。压制成型 2 个半块后，拼装焊接成型。屋面组合压型钢板底面局部需打直径为 3mm 的小孔，横向间距 10mm，纵向间距 8mm，作为吸声用。焊接、冲孔及切割对压型钢板表面镀锌层均会有不同程度的损坏。

为了保证产品质量、满足设计防腐性能的要求，按广东建筑设计研究院设计要求和新白云国际机场指挥部的有关规定，压型钢板成型、焊接完毕后，对焊接、冲孔及切割部位进行冷镀锌防腐处理，镀锌量不少于 $275g/m^2$，防腐年限不低于 30 年。压型钢板涂装配套及膜厚见表 8-42。

表 8-42　广州新白云国际机场压型钢板涂装配套及膜厚

涂层	规定膜厚/μm	施工方法
蚀刻底漆	6	喷涂
锌加冷涂锌涂料处理	40	高压无气喷涂
环氧云铁中间层	100	高压无气喷涂
环氧树脂面漆	50	高压无气喷涂
可复涂丙烯酸-聚氨酯面漆	30	高压无气喷涂

注：用于单块的屋面组合压型钢板的下表面、屋面组合压型钢板的底面及其他镀锌层破坏部位。

锌加中涂层涂布率的计算：以 $1\mu m$ 锌层涂布率为 $7.2g/m^2$，锌加中含锌量为 96%，$40\mu m$ 锌加涂层每平方米的含锌量为 $7.2\times40\times96\%=276.52g/m^2$。符合广州新白云国际机场对镀锌压型钢板打孔部位用 $275g/m^2$ 冷镀锌材料修补的技术要求。

锌加涂层防腐寿命的测算：按广州地区大气环境条件下，每年对锌层的腐蚀率为 $20g/m^2$，锌加中含锌量为 96%，折减系数为 0.8，锌加涂层的防腐寿命为 $(7.2\times40\times0.96\times0.8)\div20=11$ 年，与 Zingametall 公司的国际担保书中 $40\mu m$ 保 10 年、Re 3 级等条款相匹配。

有机涂层防腐使用年限估算：环氧云铁中间层及 2 道聚氨酯面漆的保护年限至少为 5 年。

那么冷涂锌涂料与防腐涂料配套复合涂层防腐年限的估算如下：

在 GB/T 9793—2012（相当于 ISO 2063：1991）标准中明确表明：热浸锌、热喷锌（铝）层上复涂防腐涂料后，综合寿命可提高 1.5～1.8 倍。锌加冷涂锌涂料也是如此，双涂层系统的保护年限＝（锌加 11 年＋防腐涂料系统 5 年）×（1.8～2.4）＝29～38年。符合新白云国际机场业主对镀锌压型钢板的防腐年限 30 年的要求。

(2) 完全替代热浸镀锌工程应用——上海五角场环岛装饰工程

上海五角场环岛装饰工程位于城市和工业大气中，具有中等的二氧化硫污染，根据 ISO 12944 标准，本工程中钢结构的腐蚀环境可以定义为 C3 即中等腐蚀环境。该工程原本设计使用热浸镀锌＋面漆，但由于热浸镀锌的费用较高及热镀锌钢结构有尺寸限制的问题，业主和设计院最终选择使用锌加涂膜镀锌方案，涂装方案为锌加 $50\mu m$ ＋环氧云铁中间漆 $100\mu m$ ＋可复涂聚氨酯面漆 $60\mu m$。

(3) 建筑钢结构应用——国家大剧院水下廊道钢结构防腐涂装

国家大剧院地处于城市和工业大气中，水下廊道长期处于水下，受到水、日光及水生物的腐蚀作用，钢材很容易受到腐蚀。根据 ISO 12944 标准，本工程中钢结构的腐蚀环境可以定义为高等腐蚀类别的 C4 环境。根据该工程防腐保护年限为 30 年以上的要求，业主和设计院选择使用锌加涂膜镀锌方案，涂装方案为锌加 $60\mu m$ ＋环氧云铁中间漆 $100\mu m$ ＋ 聚氨酯面漆 $60\mu m$。

(4) 广州新电视塔摩天轮钢结构冷涂锌配套防腐涂装工程（图 8-35）

工程地点：广州。

涂装方案：冷涂锌 $80\mu m$ ＋环氧封闭漆 $30\mu m$ ＋可复涂聚氨酯面漆 $60\mu m$。

完工日期：2010 年 9 月。

(a)   (b)

图 8-35　广州新电视塔摩天轮钢结构冷涂锌配套防腐涂装工程

(5) 深圳大运中心体育场钢结构冷涂锌防腐蚀涂装工程（图 8-36）

工程地点：深圳。

涂装方案：冷涂锌 $80\mu m$。

完工时间：2010 年 12 月。

(a)

(b)

图 8-36　深圳大运中心体育场钢结构冷涂锌防腐蚀涂装工程

此外，冷涂锌在其他的建筑钢结构项目也有应用，见表 8-43。

表 8-43　冷涂锌涂料在建筑钢结构上的应用

应用行业	工程案例	应用行业	工程案例
建筑钢结构	上海同济大学立体停车库	建筑钢结构	南京地铁城西路停车场构件
	长沙远大可建集团办公楼和商务酒店		广州大学城
	昆明地铁轻轨交通		广州白云国际机场压型钢板
	深圳、苏州、无锡、长沙等地铁		

8.5　石油化工钢结构防腐

石油化工是石油工业的下游工业，是一个复杂而庞大的工业体系，主要包括炼油和生产乙烯、丙烯、苯乙烯、聚酯和合成橡胶等，以及处于更为下游的各类化工品等。石油化工的腐蚀包括电化学腐蚀、化学腐蚀及由其造成的局部腐蚀、大气腐蚀、土壤腐蚀、海水腐蚀和高温腐蚀等。因此石油化工对于防腐蚀涂料的要求也是多样的，需要具有优良的耐化工大气、耐盐雾腐蚀、耐土壤腐蚀、耐高温腐蚀和耐酸耐碱性能。

8.5.1　石油化工防腐蚀涂料系统

8.5.1.1　低温防腐蚀涂料

低温防腐蚀涂料主要用于低温部位的腐蚀环境，也可与阴极保护配套使用。在国内油田的采输系统以及炼油装置的低温系统和炼厂储运系统已经成功使用的有特色的防腐蚀涂料有下列几种。

（1）不锈钢鳞片重防腐蚀涂料

鳞片粉末由于其特殊的性能，在涂料中得到广泛的应用。国内已成功将玻璃鳞片树脂用于联碱碳酸化塔、阳离子交换柱、酸储槽、油罐等的内衬防护。

不锈钢鳞片用于重防腐涂料中，由于它本身的优良耐蚀性能，它的加入不仅增强了涂层的耐化学品性以及抗老化性能，还增强了涂层耐磨及耐温度变化的性能。不锈钢鳞片在涂层中与基体相互平行叠加排列，形成致密的防渗透层。据测算，在约 12mm 厚的涂层中不锈钢鳞片层的分布可达到上百层，延长了介质渗透扩散的路程，使得介质须经过弯弯曲曲的路径才能渗透扩散到金属基体的表面。不锈钢鳞片在涂层中形成了无数的微小区域，将环氧树脂中的微裂纹、微气泡切割分离开来，减少了涂层与金属基体之间的热膨胀系数之差，降低了涂层硬化时的收缩率以及涂层内部的应力，抑制了涂层龟裂、剥落，提高了涂层的黏结力和抗冲击性。

此类涂料已应用在石油化工管道、海洋钻井平台、大型闸门、船舶、污水池及煤气柜等钢结构中。

（2）鳞片玻璃重防腐蚀涂料

鳞片玻璃是指厚度为 $34\mu m$ 的鳞片状薄玻璃制品，主要用于合成树脂的混合材料和防腐蚀涂料等领域。作为重要添加剂材料，配合使用的底层树脂有环氧类和聚酯类等树脂。一般在厚度为 1mm 的涂料层中有 120～150 片层叠的玻璃鳞片，它可以防止腐蚀性离子和雨水的浸透。使用这种鳞片玻璃涂料时，要在钢材等金属物体表面预先涂上一层打底材料，然后再涂上一层 200～1000μm 厚的鳞片玻璃涂料。

美国康宁玻璃公司是世界上最早研制开发生产鳞片玻璃的玻璃商。日本的旭玻璃纤维公司也从美国康宁公司引进了鳞片玻璃的生产技术，并开始批量生产。这种用于重防腐蚀涂料的鳞片玻璃在欧美市场上十分走俏，欧美工业界已将其用于海上石油钻井平台、工业原油贮油罐罐体内部的涂层防护，其耐腐蚀能力长达几十年以上。日本的石油、海洋构筑物、工业用贮油罐及工业储存构筑物等的防腐蚀作业中已广泛应用了这种产品。

（3）环氧重防腐蚀涂料

环氧重防腐蚀涂料以环氧树脂为基体，用特种橡胶和煤焦沥青、石油树脂等加以改性，加入颜料、填料、助剂及固化剂，制成双组分重防腐蚀涂料（I 型、E 型）。这种涂料具有良好的耐酸、碱、盐腐蚀以及耐大气腐蚀和耐磨损性能，涂层附着力强、收缩率低、力学性能高、无针孔、电绝缘性能好，一次成膜厚度可达 150～400μm。产品适用于港口工程，水利水电工程，海洋石油钻井平台驻船舶，油气田输油、气、水管道（地下穿越管道），城市自来水、煤气管道，矿山和矿井下设施、机车车辆等钢结构和钢筋混凝土结构的防护。

（4）BW 9300 型重防腐蚀涂料

BW 9300 型重防腐蚀涂料采用独特的变性混合树脂及合理的配方，将长效无维护与带锈涂装结合起来。该涂料具有优良的附着力、抗冲击性、耐磨性、耐候性和耐腐蚀性，可带锈施工，与锈及旧漆膜的附着力强，并可实现底面漆合一。

该涂料不含各种有机酸、无机酸，不含铅、铬等有毒防锈颜料，不含有机锡等有毒防污剂，无毒无公害，使用安全方便，干湿表面均可施工，一次成膜厚度大于 $100\mu m$。该涂料已广泛用于石化、电力、交通、市政、港口、水坝等领域的金属结构、设施、混凝土构筑物等的防护，包括大气、水下、海洋、埋地、铁塔等各种工作环境，当干膜厚度达 $300\mu m$ 时，防腐蚀寿命可达 10 年以上。该涂料所用原材料全部立足国内，生产工艺稳定，生产过程少三废排放，对于防止金属腐蚀、保护重要工业设施的安全运行具有重要意义。

（5）TF 无溶剂重防腐蚀涂料

TF 无溶剂重防腐蚀涂料是以环氧树脂为基料，经增韧改性，采用价格便宜的惰性矿产鳞片为填料，与活性稀释剂、颜料等复配研磨而成的一种安全、无毒、无溶剂型涂料。该涂料有效成分高达 95％左右，黏结力强，防蚀性能、力学性能、电性能突出，避免了由于溶剂挥发而造成的能源浪费和对环境的污染，可适用于各种腐蚀环境的防护，其防腐蚀效果是一般防腐蚀涂料的数倍。此涂料也可看作环氧重防腐蚀涂料的一种。

（6）陶瓷防腐蚀涂料

由丙烯酸树脂、脂肪族聚氨酯改性固化剂、颜料、陶瓷球和助剂组成的双组分涂料，可抵抗恶劣环境和介质的腐蚀，可用于各种水泥砂浆墙面、混凝土、水泥石棉板、钢铁及木材等房屋墙面涂装，或作为旧墙翻新的维护涂料，是属建筑物内外墙装饰的高档涂料，用途强于其他涂料（一般作为高级建筑物外墙涂装），也可作为船舶油舱、机船舱底油管、水管、盐储罐等内壁防护涂刷等。

由于采用了内增塑固化剂、各种改进的及高比例的化学惰性陶瓷成分，涂层同时具备了陶瓷的惰性和树脂的韧性，从而使涂层具有极好的附着力，超光滑的表面，极强的抗冲击力和卓越的耐老化、耐湿热、耐盐雾性能、抗粉化、抗紫外线性能优异，长期使用不泛黄；同时，陶瓷中空球的特异功能，使涂层具有红外线屏蔽和热反射功能，为高性能的装饰涂料和隔热涂料。

（7）纳米技术涂料

纳米技术是 20 世纪 80 年代末诞生并迅速崛起的一项新技术。纳米材料具有特殊的小尺寸效应、表面界面效应、量子效应及介电效应等，可以引用到涂料中赋予涂料不同于常规的一些力学、热学、光学及电磁学性能，制备新的功能涂料如杀菌、防霉、隔热、耐磨、静电屏蔽、绝缘、耐污染及抗老化涂料等，而且可以提升传统涂料的性能使涂料升级换代。工业建筑涂料是涂料行业用量最大的品种之一，也是提升传统涂料的重点领域。如用纳米材料改性的纳米有机无机复合乳液制备外墙涂料、纳米二氧化硅系列胶体用于外墙涂料等，可以提高涂层户外的耐候性、耐污染性、耐水性、耐擦洗性及涂料悬浮稳定性，但是相关的报道较少。由于纳米材料的应用，提高了传统建筑涂料的性能，应该说取得了可喜的进步，但是应该清醒地认识到，纳米材料在涂料中的主要应用方式是把纳米材料（粉体）加入到涂料中进行物理分散，只是部分提升了涂料的物性，大部分还没有达到质的变化，这只能归结为纳米材料（粉体）在涂料中的应用过于简单，纳米应用技术还没有上升到原子或分子水平的排布。

（8）ZM 99-01 无机聚合物防腐蚀涂料

ZM 99-01 无机聚合物涂料能与钢结构表面铁原子快速反应，生成具有物理、化学双重保护作用且通过化学键与基体牢固结合的无机聚合物防腐蚀涂层，对环境无污染，使用寿命长，防腐蚀性能达到国际先进水平，是符合环保要求的高科技换代产品。涂层不仅有极强的防腐蚀性能，而且耐磨、抗冲击，可用于石化行业钢结构、桥梁、管道及设备等。涂层耐水耐盐雾，可用于海洋平台、船舶、码头设备及地下管网设施，节约投资，提高使用年限。涂层耐化学溶剂、抗静电性能好，又能满足石化产品储运部门对于储罐内部定期高温蒸汽清洗的要求，因此特别适用于石化产品储存器的内外涂装。涂料适于应用在耐温 600℃的各种设施的防护，如钢铁烟囱、热交换器内外壁，也可作为建筑结构的防火涂料使用。此涂料在中原油田抽油杆上使用效果良好；在海军陆战队 63A 式水陆坦克上也进行了使用，效果理想。

8.5.1.2　高温防腐蚀涂料

耐高温涂料由改性有机硅树脂、特种耐高温颜料和有机溶剂等组成，自干快、附着力强，涂膜具有优良的耐热性和耐候性，能长期经受 200～800℃高温，适用于高温炉、焦化炉、机车发动机及烟囱等高温部位的保护。

耐高温涂料是水基无机耐热涂料，基料和填料均由耐热、不燃的无机物组成。基料中含有大量—OH 活性基团，它与填料中的活性组分及钢铁活性表面快速反应，生成三维结构的无机聚合物，将涂层与钢铁基体连成一体，形成具有电化学保护和物理屏蔽作用的耐热防腐蚀涂层，特别适用于工作在高温及腐蚀环境下的钢铁结构的长效防护。

耐高温涂料的主要特点是绿色环保，可耐 400℃高温，耐热性能好，防腐蚀性能好，使用寿命长，实现常温下自固化，耐老化，抗辐射，抗水性好，耐盐雾，耐有机溶剂，涂层与基体结合力强，涂层硬度高，抗擦伤，抗冲击。

8.5.1.3　导静电防腐蚀涂料

导静电涂料分为本征型和添加型。本征型涂料基体本身具有导电性，因而价格昂贵，推广应用受到限制；而工业实际使用的均为添加型涂料；添加型涂料即在绝缘体基体中添加导静电剂构成导静电涂料。目前添加型导静电涂料主要是添加导电炭黑的黑色导静电涂料和添加金属或金属氧化物导电粉的导静电涂料，导静电涂料必须同时具备导电性能和防腐蚀性能，导静电是前提，防腐蚀是目的。

添加型涂料在应用上存在一些问题，其中碳系黑色导静电涂料存在的问题有以下四点。

①　耐油性、耐蚀性及装饰性差。

②　储油罐的罐体发生以炭黑为阳极、以铁为阴极的电化学腐蚀。

③　由于炭黑与基体是物理混合，导电性能不稳定，有渗出污染油品的可能。

④　涂层中的炭黑和金属基体能发生电化学腐蚀（海水中石墨稳定电位是 $+0.02\sim0.03V$，而铁的稳定电位是 $0.55V$，构成电化学腐蚀）。

但这种涂料成本低，原料丰富，因而被广泛使用。金属添加型导静电涂料导电稳定、装饰性好，但也存在着以下问题。

①　金属与基体也是物理混合而非化学结合，由于金属密度大，容易沉降，影响施工；涂料中难分散的金属或金属氧化物易污染油品。

②　金属或金属氧化物与铁金属由于电位差也会形成电偶，罐内有积水时加速罐底板的腐蚀。

③　生产成本相对碳系导静电涂料高。近期出现的以氧化锡包覆云母制备的浅色导静电涂料同样存在导电填料与罐壁金属发生电偶腐蚀的危险。由于各种各样的原因，导静电涂料在实际应用中情况各异，成功与失败的实例都有。有的使用 $6\sim 7$ 年良好，有的使用 1 年左右就出现严重腐蚀。

8.5.1.4　轻质油罐外防腐蚀用涂料

近十余年来，可令被涂物在太阳光照射下产生降温效果的涂料已引起广泛注意，太阳能屏蔽涂料、热反射涂料、太空隔热涂料、节能保温涂料、红外伪装降温涂料及隔热纸等不断有研究报道或商品问世，并且有些已应用多年。

国外近二十余年来，令被涂物（目标）在太阳光照射下温度降低的各类涂料研究十分活跃，有代表性的如美国盾牌（Thermo-Shield）节能涂料及新加坡高科（HIT）涂料等。

国内从 1992 年开始各类令目标在太阳光照射下可降温的涂料也层出不穷。国内各类降温涂料的发展有如下特点：研究虽起步较晚，但由于不少高等学校及研究单位介入这一领域，研发工作不再单纯是企业行为。因此，在机理研究、品种开发及工程应用方面进展较快，不少方面已达到国外同类产品水平。

通过十余年不懈努力，国内降温涂料的研发已打下坚实基础。尤其是近几年，不仅是民品，加之军品（可见光、近红外隐身涂料及红外隐身涂料）的研发，更取得了长足进步，已具有与国外同步研发水平。

目前存在的问题主要有如下几点。

①　机理不清。不少涂料研发或生产单位，对涂料令目标在阳光下降温机理，或出于保密原因不予阐述（包括已应用多年的涂料生产单位），或阐述不明确、含糊，甚至有错误。

②技术参数不全或不准确。凡名为热反射涂料的生产厂，应向用户提供涂料的反射率及半球发射率，并注明波长范围；凡名为隔热涂料的生产厂，应向用户提供涂料的热导率（导热系数）。但遗憾的是，绝大多数厂家或是笼统地提供反射率而不注明波长范围，或根本不提供发射率，或提出物理意义不明确的"吸热率"，或干脆不提供热导率。

③质量要求不严。有些已应用多年的降温涂料，开始质量尚可，令目标如（储油罐）在太阳光照射下降温效果明显，但后来涂料质量极不稳定，涂料寿命短，粉化现象严重，大大影响了用户对降温涂料的看法。

④应用跟踪研究不够。很少见到涂料生产厂对目标逐年在涂层降温效果、力学性能及防腐性能等方面的跟踪性检测研究报道，这显然不利于市场开发。

⑤色彩单一。几乎90％以上的厂家生产的涂料为白色，这不能满足不同用户的需要，显然，这些厂家尚未解决降温涂料不同色彩的相容性问题。

8.5.1.5　油罐外防紫外线防腐蚀涂料

含氟聚合物具有良好的力学性能、优异的耐化学品及耐候性能。由于含氟聚合物有较高的结晶度，不易溶于溶剂中，作为涂料则需要通过烧结才能形成漆膜，这一施工难题影响了含氟聚合物的广泛应用。

共聚反应时，在含氟单体中，引入有关官能团的单体使其共聚合，可以降低含氟共聚物的结晶度，可以做到使之溶于溶剂中，并可在常温下交联固化，这样就可用传统油漆的施工方法进行涂装施工。因而，可在更广泛领域发挥含氟聚合物的优异性能，尤其在防腐蚀方面。

BT-F系列石油储罐防腐蚀涂层专用氟碳涂料，不仅有优异的耐候性，还有超群的致密性（即最低的透气及透湿性），这是由氟碳树脂中氟碳键的键长最短、键的离解能最大所决定的，是其他涂料成膜物质所不及的。

8.5.1.6　IPN互穿网络防腐蚀涂料

高分子互穿网络防腐蚀涂料属接枝型互穿网络聚合物，在常温下引发聚合，两网络能互相取长补短，产生协同效应。涂膜无毒，具有高固含量及低黏度，并可带锈涂装。可在-20~120℃内使用，长期在户外暴晒不易粉化，防腐蚀性能十分优异，是一种高强度、高韧性、耐冲磨、耐水解及绝缘性能非常优良的新型防腐蚀涂料。可用于石油、化工及煤气柜等行业的各种设施、设备内外壁的钢结构及混凝土表面作长效防腐蚀装饰，也可作为无毒饮水舱的防护涂料。

8.5.2　国内外石油化工行业防腐蚀涂料的标准

国内目前涉及储油罐防腐涂料与涂装的标准规范很多，但很全面、很权威、很符合防腐涂料的技术及产品现状的标准尚无。下面简单介绍几项与之相关的标准。

8.5.2.1　SY 0007—1999《钢质管道及储罐腐蚀控制工程设计规范》

该标准对储罐防腐设计提出了综合性的原则要求，但并未具体到什么部位采用什么涂料；指出"内壁按介质腐蚀性分级标准、外壁按大气腐蚀性分级标准，选择合适的防腐材料和结构做好覆盖层"；未明确规定所采用的品种和涂层厚度；对储罐的阴极保护设计提出了综合性要求。

8.5.2.2　SYT 0319—1998《钢制储罐液体环氧涂料内防腐层技术标准》

外壁未涉及，内壁分级别如下。

普通级：底漆—底漆—面漆—面漆（$\geqslant 200 \mu m$）

加强级：底漆—底漆—面漆—面漆—面漆（$\geqslant 250 \mu m$）

特加强级：底漆—底漆—面漆—面漆—面漆—面漆（$\geqslant 300 \mu m$）。

该标准对内壁所用液体环氧涂料（包括导静电涂料）和涂层提出了技术指标。

8.5.2.3　CNCIA-HG/T 0001—2006《石油储罐导静电防腐蚀涂料涂装与验收规范》

外壁未涉及，只针对内壁导静电涂层要求如下。

（1）原油罐

罐内底板及罐内壁下部沉积水部位可采用表面电阻率应不低于 $10^{10} \Omega$（实际上应大于 $10^{11} \Omega$）的绝缘防腐涂料，但罐内静电压应符合 GB 6951 强制性国家标准要求，即油面电位值应小于 12000V 和 GB 6950 强制性国家标准要求，即油品静止电导率应大于 50pS/m，实际操作过程中可采用绝缘防腐涂料＋牺牲阳极联合保护方案，阳极应选用铝合金阳极，涂层厚度不小于 $400 \mu m$；原油罐罐内除上述部位外的其他内壁各部位要求具有导静电防腐功能的配套涂料，涂层厚度不小于 $350 \mu m$。

（2）中间产品罐

粗汽油、粗柴油、石脑油储罐属热喷涂＋导静电配套涂层封闭，喷铝涂层厚度宜为 $200 \sim 250 \mu m$、喷锌涂层厚度宜为 $100 \sim 150 \mu m$，涂层总厚度不低于 $400 \mu m$；也可采用导静电配套涂层保护，罐内顶部气相部位和内底板涂层总厚度不小于 $350 \mu m$，其余内壁部位不小于 $300 \mu m$；其他中间产品罐可采用导静电配套涂层保护，对于涂层总厚度，罐内顶部气相部位和内底板不小于 $350 \mu m$，其余内壁部位不小于 $250 \mu m$；内浮顶、拱顶及罐壁上部 $1 \sim 3m$，采用导静电浅复（灰）色面漆封闭。

（3）成品油罐

喷气燃料罐底面配套涂层，面漆应采用白色或浅复（灰）色导静电防腐涂料，涂层总厚度不小于 $200 \mu m$，其中罐内底板及罐内壁下部沉积水部位，涂层总厚度不小于300μm；汽油、煤油和柴油罐面漆应采用浅复（灰）色导静电防腐涂料，涂层总厚度不小于200μm，其中罐内底板及罐内壁下部沉积水部位，涂层总厚度不小于300μm；苯类罐可采用耐溶剂导静电防腐涂料，涂层总厚度不小于200μm；若采用金属热喷涂＋耐溶剂导静电防腐涂料，涂层总厚度不小于350μm；沿海或腐蚀严重的潮湿工业大气环境中，油罐罐内底板、顶部气相部位涂层总厚度不小于300μm。

8.5.2.4　中国石油化工集团公司关于加工高含硫原油储罐防腐蚀技术管理规定

外壁保温部位采用防锈漆底涂料＋保温。不保温部位涂层厚度≥180μm。罐外底的防腐蚀措施，可在以下三种方案中任选一种：无机富锌漆＋基础防渗处理；环氧煤沥青漆＋基础防渗处理；如土壤腐蚀较严重地区，可采用涂料加阴极保护的办法。

内壁按油品分类如下。

（1）原油罐

罐内底板采用涂层＋牺牲阳极联合保护，要求涂层不导静电，涂层厚度不小于120μm；其余部位采用导静电涂层保护，涂层总厚度不小于180μm；新罐建议采用金属热喷涂＋导静电涂料封闭措施。

（2）中间产品罐

粗汽油、粗柴油、石脑油罐宜采用金属热喷涂（喷铝、喷锌）＋导静电涂层封闭，金属涂层厚度应不小于150μm，涂层总厚度（金属涂层和导静电涂层厚度之和，下同）应不小于180μm；其余中间产品罐采用导静电涂层保护，涂层厚度不小于180μm。

（3）成品油罐

航煤罐应采用无色或白色耐油涂料，涂层总厚度不小于180μm，必要时要考虑其导静电要求；其他类型产品罐可采用单一导静电涂料，或采用金属热喷涂（喷铝或喷锌）＋导静电涂料封闭，涂层总厚度应不小于180μm。

8.5.2.5　ISO 12944 国际标准《色漆和清漆防腐涂层对钢结构的腐蚀保护》

对于大气腐蚀环境（罐外壁直接与大气接触的钢结构），按腐蚀环境和防腐年限要求采用不同厚度。

8.5.2.6　钢质石油储罐防腐蚀工程技术规范（第三次修改稿）

该标准已报批，如批下来，将是关于储油罐最全面、最有参考价值的标准。

（1）外壁

有保温层的地上储罐外壁涂层干膜厚度不宜低于150μm，无保温层的地上储罐外壁涂层干膜厚度不宜低于250μm。无保温层的地上轻质油储罐外壁宜采用耐候性热反射隔热防腐蚀复合涂层；可选用聚氨酯类或氟碳类热反射隔热防腐蚀涂料；涂层干膜厚度不宜低于220μm。

罐底板下表面：未提及。

（2）内壁（按油品分类）

① 原油罐。原油储罐内底板和油水分界线以下的内壁板应采用绝缘型防腐蚀涂层，涂层干膜厚度不得低于 350μm；浮顶罐钢制浮顶底表面和浮顶外侧壁应采用耐油的导静电防腐蚀涂层，涂层干膜厚度不得低于 250μm；浮顶罐内壁顶部和浮顶上表面应采用耐水、耐候性防腐蚀涂层，涂层干膜厚度不得低于 250μm，其中，内壁顶部的涂装宽度宜为 1.5～3.0m；拱顶罐内壁顶部应采用导静电防腐蚀涂层，涂层干膜厚度不得低于 250μm。

② 中间产品罐。中间产品储罐的内壁均应采用耐温、耐油性导静电防腐蚀涂层，涂层干膜厚度不得低于 250μm，其中，罐底涂层干膜厚度不宜低于 350μm。

③ 成品油罐。储罐内壁均应采用耐油性导静电防腐蚀涂层，涂层干膜厚度不得低于 200μm，其中，罐底涂层干膜厚度不宜低于 300μm。

8.5.2.7 美国壳牌石油标准

美国壳牌石油标准即 DEP 30.48.00.31-CSPC—2002 Painting And Coating Of New Equipment。该标准推荐的防腐涂层如表 8-44 所示（译文）。

表 8-44 美国壳牌石油标准

项目		交换温度/℃	基底	涂料系统	
				涂料	干膜厚度/μm
原油罐底及最低壳层	内部无腐蚀	<80	碳钢，低合金钢	富含锌的环氧树脂	25
	内部腐蚀	<80	碳钢，低合金钢	烷基硅酸锌	75
				无溶剂高固体分，胺固化环氧树脂	500
				总计	575
原油储罐顶壳	内部	<80	碳钢，低合金钢	富含锌的环氧树脂	25
	外部	<80	碳钢，低合金钢	烷基硅酸锌	75
				高固体性,环氧树脂涂料	75
				高固体性,脂肪族聚氨酯	75
				总计	225
储罐	内部	<120	碳钢，低合金钢	富含锌的环氧树脂	25
	外部	<120	碳钢，低合金钢	烷基硅酸锌	75
				高固体性,环氧树脂涂料	75
				高固体性,脂肪族聚氨酯	75
				总计	225
		50～200	不锈钢	有机硅改性丙烯酸酯	25
				有机硅改性丙烯酸酯	25
				总计	50

续表

项目		交换温度/℃	基底	涂料系统	
				涂料	干膜厚度/μm
储罐	内部工业用水	＜80	碳钢,低合金钢	烷基硅酸锌	75
				无溶剂高固体分,胺固化环氧树脂	500
				总计	575
	内部耐化学性	＜60	碳钢,低合金钢	胺加成固化,酚醛环氧底漆	100
				胺加成固化,酚醛环氧树脂	100
				高固体性,胺加成固化,酚醛环氧树脂	100
				总计	300
液化石油气储罐的圆筒和封头	内部	＜120	碳钢,低合金钢	富含锌的环氧树脂	25
	外部	＜120	碳钢,低合金钢	烷基硅酸锌	75
				高固体性,环氧树脂涂料	75
				高固体性,脂肪族聚氨酯	75
				总计	225

8.5.2.8　其他有关储罐防腐涂料与涂装、腐蚀控制的标准

① 表面处理标准。GB 8923.1—2011《涂装前钢材表面锈蚀等级和除锈等级》，SY/T 0407—2012《涂装前钢材表面预处理规范》，ISO 8501-1：2007《涂装油漆和有关产品前钢材预处理》。

② 阴极保护。SY/T 0047—2012《油气处理容器内壁牺牲阳极阴极保护系统技术规范》，SY/T 0088—1995《钢制储罐罐底外壁阴极保护技术标准》，SY/T 0036—2016《埋地钢质管道强制电流阴极保护设计规范》，SY/T 0019—1997《埋地钢质管道牺牲阳极阴极保护设计规范》，GB/T 4948—2002《铝-锌-铟系合金牺牲阳极》，GB/T 17005—1997《滨海设施外加电流阴极保护系统》，SY/T 6536—2002《钢质水罐内壁阴极保护技术规范》，API RP 651—2007《Cathodic Protection of Aboveground Petroleum Storage Tanks》（地上储油罐阳极保护）。

③ 其他相关标准。GB 13348—2009《液体石油产品静电安全规程》，GB 15599—1995《石油与石油设施雷电安全规范》，GB/T 16906—1997《石油罐导静电涂料电阻率测定法》，GB 6950—2001《轻质油品安全静止电导率》附录D："石油罐导静电涂料技术指标"，SH 3043—2003《石油化工设备管道钢结构表面色和标志规定》，SY/T 0447—2014《埋地钢质管道环氧煤沥青防腐层施工及验收规范》，HG/T 3668—2009《富锌底漆》。

8.5.3　冷涂锌涂料在石油化工领域的应用

国内防腐蚀涂料研究非常活跃，在石化行业使用的涂料品种比较多，大多数涂料的防腐蚀性能已经达到或超过国外涂料，比如氟碳漆、导静电防腐蚀涂料、热发射隔热防腐蚀涂料、陶瓷涂料以及纳米防腐蚀涂料等。只是高温防腐蚀涂料同国外

有一些差距,但能够满足石化行业对高温防腐蚀的要求。

进一步完善目前的防腐蚀层应用技术（如管道内防腐蚀层补口技术、管道内壁防腐蚀层的监测技术等）、开发应用高固体环保型防腐蚀层等新材料、深入研究埋地管道防腐蚀层修复技术（开发修复材料、修复工艺及修复机具等方面的技术）以及防腐蚀层的寿命评估技术,可使冷涂锌涂料在石油化工领域得到广泛的应用。

（1）上海乐意海运仓储有限公司化学品储罐外壁冷涂锌配套维修防腐涂装（图8-37）

工程地点：上海外高桥码头（海洋腐蚀环境）。

涂装方案：冷涂锌 $40\mu m$＋环氧云铁中间漆 $30\mu m$＋氯化橡胶面漆 $2\times30\mu m$。

完工日期：2001 年 2 月 27 日。

(a) (b)

图 8-37　化学品储罐外壁冷涂锌配套维修防腐涂装

（2）德国巴斯夫化学公司管道外壁冷涂锌防腐涂装（图 8-38）

工程地点：德国。

涂装方案：冷涂锌 2 道 $\times40\mu m$。

完工日期：1993 年,至今完好。

（3）英国 BP 石油公司大型石油储罐外壁冷涂锌防腐涂装（图 8-39）

工程地点：英国。

涂装方案：冷涂锌 2 道 $\times40\mu m$。

完工日期：1992 年,至今完好。

此外,冷涂锌（冷涂锌 $80\mu m$）在其他石油化工管道、储罐防腐上也有应用,见表 8-45。

表 8-45　冷涂锌在石油化工上的应用案例

领域	项目	领域	项目

图 8-38　德国巴斯夫化学公司管道外壁冷涂锌防腐涂装

图 8-39　石油储罐外壁冷涂锌防腐涂装

石油化工	中海壳牌石化变电站项目	石油化工	深圳海上石油平台扶栏
	南京扬子石化巴斯夫工程		澳门储油库及输油管道维修

8.6 海洋设施钢结构防腐

8.6.1　概述

据有关报道，同一种金属材料，在海洋环境的腐蚀速率要比沙漠地区高出 400～500倍。海洋大气中的盐雾、环境温度和湿度、日光、海水的温度和流速、海水中的溶解氧及盐含量、海浪的冲击、漂浮物的撞击、海洋生物、海底土壤中的细菌等都可不同程度地引起钢结构的腐蚀。海洋平台长期处于上述恶劣的海洋环境下，腐蚀是一个相当突出的问题。随着海洋石油工业的发展，海上石油生产规模也逐步扩大。为了保障油气生产的安全运行，做好海洋平台的防腐蚀工作十分重要。

海洋平台防腐蚀涂料是海洋平台多种防腐蚀措施中被最广泛采用的防护措施，发达国家在研发新型海洋平台防腐蚀涂料上投入了巨大精力，也取得了显著成果。

　　20 世纪 40 年代，海洋平台防腐蚀涂料开始在墨西哥湾得到应用，当时的涂料品种都是在美国应用比较广泛的高性能工业防腐蚀涂料，主要有乙烯基涂料、环氧/胺涂料和氯化橡胶涂料。

　　乙烯基涂料是早期海洋平台防腐蚀中应用最为广泛的一种。该种涂料中树脂的分子量高，给涂料提供了较好的稳定性和耐久性，通过增加树脂的羟基含量可以提高涂料的附着力，增加氯含量可以提高涂料的耐水性。但存在的问题是，乙烯基涂料固体体积分数很低，只有 20% 左右，过低的固体体积分数意味着涂刷一道难以获得较高的干膜厚度，每道涂刷获得的干膜厚度不超过 $50\mu m$。要想获得具有较理想防腐蚀效果的干膜厚度（$250\sim300\mu m$），必须进行多道施工，这就使得施工费用增高；同时，过低的固体体积分数还意味着高 VOC（挥发性有机物含量）。随着时代的发展，早期使用的乙烯基涂料，尽管其对大气、腐蚀和热应力的稳定性很好，但还是由于受到企业管理体系（HSE）的限制而变得很少应用。

　　早期的环氧防腐蚀涂料体系采用中等分子量大小的环氧树脂，利用低分子量的脂肪族胺进行交联固化，它有两个优点：一是分子量在 1000 左右的环氧树脂给涂膜提供了较好的韧性；二是较多的羟基提高了涂膜对基材的附着力。但是，早期的环氧防腐蚀涂料同样存在着固体体积分数低的缺点（$40\%\sim45\%$），一次成膜厚度只能达到 $50\sim75\mu m$。

　　无机硅酸锌涂料的应用是早期海洋平台防腐蚀涂料领域的一个进步，它能减缓膜下丝状腐蚀和长期性腐蚀。以无机硅酸锌涂料作底漆、热塑性树脂涂料做面漆的多层涂层体系在当时获得了巨大成功，一直沿用了 $30\sim40$ 年，直到现在，仍然有一些海洋平台在使用这一体系。

　　在海洋平台飞溅区和全浸区，早期应用较多的是环氧煤沥青，干膜厚度要求达到 $300\sim500\mu m$，同时乙烯基涂料在这些区域也有应用。20 世纪 70 年代，随着北海石油的开发，海洋平台防腐蚀涂料取得了较大发展。其中，无机硅酸锌涂料由于对表面处理要求过于苛刻，慢慢地被环氧富锌所取代；在海洋平台飞溅区和全浸区，环氧砂浆的应用越来越广；改性氯化橡胶、聚氨酯和丙烯酸涂料也陆续出现，并获得了应用。可以说，到 20 世纪 70 年代，海洋平台防腐蚀涂料已经发展成现代涂料体系的雏形。

　　到了 20 世纪 90 年代，由于全球环境保护的加强，对海洋防腐蚀涂料又提出了新的要求：一是要求低 VOC；二是要求一次成膜厚。国外防腐蚀工作者探索了很多新的技术，其中有些取得了成功，例如氟碳涂料、聚硅氧烷涂料等；但也有些失败的技术，包括厚膜聚氨酯弹性体、油性基团取代改性环氧树脂、柔性环氧酚醛、热喷铜和潮湿固化聚氨酯橡胶等。

8.6.2　海洋设施钢结构常用涂层体系

　　目前，海洋平台根据不同腐蚀区域的特点和要求，采用了不同的防腐蚀涂层体系。

(1) 海洋大气区

平台甲板以上部位属于海洋大气区。处于海洋大气区的涂层要求具有优异的耐大气老化性和抗盐类沉积物的性能，甲板漆还应具有良好的抗冲击、耐磨和防滑性能。底漆一般采用无机富锌底漆、环氧富锌底漆或环氧云铁厚涂底漆；采用氯化橡胶类、乙烯类、环氧类、丙烯酸类或聚氨酯类面漆。在海洋大气区涂层体系中，由无机/环氧富锌底漆、环氧云铁中间漆和聚氨酯面漆组成的配套体系，具有突出的耐大气老化、耐石油化学品和易清洁等性能，可长期保持其良好的外观，已经在全球众多海域的海洋石油平台上取得了较好的防护效果，是海洋大气区最多采用和最重要的配套涂层体系。

(2) 潮差飞溅区

飞溅区是指由于受潮沙、风和波浪的影响，平台干湿交替的部分。这一区域中富氧的海浪飞溅、干湿交替、海面漂浮物的撞击和磨损对钢结构构成了最严重的腐蚀和机械破坏，因此用于该区域的涂料应具有最好的综合防护功能。可采用两道环氧鳞片中间漆加两道环氧鳞片面漆的涂装体系，也可采用两道环氧富锌为底漆、四道环氧沥青漆做中间漆、一道环氧砂浆为面漆的涂装体系。

(3) 水下全浸区

平台水线以下桩腿处于全浸区，通常采用涂料与阴极保护配合的防腐蚀措施，要求涂层具有良好的耐海水浸泡和耐电位性能。以往应用效果最好的是无机富锌底漆、环氧中间漆和厚涂环氧煤沥青涂料组成的配套体系。目前，不含焦油的厚涂环氧防腐蚀涂料越来越多地用于该区域的防护。同时，长效防污涂料的使用可有效减少和防止海洋生物的附着与腐蚀，不含有机锡等毒害物质的新型防污漆已经开始应用。

8.6.3　海洋平台防腐蚀涂料发展趋势

近些年来，海洋平台防腐蚀涂料有了一定的发展，对海洋苛刻环境下的金属防护起到了积极的作用。但实际应用表明，目前的防腐蚀涂料还不能完全满足海洋平台防护的需要。进一步开发"高性能、低成本、低污染、施工性好"的海洋平台防腐蚀涂料是海上石油生产的需要。

(1) 聚硅氧烷涂料

在海洋平台防腐蚀中，采用富锌底漆加聚硅氧烷面漆共两道涂层的配套体系，代替由富锌底漆/环氧中间漆/聚氨酯面漆的三道涂层配套体系，可以大大提高涂装效率，延长保护周期，符合环境保护的要求。

(2) 水性富锌底漆

无机富锌底漆是长效底漆之一，但它是溶剂型涂料，污染环境。而以高模数硅酸钾为基料的水性无机富锌底漆是经过实践验证的环保型高性能防腐蚀涂料，如果能提高其物理性能和施工性能，该品种将极具发展潜力。

（3）厚膜型防腐涂料

"厚膜型"防腐蚀涂料是指一次成膜在 $1\mu m$ 以上的涂料品种。近几年来发展起来的高固体分涂料、无溶剂型涂料都属于此类。此类涂料一次成膜厚、施工简单、低污染和防腐蚀性能好，是海洋平台防腐蚀涂料发展的一个方向。

（4）水下修补涂料

水下修补涂料是在水下或潮湿表面的钢结构中，只要稍做表面处理即可涂装的快速固化涂料。该种涂料在海洋平台的修补维护中将发挥很大的作用。

（5）与阴极保护有很好匹配性的涂料

在全浸区，钢结构的保护一般由阴极保护和涂层防护共同来完成，这就需要两者具有很好的匹配性，发挥协同作用。

（6）IPN有机高分子防腐蚀涂料

通过形成互穿聚合物网络（IPN）来改进高聚物的性能，是继高聚物的物理共混和化学共混之后出现一种新型的高聚物共混技术。IPN是指两种或两种以上聚合物组成的各自交联互锁网络的混合物，并且这些网络之间没有化学键合，是不同网络在分子水平上的互穿。IPN的共混技术已应用于涂料工业，在海洋平台防腐蚀涂料中的应用将有广泛的前景。

总的来看，海洋平台防腐蚀涂料的发展趋势主要有以下三个方向。

① 长效性：涂层具有较强的防腐蚀性能和较高的机械强度，为长时间内免于维护的涂料体系；

② 低污染：在设计开发过程中都保证涂料自身的各个组成部分（成膜物、防腐蚀颜料、溶剂和助剂）、涂料生产过程、涂装过程等整体的低污染涂料；

③ 施工简便：一次成膜较厚、附着力强和强度大的涂料。

8.6.4　海洋工程防腐涂料发展模式

国内的海洋石油工业起步较晚，海洋平台防腐蚀涂料的研究与国外先进水平相比有很大差距，当前国外海洋防腐蚀涂料有多种发展模式。

其一是日本模式。日本早在20世纪70年代，就开始了海底隧道、海岛间跨海大桥和填海造岛等超大工程，为了适应工程的建设需求，开发了一批防腐蚀涂料，例如旭硝子公司和大金公司的氟涂料、日本钢铁公司钢桩复合涂层技术等。

其二是美国模式。美国以阿波罗计划为契机，在大力发展航天航空技术的过程中完善了新一代防腐蚀涂料。例如杜邦公司的氟碳涂料、氯磺化聚乙烯防腐蚀涂料（海普龙）；阿麦龙公司和先进聚合物科学公司的聚硅氧烷防腐蚀涂料。其中聚硅氧烷防腐蚀涂料已在世界多家著名大公司设备装置和钢结构上应用，效果很好。

其三是欧洲北海模式。英国、挪威以北海油田开发为契机，研制了包括采油、输油、炼油和后勤支援等一整套海上石油工业防腐蚀涂料体系，其性能和低温施工特性一流。

国内应根据海洋石油工程的实际情况，寻找适合自己的发展模式，努力发展海洋平台防腐蚀涂料技术，开发出更多性能优良的新品种，为海洋石油工业的发展提供安全保障。

8.6.5　冷涂锌涂料在海洋工程中的应用

目前，我国海上平台钢结构常用的防腐蚀保护体系主要是普通涂料配套方案（在全浸区一般采用阴极保护与涂料的联合保护），采用普通涂料配套方案具有成本低和涂装工艺成熟的优点，但保护年限较短，这样不仅影响平台正常生产且带来了很高的维修防腐费用。冷涂锌涂料作为平台钢结构防腐蚀产品技术，在国外应用达 50 年，进入中国市场近 10 年，已在全球 120 多个国家和地区钢结构各领域获得广泛应用。

(1) 巴西海洋石油公司海上平台冷涂锌防腐涂装工程（图 8-40）

图 8-40　巴西海洋石油公司海上平台冷涂锌防腐涂装工程

工程地点：巴西南太平洋地区。

涂装方案：锌加 2 道×60μm。

(2) 多哥海上采矿平台冷涂锌维修防腐工程（图 8-41）

工程地点：非洲多哥。

涂装方案：涂装锌加 2×60μm（全部水上钢结构部位）。

工程介绍：这两座大型海上采矿平台离岸 1.6km，每座重达 325t，建成 2 年后平台钢结构已严重锈蚀。1990 年 1 月用锌加进行维修涂装，工程耗时 15 个月，计 245000 工时，共用冷涂锌 230t。使用 12 年后在 2006 年进行检查未发现任何锈蚀。

图 8-41　多哥海上采矿平台冷涂锌维修防腐工程

冷涂锌在英国各公司海上平台工程业绩如表 8-46 所示。

表 8-46　冷涂锌在英国各公司海上平台工程业绩

客户名称	冷涂锌涂料应用部位
壳牌公司	半潜式海洋钻井平台泵
Dolphin 钻井设备公司	钻井平台顶驱装置
KCA 钻井设备公司	钻井平台挡风墙钢结构
库伯喀麦隆(Cooper Cameron)公司	钻井平台井下设备
BP、壳牌、Conoco、Talisman、飞利浦公司	钻井平台高强度螺栓螺帽(直径 75mm)
BP 公司	钻井平台、火炬臂

第 **9** 章 ▶▶ ⋯⋯⋯⋯⋯⋯⋯⋯⋯⋯⋯⋯⋯⋯⋯⋯⋯⋯

安全健康与环保

涂料工业对周围环境所带来的负面影响是多方面的。涂料制造过程中会产生大量的有害废气、废水以及粉尘构成大气和水资源的污染；在涂料的涂装施工过程中，溶剂型涂料会有大约一半以上的挥发性有机物（简称 VOCs）排放到大气中，造成第二次环境污染。涂料生产采用大量的有毒有害或者易燃易爆的物质作为原料，使涂料从业人员的身体健康受到严重危害，并增大了涂料生产和施工过程的危险性，安全问题显得尤为突出。

我国目前十分重视涂料生产的环境保护、安全以及职业健康问题，2015 年国家相关部门和地方省市相继出台了征收溶剂型涂料消费税以及 VOCs 排污费等相关的政策和法规，颁布了《危险化学品目录（2015 版）》，希望借此来最大限度地减少安全事故、环境污染和职业病的发生，推动整个行业的转型升级以及科技进步。

冷涂锌涂料尽管具备优异的环保性能，采用环保的溶剂，要求使用不含重金属的锌粉，涂料质量固体分高达 80％以上，但是目前使用的冷涂锌涂料仍然是溶剂型的，涂料的质量固体分还比较低，其制造和使用过程中的环境保护、安全以及职业健康问题依然不容忽视。以下分别就冷涂锌涂料制造以及涂装过程中相关问题进行详细具体的描述，并就国际通行的 HSE 管理体系进行介绍。

9.1 冷涂锌涂料生产过程的安全健康与环保

9.1.1 安全

涂料生产属于精细化工行业，具有化工生产的特点。在生产过程中，存在着易燃、易爆、有毒、有害等危险特性，一旦管理不善，操作失控，就会引起火灾、爆炸、中毒、灼伤等事故及灾害。冷涂锌涂料尽管具有优异的环保特性，但仍然是一种溶剂型的涂料，具备一般溶剂型涂料的基本特性。因此，其生产过程理应遵循涂料生产的客观规律，以科学的态度不断去探索、研究涂料生产中的安全问题，从中掌握和采取必要的安全技术措施，有效地控制和预防事故和灾害，保护涂料生产者的生命安全和健康，保证国家和企业财产免受损失，促进涂料生产持续、稳定、健康的发展。

涂料生产的安全问题涉及许多方面的因素，如生产设备、生产工艺、原辅材料、操作者以及生产环境等。因此，在涂料的生产、使用、储存、运输的全过程中都有不安全的因素存在，主要有以下几方面。

（1）使用各种危险化学品多

涂料生产中使用的危险化学品种类多，性质各异，大多数具有可燃性，如各种油脂（桐油、亚麻油、蓖麻油等）；也有易燃的有机溶剂，如 200 号溶剂汽油、苯、甲苯、二甲苯等。有机溶剂蒸气与空气混合达到其爆炸浓度，遇见火源立即引起爆炸。同时，还有如苯、甲苯、甲苯二异氰酸酯等有毒物质，易引起职业中毒，所以，涂料生产存在易燃、易爆、有毒有害的危险。

（2）生产过程中生产性火源多

在涂料试制检验分析中使用各种电烘箱、电炉等加热设施；在检修过程中有电（气）焊等火源，增加了涂料生产火灾、爆炸的危险性。

（3）电气设备多，安全性较差

在涂料生产现场中，使用的电气设备如机电设施、配电设施、电气线路、排风扇、开关等较多，并存在选型、安装不符合防爆规范、线路老化、安全性差等不安全因素，是导致燃烧、爆炸的重大因素。

（4）用于储存的容器多，但密闭性差

在色漆生产中使用的各种大小调漆缸（桶）、槽、罐比较多，但有相当一部分设备是不密闭的容器。因此，在生产现场会散发出易燃的溶剂蒸气或粉尘，易引起人员中毒和火灾或爆炸危险。

（5）操作人员的不安全行为

近年来由于不断加强了涂料工业的技术改造，使生产工艺、设备、作业环境等得到明显的改善和提高，增加了涂料生产的安全可靠性。但是涂料生产的特点决定了涂料生产线自动化程度不高，主要的生产环节最终还要靠操作人员去掌握和控制。当前，因操作人员的不安全行为如操作失误、违章作业仍是导致事故的主要因素。因此，提高操作人员的防范意识和安全技术知识水平，加强安全操作技能的教育、培训，仍是涂料生产的一项重要工作。

（6）危险设备多

涂料生产中经常使用砂磨机、高速搅拌机等危险设备，若不严格操作会造成人员的伤害。

（7）涂料生产厂房、车间、储罐等布局不合理、不符合规范

涂料生产中的一般安全注意事项如下。

① 涂料生产人员要树立"安全第一"的思想，遵守劳动纪律和安全操作规程，不违章作业。

② 作业人员上岗前应正确使用好防护用品，认真执行交接班制度，仔细检查本岗位设备、物料和有关安全设施等是否齐全。

③ 生产过程中要精心操作，严格执行工艺操作规程及岗位安全操作法。

④ 色漆生产过程中，投加颜料要轻、慢，防止粉尘飞扬和异物掉入容器内，要开启通风除尘设施。砂磨机运行时，要控制流量，开启降温设施，避免漆浆温度过高而导致溶剂挥发过多和导致燃烧。生产现场努力实现密闭作业，严禁使用有机溶剂擦洗设备、衣物和地面。加强通风，降低爆炸性气体浓度。

⑤ 生产中用于擦洗等用途而产生的纸屑、纱头、碎布、手套等废弃物，不准乱抛，应投入装有冷水的铁桶内，并及时运送到指定地点。

⑥ 生产场所严禁吸烟。防止静电及铁器撞击。在生产场所从事动火、进入容器、登高、动土、停电检修等危险作业，必须严格执行《化工企业厂区作业安全规程》。

⑦ 操作转（传）动等危险设备时，严格遵守操作规程，正确使用防护用品，在未停机的情况下，不准接触和检修设备以及打扫设备卫生。

⑧ 试制、分析、检验工作中，要防止火灾、触电。要慎用各种易燃、有毒、有腐蚀物质，防止燃烧、中毒、灼伤和其他意外伤害。

⑨ 正确使用各种专用工具和消防器材。

⑩ 工作完毕后，清理检查生产现场中的设备、工具，搞好清洁卫生，切断水、电、气（汽）、物料及火源，关闭门窗，确认无误后，方可离开。

9.1.2 职业健康

9.1.2.1 危害因素

涂料行业常见的职业危害大多数是由化学性有害因素引起的职业中毒事故。化学性有害因素包括如下方面。

① 生产性毒物，指的是涂料中使用的原料、中间产物、产品及废弃物等可引起各种职业中毒的物质，如苯、甲苯、二甲苯、甲醛、丙酮、铅、溶剂汽油等。

② 生产性粉尘，指生产中接触的粉尘。涂料生产中主要是色漆生产的配料岗位，经常接触炭黑、滑石粉、红丹等。这些毒物一般是经过呼吸道、消化道或皮肤侵入人体造成伤害的。

9.1.2.2 防止职业中毒的措施

（1）生产工艺改革

① 改革工艺条件，采用低毒或无毒原料，代替高毒或有毒原料。用重芳烃代

替二甲苯，用氧化铁红、铁黄代替红丹、黄丹生产防锈漆等。

② 努力开发无毒无害的新型涂料，是涂料发展的方向，也是防止职业中毒的根本措施。如开发以水性涂料为代表的无毒无害涂料。

③ 严格操作，避免人为失误而造成毒物的泄漏事故和乱排现象，减少毒物对环境的污染和对人员的危害。

（2）设备改造

① 逐步改造和更换较为陈旧的敞开式、不安全、污染重的设备，如用密闭砂磨机替代三辊机，用密闭式过滤器替代板框压滤机等，努力实现密闭化作业，减少毒物危害。

② 对噪声、振动较大的鼓风机、空压机、球磨机、砂磨机、冲床等设备，可采取吸声、隔声、减振、使用防噪声用品或建立隔离操作间等防噪减振措施，降低噪声、振动的危害。

③ 建立设备定期检修和维护保养制度，加强设备的检查和维护，防止设备的跑、冒、滴、漏现象，确保设备安全完好、正常运行。

（3）通风净化

① 从事粉尘作业的岗位，如配料、轧片、树脂投料等，必须设置通风防尘装置，保持装置完好有效，降低生产性粉尘对人体的危害。

② 对敞开式或密闭不良的岗位及设备，如硝基稀料及成品包装、溶剂和漆浆贮槽、调缸等采取强制性的抽、排风装置，降低作业场所的易燃、有毒气体浓度，确保操作者的安全和健康。

③ 涂料生产中其他生产现场，也应加强自然通风或机械通风，以降低毒物浓度和防暑降温。

（4）管理措施

① 建立健全安全管理制度，切实加强有毒有害物质的储存、运输、使用、领取的管理工作。防止毒物的泄漏、扩散和遗失。

② 认真执行"新建、改建、扩建"工程项目"三同时"规定，即劳动安全卫生及尘毒治理措施，必须与主体工程同时设计、同时施工、同时投产。

③ 加强生产场所尘毒作业点的定期监测及管理工作，随时掌握有毒物质浓度变化，及时发现和解决存在的问题，促进安全文明生产。

④ 坚持"三级安全教育"制度，利用"毒物周知卡"等形式对操作者进行广泛的安全卫生、尘毒危害及预防的教育，提高广大职工的安全、健康意识和自我防护意识。

（5）个人防护措施

① 加强个人防护是保障操作者安全、健康的重要措施。因此，操作者在生产过程中必须坚持正确使用个人防护用品，使用好防护服、防护口罩、防护手套和防尘器具等，自觉养成勤洗手，工作后洗澡，不在生产场所进食、吸烟、喝水等良好

的卫生习惯，以防误食毒物，造成中毒。

② 进入容器、设备内作业时，除应该严格办理有关审批手续外，必须正确使用防毒设施，防止人员中毒。

③ 对从事有毒、有害作业的职工，定期组织体检，对查出患有职业危害疾病的职工组织疗养和治疗，不适于从事有毒、有害作业的人员应及时调离或调换工作。

④ 对刚进厂的新人员工除应进行职业卫生教育外，还应组织进行健康检查，建立健全健康检查和职业病档案，加强职业病监护工作。

9.1.3　环境保护

涂料生产中产生的造成环境污染的污染物主要有废水、废气和粉尘、废渣，也包括噪声污染，为防止这些有害物质污染环境、破坏生态平衡、危害人类健康，必须对其进行有效治理，尽量减少其对环境的伤害。

废水、废气治理就是用各种方法将废水和废气中的污染物分离、回收或转化成无害的物质从而使废水、废气得到净化。噪声污染治理是采用工程技术措施，对声源或传播途径进行控制，降低噪声对环境的影响。工业废弃物应尽量采用综合利用和无害化方式进行处理。

"三废"治理方法按原理可分为物理法、化学法、物理化学法及生物化学法四类。物理法是利用物理作用分离废水、废气中呈悬浮物和颗粒态的污染物，在处理过程中不改变污染物化学性质，如沉淀、离心分离、过滤、浮选等。化学法是利用化学反应，除去污染物或改变污染物的性质，如混凝、化学吸收、中和、氧化还原等方法。物理化学法是利用物理化学作用去除污染物，主要有吸附法、萃取法、离子交换等。生物化学法是利用各种微生物将废水中有机物分解并向无机物转化，达到净化的目的，主要有活性污泥法、生物膜法、氧化塘等。

对于涂料生产中产生的工业废水，因其所含污染物种类和含量不同，采用的治理方法也不尽相同，常采用物理、化学、生物化学相结合的工艺进行。目前生物化学氧化法的好氧生物膜法是涂料废水处理的有效方法，已被涂料生产企业广泛应用。

对于涂料生产中产生的挥发性有机溶剂气体，常采用活性炭吸附法，而对于颜、填料粉尘则一般采用过滤除尘法。

对于生产中的噪声，一般采用噪声，更小的设备并减少设备的振动，同时采用吸声、隔声的方法来减少噪声污染。对于固体废物，皂类可以再利用，危险废物采用焚烧等无害化处理，大部分固体废物则应送到专门渣厂进行堆存。

9.2　冷涂锌涂料涂装过程的安全健康与环保

根据《危险化学品目录（2015版）》第2828条之规定，冷涂锌涂料属于危险化学品的范畴,其涂装施工过程包含一定的安全隐患,火灾和爆炸的可能性存在;同时涂装和成膜的过程会挥发大量的 VOC,涂料中可能含有有害物质,不慎吸入、接触或者误食都可能造成疾病和伤害;涂装过程以及废弃物还会对环境造成污染。因此,使用冷涂锌涂料及相关配套产品的人员应查询产品使用说明书,了解可能导致安全事故、危害人体健康以及污染环境等相关知识,接受安全培训,在作业过程中始终严格遵守安全生产、健康卫生以及环境保护的规章制度并及时报告可能造成的危害和无法处理的情况。

9.2.1 涂装施工的安全问题

涂装作业过程的主要安全问题是火灾和爆炸,其次是使用的设备、电器、带压力的涂料、沉重的涂料容器以及噪声等所带来的危险。

在涂装和成膜的过程中冷涂锌涂料所含的有机溶剂会以蒸气的形式释放到空气中来,尤其是采用喷涂(包括空气喷涂和无气喷涂)方式施工,溶剂会迅速扩散,且扩散的初期在喷涂作业的周围,溶剂浓度较大,如果此时遇上火源,发生火灾和爆炸的危险性很大。涂装作业区域应严禁人为因素带来明火,如吸烟、电焊作业、燃放烟火、使用非防暴的电器设备等等。同时作业区域潜在的着火源也不容忽视,如静电放电、摩擦冲击、电器火花、自燃、物质混合时的剧烈反应放热等。因此控制火源是防止火灾和爆炸的最主要的措施。控制火源的主要措施如下。

① 在涂装开始之前,必须做好现场控制以消除火源,确保正确地接地,鉴别潜在的电路短路,涂装作业区域内的所有电气设备、照明设施应符合国家有关的爆炸危险场所电气安全的规定,实现电器整体防爆。

② 涂装作业应在专门的涂装车间进行,室外现场施工应划定作业区域并有禁止烟火的明显的标识标志,该区域内严禁各种火花带入以及进行明火作业。

③ 涂装作业场所的出入口不能少于两个,确保空气对流和通风。

④ 涂装作业区域内应按涂漆范围以及用漆量设置足够数量的消防器材,并定期检查,保持有效状态。

⑤ 进行消防宣传和培训,进入作业区域的人员不得携带打火机、火柴等火种或者任何可能引起火花的电气设备,也不得在该区域内从事有可能引起机械火花和电火花的各种作业。

9.2.2 涂装施工的职业健康问题

与涂料施工相关的有害化学品包括涂料、稀释剂、设备清洁剂、除油剂、脱漆剂以及用于表面处理的产品等。同时冷涂锌涂装之前一般采用喷砂处理,喷砂产生的粉尘对人体的危害也比较大。这些有害的化学品短期的影响包括刺激性皮炎,皮肤和眼睛灼伤,呕吐,呼吸道受刺激产生头痛、头晕以及疲劳等等;长期进行涂装作业不做任何防护还可能发生"油漆工综合征",由于长期接触有害化学品而导致职业性哮喘、中枢神经系统受损甚至诱发癌症。喷砂或者打磨产生大量的粉尘,这些粉尘可能含有重金属和部分致癌物质,通过呼吸道进入人体有的可能刺激上呼吸道黏膜,有的可能引起过敏性反应,有的会造成中毒性疾病。值得引起重视的是粉尘在空气中随风传播的距离相当长,影响的范围也较大。

涂装作业过程使用个人劳动保护用品是保证职业健康的有效方法,涂装作业的个人劳动保护用品主要包括如下几种。

(1)喷涂工作服

牢固的长袖连体工作服非常适合涂装作业,短期参与涂装施工还可以选择穿戴带有头罩的一次性连体纸质工作服。

(2)手套

合适的手套能防止皮肤直接接触溶剂等有害物质,也能帮助减少割伤和擦伤等有形损伤,其中丁腈橡胶手套耐溶剂性能最好。

(3)工作鞋

所用的工作鞋和靴子须有钢头,任何情况下不允许穿露脚趾的便鞋。在涂料施工时,推荐使用能卸载静电、带有防滑鞋底和皮质鞋面的鞋。穿防静电的鞋、导电鞋不应同时穿绝缘的毛料厚袜及用绝缘的鞋垫。使用防静电鞋的场所应是防静电地面,使用导电鞋的场所应是导电地面。

(4)呼吸防护

在没有防护的情况下,任何人都不应暴露在能够和可能危害健康的空气环境中。因此,选择合适的呼吸防护用品显得尤为重要。

呼吸防护用品的选择,任何可能接触喷雾和蒸气的人必须佩带呼吸保护装置,除了应根据有害环境选择正确的呼吸防护用品外,不同的作业状况也会影响呼吸防护用品的选择。

空气污染物同时刺激眼睛和皮肤,或可经皮肤吸收,或对皮肤有腐蚀性,应选择全面罩,并采取防护措施保护其他裸露皮肤;选择的呼吸防护用品应与其他个人防护用品相兼容。

若选择供气式呼吸防护用品,应注意作业地点与气源之间的距离、空气导管对现场其他作业人员的妨碍、供气管路被破坏或者被切断等问题,并采取可能的防护措施。

若现场为高温、低温或高湿环境,或存在有机溶剂及其他腐蚀性物质,应选择耐高温、耐低温或者耐腐蚀的呼吸防护用品,或选择能调节温度、湿度的供气式呼吸防护用品。

若作业强度较大或作业时间比较长,应选择呼吸负荷较低的呼吸防护用品,如供气式或送风过滤式呼吸防护用品。

应该评价作业环境,确定作业人员是否将承受物理因素(如高温)的不良影响，选择能够减轻这种不良影响、佩戴舒适的呼吸防护用品，如选择有降温功能的供气式呼吸防护用品。

任何呼吸防护用品的防护功能都是有限的，应让使用者了解所使用的呼吸防护用品的局限性。使用任何一种呼吸防护用品都应仔细阅读产品使用说明，并严格按要求使用。所有使用者都应接受呼吸防护服务器使用方法的培训。

使用呼吸防护用品前应检查呼吸防护用品的完整性、过滤元件的适用性、电池电量、气瓶存气量等，消除不符合有关规定的现象后才允许使用。

进入有害环境前及在有害环境内作业的整个过程都应佩戴呼吸防护用品。当使用中感到异味、咳嗽、刺激、恶心等不适症状时，应立即离开有害环境，并应检查呼吸防护用品，确定并排除故障后方可重新进入有害环境；若无故障存在，应更换有效的过滤元件。若呼吸防护用品同时使用数个过滤元件，如双过滤盒，应同时更换。

除通用部件外，在未得到呼吸防护用品生产者认可的前提下，不应将不同品牌的呼吸防护用品部件拼装或组合使用。

呼吸防护用品的维护，应按照呼吸防护用品使用说明书中有关内容和要求，由受过培训的人员实施检查和维护，对使用说明书未包括的内容，应向制造商或经销商咨询。应按国家有关规定，在具有相应压力容器检测资格的机构定期检测空气瓶或氧气瓶。

滤芯应根据制造商的推荐和/或当地法规相应要求进行更换。滤芯式呼吸器不能用于氧气缺乏环境（当空气中的氧气含量低于 20％）。不允许使用者自行重新装填过滤式呼吸防护用品滤毒罐和滤毒盒内的吸附过滤材料，也不允许采取任何自行延长已经失效的过滤元件的使用寿命。

个人专用的呼吸防护用品应定期清洗和消毒，非个人专用的每次使用后都应清洗和消毒。不允许清洗过滤元件。对可更换过滤元件的过滤式呼吸防护用品，清洗前应将过滤元件取下，呼吸防护用品应保存在清洁、干燥、无油污、无阳光直射和无腐蚀性气体的地方。若呼吸防护用品不经常使用，建议将呼吸防护用品放入密封袋内储存，储存时应避免面罩变形。

所有紧急情况和救援使用的呼吸防护用品应保持待用状态，并置于适宜储存、便于管理、取用方便的地方，不得随意变更存放地点。

（5）眼、面防护用品

所有喷涂操作必须保护操作人员眼睛，操作人员应佩戴安全的护目装备，比如安全眼镜、护目镜、面罩等以免溅到液体。眼面防护用品应当符合相应的标准。镜片或面材需能抵抗所用的溶剂。当涂料混合或倾倒操作会造成飞溅的风险时，就应佩戴整个面部的防护用品。

（6）听力防护用品

因为听力的损伤是不可恢复的，当暴露于噪声中时，应对听力进行保护。喷涂作业和电动除锈时，通常超过 85dB 就应使用适当的听力防护用品，如耳塞或耳罩。所使用的护耳器须适合周边声音的频率。

9.2.3 涂装施工的环境保护问题

冷涂锌涂料涂装过程会对环境造成一定的危害，目前预防性的环保工作主要集中在以下四个领域：粉尘控制、溶剂控制、噪声控制、废物处理。

（1）粉尘控制

冷涂锌涂装作业前必须进行除锈处理，喷砂或者电动除锈可能从基材表面本身或者基材表面的现有涂层上产生大量的有害灰尘，并且这些粉尘可能通过空气传播到离实际工作场地很远的地方。这些含有有害物质的粉尘可能积聚在停放的车辆上，落在地面上，渗透到土壤中污染水源。因此，喷漆前钢材或混凝土表面的喷砂处理，可能会对环境造成不利影响。

许多地方已经限制在室外进行维修喷涂和喷砂处理工作，如美国已经制定了法规强制要求将废物作为有毒材料进行收集和处理。随着这些规定的执行增加了涂装的成本，涂料行业正在致力开发无需喷砂处理的低表面处理涂料，部分冷涂锌涂料也具备低表面处理的特性。降低涂装成本的另一种有效的方法是喷砂材料循环利用，这不仅更有效利用了喷砂介质，同时还可以减少废物的产生。还有一些国家或地区采用代替性的喷砂方法，如高压水喷射等，用于应对维修工作中的粉尘危害，同时减少废弃材料的产生。人们对喷砂清洁方法以及用过的喷砂材料相关危害的认识的不断提高，促使人们不断努力来寻找替代性的清洁方法和新型涂料。实现尘埃控制的措施包括遮盖工作区域、过滤来自建筑物和工棚的排气、不要露天弃置尘埃致其随风飘散等。

（2）溶剂控制

在过去的几十年间，各国（尤其是美国和欧洲）的涂料生产商和消费者们都受到了来自政府立法机构的越来越大的压力，被要求减少甚至是去除产品和各种生产工艺中的挥发性有机物（VOC）。

环境问题引起了人们对涂料中的挥发性有机物的特别关注，这是因为挥发性有机物会与 NO_x（氮氧化合物）结合形成对流层的臭氧。而臭氧将不利于植物的生长，极端情况下还会损伤植物的叶子。

大部分有机溶剂都能形成臭氧，但它们的反应可能性和速率各不相同。烃的反应速率比醇快，从而导致了工厂区域形成的烟雾数量的增加。氯化烃不会形成对流层中的臭氧层。但它们可以破坏大气最上部保护地球的臭氧层，因此它们不能作为烃和醇等溶剂在环境上可以接受的代替品。显然重新调整溶剂混合物的配方是无法解决臭氧问题的。减少对流层中臭氧的形成唯一有效的解决办法就是通过增加水性涂料和无溶剂涂料的使用，来减少溶剂散发。

人们最关心的还是空气污染问题，2015 年全世界的涂料年销售量约为 1700 万吨，而大部分涂料中都含有 50％的有机溶剂，涂料当然会引起人们对溶剂散发的关注。由于溶剂现在被公认为是主要的空气污染源之一，因此涂料的生产商和用户们必须遵守各地的排放法规。

涂料中的 VOC 含量和由于溶剂的大量排放所导致的潜在风险无疑是全球的涂料产业最关心的问题。

（3）噪声控制

和有毒化学物质一样，噪声同样可能对进行防腐涂料作业的工人造成威胁。除了听力受损这样明显的健康风险之外，噪声音量过高还可能造成其他危险，如工人可能无法听到附近的同事发出的警告。因此必须对暴露于噪声的情况进行监测，当噪声超过安全水平时，必须采取措施对工人进行保护。

在防腐涂料涂装（包括冷涂锌涂料涂装）工作中所使用的大部分机器都产生噪声，这是不可避免的，但可以采取某些措施来降低噪声的水平。

通过采用听力保护措施，可以很好地保护工人免受噪声的危害，但身处工作场所的环境中的人们实际情况却不是这样，这些必须予以考虑。

（4）废物处理

在最普遍的定义中，危险废弃物是指那些处理不当、可能对人体健康或环境造成真正威胁或危害的所有废弃物。一般来说，如果一种材料表现出了在现有法律中列为危险废弃物特征的任何特性，那么就会被认为是危险废弃物。

在大部分国家，对于会产生如喷砂清洁残渣、废料、涂料残渣等废物的设备，仪器运营者必须遵守此类废弃物处置的法规措施。运营者，不论规模大小，都必须了解并遵守此类法律法规，并对废物进行合法处置。建议设备运营商与有关主管部门联系，获取该方面的最新资料，因为这是一个不断发展的领域。

设备运营商有责任确定适用于其操作的国家、地区和当地的法规，并确定如何让设备运行符合法规的要求。

大部分来自涂料操作的废弃物材料由于具有可燃性，都被证明属于危险废弃物。这一特征被定义为闪点低于 60℃的液体，或者可能由于摩擦引发火灾的废弃物，它们在被点燃时，会剧烈燃烧，造成危害。涂料稀释剂以及清洗剂中使用的大部分溶剂的闪点都在 60℃以下。

导致某些残留物和涂料废弃物被归于危险废弃物的另一个特点的是毒性，具有此特性的材料被定义为可能向地下水渗透含有特殊有害浓缩液的废物。这些被人们所关注的成分主要有基于铅、铬和镉的颜料和添加剂，以及在处理、施工和涂层去除过程中所产生的各种有机物。冷涂锌涂层锌粉含量高达 95％以上，尽管推荐采用重金属含量达标的锌粉，但其对环境的危害仍不容忽视。

就目前的技术状态而言，还没对其进行分解、回收等无害化处理的工艺装置，建议用户不宜采用焚烧的方式进行处理，否则会产生大量有害物质污染环境、损害人体健康。

与涂装安全、防护相关的国家标准和行业标准如下：

GB 6514—2008《涂装作业安全规程 涂漆工艺安全及其通风净化》；

GB 7691—2011《涂装作业安全规程 安全管理通则》；

GB 7692—2012《涂装作业安全规程 涂漆前处理工艺安全及其通风净化》；

GB/T 11651—2008《个体防护装备选用规范》；

GB 12367—2006《涂装作业安全规程 静电喷涂工艺安全》；

GB/T 12624—2009《手部防护 通用技术条件及测试方法》；

GB/T 12903—2008《个体防护装备术语》；

GB 12942—2006《涂装作业安全规程 有限空间作业安全技术要求》；

GB/T 13641—2006《劳动护肤剂通用技术条件》；

GB/T 14441—2008《涂装作业安全规程 术语》；

GB 14444—2006《涂装作业安全规程 喷漆室安全技术规定》；

GB/T 18664—2002《呼吸防护用品的选择、使用与维护》；

CB 3381—2012《船舶涂装作业安全规程》；

HG/T 2458—1993《涂料产品检验运输和储存通则》。

附录

冷涂锌涂料
（摘自 HG/T 4845—2015）

1. 范围

本标准规定了冷涂锌涂料的要求，试验方法，检验规则，标志、包装和储存。

本标准适用于常温施涂的高锌含量的有机涂料。该产品是由锌粉、有机树脂、溶剂等组成的单组分涂料，主要用于钢铁底材暴露表面的阴极防护及镀（或喷）锌涂层破坏的修补。

本标准不适用于多组分富锌底漆。

2. 要求

产品应符合表 1 的要求。

表 1　要求

项　　目		指　　标
在容器中状态		搅拌后无硬块,呈均匀状态
不挥发物含量/%	≥	80
不挥发分中金属锌含量/%	≥	92
不挥发分中全锌含量/%	≥	95
干燥时间/h 　表干 　实干	≤	 0.5 24
涂膜外观		正常
柔韧性/mm	≤	2
耐冲击性/cm		50
划格试验/级	≤	1
附着力(拉开法)/MPa	≥	3
耐盐雾性(2000h)		划线处无红锈[①],单向扩蚀≤2.0mm;未划线区无开裂、剥落、生锈[①]现象,允许起泡密集等级≤1级,允许起泡大小等级≤S3级
配套性		漆膜平整,不起皱,不咬起,而且附着力≥3MPa

[①] 锌涂层产生的白锈不在考察范围内。

3. 试验方法

（1）取样

除另有商定外，产品按 GB/T 3186 的规定取样。取样量根据检验需要确定。

（2）试验环境

除另有商定外，试板的状态调节和试验的温湿度应符合 GB/T 9278 的规定。

（3）试验样板的制备

① 底材及底材处理。除另有商定外，干燥时间、涂膜外观、柔韧性、耐冲击性项目用马口铁板，划格试验项目用钢板，附着力（拉开法）、耐盐雾性、配套性项目用喷砂钢板。除另有商定外，马口铁板、钢板、喷砂钢板的材质应符合 GB/T 9271—2008 的要求。马口铁板的处理应按 GB/T 9271—2008 中 4.3 的规定进行，表面镀锡层要全部打磨掉；钢板的处理应按 GB/T 9271—2008 中 3.5 的规定进行；试验用喷砂钢板选用经喷射、抛射处理的钢板，其除锈等级达到 GB/T 8923.1 规定的 Sa 2½ 级，表面粗糙度达到 GB/T 13288.1 规定的"中"级，即丸状磨料 $\overline{R}_{y5}$（40～70μm）、棱角状磨料 $\overline{R}_{y5}$（60～100μm）。商定的底材材质类型和底材处理方法应在检验报告中注明。

② 制板方法。除另有商定外，按表 2 的规定制备试验样板，样板漆膜厚度的测试按 GB/T 13452.2—2008 的规定进行。测量喷射、抛射处理钢板上干涂层的厚度时，从试板的上部、中部和底部各取不少于 2 次读数，读数时距离边缘至少10mm，去掉任何异常高或低的读数，取 6 次读数的平均值。

表 2 制板要求

试验项目	底材类型	试板尺寸/mm	涂装要求
干燥时间、涂膜外观、柔韧性、耐冲击性	马口铁板	120×50×(0.2～0.3)	施涂 1 道，干膜厚度 20μm±3μm，涂膜外观、柔韧性、耐冲击性放置 48h 后测试
划格试验	钢板	150×70×(0.45～0.55)	施涂 1 道，干膜厚度 20μm±3μm，放置 48h 后测试
配套性	喷砂钢板	150×70×3	按产品实际应用的配套体系要求制板
附着力（拉开法）、耐盐雾性	喷砂钢板	150×70×3	施涂 2 道，间隔 24h，总厚度 100μm±10μm，放置 168h 后测试

（4）操作方法

① 在容器中状态。打开容器，用调刀或搅拌棒搅拌，允许容器底部有沉淀。若经搅拌易于混合均匀，可评为"搅拌混合后无硬块，呈均匀状态"。

② 不挥发物含量。按 GB/T 1725—2007 的规定进行，烘烤温度为 105℃±2℃，烘烤时间为 3h，试样量约为 2g，也可按商定的烘烤条件测试。

③ 不挥发分中金属锌含量。按 HG/T 3668—2009 中 5.7 的规定进行。

④ 不挥发分中全锌含量

a. 混合物中溶剂不溶物含量的测定。按 HG/T 3668—2009 附录 A.1 的规定进行。

b. 溶剂不溶物中全锌含量的测定。按 GB/T 6890—2012 附录 A 的规定进行。

c. 不挥发分中全锌含量的计算

不挥发分中全锌含量（E）以质量分数表示，按公式(1) 计算：

$$E = \frac{BW}{D} \times 100\% \tag{1}$$

式中：

B——混合物中溶剂不溶物含量，以质量分数表示；

W——溶剂不溶物中全锌含量，以质量分数表示；

D——按第（4）条②测得的不挥发物含量，以质量分数表示。

⑤ 干燥时间。按 GB/T 1728—1979 的规定进行，表干按乙法的规定进行，实干按甲法的规定进行。

⑥ 涂膜外观。样板在散射日光下目视观察。如果涂膜为锌灰色，均匀，无发花、缩孔、针孔、开裂和剥落等涂膜病态现象，则评为"正常"。

⑦ 柔韧性。按 GB/T 1731—1993 的规定进行。

⑧ 耐冲击性。按 GB/T 1732—1993 的规定进行。

⑨ 划格试验。按 GB/T 9286—1998 的规定进行。

⑩ 附着力（拉开法）。按 GB/T 5210—2006 中 9.4.1 的规定进行。

⑪ 耐盐雾性。按 GB/T 1771—2007 的规定进行。在试板上划一道平行于长边的划痕进行试验，如出现起泡、生锈、开裂和剥落等涂膜病态现象，按 GB/T 1766—2008 进行描述并评级。

⑫ 配套性。在散射日光下目视观察试验样板，然后按第（4）条"⑩附着力（拉开法）"进行附着力试验。

4. 检验规则

（1）检验分类

① 产品检验分为出厂检验和型式检验。

② 出厂检验项目包括在容器中状态、不挥发物含量、干燥时间、涂膜外观、柔韧性、耐冲击性、划格试验。

③ 型式检验项目包括本标准所列的全部技术要求。在正常生产情况下，耐盐雾性项目每 2 年至少进行一次型式检验，其他项目每年至少进行一次型式检验。

（2）检验结果的判定

① 检验结果的判定按 GB/T 8170 中修约值比较法进行。

② 应检项目的检验结果均达到本标准要求时，该试验样品为符合本标准要求。

5. 标志、包装和储存

（1）标志

按 GB/T 9750 的规定进行。

（2）包装

按 GB/T 13491 中一级包装要求的规定进行。

（3）储存

产品储存时应保证通风、干燥，防止日光直接照射，并应隔绝火源，远离热源。在正常储存条件下，产品的有效储存期为 1 年，并在包装标志上明示。如果超过有效储存期，经检验合格后，仍可使用。

参 考 文 献

[1] 谈小强. 关于钢铁腐蚀的理论探讨和实验分析 [J]. 化学教学, 2012, 05: 47-48.

[2] 张安富. 影响钢铁大气腐蚀的因素 [J]. 材料保护, 1989, 02: 15-19.

[3] 陈传新, 程超, 李志. 变电工程钢结构防腐蚀方法选择 [J]. 电力建设, 2009, 30 (10): 20-22.

[4] 洪乃丰. 钢铁腐蚀与钢结构防护系列问答 (1) [J]. 钢结构, 2003, 05: 56-57.

[5] Wang H M, Zhang Y C, Zhu L R, et al. [J]. J Therm Anal Calorim, 2011, 103 (3): 1031-1037.

[6] 方瑞萍, 等. 聚苯胺防腐涂料的研究进展 [J], 化工新型材料, 2013, 41 (5): 6-9.

[7] 康思波, 蒋健明. 极端腐蚀环境下环保型重防腐涂料的研制 [J]. 涂料技术与文摘, 2013, 12 (9): 26-29.

[8] Choi S W, Ohba S, et al. Polymer Degradation and Stability, 2006, 9 (5): 1166-1178.

[9] 吴宗汉, 徐进. 高性能防腐涂料的发展述评 [J]. 现代涂料与涂装, 2007, 10 (11): 30-39.

[10] Mitsukazu H J. Polymer, 1999, 40 (5): 1305-1312.

[11] Robert Aiezzi, et al. Progress in Organic Coatings, 2000, 40 (2000): 55-60.

[12] 高微, 张小林, 林峰. 无溶剂单组分重防腐聚氨酯涂料的制备及性能研究 [J]. 深圳职业技术学院学报, 2012, 12 (1): 31-53.

[13] Pathak S S, et al. Progress in Organic Coatings, 2009, 6 (52): 206-216.

[14] 曾福生, 周爱. 氟碳重防腐面漆在世界第一高跨海铁塔镀锌表面的涂装应用 [J]. 现代涂料与涂装 2009, 12 (10): 40-43.

[15] 王军委, 马晓燕, 贺军会. 纳米改性聚脲防腐涂料在湿法烟气脱硫中的应用 [J]. 现代涂料与涂装, 2010, 13 (2): 39-41.

[16] 杨成志, 王安辉, 董蓓等. 世界电镀锌带钢的发展及前景 [J]. 武汉工程职业技术学院学报, 2011, 23 (2): 21-23.

[17] 王越, 赵连臣. 小型电镀锌行业的环境污染与清洁生产 [J]. 辽宁城乡环境科技, 2002, 22 (3): 39-41.

[18] Ooij W J V, Brown A. The use of static and imaging SIMS for the study of corrosion of galvanized steel under paint coatings [J]. Surface & Interface Analysis, 1988, 12 (12): 434-435.

[19] Manchet S L, Landoulsi J, Richard C, et al. Study of a chromium-free treatment on hot-dip galvanized steel: electrochemical behaviour and performance in a saline medium [J]. Surface & Coatings Technology, 2010, 205 (2): 475-482.

[20] Moon M B, Shin C S, Kim S J, et al. Hot-dip galvanized steel sheet having transformation induced plasticity, excellent in formability, adhesive property of plating/formability, and manufacturing process thereof. US, US20070020478P. 2007.

[21] 柯昌美, 周黎琴, 汤宁, 等. 绿色达克罗技术的研究进展 [J]. 表面技术, 2010, 39 (5): 103-106.

[22] Duan L Z, Fan B A, et al. Research progress of new-type chromium-free Dacromet technology [J]. Applied Chemical Industry, 2013.

[23] 何丽芳, 郭忠诚. 水性无机富锌涂料的应用研究 [J]. 表面技术, 2006, 35 (1): 55-59.

[24] Das S C, Pouya H S, Ganjian E. Zinc-rich paint as anode for cathodic protection of steel in concrete [J]. Journal of Materials in Civil Engineering, 2015.

[25] Mizushima K. The introduction and recent topics of zinc-rich paint [J]. Shikizai Kyokaishi, 2015, 88

(2)：51-55.

[26] 庄志萍，任玉兰，刘丽．锌极化曲线的测定及应用实验研究［J］．化学与黏合，2006，28（3）：206-207，210.

[27] 高湛，李华．冷喷锌防腐工艺研究［J］．建材世界，2010，31（5）：80-82，96.

[28] 李敏风．冷涂锌的涂层配套设计和无气喷漆技术［J］．涂料技术与文摘，2015，36（4）：18-20，24.

[29] 唐谊平，尉成栋，曹华珍等．无铬达克罗涂料的研究进展［J］．材料保护，2012，45（5）：44-47，87.

[30] Liu J, Gong G, Yan C. EIS study of corrosion behaviour of organic coating/Dacromet composite systems ［J］. Electrochimica Acta, 2005, 50 (16)：3320-3332.

[31] 李焱．"冷镀锌"在防腐蚀领域中的应用［J］．上海涂料，2007，45（7）：13-16.

[32] 李敏风．冷镀锌的性能和应用［J］．电镀与涂饰，2014，33（18）：788-790.

[33] 杨焰，车轶材，廖有为等．冷涂锌涂层的防腐蚀性能［J］．腐蚀与防护，2016，37（3）：245-248.

[34] 杨焰，车轶材，廖有为等．冷涂锌涂料的应用现状及发展趋势［J］．电镀与涂饰，2015，34（22）：1293-1298.

[35] 廖有为．涂膜镀锌技术及其应用进展［C］．第一届涂料技术创新高峰论坛论文集，2012，173-178.

[36] 车轶材，杨焰，廖有为等．涂膜镀涂膜镀锌树脂合成及应用研究［C］．第二届涂料技术创新高峰论坛论文集，2013，100-104.

[37] 杨振波，李运德，杨忠林等．片状锌粉在富锌涂料领域的应用及其技术发展趋势［J］．电镀与涂饰，2011，30（2）：62-67.

[38] 李桂林．环氧树脂与环氧涂料［M］．北京：化学工业出版社，2003.

[39] 胡玉明，吴良义．固化剂［M］．北京：化学工业出版社，2004.

[40] 王化进，王贤明，张志德，刘林，张继壮．氯乙烯-乙烯基异丁基醚树脂在涂料中的应用［J］．中国涂料．2003（增刊）.

[41] 沈海鹰，汪立波．高性能高氯化聚乙烯树脂在防腐蚀涂料中的应用［J］．涂料工业，2001，（11）.

[42] 李秀艳，王平．氯化聚合物的性质及在涂料中的应用［J］．现代涂料与涂装，2000（02）.

[43] 许君栋，王宏，何淑芬．高性双组分聚氨酯汽车面漆的研制［J］．涂料工业，2001（7）.

[44] 刘国杰，夏正斌，雷智斌．氟碳树脂涂料及施工应用［M］．北京：中国石化出版社，2005.

[45] 姜家佩，吴玮．新一代水性无机富锌涂料及其应用［J］．现代涂料和涂装，2001，（2）.

[46] 胡平，史振翔，叶立军．不饱和聚酯腻子发展现状［J］．玻璃复合材料，2001（5）.

[47] 于全蕾．气干型不饱和聚酯腻子在铁路客车上的应用和研究［J］．现代涂料和涂装，2001（1）.

[48] 李莉，姚昌文．不饱和聚酯清漆的合成［J］．甘肃化工，2002（3）.

[49] 汪立波．水相法氯化聚烯烃树脂的制备及应用［J］．中国涂料，2003（增刊）.

[50] 刘广娟，左禹等．环氧有机硅涂料耐热性能研究［J］．腐蚀和防护，2004，25（6）.

[51] 徐国强、李荣俊，林绍基．特种防腐蚀聚硅氧烷涂料［J］．涂料工业，2004，34（8）.

[52] 高新田等．LWP-氯醚系列长效重防腐涂料制备［J］．中国涂料，2006，（10）.

[53] 沈海鹰．水性防腐配套涂料体系［J］．涂料工业，2001（6）.

[54] 廖有为．喷涂聚脲弹性体涂料的发展现状及未来趋势［J］，中国涂料报，2012，（19）.

[55] Primeaux D J. Spray polyurea versatile high performance elastomer for the polyurethane industry. In：polyurethanes 89. Proceedings of the SPI 32nd annual techlnical/marketing conference. San Francisco. 1989, 26.

[56] Ken Bowman (PDA Executive Director). Polyurea industry market review. Presented at the 2nd PDA annual conference meeting. Orlando, Florida：Nov. 28-30, 2001.

[57] The polyurea training group. Polyurea applicator training course, Biloxi, Mississipi：March 3-7, 2005.

[58] Al Perez. Unique polyurea adhesive systems offer new opportunities. presented at the 2nd PDA annual conference meeting. Orlando, Florida：Nov. 28-30, 2001.

[59] Kenworthy T. Journal of Protective Coating & Linings，2003，(5)：58-63.

[60] 黄微波等．聚氨酯工业，1998，13（4）：7-11.

[61] 吕平等．化学建材，2000，16（3）：36-38.

[62] 王宝柱等．聚氨酯工业，2004，19（6）：30-33.

[63] 徐德喜等．聚氨酯工业，2000，29（4），45-46.

[64] 刘登良．海洋涂料与涂装技术［M］．北京：化学工业出版社，2002.

[65] 汪国平．船舶涂料与涂装技术［M］．北京：化学工业出版社，2002.

[66] 虞兆年．防腐蚀涂料和涂装［M］．北京：化学工业出版社，2002.

[67] 李金梅．防腐保温技术，2003，11（3）：47-50.

[68] 盛茂桂，邓桂芹．新型聚氨酯涂料生产技术与应用［M］．广州：广东科技出版社，2001.

[69] 厄特尔．聚氨酯手册［M］．北京：中国石化出版社，1992.

[70] 李绍雄，刘益军．聚氨酯树脂及其应用［M］．北京：化学工业出版社，2002.

[71] 李国莱等．重防腐涂料［M］．北京：化学工业出版社，1999.

[72] 刘登良等．涂料工艺［M］．北京：化学工业出版社，2009.

[73] 刘新．防腐蚀涂料与涂装应用［M］．北京：化学工业出版社，2008.

[74] 李荣俊．重防腐涂料与涂装［M］．北京：化学工业出版社，2014.

[75] 华中一，罗维昂．表面分析［M］．上海：复旦大学出版社，1989.

[76] 钱苗根．材料表面技术从其应用手册［M］．北京：机械工业出版社，1998.

[77] 陆家和，陈长彦等．表面分析技术［M］．北京：电子工业出版社，1987.

[78] 赞德纳 A W. 表面分析方法［M］．强俊，胡兴中译．北京：国防工业出版社，1984.

[79] 薛增泉，吴全德，李浩．薄膜物理［M］．北京：电子工业出版社，1991.

[80] 杨威生，盖峥．扫描隧道显微镜对表面科学的巨大推动［J］．物理.1996，25（9）：513-520.

[81] 白春礼，田芳．扫描力显微镜研究进展［J］．物理.1997，26（7）：402-407.

[82] 田芳，李建伟，王琛，汪新文，白春礼．原子显微镜对其 DNA 大分子的应用研究［J］．物理.1997，26（4）：238-243.

[83] 韩宝善．磁力显微镜的发展和应用［J］．物理.1997，26（10）：617-624.

[84] 商广义，裘晓辉，王琛，王乃新，白春礼．弹道电子发射显微术及其应用［J］．物理.1997，26（5）：300-304.

[85] 李志远，杨国桢，顾本源．浅谈近场光学［J］．物理.1997，26（7）：396-401.

[86] 钱苗根．材料科学及其新技术［M］．北京：机械工业出版社，1986.

[87] 刘广娟、左禹等．环氧有机硅涂料耐热性能研究［J］．腐蚀和防护，2004，25（6）.

[88] 朱洪．富锌底漆中锌粉的分析研究［J］．涂料工业，1998，28（2）：38-41.

[89] 尹志坚，王树保，傅卫，谭兴海，陶顺衍，丁传贤．热喷涂技术的演化与展望［J］．无机材料学报，2011，03：225-232.

[90] 王永兵，刘湘，祁文军，李志国．热喷涂技术的发展和应用［J］．电镀与涂饰，2007，07：52-55.

[91] 华绍春，王汉功，汪刘应，张武，刘顾．热喷涂技术的研究进展［J］．金属热处理，2008，05：82-87.

[92] 杨震晓，刘敏，邓春明，邓畅光，车晓舟．热喷涂基体表面前处理技术的研究进展［J］．中国表面工程，2012，02：8-14.

[93] 张燕，张行，刘朝辉，邓智平．热喷涂技术与热喷涂材料的发展现状［J］．装备环境工程，2013，03：59-62.

[94] 吴涛，朱流，郦剑，王幼文．热喷涂技术现状与发展［J］．国外金属热处理，2005，04：2-6.

[95] 李耿，周勇，薛飒，王洪铎．冷喷涂技术［J］．热处理技术与装备，2009，04：11-14＋21.

[96]　李长久．中国冷喷涂研究进展［J］．中国表面工程，2009，04：5-14.

[97]　苏贤涌，周香林，崔华，张济山．冷喷涂技术的研究进展［J］．表面技术，2007，05：71-74.

[98]　李铁藩，王恺，吴杰，陶永山，李鸣，熊天英．冷喷涂装置研究进展［J］．热喷涂技术，2011，02：15-34.

[99]　刘雪民，易大伟，刘炳，马正伟，王光文．热浸镀铝技术的研究应用与发展［J］．材料保护，2008，04：47-50+1.

[100]　邵大伟，贺志荣，张永宏，何应．热浸镀锌技术的研究进展［J］．热加工工艺，2012，06：100-103.

[101]　李智，苏旭平，尹付成，贺跃辉．钢基热浸镀锌的研究［J］．材料导报，2003，12：12-14，18.

[102]　胡会利，李宁，韩家军，程瑾宁．达克罗的研究现状［J］．电镀与涂饰，2005，03：31-33.

[103]　于兴文，曹楚南．达克罗技术研究进展［J］．腐蚀与防护，2001，01：1-4.

[104]　柯昌美，周黎琴，汤宁，胡永，王全全，张金龙．绿色达克罗技术的研究进展［J］．表面技术，2010，05：103-106.

[105]　郑淑萍．达克罗涂料工艺配方研究［D］．昆明理工大学，2005.

[106]　王青，裴政，童鹤，曲海杰，于森，陈海潮．达克罗涂层技术进展研究［J］．兵器材料科学与工程，2013，02：138-142.

[107]　肖合森．达克罗处理的检测方法［J］．电镀与涂饰，2004，01：45-48.

[108]　张俊敏，张宏，文自伟，王永琪．达克罗技术的现状与发展方向［J］．表面技术，2004，06：11-12.

[109]　何丽芳，郭忠诚．水性无机富锌涂料的应用研究［J］．表面技术，2006，01：55-59.

[110]　李焱．富锌涂料的研究及进展动态［J］．上海涂料，2009，01：36-38.

[111]　蔡森．水性无机富锌涂料的研究进展［J］．上海涂料，2009，02：23-27.

[112]　屠德容，邵国环．水性无机富锌与环氧富锌涂料（底漆）的比较［J］．上海涂料，2007，08：34-36.

[113]　娄西中．有机和无机富锌涂料的性能特征［J］．现代涂料与涂装，2010，12：24-28.

[114]　魏勇，李瑞玲．富锌涂料的研究进展［J］．涂料技术与文摘，2008，06：6-8.

[115]　唐谊平，尉成栋，曹华珍等．无铬达克罗涂料的研究进展［J］．材料保护，2012，45（5）：44-47，87.

[116]　吕栋．达克罗工艺浅析［J］．电镀与环保，2003，23（3）：25-27.

[117]　GB/T 11651—2008　个体防护用品选用规范.

[118]　GB12367—2006　涂装作业安全规程 静电喷涂工艺安全.

[119]　GB/T 12624—2006　劳动防护手套通用技术条件.

[120]　GB12942—2006　涂装作业安全规程 有限空间作业安全技术要求.

[121]　GB/T 13641—2006　劳动护肤剂通用技术条件.

[122]　GB/T 14441—2008　涂装作业安全规程 术语.

[123]　GB14444—2006　涂装作业安全规程 喷漆室安全技术规定.

[124]　GB/T 18664—2002　呼吸防护用品的选择、使用与维护.

[125]　GB3381—2012　船舶涂装作业安全规程.

[126]　HB/T 2458—1993　涂料产品检验运输和储存通则.

[127]　GB6514—2008　涂装作业安全规程 涂漆工艺安全及其通风净化.

[128]　GB7691—2011　涂装作业安全规程 安全管理通则.

[129]　GB7692—2012　涂装作业安全规程 涂漆前处理工艺安全及其通风净化.